Understanding the Design of Electronic System

Altera FPGA Developing Based on Quartus Prime and VHDL

深入理解
FPGA电子系统设计

基于Quartus Prime与VHDL的Altera FPGA设计

李莉◎编著

Li Li

清華大學出版社

北京

内容简介

本书分基础与应用两部分，系统介绍了 Altera FPGA 的开发应用知识。基础部分包括 FPGA 开发流程、硬件描述语言 VHDL、Quartus Prime 设计开发环境、基本电路的 VHDL 设计、基于 IP 的设计等内容；应用部分包括人机交互接口设计、数字信号处理电路设计、密码算法设计、基于 Nios Ⅱ 的 SOPC 系统开发等内容，并在最后一章给出了 24 个常用设计实例。全书语言简明易懂，逻辑清晰，向读者提供了不同领域的 FPGA 应用实例以及完整的设计源程序。

本书可作为高等学校电子信息、计算机、自动化等专业的本科生教材，也可供从事电子系统设计的工程技术人员参考。

图书在版编目(CIP)数据

深入理解 FPGA 电子系统设计：基于 Quartus Prime 与 VHDL 的 Altera FPGA 设计/李莉编著. —北京：清华大学出版社，2020.04
(清华开发者书库)
ISBN 978-7-302-53415-0

Ⅰ. ①深…　Ⅱ. ①李…　Ⅲ. ①电子系统－系统设计　Ⅳ. ①TN02

中国版本图书馆 CIP 数据核字(2019)第 178638 号

责任编辑：盛东亮
封面设计：李召霞
责任校对：时翠兰
责任印制：丛怀宇

出版发行：清华大学出版社
网　　址：http://www.tup.com.cn，http://www.wqbook.com
地　　址：北京清华大学学研大厦 A 座　　**邮　　编**：100084
社 总 机：010-62770175　　**邮　　购**：010-62786544
投稿与读者服务：010-62776969，c-service@tup.tsinghua.edu.cn
质量反馈：010-62772015，zhiliang@tup.tsinghua.edu.cn
课件下载：http://www.tup.com.cn，010-83470236
印 刷 者：北京富博印刷有限公司
装 订 者：北京市密云县京文制本装订厂
经　　销：全国新华书店
开　　本：185mm×260mm　　**印　　张**：18.25　　**字　　数**：448 千字
版　　次：2020 年 4 月第 1 版　　**印　　次**：2020 年 4 月第1次印刷
印　　数：1～2500
定　　价：79.00 元

产品编号：083141-01

前言

PREFACE

现场可编程门阵列(Field Programmable Gate Array,FPGA)的出现是超大规模集成电路(VLSI)技术和计算机辅助设计(CAD)技术发展的结果,基于FPGA的设计方法是电子设计领域的一大变革。不同于传统的电子设计方法,基于FPGA的现代电子系统设计采用自顶向下的设计方法,使设计师可以把更多的精力和时间放在电路方案的设计上,很大程度上缩短了电子产品的上市时间;FPGA的可编程性,使得在不改变硬件电路设计的前提下,产品性能的提升成为可能;硬件软件化,以及不断增长的可编程门阵列的规模,使得产品在小型化的同时,可靠性也得到提升。IP核的广泛使用,特别是嵌入式处理器IP核的使用,使FPGA的市场占有量大大增加。因此对于广大的电子系统设计人员,以及电子工程专业的学生来说,掌握基于FPGA的开发技术是非常必要的。

参与本书编写的教师多年从事EDA课程的教学和相关科研工作,也可以说是作者的教学和科研经验成就了本书。全书系统地介绍了FPGA的开发技术,内容涵盖FPGA可编程逻辑器件的基本知识及相关软件的使用方法,可编程逻辑器件的硬件描述语言,以及基于FPGA的电路设计,着重讲述了FPGA电路设计的方法和技巧,并给出了设计实例。

全书共10章。第1章分析了FPGA开发的基本设计方法和设计流程,并以Altera公司①的FPGA芯片为例,介绍了可编程逻辑器件的结构特点。第2章介绍了可编程逻辑器件的硬件描述语言:VHDL。第3章以Quartus Prime 16.0为例,介绍了可编程逻辑器件开发软件的安装和使用方法。第4章介绍了基本电路的VHDL设计,讲解了VHDL设计时需要注意的基本问题。第5章介绍了基于IP的设计方法。第6章以键盘扫描和液晶驱动设计为例,介绍了人机交互接口设计。第7章介绍了几种基本的数字信号处理电路的VHDL设计。密码算法的设计实现是FPGA在信息安全设计领域的一个重要应用,因此本书的第8章以分组密码、流密码及HASH算法为例,给出了三个密码算法的VHDL设计的实例。第9章涉及FPGA高端开发技术,介绍了基于Nios Ⅱ的Qsys系统开发的流程和设计方法。第10章给出了24个常用基于VHDL的FPGA设计实例。

全书由李莉组织编写并统稿。其中,第1章、第3章、第6章、第10章以及附录部分由李莉编写,第8章由李雪梅和张磊共同编写,第5章、第7章、第9章由李莉和董秀则共同编写,第2章、第4章由李莉和李雪梅共同编写。北京电子科技学院路而红教授不辞辛苦地认真审阅了全部书稿,并为本书提出了许多宝贵的建议和意见。硕士研究生杨凤、王子榛参与

① Altera公司现已被Intel公司收购,书中涉及Altera的产品均为Intel的产品。

了本书相关程序的调试工作。借此机会也向所有关心、支持和帮助本书编写、修改、出版、发行的老师和朋友们致以诚挚的谢意。

由于作者水平有限,书中难免有不妥之处,欢迎各位读者批评、指正。

作　者

2020 年 2 月于北京

目录
CONTENTS

第1章 FPGA开发简介

CHAPTER 1

1.1 可编程逻辑器件概述

可编程逻辑器件(Programmable Logic Device,PLD)是20世纪70年代发展起来的新型逻辑器件。可编程逻辑器件与传统逻辑器件的区别在于其功能不固定,属于一种半定制逻辑器件,可以通过软件的方法对其编程从而改变其逻辑功能。微电子技术的发展,使得设计与制造集成电路的任务已不完全由半导体厂商独立承担,系统设计师们可以在更短的设计周期里,在实验室里设计自己需要的专用集成电路(Application Specific Integrated Circuit,ASIC)芯片。对于可编程逻辑器件有一种说法"What you want is what you get"(所见即所得),这是PLD的一个优势。由于PLD可编程的灵活性以及科学技术的快速发展,PLD也正向高集成、高性能、低功耗、低价格的方向发展,并具备了与ASIC同等的性能。近几年可编程逻辑器件的应用有了突飞猛进的增长,被广泛地使用在各行各业的电子及通信设备里。可编程逻辑器件的规模不断扩大,例如Altera Stratix 10系列单芯片,采用了Altera的3D SiP异构架构,整合了550万逻辑门、HBM2内存以及四核ARM Cortex-A53处理器,被视为高性能FPGA的代表。

我们可以用图1-1描述PLD沿着时间推进的发展流程。

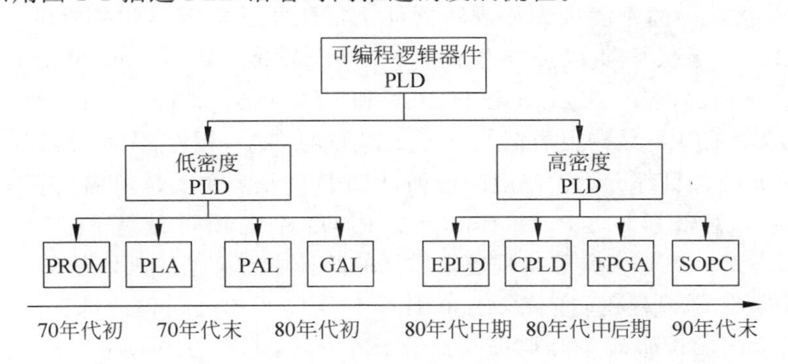

图1-1 PLD器件的发展流程

从集成度上,可以把PLD分为低密度和高密度两种类型,其中低密度可编程逻辑器件LDPLD通常指那些集成度小于1000逻辑门的PLD。20世纪70年代初期至80年代中期的PLD,如PROM(Programmable Read Only Memory)、PLA(Programmable Logic

Array)、PAL(Programmable Array Logic)和 GAL(Generic Array Logic)均属于 LDPLD。低密度 PLD 与中小规模集成电路相比,有着集成度高、速度快、设计灵活方便、设计周期短等优点,因此在推出之初得到了广泛的应用。

低密度 PLD 的基本结构如图 1-2 所示,它是根据逻辑函数的构成原则提出的,由输入缓冲、与阵列、或阵列和输出结构等四部分组成。其中,由与门构成的与阵列用来产生乘积项,由或门构成的或阵列用来产生乘积项之和,因此,与阵列和或阵列是电路的核心。输入缓冲电路可以产生输入变量的原变量和反变量,输出结构相对于不同的 PLD 差异很大,有组合输出结构、时序输出结构、可编程的输出结构等。输出信号往往可以通过内部通路反馈到与阵列,作为反馈输入信号。虽然与/或阵列的组成结构简单,但是所有复杂的 PLD 都是基于这种原理发展而来的。根据与阵列和或阵列可编程性,将低密度 PLD 分为上述四种基本类型,如表 1-1 所示。

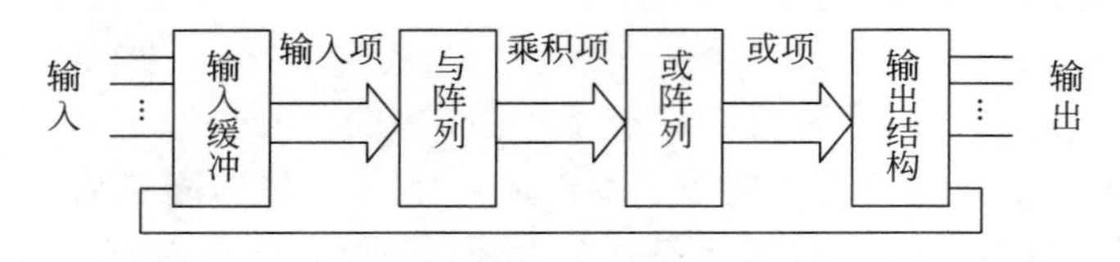

图 1-2 PLD 器件原理结构图

表 1-1 低密度 PLD 器件

PLD 类型	阵列		输出
	与	或	
PROM	固定	可编程,一次性	三态,集电极开路
PLA	可编程,一次性	可编程,一次性	三态,集电极开路寄存器
PAL	可编程,一次性	固定	三态 I/O 寄存器互补带反馈
GAL	可编程,多次性	固定或可编程	输出逻辑宏单元,组态由用户定义

随着科学技术发展,低密度 PLD 无论是资源、I/O 端口性能,还是编程特性都不能满足实际需要,已被淘汰。高密度可编程逻辑器件 HDPLD 通常指那些集成度大于 1000 门的 PLD。20 世纪 80 年代中期以后产生的 EPLD(Erasable Programmable Logic Device)、CPLD(Complex Programmable Logic Device)和 FPGA(Field Programmable Gate Array)均属于 HDPLD。EPLD 结构上类似 GAL。EPLD 与 GAL 相比,无论是与阵列的规模还是输出逻辑宏单元的数目都有了大幅度的增加,EPLD 的缺点主要是内部互联能力较弱。

复杂可编程逻辑器件 CPLD(Complex PLD)和现场可编程门阵列 FPGA(Field Programmable Gate Array)是可编程逻辑器件的两种主要类型。其中复杂可编程逻辑器件 CPLD 的结构包含可编程逻辑宏单元、可编程 I/O 单元和可编程内部连线等几部分。在 CPLD 中数目众多的逻辑宏单元被排成若干个阵列块,丰富的内部连线为阵列块之间提供了快速、具有固定时延的通路。Xilinx 公司的 XC7000 和 XC9500 系列,Lattice 公司的 ispLSI 系列,Altera 公司的 MAX9000 系列,以及 AMD 公司的 MACH 系列都属于 CPLD。

现场可编程门阵列 FPGA 结构包含可编程逻辑块、可编程 I/O 模块和可编程内连线。可编程逻辑块排列成阵列,可编程内连线围绕着阵列。通过对内连线编程,将逻辑块有效地组合起来,实现逻辑功能。FPGA 与 CPLD 之间主要的差别是 CPLD 修改具有固定内连电路的逻辑功能进行编程，而 FPGA 则是通过修改内部连线进行编程。许多器件公司都有自己的 FPGA 产品。例如，Xilinx 公司的 Spartan 系列和 Virtex 系列，Altera 公司的 Stratix 系列和 Cyclone 系列，Actel 公司的 axcelerator 系列等。

在这两类可编程逻辑器件中，FPGA 提供了较高的逻辑密度、较丰富的特性和较高的性能。而 CPLD 提供的逻辑资源相对较少，但是其可预测性较好，因此对于关键的控制应用 CPLD 较为理想。简单地说，FPGA 就是将 CPLD 的电路规模、功能、性能等方面强化之后的产物。FPGA 与 CPLD 的主要区别如表 1-2 所示。

表 1-2　FPGA 与 CPLD 的主要区别

项　　目	CPLD	FPGA
组合逻辑的实现方法	乘积项（product-term），查找表（Look Up Table，LUT）	查找表（Look Up Table，LUT）
编程元素	非易失性（Flash，EEPROM）	易失性（SRAM）
特点	非易失性，立即上电，上电后立即开始运行，可在单芯片上运作	内建高性能硬件宏功能：PLL、存储器模块、DSP 模块、高集成度、高性能、需要外部配置 ROM
应用范围	偏向于简单的控制通道应用以及逻辑连接	偏向于较复杂且高速的控制通道应用以及数据处理
集成度	小至中规模	中至大规模

PLD 生产厂商众多，有 Xilinx、Altera（现并入 Intel 公司内）、Actel、Lattic、Atmel 等，其中以 Xilinx 和 Altera 的产品较有代表性，且占有绝大部分的市场份额。不同公司的 PLD 产品结构不同，且有高低端产品系列之分，因此没有可比性，产品设计时可根据具体的需求来决定。

目前，可编程逻辑器件产业正以惊人的速度发展，可编程逻辑器件在逻辑器件市场的份额正在增长。高密度的 FPGA 和 CPLD 作为可编程逻辑器件的主流产品，继续向着高密度、高速度、低电压、低功耗的方向发展，并且 PLD 厂商开始注重在 PLD 上集成尽可能多的系统级功能，使 PLD 真正成为系统级芯片 SoC（System on Chip），用于解决更广泛的系统设计问题。

1.2　FPGA 芯片

1.2.1　FPGA 框架结构

尽管 FPGA、CPLD 和其他类型 PLD 的结构各有其特点和长处，但概括起来，它们是由三大部分组成的：①可编程输入/输出模块 I/OB（Input/Output Block）。位于芯片内部四周，主要由逻辑门、触发器和控制单元组成。在内部逻辑阵列与外部芯片封装引脚之间提供一个可编程接口。②可配置逻辑模块 CLB（Configurable Logic Block）。FPGA 的核心阵列，用于构造用户指定的逻辑功能，每个 CLB 主要由查找表 LUT（Look Up Table）、触发器、数据选择器和控制单元组成。③可编程内部连线 PI（Programmable Interconnect）。位于 CLB 之间，用于传递信息，编程后形成连线网络，提供 CLB 之间、CLB 与 I/OB 之间的连线。FPGA结构框图如图1-3所示。

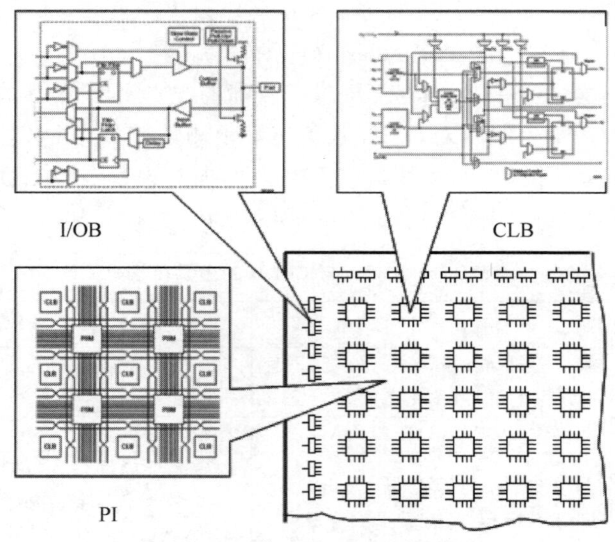

图1-3 典型的FPGA框图

由表1-2可知，FPGA中组合逻辑的实现方法是基于查找表LUT构成的，即CLB中的查找表主要完成组合逻辑的功能。LUT本质上就是一个RAM。一个n输入查找表可以实现n个输入变量的任何组合逻辑功能，如n输入"与"、n输入"异或"等。一个n输入的组合逻辑函数，其值有2^n个可能的结果，把这些可能的结果计算出来，并存放在2^n个SRAM单元中，而n个输入线作为SRAM的地址线，所以按地址可以输出对应单元的结果。输入大于n的组合逻辑必须分开用几个LUT实现。FPGA中多使用4输入的LUT，所以每一个LUT可以看成一个有4位地址线的16×1的RAM。当用户通过原理图或HDL语言描述了一个逻辑电路以后，FPGA开发软件会自动计算逻辑电路所有可能的输出，并把输出结果事先写入RAM，这样，输入信号进行逻辑运算就等于输入地址进行查表，找出地址对应的内容，然后输出即可。

下面以一个4输入与门为例介绍其对应的4输入LUT，如图1-4所示。由于四输入与门只有在四个输入信号a、b、c、d均为1的情况下，其输出才为1，其余情况输出均为0。因此其对应的4输入LUT内部的RAM中，只有地址为1111的单元的存储值1，其余地址单元：0000～1110的存储内容均为0。

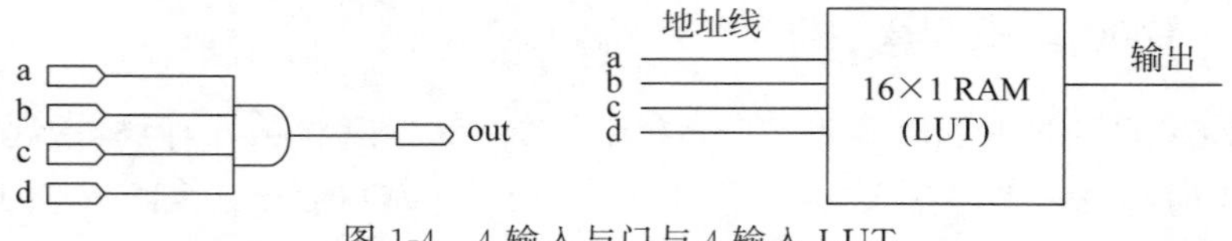

图1-4 4输入与门与4输入LUT

以原Altera的FLEX/ACEX芯片为例，结构如图1-5所示。其中四周为可编程的输入输出单元IOE，灰色为可编程行/列连线，中间为可编程的逻辑阵列块LAB(Logic Array Block)，以及RAM块(图中未表示出)。在FLEX/ACEX中，一个LAB包括8个逻辑单元(LE，Logic Element)，每个LE包括一个LUT、一个触发器和相关逻辑。LE是Altera

FPGA 实现逻辑的最基本结构，如图 1-6 所示，具体性能请参阅数据手册。

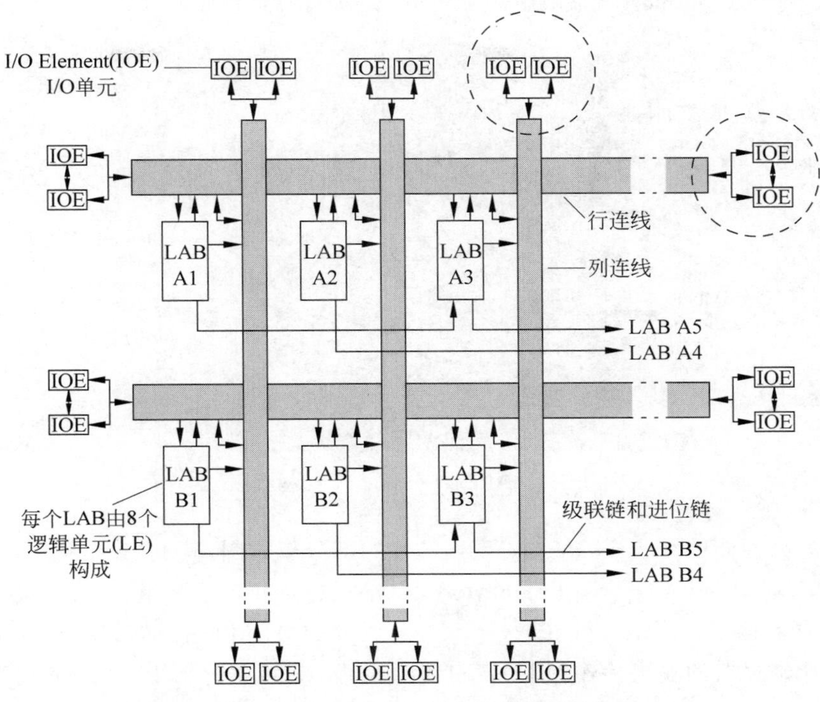

图 1-5 FLEX/ACEX 芯片的内部结构

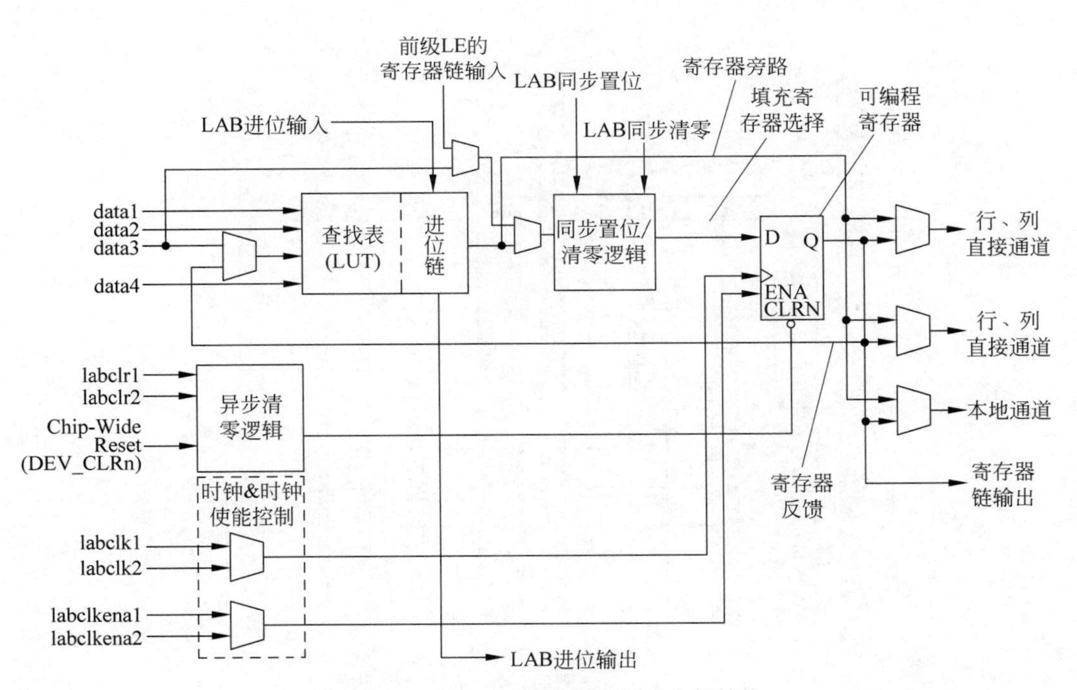

图 1-6 Cyclone IV 逻辑单元(LE)内部结构

后期生产的高性能的FPGA芯片都是在此结构的基础上添加了其他的功能模块构成的，如图1-7所示，Cyclone IV系列中添加了嵌入式乘法器、锁相环等。

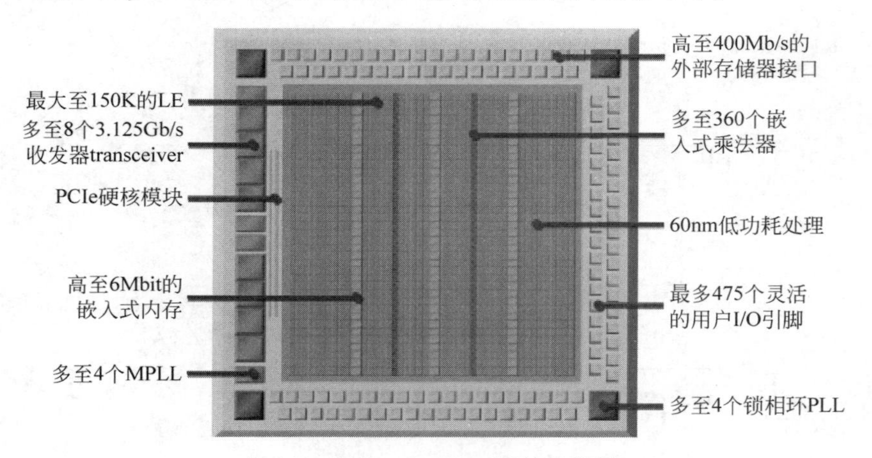

图1-7 Altera Cyclone IV结构框图

图1-8为高性能的Stratix IV GX系列芯片的部分架构图，其LAB结构有所变化，包含8个自适应模块ALM(Adaptive Logic Module)、进位链、共享运算链、LAB控制信号、本地互连以及寄存器链接。本地互连在同一个LAB内部的ALM间传输信号，寄存器链接可以将一个ALM寄存器的输出传输到LAB内部的相邻ALM寄存器上。ALM提高了性能和逻辑利用率，缩短了编译时间。ALM完全集成在Quartus® Prime软件中，能够轻松实现最好的性能、最高的逻辑利用率以及最短的编译时间。图1-9所示为Stratix IV GX系列芯片

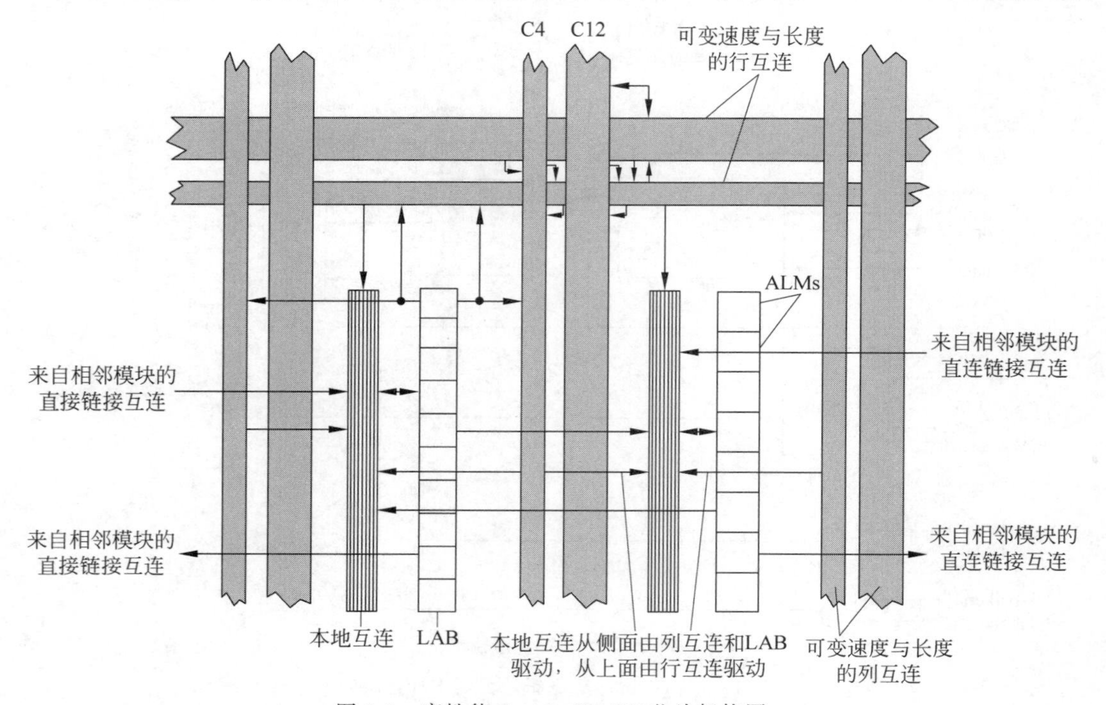

图1-8 高性能Stratix IV GX芯片架构图

的 ALM 逻辑框图,其中自适应查找表 ALUT(Adaptive LUT)为 8 输入分段式 LUT。

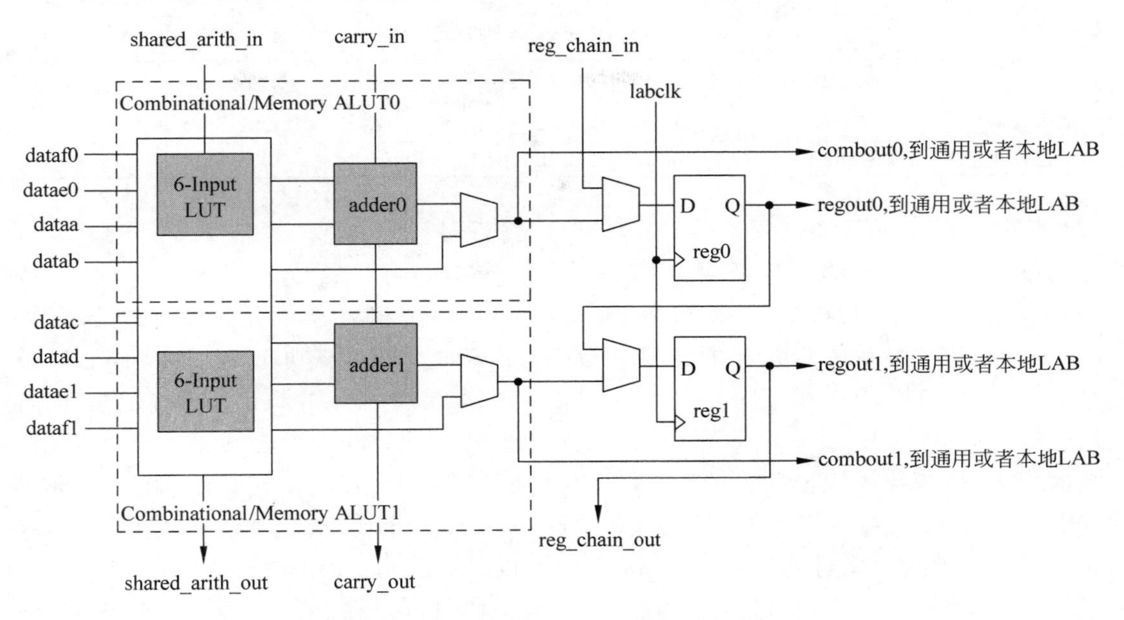

图 1-9 Stratix IV GX ALM 逻辑构图

由于 LUT 主要适合 SRAM 工艺生产,所以大部分 FPGA 都是基于 SRAM 工艺的,而 SRAM 工艺的芯片在掉电后信息就会丢失,因此需要外加一片专用配置芯片。在上电的时候,由这个专用配置芯片把数据加载到 FPGA 中,FPGA 才可正常工作,由于配置时间很短,不会影响系统正常工作。随着技术的发展,FPGA 的工艺也在不断地改进,一些厂家推出了一些新的采用反熔丝或 Flash 工艺的 FPGA,也有一些 FPGA,在其内部集成了配置芯片,而不需要外加专用的配置芯片。

1.2.2 Intel 公司的 FPGA

Intel 公司于 2015 年收购了当时全球第二大 PLD 生产厂商 Altera,其 FPGA 生产总部仍设在美国硅谷圣候赛。英特尔 FPGA 提供了广泛的可配置嵌入式 SRAM、高速收发器、高速 I/O、逻辑模块和路由,嵌入式知识产权(IP)与出色的软件工具相结合,减少了 FPGA 开发时间、功耗和成本。其目前的 FPGA 产品主要有适用于接口设计的 MAX 系列,适用于低成本、大批量设计的 Cyclone 系列,适用于中端设计的 Arria 系列,适用于高端设计的 Stratix 系列,具有高性能、高集成度和高性价比等优点。

1. Cyclone 系列

Cyclone 系列是一款简化版的 FPGA,具有低功耗、低成本和相对高的集成度的特点,非常适宜小系统设计使用。Cyclone 器件内嵌了 M4K RAM 存储器,最多提供 294Kbit 存储容量,能够支持多种存储器的操作模式,如 RAM、ROM、FIFO 及单口和双口等模式。Cyclone 器件支持各种单端 I/O 接口标准,如 3. 3-V、2. 5-V、1. 8-V、LVTTL、LVCMOS、SSTL 和 PCI 标准。具有两个可编程锁相环 PLL,实现频率合成、可编程相移、可编程延迟和外部时钟输出等时钟管理功能。Cyclone 器件具有片内热插拔特性,这一特性在上电前和上电期间起到了保护器件的作用。Intel 的 Cyclone 系列产品如表 1-3 所示。

表 1-3 Cyclone 系列产品

产品	Cyclone	Cyclone Ⅱ	Cyclone Ⅲ	Cyclone Ⅳ	Cyclone Ⅴ	Cyclone10
推出时间(年)	2002	2004	2007	2009	2011	2013
工艺技术	130nm	90nm	65nm	60nm	28nm	20nm

其中,Cyclone(飓风)是 2002 年推出的中等规模 FPGA,130nm 工艺,1.5V 内核供电,与 Stratix 结构类似,是一种低成本 FPGA 系列。Cyclone Ⅱ 是 Cyclone 的下一代产品,2004 年推出,90nm 工艺,1.2V 内核供电,性能和 Cyclone 相当,提供了硬件乘法器单元。Cyclone Ⅲ FPGA 系列 2007 年推出,采用台积电(TSMC)65nm 低功耗工艺技术制造,以相当于 ASIC 的价格,实现了低功耗。Cyclone Ⅳ FPGA 系列 2009 年推出,60nm 工艺,面向低成本的大批量应用。Cyclone Ⅴ FPGA 系列 2011 年推出,28nm 工艺,集成了丰富的硬核知识产权(IP)模块,便于以更低的系统总成本和更短的设计时间完成更多的工作。2013 年推出的 Cyclone10 系列 FPGA 与前几代 Cyclone FPGA 相比,成本和功耗更低,且具有 10.3Gb/s 的高速收发功能模块、1.4Gb/s LVDS 以及 1.8Mb/s 的 DDR3 接口。

我们以 Cyclone Ⅴ FPGA 系列为例进行介绍。Cyclone Ⅴ FPGA 包括了 6 个子系列型号的产品:Cyclone Ⅴ E、Cyclone Ⅴ GX、Cyclone Ⅴ GT、Cyclone Ⅴ SE、Cyclone Ⅴ SX、Cyclone Ⅴ ST,每个子系列又包括多个不同型号的产品。其中后 3 种子系列属于 SoC FPGA,其内部嵌入了基于 ARM® 的硬核处理器系统 HPS,其余与 E、GX、GT 三个子系列的区别相同。而 E、GX、GT 三个子系列的区别在于 E 系列只提供逻辑,GX 额外提供 3.125-Gb/s 收发器,GT 额外提供 6.144Gb/s 收发器。图 1-10 所示为 Cyclone Ⅴ 系列 FPGA 的结构框图。表 1-4 所示为 Cyclone Ⅴ SE SoC FPGA 系列简介。

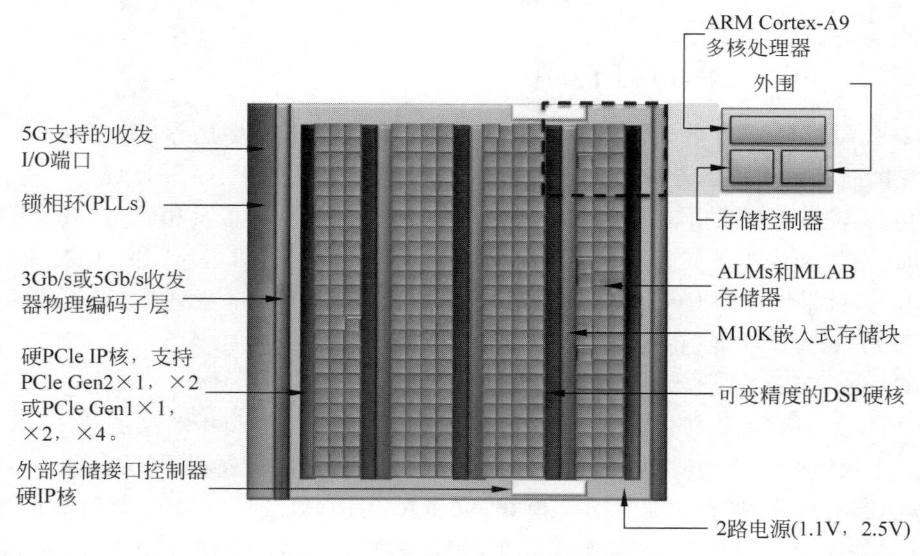

图 1-10 Cyclone Ⅴ 系列结构框图

表 1-4 Cyclone V SE SoC FPGA 系列简介

器件资源	型号			
	A2	A4	A5	A6
LE	25 000	40 000	85 000	110 000
自适应逻辑模块(ALM)	9434	15 094	32 075	41 509
M10K 存储器模块	140	270	397	557
M10K 存储器(Kb)	1400	2700	3970	5570
存储器逻辑阵列模块 MLAB(Kb)	138	231	480	621
18 位×19 位乘法器	72	116	174	224
精度可调 DSP 模块①	36	84	87	112
FPGA PLL	5	5	6	6
HPS PLL	3	3	3	3
FPGA 用户 I/O 最大数量	145	145	288	288
HPS I/O 最大数量	181	181	181	181
FPGA 硬核存储器控制器	1	1	1	1
HPS 硬核存储器控制器	1	1	1	1
处理器内核(ARM CortexTM-A9 MPCoresTM)	一个或两个	一个或两个	一个或两个	一个或两个

注：①DSP 模块包括 3 个 9×9、2 个 18×19 和 1 个 27×27 乘法器。

2. Stratix 系列

Stratix FPGA 属于 Intel 的高端 FPGA，适于功能丰富的宽带系统解决方案，具有高集成度和高性能的特点，Stratix 系列产品如表 1-5 所示。Stratix 系列产品除具有 Altera FPGA 芯片的一般特性外，还提供了专用功能用于时钟管理和数字信号处理(DSP)应用。采用全新的布线结构，在保证延时可预测的同时增加布线的灵活性；增加片内终端匹配电阻，提高信号完整性，具有增强时钟管理和锁相环能力。Stratix 器件还具有 True-LVDS 电路，支持 LVDS、LVPECL、PCML 和 HyperTransportTM 差分 I/O 电气标准及高速通信接口，包括 10G 以太网 XSBI、SFI-4、POS-PHY Level 4(SPI-4 Phase 2)、HyperTransport、RapidIOTM 和 UTOPIA IV 标准。此外，Stratix 器件还具有片内匹配和远程系统更新能力。

表 1-5 Stratix 系列产品

产品	Stratix	Stratix GX	Stratix Ⅱ	Stratix Ⅱ GX	Stratix Ⅲ	Stratix Ⅳ	Stratix Ⅴ	Stratix 10
推出时间(年)	2002	2003	2004	2005	2006	2008	2010	2013
工艺技术	130nm	130nm	90nm	90nm	65nm	40nm	28nm	14nm

其中，Stratix 和 Stratix GX 是 Stratix FPGA 系列中最早的型号产品，在这一系列中引入了 DSP 硬核 IP 模块以及 Intel 应用广泛的 TriMatrix 片内存储器和灵活的 I/O 结构，如图 1-11 所示。Stratix Ⅱ 和 Stratix Ⅱ GX 型 FPGA 引入了自适应逻辑模块(ALM)体系结构，采用了高性能 8 输入分段式查找表 LUT 来替代 4 输入 LUT，这也是 Intel 目前最新的高端 FPGA 所采用的结构。Stratix Ⅲ FPGA 是业界功耗最低的高性能 65nm FPGA。用户可以借助逻辑型(L)、存储器增强型(E)和数字信号处理型(DSP)来综合考虑自身的设计资源要求，而不必采用资源比实际需求大得多的器件进行设计，从而节省电路板，缩短编译

时间,降低成本。Stratix Ⅲ FPGA 面向大量应用的高端内核系统处理设计。Stratix Ⅳ FPGA 在所有 40nm FPGA 中,具有最大的密度、最好的性能和最低的功耗。Stratix Ⅳ FPGA 系列提供增强型(E)和带有收发器(GX 和 GT)的增强型器件,满足了无线和固网通信、军事、广播等众多市场和应用的需求。Stratix Ⅳ FPGA 系列包含了同类最佳的 11.3Gb/s 收发器。Stratix Ⅴ FPGA 采用 28nm 工艺,100 万逻辑单元(LE),以及 3926 个精度可调数字信号处理(DSP)模块,芯片至芯片和芯片至模块的 14.1Gb/s(GS 和 GX)以及支持芯片至芯片和芯片至模块的 28Gb/s(GT)收发器。Stratix 10 系列于 2013 年初发布,采用 Intel 的 14nm 三栅极技术,内核处理速度达到了前代的 2 倍,串行收发器带宽达到了前代的 4 倍,单芯片超过 400 万逻辑单元。

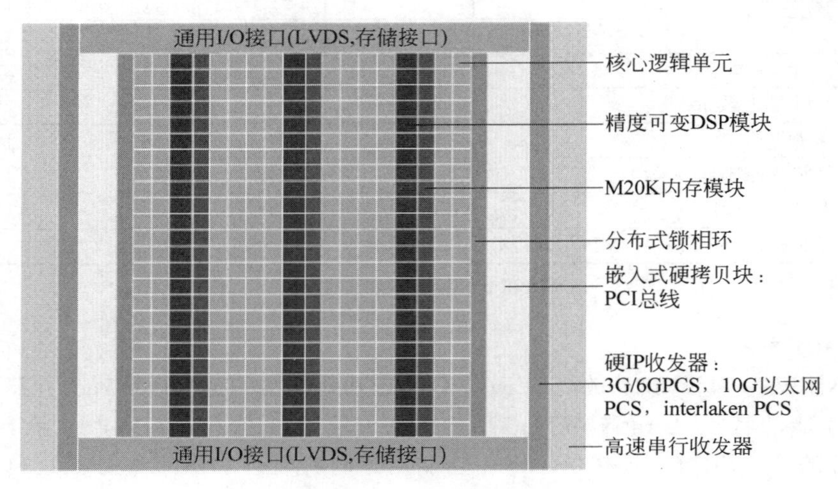

图 1-11　Stratix FPGA 结构框图

所有 Stratix FPGA 系列都有等价的 HardCopy ASIC 器件,设计人员能够很容易将其 Stratix FPGA 设计移植到 HardCopy Stratix 器件中,为 ASIC 设计提供了低风险、低成本的量产途径。

我们以 Stratix Ⅴ 系列为例进行介绍。Stratix Ⅴ 包括了 4 个子系列型号的产品:Stratix Ⅴ GT、Stratix Ⅴ GX、Stratix Ⅴ GS、Stratix Ⅴ E,每个子系列又包括多个不同型号的产品。其中 Stratix Ⅴ GT 提供 28.05Gb/s 收发器,适用于需要超宽带和超高性能的应用,例如,40G/100G/400G 应用。Stratix Ⅴ GX 集成 14.1Gb/s 收发器,支持此速度下的背板、芯片至芯片和芯片至模块操作,适用于高性能、宽带应用。Stratix Ⅴ GS 集成 14.1Gb/s 收发器,支持此速度下的背板、芯片至芯片和芯片至模块操作,适用于高性能精度可调数字信号处理(DSP)应用。Stratix Ⅴ E 在高性能逻辑架构上提供 952K 逻辑单元,适用于 ASIC 原型开发。表 1-6 所示为 Stratix Ⅴ GX FPGA 系列简介。

表 1-6　Stratix Ⅴ GX FPGA 系列简介

器件资源	5SGXA3	5SGXA4	5SGXA5	5SGXA7	5SGXA9	5SGXAB	5SGXB5	5SGXB6
等价 LE	340 000	420 000	490 000	622 000	840 000	952 000	490 000	597 000
自适应逻辑模块(ALM)	128 300	158 500	185 000	234 720	317 000	359 200	185 000	225 400

续表

器件资源	5SGXA3	5SGXA4	5SGXA5	5SGXA7	5SGXA9	5SGXAB	5SGXB5	5SGXB6
寄存器	513 200	634 000	740 000	938 880	1 268 000	1 436 800	740 000	901 600
14.1-Gb/s 收发器	36	36	48	48	48	48	66	66
M20K 存储器模块	957	1900	2304	2560	2640	2640	2100	2660
M20K 存储容量(Mb)	19	37	45	50	52	52	41	52
存储器逻辑阵列模块 MLAB 容量(Mb)	3.92	4.84	5.65	7.16	9.67	10.96	5.65	6.88
18×18 乘法器	512	512	512	512	704	704	798	798
27×27 DSP 模块	256	256	256	256	352	352	399	399
PCIE 硬 IP 核	1 或 2	1 或 2	1 或 4	1 或 4	1 或 4	1 或 4	1 或 4	1 或 4

3. Arria 系列

Arria 系列 FPGA 拥有丰富的内存和逻辑模块、数字信号处理(DSP)模块，能够提供高达 25.78Gb/s 的收发器功能和卓越的信号完整性，可提供中端市场所需的最佳性能和能效。Arria 产品系列如表 1-7 所示。

表 1-7 Arria 系列产品

产品	Arria GX	Arria II GX	Arria II GZ	Arria V GX GT SX	Arria V GZ	Arria 10
推出时间(年)	2007	2009	2010	2011	2012	2013
工艺技术	90nm	40nm	40nm	28nm	28nm	20nm

下面以 Arria 10 系列为例进行介绍。Arria 10 系列采用了 20nm 的制造工艺与 OpenCores 设计，与其他同类型产品相比，可以提供速度等级更快的内核性能，时钟频率 f_{MAX} 提高 20%，功耗降低 40%，并且具有业内唯一的硬核浮点数字信号处理模块，速度高达 1.5tera 次浮点运算每秒(TFLOPS)。其结构框图如图 1-12 所示。

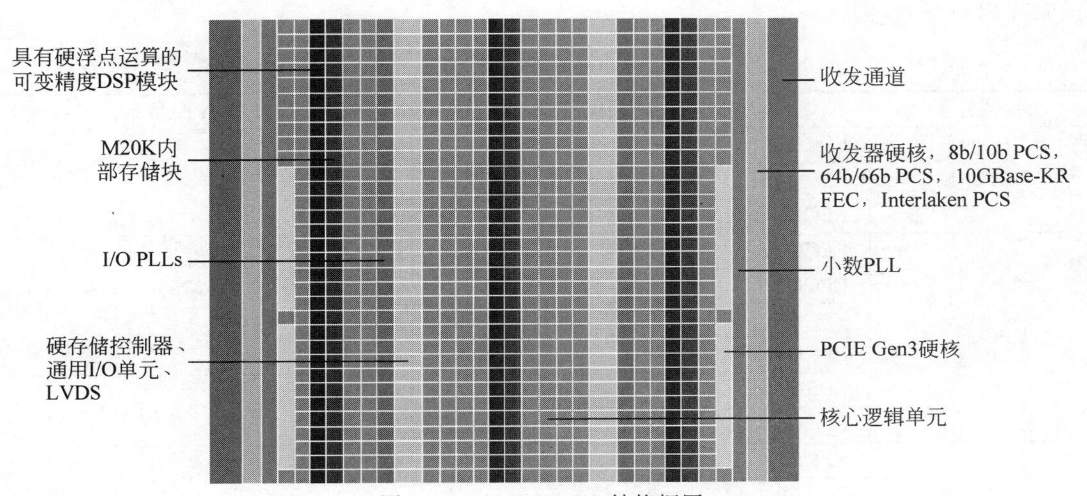

图 1-12 Arria FPGA 结构框图

Arria 10 FPGA 系列包括 GX160/SX160、GX220/SX220、GX270/SX270、GX320/SX320、GX480/SX480、GX570/SX570、GX660/SX660、GX900、GX1150、GT900、GT1150，

以 GX480、GX570、GX900、GX1150 为例，其逻辑资源如表 1-8 所示。

表 1-8 Arria10 系列逻辑资源简介

器件资源	GX 480	GX 570	GX 900	GX 1150
逻辑单元 LEs(K)	480	570	900	1150
系统逻辑单元(K)	629	747	1180	1506
自适应逻辑模块 ALMs	181 790	217 080	339 620	427 200
寄存器	727 160	868 320	1 358 480	1 708 800
M20K 存储器模块	1438	1800	2423	2713
M20K 存储容量(Mb)	28	35	47	53
MLAB 存储容量 (Mb)	4.3	5	9.2	12.7
硬单精度浮点乘法器/加法器,18 * 19 乘法器	2736	3046	3036	3036
峰值定点性能(GMACS)	3010	3351	3340	3340
峰值浮点性能(GFLOPS)	1231	1371	1366	1366
全局时钟网络	32	32	32	32
区域时钟	8	8	16	16
最大 LVDS 通道(1.6G)	222	324	384	384
最大用户 I/O 管脚数	492	696	768	768
收发器数(17.4Gb/s)	36	48	96	96
PCIe IP 核(Gen3 * 8)	2	2	4	4
3V I/O 管脚数	48	96	—	—

4. 配置芯片

由于 FPGA 是基于 SRAM 生产工艺的，所以配置数据在掉电后将丢失，因此 FPGA 在产品中使用时，必须考虑其在系统上电时的配置问题，而采用专用配置芯片是一种常用的解决方案。Intel 的 FPGA 配置芯片都是基于 EEPROM 生产工艺的，具有在系统可编程(ISP)和重新编程能力，且生命周期比商用串行闪存产品更长。表 1-9 所示为 Intel 提供的 FPGA 串行配置芯片。

表 1-9 Intel FPGA 配置芯片

配置器件系列	配 置 器 件	容量/Mb	封 装	电压/V	FPGA 产品系列兼容性
EPCQ-L	EPCQL256	256	24-ball BGA	1.8	兼容 Arria 10 和 Stratix 10 FPGA
	EPCQL512	512	24-ball BGA	1.8	
	EPCQL1024	1024	24-ball BGA	1.8	
EPCQ	EPCQ16	16	8-pin SOIC	3.3	兼容 28nm 以及早期的 FPGA
	EPCQ32	32	8-pin SOIC	3.3	
	EPCQ64	64	16-pin SOIC	3.3	
	EPCQ128	128	16-pin SOIC	3.3	
	EPCQ256	256	16-pin SOIC	3.3	兼容 28nm FPGA
	EPCQ512	512	16-pin SOIC	3.3	
EPCS	EPCS1	1	8-pin SOIC	3.3	兼容 40nm 和更早的 FPGA，但是建议新设计使用 EPCQ
	EPCS4	4	8-pin SOIC	3.3	
	EPCS16	16	8-pin SOIC	3.3	
	EPCS64	64	16-pin SOIC	3.3	
	EPCS128	128	16-pin SOIC	3.3	

1.3　FPGA 开发工具

PLD的问世及其发展圆了系统设计师和科研人员的梦想：利用价格低廉的软件工具在实验室里快速设计、仿真和测试数字系统，然后，以最短的时间将设计编程到一块 PLD 芯片中，并立即投入到实际应用。FPGA 的开发涉及硬件和软件两方面的工作。一个完整的 FPGA 开发环境主要包括运行于 PC 上的 FPGA 开发工具、编程器或编程电缆、FPGA 开发板。图 1-13 是 USB Blaster 下载器连接示意图。

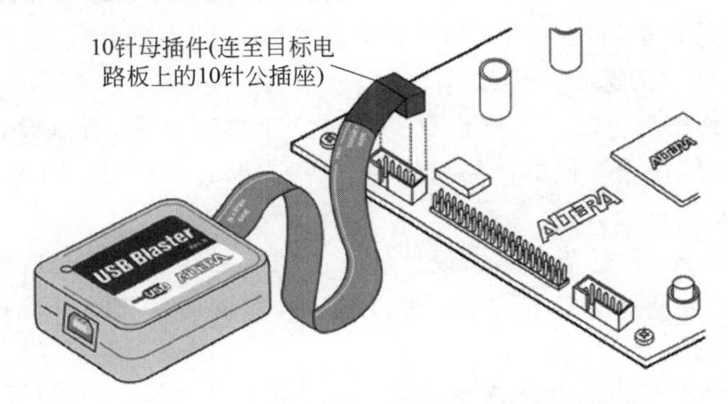

图 1-13　USB Blaster 下载器连接示意图

通常所说的 FPGA 开发工具主要是指运行于 PC 上的 EDA(Electronics Design Automation)开发工具，或称 EDA 开发平台。EDA 开发工具有两大来源：软件公司开发的通用软件工具和 PLD 制造厂商开发的专用软件工具。其中软件公司开发的通用软件工具以三大软件巨头 Cadence、Mentor、Synopsys 的 EDA 开发工具为主，内容涉及设计文件输入、编译、综合、仿真、下载等 FPGA 设计的各个环节，是工业界认可的标准工具。其特点是功能齐全，硬件环境要求高，软件投资大，通用性强，不面向具体公司的 PLD 器件。PLD 制造厂商开发的专用软件工具则具有硬件环境要求低、软件投资小的特点，并且很多 PLD 厂商的开发工具是免费提供的，因此其市场占有率非常大，据 Form-10K 数据显示，世界上最重要的 PLD 厂商 Xilinx 公司和 Altera 公司(现 Intel 公司)的开发工具占据了 60%以上的市场份额；缺点是只针对本公司的 PLD 器件，有一定的局限性。Altera 公司的开发工具包括早先版本的 MAX+plus Ⅱ、Quartus Ⅱ 以及目前推广的 Quartus Prime，Quartus Prime 支持绝大部分 Altera 公司的产品，集成了全面的开发工具、丰富的宏功能库和 IP 核，因此，该公司的 PLD 产品获得了广泛的应用。Xilinx 公司的开发工具包括早先版本的 Foundation、后期的 ISE，以及目前主推的 Vivado。

通过 FPGA 开发工具的不同功能模块，可以完成 FPGA 开发流程中的各个环节，有关 Quartus Prime 的介绍及使用请参照本书第 3 章的内容。

1.4　基于 FPGA 的开发流程

1.4.1　FPGA 设计方法概论

与传统的自底向上的设计方法不同，FPGA 的设计方法属于自上而下的设计方法，一开始并不去考虑采用哪一型号的器件,而是从系统的总体功能和要求出发,先设计规划好整个系统,然后再将系统划分成几个不同功能的部分或模块,采用可完全独立于芯片厂商及其产品结构的描述语言,对这些模块从功能描述的角度出发,进行设计。整个过程并不去考虑具体的电路结构是怎样的,功能的设计完全独立于物理实现。

与传统的自底向上的设计方法相比,自上而下的设计方法具有如下优点:

(1) 完全符合设计人员的设计思路,从功能描述开始,到物理实现的完成。

(2) 设计更加灵活。自底向上的设计方法受限于器件的制约,器件本身的功能以及工程师对器件了解的程度都将影响到电路的设计,限制了设计师的思路和器件选择的灵活性。而功能设计使工程师可以将更多的时间和精力放在功能的实现和完善上,只在设计过程的最后阶段进行物理器件的选择或更改。

(3) 设计易于移植和更改。由于设计完全独立于物理实现,所以设计结果可以在不同的器件上进行移植,应用于不同的产品设计中,做到成果的再利用。同时也可以方便地对设计进行修改、优化或完善。

(4) 易于进行大规模、复杂电路的设计实现。FPGA 器件的高集成度以及深亚微米生产工艺的发展,使得复杂系统的 SoC 设计成为可能,为设计系统的小型化、低功耗、高可靠性等提供了物理基础。

(5) 设计周期缩短。由于功能描述可完全独立于芯片结构,在设计的最初阶段,设计师可不受芯片结构的约束,集中精力进行产品设计,进而避免了传统设计方法所带来的重新再设计风险,大大缩短了设计周期,同时提高了性能,使得产品竞争力加强。据统计,采用自上而下设计方法的生产率可达到传统设计方法的 2～4 倍。

1.4.2 典型 FPGA 开发流程

典型 FPGA 的开发流程如图 1-14 所示。

第一步,首先要明确所设计电路的功能,并对其进行规划,确定设计方案,根据需要可以将电路的设计分为几个不同的模块分别进行设计。

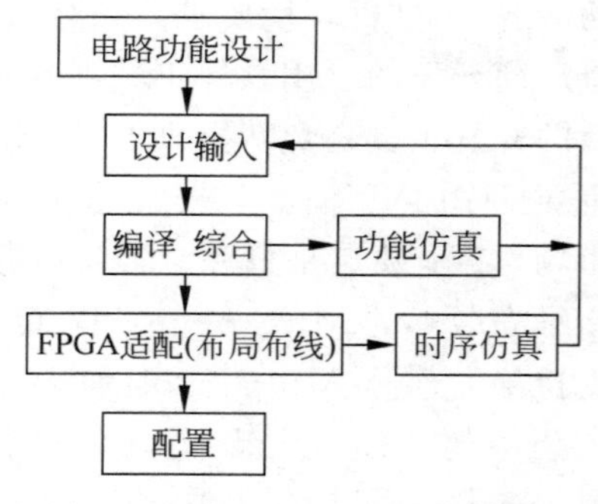

图 1-14 典型 FPGA 的开发流程

第二步,进行各个模块的设计,通常是用硬件描述语言 HDL(Hardware Description Language)对电路模块的逻辑功能进行描述,得到一个描述电路模块功能的源程序文件,从而完成电路模块的设计输入。

第三步,对输入的文件进行编译综合,从而确定设计文件有没有语法错误,并将设计输入文件从高层次的系统行为描述翻译为低层次的门级网表文件。这之后,可以进行电路的功能仿真,通过仿真检验电路的功能设计是否满足设计需求。

第四步,进行 FPGA 适配,即确定选用的 FPGA 芯片,并根据选定芯片的电路结构,进行布局布线,生成与之对应的门级网表文件。如果在编译之前已经选定了 FPGA 芯片,则第三步和第四步可以合为一个步骤。

第五步,进行时序仿真,根据芯片的参数以及布局布线信息验证电路的逻辑功能和时序是否符合设计需求。如若仿真验证正确,则进行程序的下载,否则,返回去修改设计输入文件。

第六步，下载或配置，即将设计输入文件下载到选定的FPGA芯片中，完成对器件的布局布线，生成所需的硬件电路，通过实际电路的运行检验电路的功能是否符合要求，如若符合，则电路设计完成，否则，返回去修改设计输入文件。

1.4.3 FPGA的配置

FPGA的下载称之为配置，可进行在线重配置ICR(In Circuit Reconfigurability)，即在系统正常工作时进行下载配置FPGA，其功能跟ISP类似。FPGA采用静态存储器SRAM存储编程信息，SRAM属于易失元件，所以系统需要外接配置芯片或存储器，存储编程信息。每次系统加电，在整个系统工作之前，先要将储存在配置芯片或存储器中的编程数据加载到FPGA器件的SRAM中，之后系统才开始工作。

CPLD的下载称之为编程，我们常说的在系统可编程ISP(In System Programmability)是针对CPLD器件而言的。在系统可编程ISP器件采用的是EEPROM或者闪存存储器FLASH存储编程信息，这类器件的编程信息断电后不会丢失，由于器件设有保密位，所以器件的保密性强。

1. 配置方式

FPGA的配置有多种模式，大致分为主动配置和被动配置两种模式。主动配置是指由FPGA器件引导配置过程，是在产品中使用的配置方式，配置数据存储在外部ROM中，上电时由FPGA引导从ROM中读取数据并下载到FPGA器件中。被动配置是指由外部计算机或者控制器引导配置过程，在调试和实验阶段常采用这种配置方式。每个FPGA厂商都有自己特定的术语、技术和协议，FPGA配置细节不完全一样。

下面以Intel公司的FPGA器件为例，其配置模式主要有：主动串行AS(Active Serial)方式、被动串行PS(Passive Serial)方式、快速被动并行FPP(Fast Passive Parallel)方式、JTAG(Joint Test Action Group)方式、Avalon ®-ST方式、SD/MMC、Configuration via Protocal(CvP)。各配置模式间的区别如表1-10所示。不同的FPGA芯片支持的配置模式不同，具体需参照各系列芯片的数据手册。

表1-10 配置模式比较表

主动/被动配置	配置方式	外部存储器/配置器件	数据宽度/位
主动(Active)	AS(X1、X4)	EPCS、EPCQ配置器件	1、4
	SD/MMC	SD/MMC卡	8
被动(Passive)	PS	MAX Ⅱ、MAX Ⅴ或带FLASH的微处理器	1
		EPCS配置器件	1
		下载电缆	1
	FPP	MAX Ⅱ、MAX Ⅴ或带FLASH的微处理器	8、16、32
	Avalon-ST	具有PFL Ⅱ和CFI FLASH的CPLD，带外部存储的微处理器	8、16、32
	CvP	PCIe主机设备	1、2、4、8、16、32
	JTAG	下载电缆	1

2. 下载电缆

下载电缆用于将不同配置方式下的配置数据由 PC 传送到 FPGA 器件中，下载电缆不仅可以用于配置 FPGA 器件，也可以实现对 CPLD 器件的编程。Altera 公司目前主要提供三种类型的下载电缆，ByteBlaster Ⅱ、USB-Blaster 和 Ethernet Blaster 下载电缆。其中 ByteBlaster Ⅱ下载电缆通过使用 PC 的打印机并口，可以实现 PC 对 Altera 器件的配置或编程，USB Blaster 下载电缆通过使用 PC 的 USB 口，可以实现 PC 对 Altera 器件的配置或编程。两种电缆都支持 1.8V、2.5V、3.3V 和 5.0V 的工作电压，支持 SignalTap II 的逻辑分析，支持 EPCS 配置芯片的 AS 配置模式。另外 USB Blaster 下载电缆还支持对嵌入 Nios II 处理器的通信及调试。Ethernet Blaster 下载电缆通过使用以太网的 RJ-45 接口，可以实现以太网对 Altera 器件的远程配置或编程。各下载电缆如图 1-15 所示。

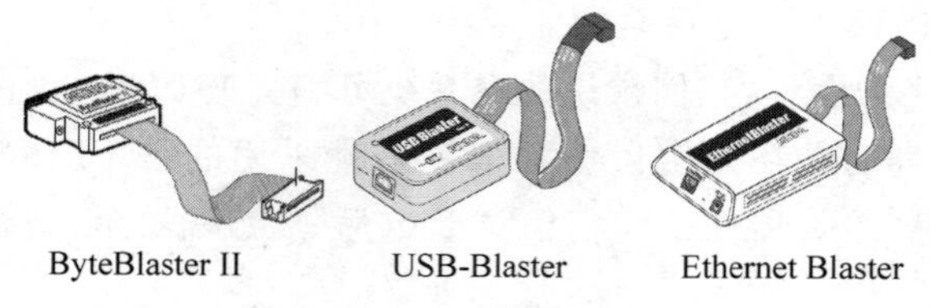

图 1-15 下载电缆

下面以 Cyclone10 系列 FPGA 的配置为例，介绍其配置模式和配置电路的设计。Cyclone10 支持的配置模式主要有：AS、PS、FPP 和 JTAG。在 FPGA 芯片的外部引脚上，有专门的 3 个引脚 MSEL[2..0]用于设定具体的配置模式，如表 1-11 所示。

表 1-11 配置模式设置

配置方式	VCCPGM (V)	上电复位(PRO)延迟	MSEL[2..0]
JTAG	—	—	任何有效配置均可
AS(X1、X4)	1.8	Fast	011
		Standard	010
PS	1.2/1.5/1.8	Fast	000
FPP		Standard	001

注：JTAG 配置方式的优先级最高，当仅采用 JTAG 配置方式时，MSEL[2..0]接地或电源均可；若除 JTAG 配置方式外，还采用了其他的配置方式，则按照其他配置方式设定 MSEL1 和 MSEL0 的值。

除此之外，FPGA 上还有专门的配置引脚，用于各种配置方式，表 1-12 所示为下载电缆采用 10 针的插头时，插头上的各引脚分别在 PS 和 JTAG 配置方式下与 FPGA 的配置引脚间的对应关系。

表 1-12 不同配置方式下 10 针插头与 FPGA 配置引脚间的对应关系及功能描述

引脚	PS 模式		JTAG 模式	
	信号名	功能描述	信号名	功能描述
1	DCLK	时钟	TCK	时钟
2	GND	信号地	GND	信号地
3	CONF_DONE	配置控制	TDO	器件输出数据

续表

引脚	PS 模式		JTAG 模式	
	信号名	功能描述	信号名	功能描述
4	VCC	电源	VCC	电源
5	nCONFIG	配置控制	TMS	JTAG 状态控制
6	—	NC(引脚悬空)	—	NC
7	nSTATUS	配置的状态	—	NC
8	—	NC	—	NC
9	DATA0	配置到器件的数据	TDI	配置到器件的数据
10	GND	信号地	GND	信号地

不同配置方式下,各配置电路的设计也不相同。图 1-16 为 FPGA 的 AS 配置电路图,即先通过在系统编程 ISP 方式将配置数据通过 ByteBlaster Ⅱ 或 USB Blaster 下载电缆下载至串行配置芯片中,再通过配置芯片与 FPGA 采用 AS 配置方式连接,在上电时由 FPGA 引导完成对 FPGA 的配置。

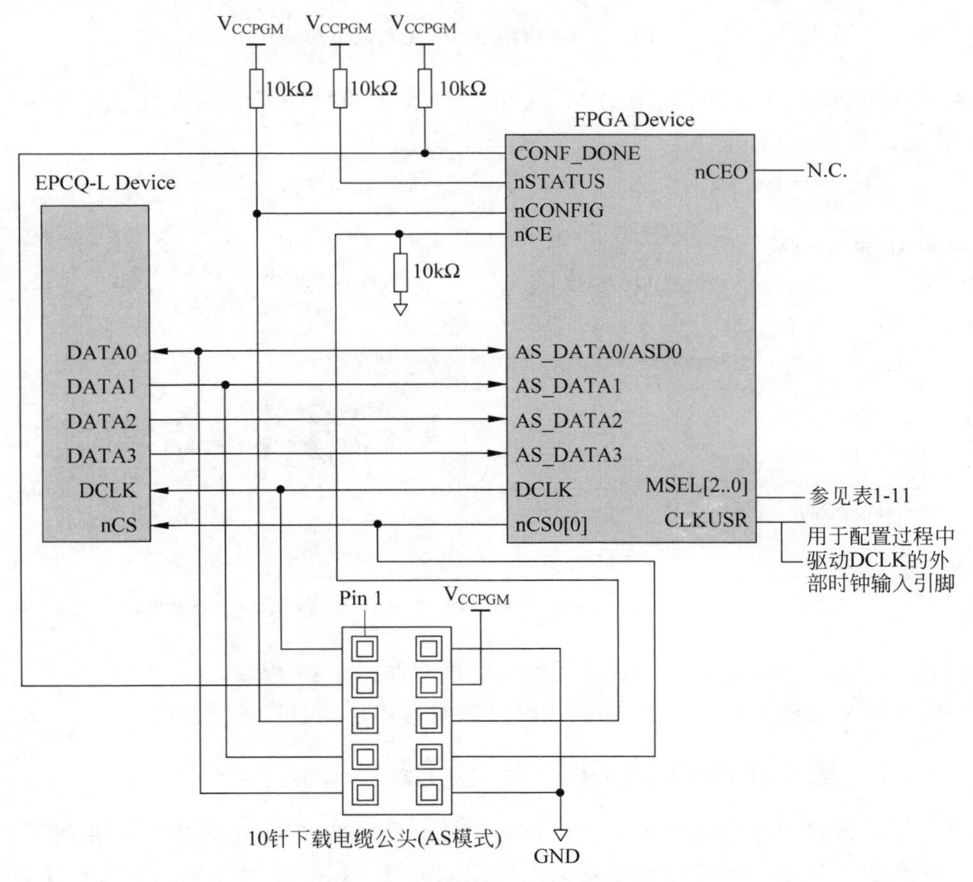

图 1-16 FPGA 的 AS 配置电路图

图 1-17 为 FPGA 的 PS 配置电路图。

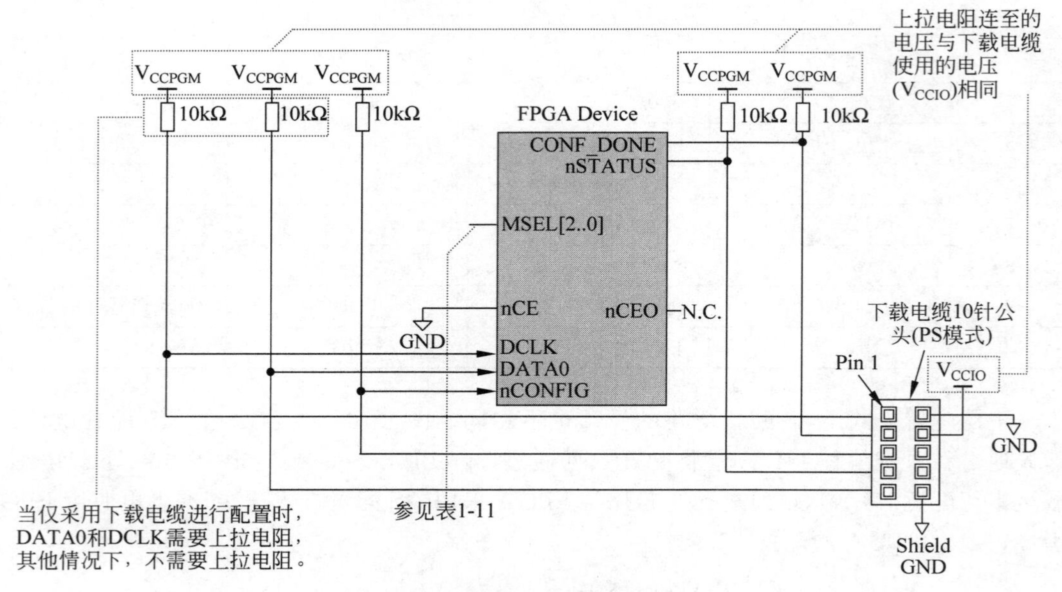

图 1-17 FPGA 的 PS 配置电路图

在 PS 配置模式下，还可以采用 MAX Ⅱ、MAX Ⅴ系列的 CPLD 器件或其他的微处理器，配置电路如图 1-18 所示。

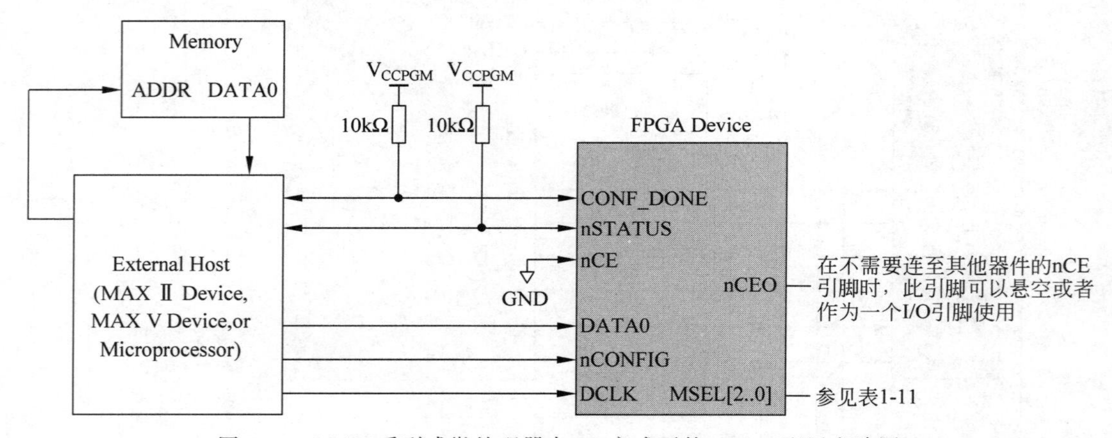

图 1-18 MAX 系列或微处理器在 PS 方式下的 FPGA 配置电路图

FPGA 通过 JTAG 方式用下载电缆配置的电路如图 1-19 所示。

FPGA 的配置模式非常灵活，在使用时可参阅具体系列芯片数据手册。

1.4.4 基于 FPGA 的 SoC 设计方法

片上系统 SoC 是半导体和电子设计自动化技术发展的产物，也是业界研究和开发的焦点。国内外学术界一般倾向将 SoC 定义为将微处理器、模拟 IP 核、数字 IP 核和存储器(或片外存储控制接口)集成在单一芯片上，它通常是客户定制的，或是面向特定用途的标准产品。所谓 SoC，是将原来需要多个功能单一的 IC 组成的板级电子系统集成到一块芯片上，

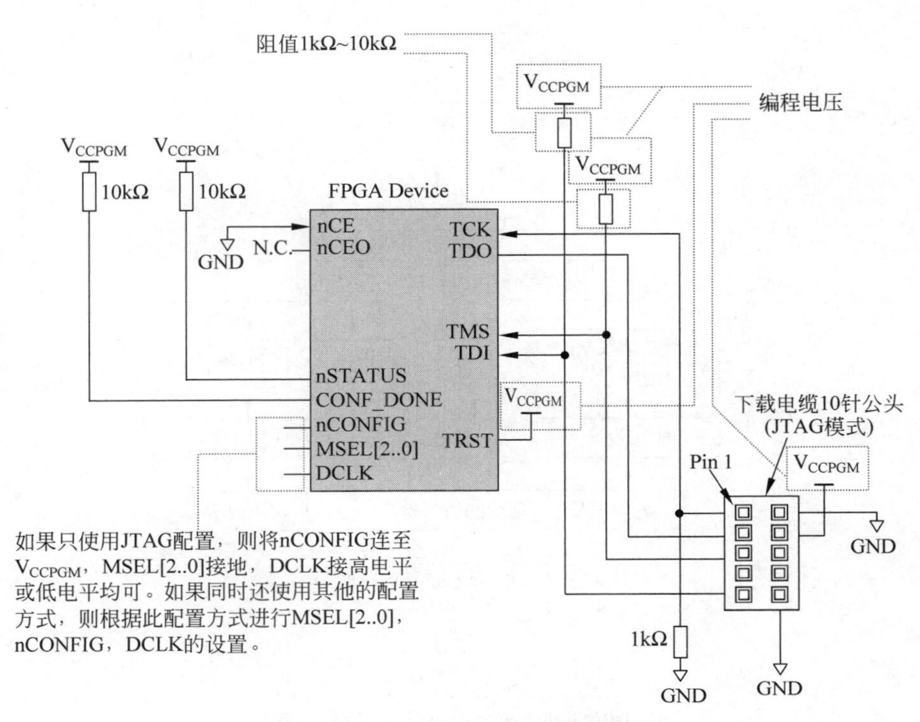

图 1-19　FPGA 的 JTAG 配置电路图

从而实现芯片即系统，芯片上包含完整系统并嵌有软件。SoC 又是一种技术，用以实现从确定系统功能开始，到软/硬件划分，并完成设计的整个过程。

高集成度使 SoC 具有低功耗、低成本的优势，并且容易实现产品的小型化，在有限的空间中实现更多的功能，提高系统的运行速度。

SoC 设计关键技术主要包括总线架构技术、IP 核可复用技术、软硬件协同设计技术、SoC 验证技术、可测性设计技术、低功耗设计技术、超深亚微米电路实现技术等，此外还要做嵌入式软件移植、开发研究，是一门跨学科的新兴研究领域。基于 FPGA 的 SoC 设计流程如图 1-20 所示。在进行 SoC 设计的过程中，应注意采用 IP 核的重用设计方法，通用模块的设计尽量选择已有的设计模块，例如各种微处理器、通信控制器、中断控制器、数字信号处理器、协处理器、密码处理器、PCI 总线以及各种存储器等，把精力放在系统中独特的设计部分。关于 IP 核的介绍及使用，大家可参见本书第 5 章的内容。

1. 系统功能集成是 SoC 的核心技术

在传统的应用电子系统设计中，需要根据设计要求的功能模块对整个系统进行综合，即根据设计要求的功能，寻找相应的集成电路，再根据设计要求的技术指标设计所选电路的连接形式和参数。这种设计的结果是一个以功能集成电路为基础、器件分布式的应用电子系统结构。设计结果能否满足设计要求不仅取决于电路芯片的技术参数，而且与整个系统 PCB 版图的电磁兼容特性有关。同时，对于需要实现数字化的系统，往往还需要有单片机等参与，所以还必须考虑分布式系统对电路固件特性的影响。很明显，传统应用电子系统的实现，采用的是分布功能综合技术。

对于 SoC 来说，应用电子系统的设计也是根据功能和参数要求设计系统，但与传统方

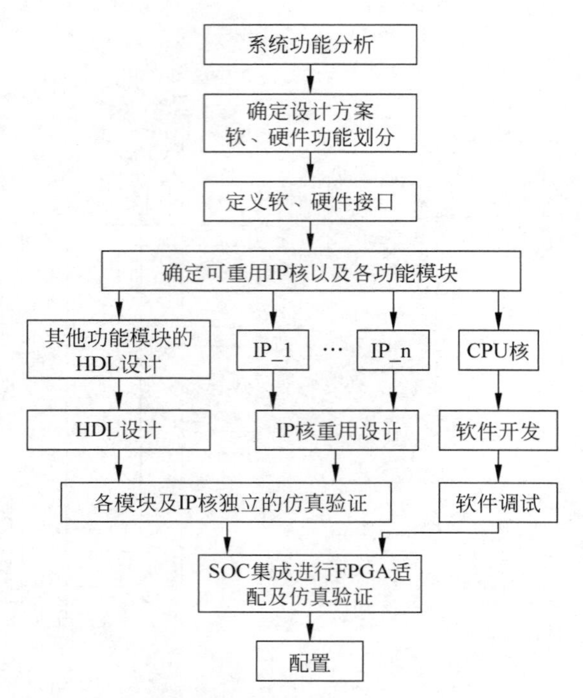

图 1-20 基于 FPGA 的 SoC 设计流程图

法有着本质的差别。SoC 不是以功能电路为基础的分布式系统综合技术,而是以功能 IP 为基础的系统固件和电路综合技术。首先,功能的实现不再针对功能电路进行综合,而是针对系统整体固件实现进行电路综合,也就是利用 IP 技术对系统整体进行电路结合。其次,电路设计的最终结果与 IP 功能模块和固件特性有关,而与 PCB 板上电路分块的方式和连线技术基本无关。因此,使设计结果的电磁兼容特性得到极大提高。换句话说,就是所设计的结果十分接近理想设计目标。

2. 固件集成是 SoC 的基础设计思想

在传统分布式综合设计技术中,系统的固件特性往往难以达到最优,原因是所使用的是分布式功能综合技术。一般情况下,功能集成电路为了满足尽可能多地使用面,必须考虑两个设计目标:一个是能满足多种应用领域的功能控制要求目标;另一个是要考虑满足较大范围应用功能和技术指标。因此,功能集成电路(也就是定制式集成电路)必须在 I/O 和控制方面附加若干电路,以使一般用户能得到尽可能多的开发性能。从而导致定制式电路设计的应用电子系统不易达到最佳,特别是固件特性更是具有相当大的分散性。

对于 SoC 来说,从 SoC 的核心技术可以看出,使用 SoC 技术设计应用电子系统的基本设计思想就是实现全系统的固件集成。用户只需根据需要选择并改进各部分模块和嵌入结构,就能实现充分优化的固件特性,而不必花时间熟悉定制电路的开发技术。固件集成的突出优点就是系统能更接近理想系统,更容易实现设计要求。

3. 嵌入式系统是 SoC 的基本结构

在使用 SoC 技术设计的应用电子系统中,可以十分方便地实现嵌入式结构。各种嵌入结构的实现十分简单,只要根据系统需要选择相应的内核,再根据设计要求选择与之相配合的 IP 模块，就可以完成整个系统硬件结构。尤其是采用智能化电路综合技术时，可以更充分地实现整个系统的固件特性，使系统更加接近理想设计要求。必须指出，SoC 的这种嵌入式结构可以大大地缩短应用系统设计开发周期。

4. IP 是 SoC 的设计基础

传统应用电子设计工程师面对的是各种定制式集成电路，而使用 SoC 技术的电子系统设计工程师所面对的是一个巨大的 IP 库，所有设计工作都是以 IP 模块为基础。SoC 技术使应用电子系统设计工程师变成了一个面向应用的电子器件设计工程师。由此可见，SoC 是以 IP 模块为基础的设计技术，IP 是 SoC 设计的基础。

第 2 章 VHDL 硬件描述语言

CHAPTER 2

传统的数字逻辑电路的设计方法，通常是根据设计要求，抽象出状态图，并对状态图进行化简，以求得到最简逻辑函数式，再根据逻辑函数式设计出逻辑电路。这种设计方法在电路系统庞大时，就显得设计过程烦琐且有难度，因此人们希望有一种更高效且方便的方法来完成数字电路的设计，这种需求推动了电子设计自动化技术（Electronic Design Automatic，EDA）的发展。所谓电子设计自动化技术是指以计算机为工作平台，融合了应用电子技术、计算机技术、智能化技术的最新成果而开发出的电子 CAD 通用软件包，它根据硬件描述语言 HDL（Hardware Description Language）描述的设计文件，自动完成逻辑、化简、分割、综合、优化、布局布线及仿真，直至完成对于特定目标芯片的适配编译、逻辑映射和编程下载等工作。EDA 的工作范围很广，涉及 IC 设计、电子电路设计、PCB 设计等多个领域，本书介绍的内容仅限于数字电子电路的自动化设计领域。

下面我们以图 2-1 所示的数据选择器为例介绍如何采用硬件描述语言设计数字电路，实现电子设计自动化。

【例 2.1】 2 选 1 的数据选择器的 VHDL 描述。

```
entity mux21a is
    port( a, b : in bit ;
        s : in bit;
        y : out bit ) ;
end entity mux21a ;

architecture one of mux21a is
begin
    y <= a when s = '0'
        else b ;
end architecture one ;
```

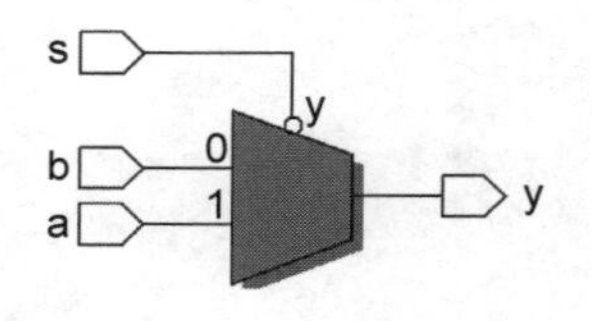

图 2-1　2 选 1 数据选择器

在这段程序中，黑体字部分的语句描述的功能和图 2-1 所示的功能完全一致，并且很容易理解。因此用 HDL 语言来设计数字电路是非常方便的，并且也已成为目前电子设计的主流。本例中所采用的 HDL 语言为 VHDL，即 VHSIC（Very High Speed Integrated Circuit）Hardware Description Language，VHDL 语言最初是于 1981 年由美国国防部为解决所有电子产品存档而提出的一种统一标准语言，1983 年至 1985 年，由 IBM、TI 等公司对 VHDL 进行细致开发，1987 年成为 IEEE 1076'87 标准（VHDL87）。1993 年，修订版 IEEE

1076'93 出台(VHDL93)。随后,IEEE 分别提出 IEEE 1076.3(可综合标准)和 IEEE 1076.4(VITAL 标准),以解决可综合 VHDL 描述在不同 EDA 厂商之间的移植问题,以及 ASIC/FPGA 的门级库描述问题。

另一种使用广泛的 HDL 语言就是 Verilog 语言,最早由 GATEWAY 设计自动化公司于 1981 年提出,并提供相应的 Verilog 仿真器。1985 年,仿真器增强版 Verilog-XL 推出。CADENCE 公司于 1989 年收购 Gateway 公司,并于 1990 年把 Verilog 语言推向市场,而保留了 Verilog-XL 的所有权。1995 年,Verilog 成为 IEEE 1364 标准。

就标准而言,两种语言并无优劣、先后可言。至于设计者采用哪种语言,与设计者的习惯、喜好以及当前 EDA、FPGA 行业的支持有关。本章主要对 VHDL 语言进行介绍,本书后面的设计实例也是以 VHDL 的设计为主。除此之外,还有其他的 HDL 语言,例如 ABEL、AHDL 等,由于使用范围有限,不再做介绍。

与其他硬件描述语言相比,VHDL 语言在行为描述方面的能力较强,设计方法灵活,有良好的可读性;VHDL 对设计的描述具有相对独立性,设计者可以不懂硬件的结构,也不必理会最终设计实现的目标器件是什么,从而进行独立的设计,与工艺无关,生命期长;VHDL 语句的行为描述能力和程序结构决定了它具有支持大规模设计的分解的功能和已有设计的再利用功能,易于共享;VHDL 丰富的仿真语句和库函数,使得在设计的早期就能查验设计系统的功能可行性,随时可对设计进行仿真模拟。

2.1 程序基本结构

一个完整的 VHDL 程序组成有 5 部分:实体(entity)、结构体(architecture)、库(library)、配置(configuration)和包(package)。其中实体用于描述所设计电路的外部接口信号;结构体用于描述系统内部的结构和行为,建立输入和输出之间的关系;配置语句安装具体元件到实体—结构体对,可以被看作是设计的零件清单;包集合存放各个设计模块共享的数据类型、常数和子程序等;库是专门存放预编译程序包的地方。我们以例 2.1 所示的 2 选 1 数据选择器为例,其中程序的头两行为包的调用,中间为实体部分,后部为结构体部分。

```
library ieee;
use ieee.std_logic_1164.all;
entity mux21a is                  -- 实体
port( a, b : in bit ;
        s : in bit;
        y : out bit) ;
end entity mux21a ;
architecture one of mux21a is     -- 结构体
  begin
  y <= a when s = '0'
         else b ;
end architecture one ;
```

在一个电路的 VHDL 描述中,实体和结构体部分是不可或缺的,其余部分则根据需要纳入程序中。

1. 实体

实体用于描述电路和系统的输入、输出端口及其性质等外部信息，例如端口信号名称、端口模式、数据类型等。实体类似于一个“黑盒子”，描述了“黑盒子”的输入输出端口，实体格式如下：

```
entity 实体名 is
    [generic(类属表); ]
    [port(端口表); ]
    [declarations 说明语句; ]
[begin
    实体语句部分];
end [实体名];
```

例如：

```
entity mux21a is
    port( a, b : in bit ;
        s : in bit;
        y : out bit ) ;
end entity mux21a ;
```

我们可以把 mux21a 这个实体看作是一个具有三个输入端和一个输出端的逻辑电路，具体功能未知。

1）port 语句

port 语句为端口说明语句，类似于器件的引脚，其格式如下：

```
port(端口名: 端口模式 数据类型[ := 表达式];
       …;
      端口名: 端口模式 数据类型[ := 表达式]);
```

实体的端口可以有 5 种模式，如表 2-1 所示。其中 LINKAGE 模式通常用在一个 VHDL 实体连接另一个非 VHDL 实体时，此模式使用时有一定的限制，所以较少使用。

表 2-1　实体端口模式

端口模式	说　明
IN	数据只能从端口流入实体
OUT	数据只能从端口流出实体
INOUT	双向，数据从端口流入或流出实体
BUFFER	数据从端口流出实体，同时可被内部反馈
LINKAGE	不指定方向

端口的数据类型主要有以下 4 种：

bit：位类型，取值只有“0”或“1”，主要用于描述单个信号引脚。

bit_vector：位矢量，由 IEEE 库中的程序包 numeric_bit 支持，程序包定义了位矢量的基本元素是 bit 类型，主要用于描述一组信号引脚。

std_logic：逻辑类型，IEEE_std_logic_1164 程序包支持，其取值为 0（信号 0）、1（信号 1）、H（弱信号 1）、L（弱信号 0）、Z（高阻）、X（不定）、W（弱信号不定）、U（初始值）和—（不可能情况)9 种,是数字电路设计的工业标准逻辑类型,主要用于描述单个信号引脚。

std_logic_vector：逻辑矢量,其基本元素是 std_logic 类型,主要用于描述一组信号引脚。

VHDL 的数据类型除此之外还有布尔类型、数组类型、枚举类型等,具体参见 2.2 小节。

2）generic 类属说明语句

generic 类属说明语句提供端口界面常数,用来规定端口的大小,如总线宽度,实体中子元件的数目,以及时间参数等静态信息。与常数不同,常数只能从内部赋值而类属参量可以由实体外部赋值。其格式如下：

```
generic([常数名: 数据类型[: =设定值]]);
```

例如,若实体中有如下语句：

```
generic(w: integer: =16);
port(abus: out bit_vector (w-1 downto 0));
```

则相当于

```
port(abus: out bit_vector(15 downto 0));
```

2．结构体

结构体(architecture)用于描述电路和系统的功能信息,是对系统的结构或行为(逻辑功能)的具体描述。每一个结构体必须有一个实体与它相对应,所以两者一般成对出现。其格式如下：

```
architecture 结构体名 of 实体名 is
      [结构体说明语句]
begin
      [并行语句说明部分(结构体功能描述语句)]
end [结构体名];
```

例如上例 2 选 1 数据选择器中的结构体部分：

```
architecture one of mux21a is
  begin
  y <= a when s = '0'
         else b ;
end architecture one ;
```

结构体名是该结构体的唯一名称,of 后面跟随的实体名表明该结构体对应的是哪个实体,一个实体可以有多个结构体,具体综合时,采用哪个结构体来确定设计实体的结构和功能可以由配置语句来完成,具体参见本节“配置”部分。

结构体由两部分组成,关键字 begin 前为结构体的说明语句部分,用于对结构体内部所用到的信号、常数和函数等的定义,其定义只对结构体内部可见,即结构体内部可以使用；begin 后为结构体功能描述部分,由并行语句构成,用于描述电路的功能和逻辑行为。并行语句是硬件描述语言独有的特点,这也是由硬件电路本身的结构决定的。以图 2-2 所示半加器为例,其结构体的

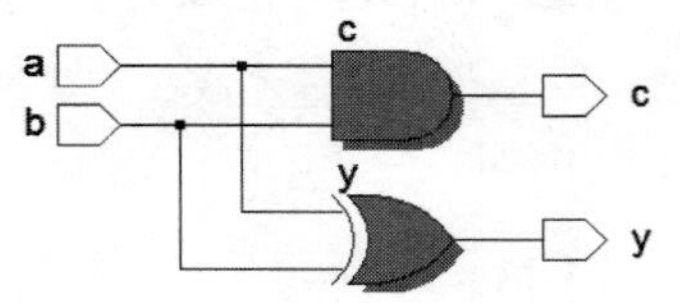

图 2-2　半加器

VHDL 描述如下：

```
architecture one of half_add is
begin
    y <= a xor b;                          -- 并行信号赋值语句
    c <= a and b;                          -- 并行信号赋值语句
end;
```

虽然结构体内部的两条信号赋值语句在书写上有先后顺序，但是两条语句的执行是并行的，即若 a 或 b 上的信号有变化，则 y 和 c 上的信号变化是同时的，这一点是与电路的硬件结构相符的。

3. 库

库(library)是经编译后的数据的集合，它存放包集合定义、实体定义、结构体定义和配置定义。库的功能类似于操作系统中的目录，库中存放设计的数据。在 VHDL 语言中，库的说明总是放在设计单元的最前面，这样在设计单元内的语句就可以使用库中的数据。由此可见，库的好处就在于使设计者可以共享已经编译过的设计结果。

在 VHDL 语言中可以存在多个不同的库，库和库之间是独立的，不能相互嵌套。当前在 VHDL 语言中存在的库大致可以分为两类，一类是用户自行生成的 IP 库，汇集用户设计需要所开发的共用包集合和实体等，使用时要首先说明库名。另一类是 PLD、ASIC 芯片制造商提供的库，例如常用的 74 系列芯片、RAM、ROM 控制器、Counter 计数器等标准模块。用户可以直接引用，而不必从头编写。这类库又可以分为 4 种：IEEE 库、STD 库、ASIC 矢量(VITAL)库和 WORK 库。

STD 库是 VHDL 的标准库，包含了两个标准程序包，STANDARD 和 TEXTIO 程序包，用户在使用时可以不用进行库的说明。

IEEE 库是 VHDL 标准库的扩展，包含有 std_logic_1164、std_logic_arith 和 std_logic_unsigned、numeric_std、numeric_bit、math_real、math_complex 等常用程序包。

ASIC 矢量(VITAL)库是面向 ASIC 的库，存放着与逻辑门一一对应的实体，使用时要对库进行必要的说明。VITAL 程序包已成为 IEEE 标准，并已并到 IEEE 库中，包含 VITAL_TIMING 和 VITAL_PRIMITIVES 两个时序程序包，对 ASIC 提供高精度和高效率的仿真模型库。

WORK 库是用户的现行工作库，设计者所描述的 VHDL 语句不需要任何说明，都将存放在 WORK 库中，使用时无须进行任何说明。需要注意，WORK 库只是一个逻辑名，不存在 WORK 库的实名。

除 STD 库和 WORK 库外，其他的库在使用时必须先说明库和包集合名。库及程序包的调用语句格式如下：

```
library 库名;
use 库名.程序包.all;
use 库名.程序包.项目名;
```

例如：

```
library ieee;
use ieee. std_logic_1164. all;
```

```
use ieee. std_logic_1164. rising_edge;
```

对于常用库中的常用程序包的说明如表 2-2 所示。

表 2-2 常用库中的常用程序包

库	包	说明
std	standard	定义了 bit 和 bit_vector 基本数据类型
ieee	std_logic_1164. all	定义了 std_logic、std_logic_vector 标准逻辑数据类型
	numeric_std、numeric_bit	支持 std_logic_1164 中定义的数据类型的运算
	std_logic_arith	定义了有符号与无符号类型，以及这些类型间的算术运算
	std_logic_signed	支持 std_logic、std_logic_vector 的有符号运算
	std_logic_unsigned	支持 std_logic、std_logic_vector 的无符号运算

库的作用范围从一个实体说明开始到它所属的结构体、配置为止，当有两个实体时，第二个实体前要另加库和包的说明。

4. 配置

配置(configuration)用于从库中选取所需单元来完成自己的设计方案，组成系统设计的不同规格的不同版本，使被设计系统的功能发生变化。配置语句描述层与层之间的连接关系以及实体与结构之间的连接关系，在仿真每一个实体时，可以利用配置来选择不同的结构体，进行性能对比试验以得到性能最佳的结构体。在 VHDL 语言中，经常使用的配置有以下 3 类：默认配置、元件配置和结构配置。

1) 默认配置

默认配置是 VHDL 语言中最简单的一种配置结构，默认配置常常被设计者用来为一个设计实体选择不同的结构体，每一种结构体对应设计实体的一种实现方案。设计者可以通过不同结构体速度和面积等性能指标的对比从而确定一个最佳的设计方案。VHDL 中默认配置的语句格式如下：

```
configuration < 配置名 > of < 实体名 > is
for < 结构体名 >
end for;
end [ 配置名 ];
```

表示将<结构体名>指定的结构体作为由<实体名>指定的实体进行综合或仿真时采用的结构体。默认配置定义好之后，在其他配置中如元件配置或结构配置中，可以<配置名>的形式对其进行引用。

【例 2.2】 默认配置使用的实例。

```
library ieee;
use ieee.std_logic_1164.all;

entity exam is
    port(a,b : in std_logic;
    y : out std_logic);
end;

architecture and2 of exam is
```

```
begin
    y <=  a and b;
end;

architecture or2 of exam is
begin
    y <=  a or b;
end;

configuration and2_conf of exam is
       for and2
       end for;
end;

configuration or2_conf of exam is
       for or2
       end for;
end;
```

上述两个配置语句分别定义了两对实体-结构体之间配置关系。第一个配置语句的配置名为 and2_conf，将结构体 and2 指定给实体 exam，第二个配置语句的配置名为 or2_conf，将结构体 or2 指定给实体 exam。两个配置语句分别指定了实体 exam 的两种不同实现方案，一个为与门，一个为或门。两种实现方案在 Quartus 中综合得到的 RTL 图如图 2-3 所示。

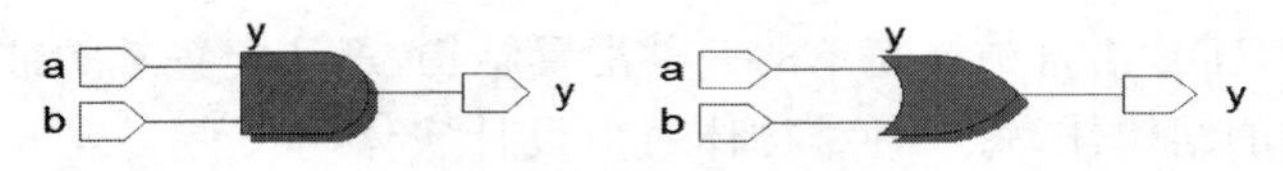

图 2-3 两种配置方案的 RTL 综合图

一个 VHDL 程序中允许存在多个配置语句，在 Quartus 软件中，综合时默认采用第一个配置语句指定的配置方案。

2）元件配置

元件配置主要用于层次化电路设计中，高层的设计往往需要调用多个其他的元件。利用元件配置语句，设计者可以为高层设计中的每一个被调用元件配置一个特定的结构体。这可以通过两种方式来实现：一种方式是直接指定，即直接为每一个被调用的元件指定一个特定的结构体；另外一种是间接指定，即为底层每一个被调用的元件指出该元件使用哪一个配置，由该配置来确定该元件在综合或仿真时所采用的结构体，使用这种方式时，底层元件的配置必须事先定义好。这两种方式在 VHDL 语言中可分别由对应的配置语句来实现，即实体-结构体对配置语句和底层元件配置语句。

（1）实体-结构体对配置

实体-结构体对配置是在层次化电路设计中，直接为高层设计调用的底层元件指定具体结构体的一种配置方式。其配置语句格式如下：

```
configuration < 配置名 > of < 高层设计实体名 > is
for < 选配的结构体名 >
    for <元件例化标号名>:<底层元件名> use entity <库名>.<实体名>(<结构体名>);
```

```
        end for;
        …
        for <元件例化标号名>:<底层元件名> use entity <库名>.<实体名>(<结构体名>);
        end for;
    end for;
    end[ 配置名 ];
```

通过“for <元件例化标号名>:<底层元件名> use entity <库名>.<实体名>(<结构体名>)”语句为被调用元件指定结构体，其中子句中的“<库名>”一般为用户工作库，即 WORK 库。

例如在一个高层设计实体 exam_h 的结构体 struct 中需要调用 2 个不同结构的 exam 元件，则可以采用如下的配置语句：

```
configuration conf_h of exam_h is
for struct
    for u0: exam use entity work.exam (and2);end for;
    for u1: exam use entity work.exam (or2);end for;
end for;
end conf_h;
```

(2) 底层元件配置

底层元件配置是另外一种为高层设计中调用的元件指定具体结构体的方式。它通过为底层被调用的元件指定配置的方式来确定该底层元件在综合或仿真时所采用的结构体，是一种间接指定的方式。其配置语句格式如下：

```
configuration < 配置名 > of < 高层设计实体名 > is
    for < 选配的结构体名 >
        for <元件例化标号名>:<元件名> use configuration <库名>.<配置名>;
        end for;
        …
        for <元件例化标号名>:<元件名> use configuration <库名>.<配置名>;
        end for;
    end for;
end[ 配置名 ];
```

例如上例中在高层设计实体 exam_h 的结构体 struct 中调用 2 个不同结构的 exam 元件，则可以采用如下的底层元件配置语句：

```
configuration conf_h of exam_h is
    for struct
        For u0: exam use configuration work.and2_conf;end for;
        For u1: exam use configuration work.or2_conf;end for;
    end for;
end conf_h;
```

默认配置和元件配置都具有独立的标识，可以在其他设计中对其进行引用，习惯上将这两种配置写在 VHDL 语言程序的末尾。

3) 结构配置

在 VHDL 语言中，还允许在结构体说明部分对该结构体中所引用的元件的具体装配(即综合或仿真时采用的结构体)进行详细说明，这种配置方式称为结构配置。结构配置的语句格式如下：

```
for 元件例化标号名 : 元件名 use entity 库名 . 实体名 ( 结构体名 );
```

或者

```
for 元件例化标号名 : 元件名 use 库名 . 元件配置名 ;
```

可以看出，上面两个语句分别与前述元件配置中的实体-结构体配置和底层元件配置相对应，例如可以在上例的实体 exam_h 的结构体说明部分写上以下两条语句：

```
for u0: exam use entity work.exam (and2);
for u1: exam use entity work.exam (or2);
```

或者

```
for u0: exam use configuration work.and2_conf;
for u1: exam use configuration work.or2_conf;
```

5. 包

包(package)用来存放 VHDL 语言中所要用到的信号定义、常数定义、数据类型、元件语句、函数定义和过程定义等。它是一个可编译的设计单元，主要任务是共享相同的数据单元，在包集合内说明的数据允许其他的实体所引用，即包中定义的内容对其他设计项目也是可见的。

包的使用在前面库的讲解中提到过，用 use 语句完成，例如下面的语句即表示调用 ieee 的 std_logic_1164 包：

```
use ieee.std_logic_1164.all
```

包集合由包头和包体两部分组成，包的格式如下：

```
package 程序包名 is         ⎫
    说明语句;               ⎬ 包头
end 程序包名;               ⎭

package body 程序包名 is    ⎫
    说明语句;               ⎬ 包体
end 程序包名;               ⎭
```

在包头的说明语句部分，要在此列出包中所有项的名称；在包体的说明语句部分，要给出包头中列出的各项的具体细节。

下例是一个名字为 mylogic 的包，包里定义了一个有三个取值的枚举类型 three_logic，一个具有三个返回值的函数 invert，程序包如下：

```
package mylogic is                                           -- mylogic 包头
    type three_logic is ('0', '1', 'Z');                     -- three_logic 数据类型项目
    function invert (input: three_logic) return three_logic; -- invert 函数项目
end mylogic;
package body mylogic is                                      -- mylogic 包体
    function invert (input: three_logic) return three_logic is; -- invert 的具体描述
    begin
```

```
        case input is
            when '0' => return '1';
            when '1' => return '0';
            when'Z' => return 'Z';
        end case;
    end invert;
end mylogic;
```

从例子中可以看出，包头为包集合定义接口，声明包中的类型元件、函数和子程序，其方式与实体定义模块接口非常相似，区别在于 entity 中指定的信号在元件外部可用，而 package 的说明语句则指定哪些子程序、常量和数据类型在 package 外部可用。包体是次级设计单元，可以在其对应的主设计单元之后，独立编译并插入设计库中。包体用来存放程序包中指定的函数和过程本身的程序体，其格式与结构体相同，architecture 描述元件的行为，而包体描述包中所说明的子程序的行为。

对于上例中 mylogic 包的使用，可以使用下面的语句：

```
use mylogic.three_logic, mylogic.invert
```

则下面的 VHDL 程序中就可以使用 mylogic 中定义的 three_logic 数据类型和 invert 函数。

6. VHDL 的三种描述方式

VHDL 语言支持三种结构体的描述方式：行为描述方式、寄存器传输级(Register-Transfer-Level，RTL)描述方式、结构描述方式，也支持这三种描述方式相互混合的描述方式。

1）行为描述方式

行为描述方式是对系统数学模型的描述，用输入/输出响应来描述器件的模型。其只描述电路的功能，而不关注电路的结构或是具体的门级实现。同时不针对专门的硬件用于综合和仿真。其抽象程度比寄存器传输方式和结构描述方式的程度更高。一般，6 万门以上用行为描述可以提高效率。

例 2.1 所示的 2 选 1 数据选择器的 VHDL 描述就是一种基于行为描述的电路设计方法。

2）寄存器传输级描述方式

RTL 描述也称数据流描述方式。RTL 级描述是以规定设计中的各种寄存器形式为特征，然后在寄存器之间插入组合逻辑。它描述了数据流的运动路径、运动方向和运动结果。由于受逻辑综合的限制，采用 RTL 描述方式时，所用的 VHDL 语言的语句有一定的限制。RTL 描述方式类似于布尔方程，可以描述时序电路，也可以描述组合电路。它既含有逻辑单元的结构信息，又隐含某种行为，是非结构化的并行描述。由于 RTL 描述是对从信号到信号的数据流的路径形式进行描述，因此很容易进行逻辑综合，也可认为是一种用于综合的行为描述模型。

以图 2-4 所示的 2 选 1 数据选择器为例，其布尔方程为：y=a·sel'+b·sel，则其 RTL 描述的 VHDL 结构体部分如下所示。

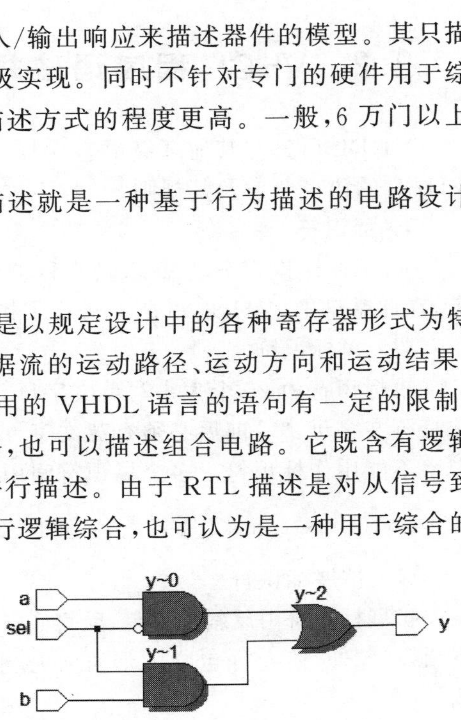

图 2-4 2 选 1 数据选择器

```
architecture one of mux21a is
```

```
begin
    y<= (a and not sel) or (b and sel);
end one ;
```

3）结构描述方式

对于一个复杂的电子系统，可以分解成许多子系统，子系统再分解成模块。多层次设计可以使设计多人协作，并且同时进行。多层次设计时每个层次都可以作为一个元件，再构成一个模块或构成一个系统，每个元件可以分别仿真，然后再整体调试。结构描述方式，就是在多层次的设计中，高层次的设计模块调用低层次的模块，或者直接用门电路设计单元来构成一个复杂电路的描述方法。结构化描述不仅是一个设计方法，并且是一种设计思想，对于大型电子系统的设计可以很好地提高设计效率。

例如一个内部带有 2 个 2 选 1 数据选择器 mux21a 的电路 mux 如图 2-5 所示，其 VHDL 的结构描述如下所示。

```
architecture struct of mux is
begin
    u0: mux21a port map(a0, b0, sel0, y0);
    u1: mux21a port map(a1, b1, sel1, y1);
     y<= y0 and y1;
end struct ;
```

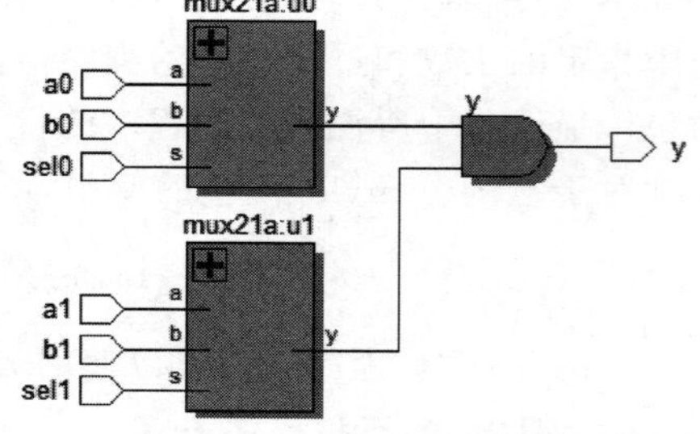

图 2-5　mux 电路结构图

在实际电路设计时，为了能兼顾整个设计的功能、资源、性能等方面的因素，通常也可以采用混合描述方式，即上述三种描述方式的组合。

2.2　VHDL 程序语法规则

VHDL 语言与其他高级语言一样，编写程序时也要遵循一定的语法规则。下面介绍 VHDL 的语言要素及其规则。

1. 标识符

VHDL 标识符分为短标识符和扩展标识符两类。其中短标识符由 VHDL87 版本规定，在此基础上，VHDL93 版本进行了扩展，提出了扩展标识符。

(1) 短标识符

短标识符由 26 个大小写英文字母、数字 0～9 以及下画线“_”中的字符构成，首字符必须是英文字母，“_”前后必须有英文字母或数字，不分大小写，且 VHDL 定义的保留字或关键字不能用作标识符。多个标识符间用“,”隔开。例如：

```
Mux21a,mux21a,mux21_a
```

(2) 扩展标识符

扩展标识符由反斜杠界定，反斜杠内除了可以包含 26 个大小写英文字母、数字 0～9 以及下画线“_”外，还允许包含图形符号、空格符、关键字或保留字，且扩展标识符区分大小写。例如：

```
\Mux21a\,\mux21a\,\21mux_a\,\21_mux_a\
```

注意\Mux21a\和\mux21a\不同。

2. 数据对象

数据对象是指程序中可以被赋值的载体。VHDL 的数据对象有常数(constant)、信号(signal)、变量(variable)和文件(files)四种类型,前三种属于可综合的数据对象,第四种是为传输大量数据而定义的一种数据载体,仅在行为仿真时使用。VHDL 的数据对象在使用前必须说明。

1) 常数

常数为全局量,相当于电路中的恒定电平,如 gnd 和 vcc。常数说明的一般格式如下:

```
constant 常数名表: 数据类型 [: = 表达式];
```

例如:

```
constant bus : bit_vector := "01011";
constant bus_width: integer := 8;
```

常数一般要赋初始值,主要用于在 entity、architecture、package、process、procedure、function 中保持静态数据,以改善程序的可读性,并使修改程序容易。

2) 信号

信号具有全局性,主要用于在 entity、architecture 和 package 中定义端口或内部连线,在元件间起互联作用;或作为一种数据容器,以保留历史值或当前值。信号传输过程具有延迟特性。信号说明的一般格式如下:

```
signal 信号名表: 数据类型 [: = 表达式];
```

其中表达式用于为信号赋初值,通常不建议采用,初值仅在仿真时有用,在实际综合时将被忽略。信号的赋值采用如下格式:

```
目标信号名 <= 表达式;
```

例如:

```
signal count: bit_vector(3 downto 0);
count <= count + 1;
```

信号的赋值既可以采用整体赋值,也可以采用部分赋值,例如:

```
signal temp : std_logic_vector (7 downto 0);
temp <= "10101010";                  -- 整体赋值
temp <= x"aa" ;
temp(7) <= '1';                      -- 部分赋值
temp (7 downto 4) <= "1010";         -- 部分赋值
```

注意信号的赋值不是立刻发生的,需要经过一定的延时,具体延时取决于所用 FPGA 的物理性质,即器件的固有延时。仿真时,仿真模拟器会附加一个仿真器的最小分辨时间 δ,δ 延时后执行赋值操作。

3) 变量

变量属于局部量,只能在进程和子程序(函数、过程)中使用,用于计算或暂存中间数据。

变量说明的一般格式如下：

```
variable 变量名表: 数据类型 [: =表达式];
```

变量赋值采用如下格式：

```
目标变量名  : = 表达式;
```

举例如下：

```
variable x,y : integer range 15 downto 0;
variable a,b : std_logic_vector(7 downto 0);
b := "01001011";                          -- 整体赋值
a := b;
a(5 downto 0) := b(7 downto 2);           -- 部分赋值
```

信号与变量作为 VHDL 电路设计中经常要用到的数据对象，都与一定的物理对象相对应，相当于组合电路中门与门之间的连线，以及连线上的信号值，但是两者之间也有许多不同之处，使用时应当特别注意。主要表现在以下四点：

(1) 物理意义不同：信号是全局量，可以作为模块间的信息载体，对应电路设计中一条硬件连接线，可以用于进程之间的联系；变量是局部量，只能作为局部的信息载体，用来暂存某些值。

(2) 赋值符号不同：信号赋值用"<="符号；变量赋值用":="符号。

(3) 定义位置不同：信号应当在结构体(architecture)、包(package)、实体(entity)的说明语句部分定义。变量则在进程(process)、函数(function)和过程(procedure)的说明部分定义。

(4) 附加延时不同：信号赋值语句执行时有附加延时；变量的赋值是一种理想化的数据传输，没有延时，立刻执行。

另外注意在 VHDL 中有下述所示的信号赋值语句，例如：

```
a <= b after 5 ns;
```

把 b 的值延迟 5ns 后赋给信号 a。此类带有明确延迟时间的语句在大多数的综合器中是不支持的，其中的时间延迟将会被忽略，部分综合器必须去掉"after 时间表达式"部分，此部分仅仅在仿真时的测试程序中可用，因此带延迟时间的语句，诸如"after xx ns"、"wait for xx ns"在综合时，要尽量避免使用。

下面两个进程描述语句，进一步说明信号与变量的不同。

<table>
<tr><th>进　程　1</th><th>进　程　2</th></tr>
<tr><td>process (a, b, c, d)
begin
d <= a;
x <= b + d;
d <= c;
y <= b + d;
end process;</td><td>process (a, b, c)
variable d: std_logic;
begin
d := a;
x <= b + d;
d := c;
y <= b + d;
end process;</td></tr>
<tr><td>程序执行结果: x = b + c; y = b + c</td><td>程序执行结果: x = b + a; y = b + c</td></tr>
</table>

进程 1 中信号 d 有两条赋值语句，即有两个驱动源：a 和 c。当进程执行时，具有多个驱动源的赋值语句只有最后一个起作用，所以 d 的数值是 c，程序执行的结果是：x = b+c；y = b+c。进程 2 中由于 d 是变量，没有延时立即执行，因此执行语句 d := a 后，a 的值赋给 d，所以在执行语句 x <= b+d 后，x = b+a；接着又执行语句 d := c，c 的值又赋给 d，所以执行语句 y <= b+d 之后，y = b+c。程序执行的结果是：x = b+a；y = b+c。

3. 数据类型

VHDL 属于强类型语言，每个数据对象都具有特定的数据类型，数据对象进行的操作必须与其数据类型相匹配。VHDL 提供了多种标准数据类型以及用户自定义的数据类型。

1）标准数据类型

VHDL 的标准数据类型为 VHDL 预定义数据类型，包含 10 种类型，如表 2-3 所示。

表 2-3 标准数据类型

标准数据类型	含　义
整数(integer)	整数 32 位，−2 147 483 647～+2 147 483 647(−(2^{31}−1) ～+(2^{31}−1))
实数(real)	浮点数，−1.0E+38～+1.0E+38
位(bit)	取值为逻辑“0”或“1”
位矢量(bit_vector)	位矢量，元素为 bit 类型，由双引号括起来
布尔量(boolean)	取值为逻辑 true 或逻辑 false
字符(character)	ASCII 字符，由单引号括起来
时间(time)	时间单位：fs，ps，ns，μs，ms，sec，min，hr
错误等级(severity level)	NOTE(注意)，WARNING(警告)，ERROR(出错)，FAILURE(失败)
自然数(natural) 正整数(positive)	整数的子集，自然数是大于或等于 0 的整数 正整数是大于 0 的整数
字符串(string)	字符矢量，由双引号括起来的一个字符序列

对于标准数据类型，有几点需要注意：

(1) 实数类型在书写时，一定要有小数。

(2) 不是所有的综合工具都支持上述 10 种标准数据类型。Quartus Prime 综合工具不支持实数、时间、错误等级和字符串等数据类型，这些类型只在 VHDL 仿真器中使用。

(3) 数据除定义类型外，有时还需要定义约束范围，限定数据的取值范围，否则综合器不予综合。例如下面的代码中，黑体部分描述的均为约束范围。

```
variable a: integer range - 63 to 63;
signal b: bit_ vector (7 downto 0)
signal c: real range 2.0 to 10.0
```

(4) 字符类型在使用时，用单引号括起来，且对大小写敏感，例如：'B'不同于'b'。

(5) 时间类型的范围和整型一样，表达时要包括数值和单位两部分，且整数数值和单位之间应有空格，单位如表 2-3 所示，例如：5ns、10ps，时间类型一般用于仿真。

(6) 错误等级用于在仿真时表示系统工作的状态。

下面对整数和矢量的表示形式作一下说明：

(1) 整数类型的表示形式除了默认的十进制数字的表示形式外，还有数字基数的表示形式。以十进制数 230 为例，默认的十进制表示形式为：230、23E1、2_30。

基数表示形式为：10#230、10#23#1、2#1110_0110#、8#346#、16#E6#。

完整的基数表示形式由五部分组成：十进制数表示的进制基数、数制隔离符#、整数数值、指数隔离符#、十进制数表示的指数部分。

（2）矢量（bit_vector、std_logic_vector）的表示形式除了默认的二进制串表示形式外，也可采用八进制或十六进制串表示，三种进制的数分别用基数符号'B'、'O'、'X'表示，例如上例中的变量赋值 b := "01001011"也可写为如下三种形式：

```
b : = B"01001011";
b : =  O"113";
b : =  X"4B";
```

2）用户自定义的数据类型

在 VHDL 语言的使用过程中，可以由用户自己定义数据类型。用户定义的数据类型书写格式为：

```
type 数据类型名 is 数据类型定义;
```

可以由用户定义的数据类型有枚举类型、整数类型、实数和浮点数类型、数组类型、存取类型（ACCESS）、文件类型（FILE）、记录类型和物理类型等。这里只介绍 Quartus Prime 综合工具支持的常用用户定义数据类型。

（1）整数类型

用户定义的整数类型可以认为是 VHDL 预定义整数的一个子类。定义格式如下：

```
type 数据类型名 is 数据类型定义 约束范围;
```

例如：

```
type a is integer range - 63 to 63;
```

（2）枚举类型

枚举类型的所有值都由设计者自己定义，枚举类型常用来建立抽象的模型，例如定义状态机中的状态。定义格式如下：

```
type 数据类型名 is (元素,元素, …)
```

例如：

```
type states is(idle,decision,read,write);          -- 状态的枚举类型定义
type week is (mon,tue,wed,thu,fri,sat,sun);
```

枚举类型可以用于信号和变量的说明，例如：

```
signal present_state,next_state: states;           -- 状态信号的定义
variable present_state,next_state: states;         -- 状态变量的定义
```

（3）数组类型

相同类型的数据集合形成的数据类型就是数组类型，分一维数组和二维数组、限定性和非限定性数组，定义格式如下：

```
type 数组类型名 is array (范围) of 原数据类型名;
```

例如：

```
type byte is array (7 downto 0) of bit;
type word is array(63 downto 0)of byte;
type bit_vector is array ( integer range <>) of bit;
```

定义了 byte 为一个长度为 8 的一维数组，数组中的每一个元素的类型为 bit 类型，实际上，byte 是一个位长为 8 的 bit_vector；定义 word 为一个长度为 64 的数组，数组中的每一个元素的类型为 byte 类型，相当于定义了一个两维数组；定义 bit_vector 为一个非限定性数组。

数组元素的排列既可以用升序(to)，也可以用降序(downto)，推荐使用降序。另外可以利用关键字"subtype"对已有的数据类型加以约束，定义一些子类型，如上例对已定义的数据类型做一些范围限制而形成的一种新的数据类型，子类型的名称通常采用用户容易理解的名字。子类型定义的一般格式为

```
subtype 子类型名 is 数据类型名[范围];
```

例如：

```
subtype my_vector is bit_vector ( 0 to 15);
```

指定 my_vector 为上述定义的非限定性数组 bit_vector 的子类型。

通过指定下标或给定下标范围，可以访问数组中的单个元素或访问部分数组，例如：byte(2)、word(3 downto 1)等。

数组常在总线、ROM 和 RAM 中使用。

(4) 记录类型

记录类型是将不同类型数据和数据名组织在一起形成的新类型。记录类型定义的形式如下：

```
type 数据类型名 is record
元素名: 数据类型名;
元素名: 数据类型名;
…
end record;
```

例如：

```
type month_name is (Jan,Fab,Mar,Apr,May,Jun,Jul,Aug,Sep,Oct,Nov,Dec);
type date is record
    day : integer range 1 to 31;
    month : month_name;
    year : integer range 0 to 3000;
end record;
variable today : date;
today : = (26, Sep, 2012);
```

记录经常用于描述总线和通信协议。

通常，用户定义的数据类型和子类型都放在程序包中定义，通过 use 语句调用。

3) IEEE标准数据类型“STD_LOGIC”和“STD_LOGIC_VECTOR”

在IEEE的std_logic_1164程序包中,定义了两种符合数字电路设计工业标准的逻辑类型:STD_LOGIC和STD_LOGIC_VECTOR。以STD_LOGIC为例,它包含9种取值,分别为:U(未初始化)、X(强未知)、0(强0)、1(强1)、Z(高阻)、W(弱未知)、L(弱0)、H(弱1)、-(忽略)。其中,U、X、W三种取值只用于仿真,其他取值既可用于仿真,又可用于综合。

STD_LOGIC和STD_LOGIC_VECTOR类型更接近于物理实际,增加了VHDL语言编程、综合和仿真的灵活,若电路中有三态逻辑(Z),则必须用STD_LOGIC和STD_LOGIC_VECTOR类型。

在IEEE的std_logic_arith程序包中,定义了整数的两种数据类型:无符号数unsigned、有符号数signed。例如十进制数5若定义为无符号数,则综合器将此数解释为二进制数“101”,若定义为有符号数,则综合器将此数解释为二进制数“0101”,其中最高位‘0’为符号位,表示正数,十进制数-5则解释为补码表示的二进制数“1011”,最高位‘1’为符号位,表示负数。两种类型的定义举例如下:

```
signal a : unsigned(3 downto 0);
variable b : signed(3 downto 0);
```

其中a(3)为a的最高位,b(3)为b的符号位,b(2)为b的最高位。

4) 数据类型的转换

在VHDL语言中,数据类型的定义是非常严格的,不同数据类型的数据不能进行运算和直接代入。为了进行运算和代入操作,必要时需要进行数据类型之间的转换。数据类型的转换函数如表2-4所示,转换函数通常由VHDL包集合提供,因此在使用转换函数之前,需要使用library和use语句,使包集合可以使用。

表2-4 数据类型转换函数

包集合	函数名	功能
numeric_bit numeric_std	to_integer(a)	由无符号矢量数转换为整数
	to_unsigned(b,n)	由整数转换为长度为n的无符号矢量数
	unsigned(a)	使编译器把bit_vector类型数a作为无符号矢量数
	bit_vector(a)	使编译器把无符号矢量数a作为bit_vector类型数
std_logic_1164	to_stdlogicvector (a)	由bit_vector转换为std_logic_vector
	to_bitvector (a)	由std_logic_vector转换为bit_vector
	to_stdlogic (a)	由bit转换为std_logic
	to_bit (a)	由std_logic转换为bit
std_logic_arith	conv_std_logic_vector(a,n)	由integer,unsigned,signed转换为长度为n的std_logic_vector类型
	conv_integer (a)	由unsigned,signed转换为integer
std_logic_unsigned	conv_integer(a)	由std_logic_vector转换为integer

例如,假设信号data是一个3位宽的逻辑向量,定义如下:

```
signal data : std_logic_vector (2 downto 0);
```

我们想通过数据类型转换函数 conv_integer 把它转换成一个整型数，并赋值给信号 num。则程序设计中必须包含如下部分：

(1) 包含转换函数 conv_integer 的库的调用

```
library ieee;
use ieee.std_logic_1164.all;                    -- 使用 std_logic_1164 包集合
use ieee.std_logic_unsigned.all;                -- 使用 std_logic_unsigned 包集合
```

(2) 根据逻辑向量的范围确定整数 num 的范围

由于 data 的位宽为 3 位，所以 num 的数值最大为 7，即可满足数据转换的要求。因此在结构体的说明部分，我们对整数 num 定义如下：

```
signal num: integer range 0 to 7;
```

(3) 类型转换函数的调用

在结构体中，通过如下的函数调用，即可实现数据类型的转换。

```
num <= conv_integer(data);
```

4. 属性

属性提供的是关于信号、类型等的指定特性，属性的一般书写格式为

```
客体'属性名
```

用单引号'指定属性，单引号后面跟属性名，单引号前面是所附属性的对象。信号又可以分为值类属性和函数类属性两种。

1) 值类属性

值类属性用于返回有关数据类型或数组类型的特定值，还可返回数组的长度或者类型的最底边界，常用的有'left、'right、'high、'low、'length、'range 等。属性'left 生成一个类型最左边的值；属性'right 是生成一个类型最右边的值；属性'high 生成一个类型的最大值；属性'low 生成类型的最小值；属性'length 生成限制性数组中的元素数；属性'range 生成限制性数组对象的范围。例如，如果

```
type count is integer range 0 to 127;
```

则有

```
count'left = 0,count'right = 127,count'high = 127,count'low = 0,count'length = 128,count'range =
0 to 127;
```

2) 函数类属性

函数类属性可以用来得到信号的行为信息和功能信息。例如信号是否发生了值的变化、信号最后一次变化到现在经历的时间、信号变化之前的值等，常用的有'event、'active、'last_event、'last_value、'last_active。

signal'event 表明如果在当前相当小的一段时间间隔内，信号 signal 有事件发生，则'event 属性函数返回一个“true”的布尔量，否则返回“false”，常用来检查时钟边沿是否有效。例如：

```
if clk'event and clk = '1' then      -- 判断 clk 信号是否发生变化且变化为 1,即 clk 的上升沿
if clk'event and clk = '0' then      -- 判断 clk 信号是否发生变化且变化为 0,即 clk 的下降沿
```

如图 2-6 所示,信号在运行的过程中,有一些未知的状态,例如“X”状态,如果我们将上升沿的判断再加一个限定条件,则可以增加电路运行的确定性。

改善后的上升沿判断语句为:

```
if clk'event and clk = '1' and clk'last_value = '0' then
```

图 2-6　信号值的变化

修改以后的 if 语句可以避免“X→1”状态变化引起的误触发。

signal'active 表明若在当前仿真周期中,信号 signal 上有一个事务,则 signal'active 返回“true”值,否则返回“false”值。

signal'last_event 属性函数返回信号最后一次发生的事件到现在时刻所经历的时间。

signal'last_value 属性函数返回信号最后一次变化前的值。

signal'last_active 返回一个时间值,即从信号最后一次发生的事务(即上一次信号活跃)到现在的时间长度。

3) 由属性生成信号

利用 VHDL 的属性,还可以生成一类特别的信号,以所加的属性函数为基础和规则而形成,即带属性函数的信号,包含了属性函数所增加的有关信息。此类信号主要用在仿真环节中,主要有以下几种。

(1) signal 'delayed [(time)]属性函数将产生一个延时的信号,该信号在 signal 经过 time 表达式所确定的时间延时后得到。

(2) signal'stable [(time)]表示若在表达式 time 规定的时间内,信号 signal 是稳定的,没有事件发生,则返回一个“真”值,否则返回“假”值。

(3) signal'quiet [(time)]表示若信号 signal 在时间表达式 time 指定的时间内没有事务要处理,则返回一个“真”值,否则返回“假”值。

(4) signal'transaction 属性将建立一个 bit 类型的信号,当属性所加的信号有事务时,其值都将发生变化。信号 signal 'transaction 上的一个事件表明在 signal 上有一个事务。

例如:

```
b <= a'delayed(4ns);
c <= a'stable(10ns);
```

a、b、c 信号如图 2-7 所示。

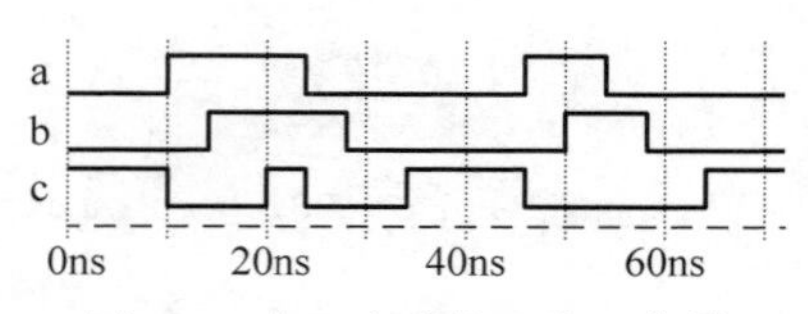

图 2-7　由 a 生成的 b 和 c 信号

需要注意的是,EDA 综合软件不同对预定义属性的支持程度也各不相同,使用时应参考特定的综合工具说明。

5. 基本运算符

VHDL 定义了丰富的运算符,主要有算术运算符、关系运算符、逻辑运算符、赋值运算符、关联运算符和其他运算符。需要注意的是,操作数的数据类型应当与操作符所要求的数据类型一致。到目前为止,VHDL 共有 3 个版本:VHDL87、VHDL93 和 VHDL2002。不同的版本对操作符的支持程度不同,具体可参见 VHDL 的参考手册。

1）算术运算符(见表 2-5)

表 2-5　算术运算符

类　别	运算符	功　能	数据类型
算术运算符	+	加	integer
	−	减	
	*	乘	integer、real
	/	除	
	mod	取模	integer
	rem	取余	
	**	乘方	integer、real
	abs	取绝对值	integer
	+	正	
	−	负	

乘方运算的左边可以是整数或实数,右边必须是整数,且只有左边为实数时,其右边才可以为负数。乘方运算只有在操作数是常数或 2 的乘方时,才能被综合。除法运算只有在除数为 2 的幂次时,才能被综合。

2）关系运算符(见表 2-6)

表 2-6　关系运算符

类　别	运算符	功　能	数据类型
关系运算符	=	相等	任何数据类型
	/=	不等	
	<	小于	枚举与整数类型,及其一维数组
	>	大于	
	<=	小于或等于	
	>=	大于或等于	

要注意从程序的上下文区别关系运算符小于或等于“<=”和信号赋值运算符的不同。

3）逻辑运算符(见表 2-7)

表 2-7　逻辑运算符

类　别	运算符	功　能	数据类型
逻辑运算符	and	与	bit、boolean、std_logic,及其一维数组
	or	或	
	nand	与非	
	nor	或非	
	xnor	同或	
	not	非	
	xor	异或	
	sll	逻辑左移	bit 或 boolean 型一维数组
	srl	逻辑右移	
	sla	算术左移	
	sra	算术右移	
	rol	逻辑循环左移	
	ror	逻辑循环右移	

其中 sll 将逻辑型数据左移,右端空出来的位置填充"0"; srl 将逻辑型数据右移,左端空出来的位置填充"0"。而 sla 将逻辑型数据左移,同时复制最右端的位,在数据左移操作后填充在右端空出的位置上; sra 将逻辑型数据右移,同时复制最左端的位,在数据右移操作后填充在左端空出的位置上。

循环逻辑左移 rol 将数据左移,同时从左端移出的位依次填充到右端空出的位置上,循环逻辑右移 ror 将数据右移,同时从右端移出的位依次填充到左端空出的位置上。其语法结构为:

```
<左操作数> <移位操作符> <右操作数>
```

其中,左操作数必须是 bit_vector 类型或 boolean 型的一维数组,右操作数必须是 integer 类型(前面可以加正负号)。

例如:

```
variable a: bit_vector(3 downto 0) := ('1', '0', '1', '1');
    a<=a sll 1; --('0', '1', '1', '0');
```

在此需要注意的是移位运算符是在 VHDL93 中引入的,如果在 VHDL87 下编译,则会提示出现操作符未定义的错误。

4) 其他运算符(见表 2-8)

表 2-8 其他运算符

类　别	运算符	功　能	数据类型
赋值运算符	<=	信号赋值	任何数据类型
	:=	变量赋值	任何数据类型
关联运算符	=>	例化元件时用于形参到实参的映射	
并置运算符	&	连接	bit、std_logic

并置运算符"&"用于位连接,例如:

```
a<="1001";
b<="1100";
c<=a & b;
```

则: c 为"10011100"。

在所有的运算符中,其优先级顺序按照从高到低依次为

(1) 乘方(**)、取绝对值(abs)、非(not)运算;

(2) 乘(*)、除(/)、取模(mod)、求余(rem)运算;

(3) 正(+)、负(−)号运算符;

(4) 加(+)、减(−)、并置运算符;

(5) 移位运算符;

(6) 关系运算符;

(7) 逻辑运算符。

在同一项中,运算符的优先级相同,在表达式中按"从左到右"的顺序依次计算,因此为了防止出错,建议在表达式中,不同的运算符之间尽量使用圆括号"()"。

另外，运算符在使用时，需要注意以下几个问题：

(1) 尽可能用加法运算实现其他算术运算，以节约硬件资源。例如乘法运算符常常使逻辑门数大大增加。

(2) 操作数的长度必须一致。操作符不同时，尽量加括号。

(3) 移位操作的操作数必须是一维数组，数组中的元素必须是bit或布尔数据类型。

需要注意的是，EDA综合软件对运算符支持程度各不相同，使用时应参考综合工具的说明。

2.3 并行语句

VHDL内部的语句分为两大类：并行语句和顺序语句。并行语句是VHDL语言与传统软件描述语言最大的不同，所谓并行，是指这些语句相互之间是并行运行的，其执行方式与书写的顺序无关。并行语句放在结构体中，在执行中，并行语句之间可以有信息往来，也可以是互为独立、互不相关、异步运行的(如多时钟情况)。每一并行语句内部的语句运行方式可以有两种不同的方式，即并行执行方式(如块语句)和顺序执行方式(如进程语句)。

常用的并行语句有信号赋值语句、进程语句(process)、块语句(block)、元件例化语句(component)、生成语句(generate)和并行过程调用语句。

1. 信号赋值语句

信号赋值语句分为简单信号赋值语句(Simple Signal Assignment)、条件信号赋值语句(Conditional Signal Assignment)、选择信号赋值语句(Select Signal Assignment)等。

1) 简单信号赋值语句

简单信号赋值语句的格式为：

```
目的信号<= 信号表达式;
```

赋值时，需要注意数据对象必须是信号，左右两边数据类型一致。例如：

```
architecture ct of aa is
signal yout : std_logic_vector(1 downto 0);
signal a, b : std_logic;
begin
    yout(1) <= a and b;                   --结构体内,进程外,为并行信号赋值
    yout(0) <= a or b;
end ct;
```

应当注意的是，信号赋值语句在进程外部使用时，是并行语句；在进程内部使用则是顺序语句，具体可参见下面进程讲解部分。

在位数较多的矢量信号赋值操作时，经常使用缺省赋值操作符(others=> x)作省略化的赋值。例如：

```
signal d1 :std_logic_vector(4 downto 0);
        ...
d1 <= (1 =>'1',4 =>'1',others =>'0');
```

赋值后,d1 的取值为 10010。

2）条件信号赋值语句

条件信号赋值语句的格式为

```
[标号] 目的信号名<= 表达式 1 when 条件 1 else
                  表达式 2 when 条件 2 else
                  …
                  表达式 n;
```

当 when 后面的条件成立时,则对应表达式的值代入目的信号,最后一个 else 子句隐含了所有未列出的条件,每一子句的结尾没有标点,只有最后一句有分号。例如例 2.1 中使用的信号赋值语句

```
y <= a when s = '0'
     else b ;
```

每一赋值条件是按书写的先后顺序逐项测定,一旦发现赋值条件为 TRUE,立即将表达式的值赋给目的信号,条件出现的先后次序隐含优先权。

3）选择信号赋值语句

选择信号赋值语句格式如下：

```
[标号] with 表达式 select
    目的信号名<= 表达式 1 when 条件 1,
                表达式 2 when 条件 2,
                表达式 n when 条件 n;
```

当 when 后面的条件成立时,则对应表达式的值代入目的信号。若例 2.1 中信号 y 和 s 的数据类型为 std_logic 时,我们可以将上面的条件信号赋值语句改为如下的选择信号赋值语句。

```
with s select
    y <= a when '0',
         b when others ;              -- 当条件不能全部列出时,必须使用该语句
```

也可以写成如下形式：

```
with s select
     y <= a when '0',
          b when '1',
          'X' when others;            -- 当条件不能全部列出时,必须使用该语句
```

两种描述方法稍有不同,主要体现在当 s 为 0、1 之外的其他取值时,y 的取值不同。

使用选择信号赋值语句时,需要注意所有的“when”子句必须是互斥的,且每个 when 子句可以包含多个条件,用“when others”来处理未考虑到的情况,不允许有条件重叠或条件涵盖不全的情况。每一子句结尾是逗号,最后一句是分号。

4）延时赋值语句

VHDL 还支持两种特殊的延时赋值语句：惯性延时(inertial)和传输延时(transport)。

VHDL 中惯性延时是缺省的,又称为固有延时,用于建立开关电路的模型。惯性延时

的主要物理机制是分布电容效应，分布电容具有吸收脉冲能量的作用，当输入信号的脉冲宽度小于器件输入端分布电容对应的时间常数时，或者说小于器件的惯性延时宽度时，即使脉冲有足够高的电平，也无法突破数字器件的阈值电平，从而导致此脉冲信号无法被采集到。若惯性延迟时间是10ns，输入信号电平维持时间若小于10ns，则此输入信号的变化将被忽略。

惯性延时的一般格式如下：

```
目的信号 <= [[REJECT 时间表达式] inertial ] 信号
```

例如：

```
b <= reject 10 ns inertial a;
```

表示若信号a的电平维持时间小于10ns，则变化将被忽略，a仍保持为原来的电平值。惯性延时可以用于过滤掉过快的输入信号变化，小于或等于reject子句中时间表达式值的脉冲将被忽略。缺省时，如："b<=a;"，仿真阶段附加的惯性延时为仿真的最小分辨时间δ。

又如：

```
b <= a after 20 ns;
b <= inertial a after 20 ns;
```

这两条语句的功能是一样的，都表示把a的值延迟20ns后赋给信号b。

传输延时常代表总线、连接线的延迟时间，无论输入脉冲多窄，都能进行传输。传输延时时间必须专门说明，该延时只对信号起纯延时作用。

例如：

```
b <= transport a after 20 ns;
```

注意：带有延时的赋值语句只能在仿真时的testbench文件中出现，综合器是不支持此类带时间常数的语句的。

2. process 语句

进程(process)语句是VHDL中最重要的语句，具有并行和顺序行为的双重性。进程本身属于并行语句，结构体中可以有多个进程，进程和进程语句之间是并行关系，多个进程语句可以同时并发执行，但是进程内部是一组连续执行的顺序语句。进程语句与结构体中的其余部分，包括进程之间的通信都是通过信号传递实现的。process语句的格式如下：

```
[进程标号: ] process [(敏感信号表)]
[进程说明部分];
begin
[顺序语句];
end process[进程标号];
```

进程的启动取决于敏感信号表中的信号，只要有一个信号发生变化，进程就启动，执行一遍顺序语句定义的行为。因此进程只有两种运行状态：执行状态和等待状态，进程相当于一个条件无限循环的程序结构，循环条件为敏感信号。一些VHDL综合器在对程序综合后，会将该进程的所有输入信号均认为是对该进程对应的硬件电路敏感，而不论源程序中是否把该输入信号列入敏感信号表。因此为了使软件仿真与综合后的硬件仿真对应起来，应当将进程中的所有输入信号都列入敏感信号表中。

进程说明部分主要定义一些局部量，可包括数据类型、常数、枚举、变量、属性、子程序等，不允许定义信号和共享变量。

例如：

```
process(a, b)
begin
    yout(1) <=  a and b;
    yout(0) <=  a or b;
end process;
```

此进程的敏感信号是 a 和 b，当 a 或 b 变化时，进程内部的赋值语句执行，注意这时的信号赋值语句为顺序信号赋值语句。

在结构体中，不允许同一信号有多个驱动源（驱动源为赋值符号右端的表达式所代表的电路），但是在进程中，同一信号可以有多个驱动源，结果只有最后的赋值被启动，并进行赋值。例如：

```
signal a,b,c,x,y : integer ;
   process( a,b,c )
    begin
     y <=  a * b;
     x <=  c - y;                          -- 该句执行赋值操作
     y <=  b;                              -- 该句执行赋值操作
   end process;
```

该进程执行的结果是：y 的取值为 b，x 的取值为 c-b。

当进程的敏感信号列表中有时钟信号，且内部的顺序语句的执行取决于时钟变化时，此进程综合后的电路为时序逻辑电路。注意一个进程中只允许描述对应于一个时钟信号的同步时序逻辑。

3. block 语句

块(block)是 VHDL 程序中常用的子结构形式，有两种 block：简单 block(simple block)和卫式 block(guarded block)。简单 block 仅仅是对原有代码进行区域分割，增强整个代码的可读性和可维护性；卫式 block 多了一个条件表达式，又称卫式表达式，只有当条件为真时才能执行卫式语句(guarded 语句)。block 语句的格式如下：

```
块标号: block[条件表达式]
        [类属子句 类属接口表; ]
        [端口子句 端口接口表; ]
        [块说明语句; ]
begin
        [卫式语句];
        [并行语句];
end block [块标号];
```

其中，类属子句和端口子句部分又称为块头，主要用于信号的映射及参数的定义，通过 generic、generic_map、port 和 port_map 语句实现。块说明语句与结构体的说明语句相同。

块有如下特点：块内的语句是并发执行的，运行结果与语句的书写顺序无关；在结构体内，可以有多个块结构，块在结构体内是并发运行的；块内可以再有块结构，形成块的嵌套，组成复杂系统的层次化结构。

【例 2.3】 简单 block 和卫式 block 使用示例。

```
library ieee;
use ieee.std_logic_1164.all;
entity block_example is
    port (a, b : in std_Logic;
        x, y: out std_Logic);
end block_example;
architecture a of block_example is
begin
x_block: block(a = '1')                     -- 卫式 block
begin
        x <= guarded a xor b;
end block;

y_block: block                               -- 简单 block
begin
        y <=  a or b;
end block;
end a;
```

综合生成的 RTL 电路图和仿真波形如图 2-8 所示，其中 x_block 为 guarded block，当 a 为低电平时，其中的卫式语句不执行。

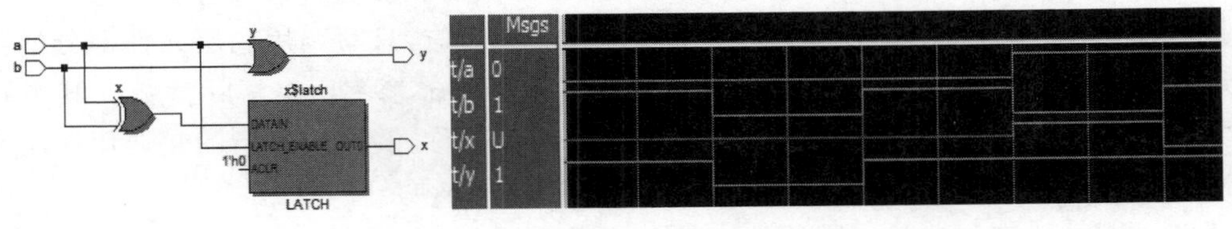

图 2-8 含卫式 block 的 RTL 综合电路图和仿真波形图

如果把上例中的卫式 block 改为简单 block：

```
x_block: block
begin
        x <= a xor b;
end block;
```

综合生成的 RTL 电路图和仿真波形如图 2-9 所示。

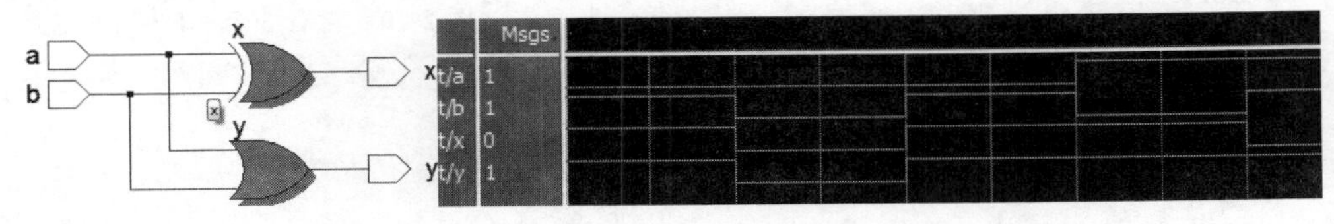

图 2-9 简单 block 的 RTL 综合电路图和仿真波形图

虽然用 block 语句可以形成层次化的电路结构,但是对于电路中功能的划分,更多的是采用进程或下面将要介绍的元件例化的方式来完成。

4. component 语句

除了常规的门电路,标准化后作为一个元件放在库中调用,用户自己定义的特殊功能的元件,也可以放在库中,方便调用。这个过程称为标准化,也可以称为例化。任何一个用户设计的实体,无论功能多么复杂,都可以例化成一个元件或模块。

元件(component)语句分为元件说明语句和元件例化语句,元件说明和元件例化语句的使用是构成层次化设计的重要途径。元件说明语句将预先设计好的实体定义为一个底层元件,元件例化语句将该元件与另一设计实体中的端口相连接,为该设计实体引入一个底层设计元件,从而形成层次化设计。

元件说明语句的格式如下:

```
component 元件名
    [generic(类属表); ]                      -- 参数说明,仅整型可综合
    [port(信号表); ]
end component;
```

元件说明语句可以放在 architecture、package 和 block 的说明部分。元件例化语句的格式如下:

```
元件标号: 元件名
        [generic map (类属关联表);]
        [ port map (端口关联表);]
```

其中关联表即端口或类属参数的映射关系,分为位置映射和名称映射两种映射方式。位置映射就是把实际信号与底层元件的信号书写位置一一对应,只写调用底层元件部分的实际信号,不用写底层元件的信号。名称映射的格式为:形式参数=>实际参数。其中符号“=>”为关联运算符,形式参数指的是底层元件的信号名称,实际参数指的是调用底层元件部分的信号名称。另外要注意,元件标号名在结构体中必须是唯一的。

【例 2.4】 已有与非门 nd2 的设计实体,如下所示:

```
library ieee;
use ieee.std_logic_1164.all;
entity ND2 is
    port(a,b: in std_logic; c: out std_logic);
end entity ND2;
architecture artnd2 of ND2 is
begin
        c <= a nand b;
end architecture artnd2;
```

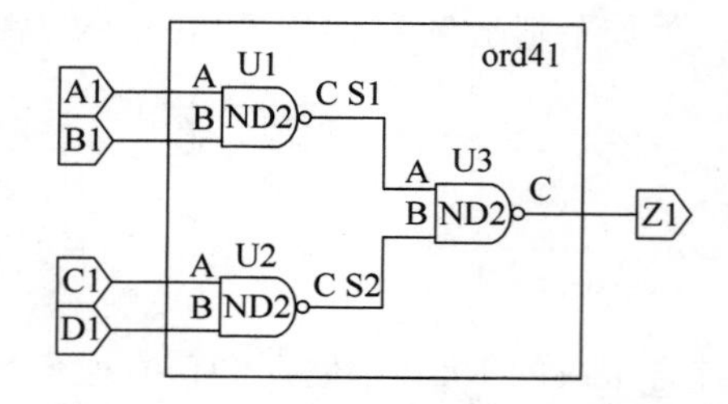

图 2-10　含有 3 个 ND2 门的电路

要求用元件例化语句设计如图 2-10 所示电路。

```
library ieee;
use ieee.std_logic_1164.all;
entity ord41 is
    port(a1,b1,c1,d1: in std_logic; z1: out std_logic);
```

```
end entity ord41;
architecture artord41 of ord41 is
component nd2                                          -- 元件说明语句
    port(a,b: in std_logic; c: out std_logic);
end component nd2;
signal s1,s2: std_logic;
begin
            u1: ND2 port map (a1,b1,s1);               -- 位置关联
            u2: ND2 port map (a => c1,c => s2,b => d1); -- 名字关联
            u3: ND2 port map (s1,s2,c => z1);          -- 混合关联
end architecture artord41;
```

上述两段程序应当放在同一个目录下,进行调用和管理。

5. generate 语句

生成语句主要用于产生多个相同的结构和描述规则结构,有些实际电路往往会由许多重复的基本结构组成,生成语句可以简化这类电路的 VHDL 描述。生成语句有两种格式,如下所述:

```
标号: for 变量 in 连续区域 generate
        [并行语句];
end generate [标号];
```

或者

```
标号: if 条件 generate
        [并行语句];
end generate [标号];
```

其中 for-generate 格式的生成语句主要用于描述结构相同的多重模式,内部为并发处理语句,不能使用 exit 语句和 next 语句。其中的循环变量是局部变量,自动产生,并且根据取值范围自动递增或递减,在逻辑综合时无意义,也不能在程序中引用。if-generate 格式的生成语句主要描述结构的例外(在某种条件下)情况。

【例 2.5】 利用已有的 D 触发器构成 4 位移位寄存器,其组成框图如图 2-11 所示。利用生成语句,循环调用 D 触发器构成 4 位移位寄存器,VHDL 程序如下所述。

```
entity shift is
    port (sin, clk: in bit; sout: out bit);
end shift;
architecture netlist1 of shift is
component dff                                          -- 元件说明,准备调用 D 触发器
    port (d, clk: in bit; q: out bit);
end component;
signal z: bit_vector (0 to 4);                         -- 中间信号的定义
begin
    z (0)<= sin;
    gf: for i in 0 to 3 generate                       -- 生成语句,重复调用 4 次
        u1: dff port map (z (i), clk, z (i+1));        -- 元件例化,重复调用 D 触发器
    end generate;
    sout <= z (4);
end netlist1;
```

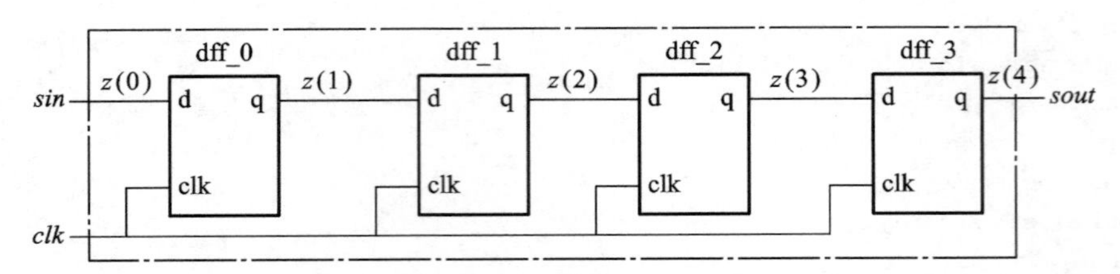

图 2-11 4 位移位寄存器组成框图

使用生成语句时应当注意的是，移位寄存器的输入信号和输出信号的连接无法用 for_generate 语句实现，只能用信号赋值语句完成。

2.4 顺序语句

从仿真的角度看，顺序语句的执行顺序与它们的书写顺序是基本一致的，顺序语句只能出现在进程(process)、函数(function)和过程(procedure)中。顺序语句包括信号赋值语句、变量赋值语句、流程控制语句、等待语句、子程序调用语句、返回语句、空操作语句等。

从数据对象赋值的角度，可以把赋值语句分为信号赋值语句和变量赋值语句两种。信号赋值语句在 2.3 节中已有介绍，需要注意的是，信号赋值语句在进程外部使用时，是并行语句形式；在进程内部使用则是顺序语句形式。下面仅介绍变量赋值语句。

1. 变量赋值语句

变量的说明和赋值只能在进程、函数和过程中，且变量是局部量，变量值无法传递到进程和子程序的外部。变量赋值语句的格式为

```
目的变量: = 表达式;
```

该语句的意思是将表达式的值赋值给目的变量，两者的类型应保持一致。

例如：

```
variable a,b: std_logic;
variable c,d: std_logic_vector(1 to 4);
        a : = '1';
        b : = '0';
        c : = "1010";
        d (1 to 3): = "110";
```

2. if 语句

常见的流程控制语句有 if 语句、case 语句、loop 语句、next 语句、exit 语句等，下面将分别对此做介绍。

if 语句只能用在进程中，根据所指定的条件来确定执行哪些语句，因此 if 语句可以实现多选择控制。if 语句的书写格式如下：

```
if 条件 then
    顺序语句;
{elsif 条件 then
    顺序语句; }
```

```
[else
    顺序语句];
end if;
```

if 语句中条件为布尔表达式，如果满足条件，则执行关键词 then 后面的顺序语句；如果所有条件都不满足，则执行 else 后面的顺序语句，end if 结束操作。

【例 2.6】 用 if 语句设计四选一数据选择器。

```
library ieee;
use ieee.std_logic_1164.all;
entity mux41 is
    port (d0, d1, d2, d3: in std_logic;
    s: in std_logic_vector (1 downto 0);
    x: out std_logic);
end mux41;
architecture archmux of mux41 is
begin
process (s, d0, d1, d2, d3)
begin
    if    s = "00" then x <= d0;
    elsif s = "01" then x <= d1;
    elsif s = "10" then x <= d2;
    else               x <= d3;
    end if;
end process;
end archmux;
```

为保证综合性能，建议一个进程中只放一条 if 语句。且为避免冗长的路径延迟，不建议使用过长的 if 嵌套结构。

3. case 语句

case 语句与 if 语句功能相似，也是根据条件表达式的取值执行不同的语句。但是又有区别，确切地说，if 语句实现的是优先权电路，而 case 语句实现的是平衡电路。case 语句常用于描述总线、译码器和平衡编码器的结构。case 语句的一般格式如下：

```
case 表达式 is
   {when 选择值  => 顺序语句; }
   [when 选择值  => 顺序语句; ]
   [when others => 顺序语句; ]
end case;
```

表达式可以是一个整数类型或枚举类型的值，也可以是由这些数据类型的值构成的数组，条件句中的选择值必在表达式的取值范围内，且覆盖表达式所有可能的取值，否则，必须使用 when others 来替代未列出的取值，同时要注意选择值之间不允许有重叠，case 语句执行时必须选中，且只能选中所列条件语句中的一条。

选择值的写法非常灵活，例如选择表达式 s 的取值为 0 到 9 的整型数，通过 s 的不同取值，决定整型数 y 的“0”、“1”、“2”、“3”不同取值，用 case 语句设计如下：

```
case s is
    when 1  => y <= '0';
```

```
        when 2 | 4 | 8 => y <= '1';                    -- s 为 2、4、8 时
        when 3 | 5 to 7 => y <= '2';                   -- s 为 3、5、6、7 时
        when others => y <= '3';
    end case;
```

对于上例中的4选1数据选择器，我们可以将进程中的if语句用case语句替代如下：

```
process(s,d0,d1,d2,d3)
begin
      case s is
        when "00" => x <= d0;
        when "01" => x <= d1;
        when "10" => x <= d2;
        when "11" => x <= d3;
        when others => x <= 'X';
      end case;
end process;
```

与if语句相比，case语句的可读性要稍好，但是case语句占用资源多于if语句。

4. loop语句

loop语句能使程序进行有规则的循环，循环的次数受迭代算法的控制，常用来描述迭代电路的行为。loop语句有如下三种形式。

1）for-loop语句

格式如下：

```
[loop 标号: ] for 循环变量 in 离散范围 loop
        顺序语句;
      end loop [loop 标号];
```

for-loop语句中循环变量的值在每次循环中都发生变化，in后面跟随的离散范围表示循环变量在循环过程中依次取值的范围。EDA综合工具对for-loop语句支持较好，建议使用。

【例2.7】 使用for循环变量语句描述8位奇偶校验电路。

```
library ieee;
use ieee.std_logic_1164.all;
entity check is
      port(ain:in std_logic_vector (7 downto 0);aout:out std_logic);
end;
architecture a of check is
begin
process (ain)
        variable tmp: std_logic;
begin
      tmp := '0';
        for n in 0 to 7 loop                   --n是循环变量,且为整数,取值范围为0~7
              tmp := tmp xor ain(n);
        end loop;
        aout <= tmp;
end process;
```

```
end a;
```

2）while-loop 语句

格式如下：

```
[loop 标号: ] while 循环条件 loop
          顺序语句;
      end loop [loop 标号];
```

对于 for-loop 来说，其循环变量是不可以通过 for-loop 内部的程序改变的，而 while-loop 语句的循环条件是可以在程序中改变的，while-loop 语句在构造之初，就是为了仿真而设计的，因此一般 EDA 工具不支持 while-loop 语句的描述。

3）无条件 loop 语句

```
[loop 标号] : loop
          顺序语句;
      end loop [loop 标号];
```

如果语句中没有 exit 语句，则无条件 loop 语句将无限循环，不会停止。exit 语句可以使它结束循环。例如：

```
lp: loop
      a := a+1;
      exit lp when a>10;
   end loop lp;
```

5. next 语句

next 语句为 loop 的内部循环控制语句，控制循环提前进入下一轮循环，即跳过该语句后面的语句执行指定标号的下一轮循环。next 语句的格式如下：

```
next [loop 标号] [ when 条件];
```

由格式可知，next 语句有三种终止循环的形式：

```
next;                        -- 表示无条件终止循环,跳回到当前循环开始处
next loop 标号;              -- 表示无条件终止循环,跳到 loop 标号指定的循环语句开始处
next loop 标号 when 条件;    -- 表示若条件成立,则跳到 loop 标号指定的循环语句开始处
```

6. exit 语句

exit 语句也为 loop 的内部循环控制语句，控制跳出循环。exit 语句的格式如下：

```
exit [ loop 标号 ] [ when 条件];
```

由格式可知，exit 语句也有三种跳出循环的形式：

```
exit;                        -- 表示无条件终止循环,跳到本循环体结束处,即离开本循环
exit loop 标号;              -- 表示无条件终止循环,跳到 loop 标号指定的循环体结束处
exit loop 标号 when 条件;    -- 表示若条件成立,则跳到 loop 标号指定的循环体结束处
```

7. wait 语句

在进程中或过程中，当执行到 wait 语句时，运行程序将被挂起，直到满足语句设置的结束挂起条件后，重新开始执行进程或过程中的程序。wait 语句的格式有如下三种：

1）敏感信号等待语句

格式为：

```
wait on 信号表;                    -- 表示若信号表中指定的敏感信号发生变化,则启动程序执行
```

wait on 语句通常用在进程中，用以取代进程的敏感信号表。例如对于如下进程：

```
process (a, b)
   begin
     y <=  a and b;
end process;
```

若用 wait 语句来取代，可以写成如下形式：

```
process
   begin
      y <=  a and b;
      wait on a, b;
end process;
```

在 VHDL 程序仿真时，若进程含有敏感信号表，则每个带敏感信号表的进程都会先执行一遍，然后回到进程的初始处等待敏感信号的变化；若进程含有 wait 语句，则此进程先执行到首个 wait 语句处，再等待满足 wait 语句的条件。所以上述两段程序的仿真结果是一致的，综合后的电路也是相同的。

注意：一个进程中不可以既有敏感信号表，又有 wait 语句。

2）条件等待语句

格式为：

```
wait until 条件表达式;
```

表示若条件表达式满足，则启动程序执行。例如：

```
wait until clock = '1';
wait until rising_edge(clock);
wait until clock = '1' and clock'event;
```

这三条 wait 语句生成的硬件电路结构是相同的。

3）等待时间到语句

格式为：

```
wait for 时间表达式;
```

若时间表达式表示的等待时间达到，则启动程序执行。例如：

```
wait on a, b for 5 ns;            -- 等待 a, b 变化,或等待时间到达 5ns 时激活
```

4）无限等待语句

格式为：

```
wait
```

进程中若存在一条无限等待语句，则进程将进入无限等待状态。此语句通常在仿真中使用。

另外，VHDL 支持多条件的 wait 语句，例如：

```
wait on a, b until Enable = '1' for 5 ns;
```

该 wait 语句有三个等待条件：①a 或 b 发生变化；②条件 Enable 变为高电平；③时间经过 5ns。只要一个条件满足，则该 wait 语句所在的进程就被启动。

8. null 语句

null 语句表示无任何动作。执行该语句只是为了使程序执行走到下一个语句。

格式为

```
null;
```

例如对于 case 语句中介绍的 4 选 1 数据选择器的设计，可以用 null 语句做如下修改：

```
process(s,d0,d1,d2,d3)
begin
      case s is
        when "00" => x <= d0;
        when "01" => x <= d1;
        when "10" => x <= d2;
        when "11" => x <= d3;
        when others => null; -- null 语句的使用,x 的值保持不变
      end case;
end process;
```

9. return 语句

返回语句(return)用来中止子程序的运行。

1）过程返回语句

过程的返回语句格式如下：

```
return;
```

当执行了这个语句时，控制返回到该过程的调用点。

2）函数返回语句

函数的返回语句格式如下：

```
return 返回值;
```

返回语句将返回值作为函数的输出值回送。例如：

```
function and_function(x,y: in bit) return bit is
begin
    if x = '1' and y = '1' then
        return '1';
    else
        return '0';
    end if;
end and_function;
```

2.5 子程序及子程序调用语句

VHDL 中的子程序包括过程(procedure)和函数(function)两类,子程序调用即调用过程或函数,并将结果赋值给信号。过程调用相当于描述语句,没有返回值,可以包含任意的 in、out 或 inout 类型参数,参数数据类型一般可用 signal、variable 或 constant;而函数调用相当于表达式,包含多个输入参数,但只会有一个返回值,而且输入参数类型不能是 variable,多使用 constant。子程序调用语句都属于顺序语句的范畴,需要注意的是它们都不能使用 wait 语句和元件例化语句。下面分别对它们做介绍。

1. 过程(procedure)

过程用过程语句定义,其格式如下:

```
procedure 过程名(参数 1,参数 2, … )is
    [定义语句];                  -- 变量或常量定义
begin
    [顺序语句];                  -- 过程描述语句
end 过程名;
```

过程的参数可以是输入 in、输出 out 或双向 inout 属性,返回值可以有多个,其返回值在声明语句中说明。

【例 2.8】 返回两数中的较小数值的过程描述。

```
procedure min ( x,y: in std_logic; signal dout: out std_logic) is
    variable sc: std_logic;
begin
    if x < y then sc  := x;
        else sc  := y;
    end if;
    dout < = sc;
end min;
```

2. 过程调用

过程调用语句的格式如下:

```
过程名 (信号列表)
```

例如对于上述获取最小值的过程 min 的调用如下:

```
architecture a of exam1 is
procedure min ( x,y: in std_logic; signal dout: out std_logic) is
    variable sc:std_logic;
begin
    if x < y then sc := x;
        else sc := y;
    end if;
    dout < = sc;
end min;
begin
```

```
    process(a,b,c)
    begin
        min(a,b,c);
    end process;
end a;
```

3. 函数(function)

函数的格式说明如下：

```
function 函数名(参数 1,参数 2,…)return 数据类型名 is
    [定义语句];
begin
    [顺序语句];
    return [返回变量名];
end [函数名];
```

函数的所有参数都是 in 属性,返回值只有一个,在声明语句之外说明。

例如：返回两数中的较小数值的函数描述。

```
function min (x, y: integer) return integer is
    begin
        if x < y then return x;
        else return y;
    end if;
end min;
```

4. 函数调用

函数调用语句的格式如下：

```
函数名(信号列表)
```

例如对于上述获取最小值的函数 min 的调用如下：

```
architecture a of exam1 is
function min (x, y: integer) return integer is
    begin
        if x < y then return x;
        else return y;
    end if;
end min;
begin
    c <= min(a,b);
end a;
```

注意：如果将过程或函数集合到包(package)中,再利用 use 语句使包对设计成为可见、可使用的,那么就不需要再在结构体的说明部分对过程或函数进行说明,而可以直接使用过程调用语句或函数调用语句进行调用即可。

第3章 Quartus Prime设计开发环境

CHAPTER 3

全球提供FPGA开发工具的厂商有近百家之多，大体分为两类：一类是专业软件公司研发的FPGA开发工具，独立于半导体器件厂商；另一类是半导体器件厂商为了推广本公司产品研发的FPGA开发工具，只能用来开发本公司的产品。本章介绍的Quartus开发工具属于后者，早期的Quartus由原Altera公司研发，Quartus版本15.1之前的所有版本称作Quartus Ⅱ，从Quartus 15.1开始软件称作Quartus Prime，Quartus Prime由Intel公司维护。Quartus Prime是在Altera公司成熟可靠而且用户友好的Quartus Ⅱ软件基础上的优化，采用了新的高效能Spectra-Q引擎。Spectra-Q引擎的Quartus Prime采用一组更快、更易于扩展的新算法，减少了设计迭代；同时具有分层数据库，保留了IP模块的布局布线，保证了设计的稳定性，避免了不必要的时序收敛投入，使其所需编译时间在业界最短，增强了FPGA和SoC FPGA设计性能。

Quartus Ⅱ和Quartus Prime的主要功能基本相同，只是有些界面有所不同。本章以Quartus Prime 16.0的基本使用方法为例进行设计开发环境的介绍。Quartus Prime 16.0提供的功能很多，读者可参考其他书籍或Quartus Prime用户手册，学习更多的内容。

3.1 Quartus Prime概述

Quartus Prime支持Intel公司的各系列可编程逻辑器件的开发，包括Cyclone系列、Arria系列、MAX系列、Stratix系列等。

Quartus Prime提供了与第三方开发工具的无缝连接，支持Cadence、Mentor、Synopsys等专业软件公司的综合工具和校验工具，能读入和生成标准的EDIF、VHDL及Verilog HDL网表文件。无论使用个人计算机、UNIX或Linux工作站，Quartus Prime都提供了方便的实体设计、快速的编译处理以及编程功能。

运行Quartus Prime，可以看到Quartus Prime的管理器窗口如图3-1所示。管理器窗口主要包含项目导航窗口、任务窗口、消息窗口，可以通过View→Utility Windows菜单下的选项添加或隐藏这些窗口。

为了保证Quartus Prime的正常运行，第一次运行软件时，需要设置license.dat文件，否则工具的许多功能将被禁用。在Quartus Prime管理器窗口选择Tools→License Setup…，单击License file的“…”按钮，在出现的对话框中选择license.dat文件或直接输入具有完整路径的文件名，如图3-2所示。

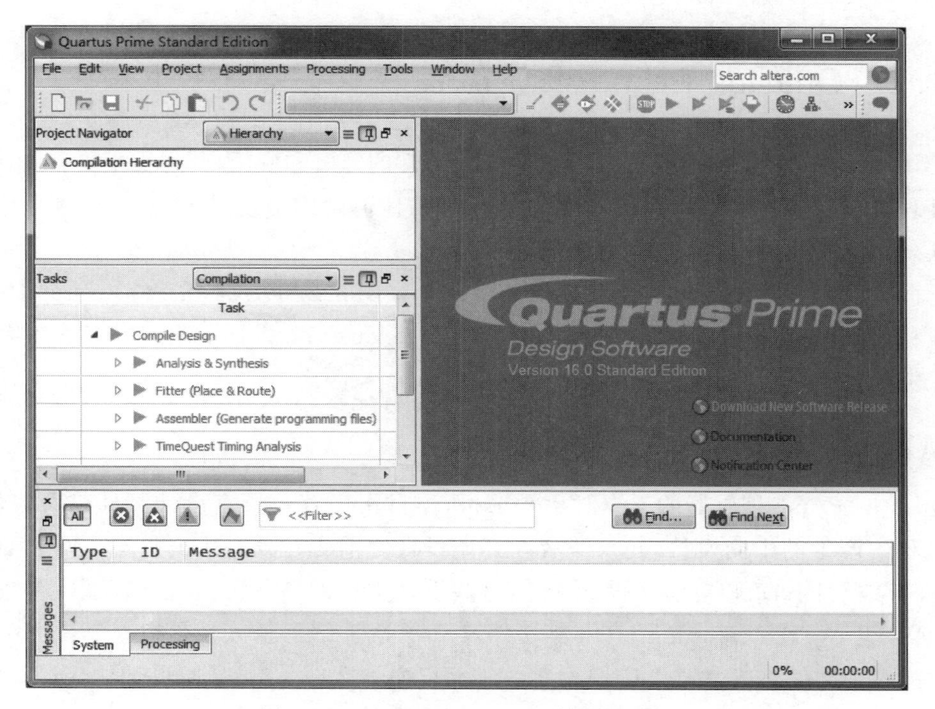

图 3-1 Quartus Prime 16.0 管理器窗口

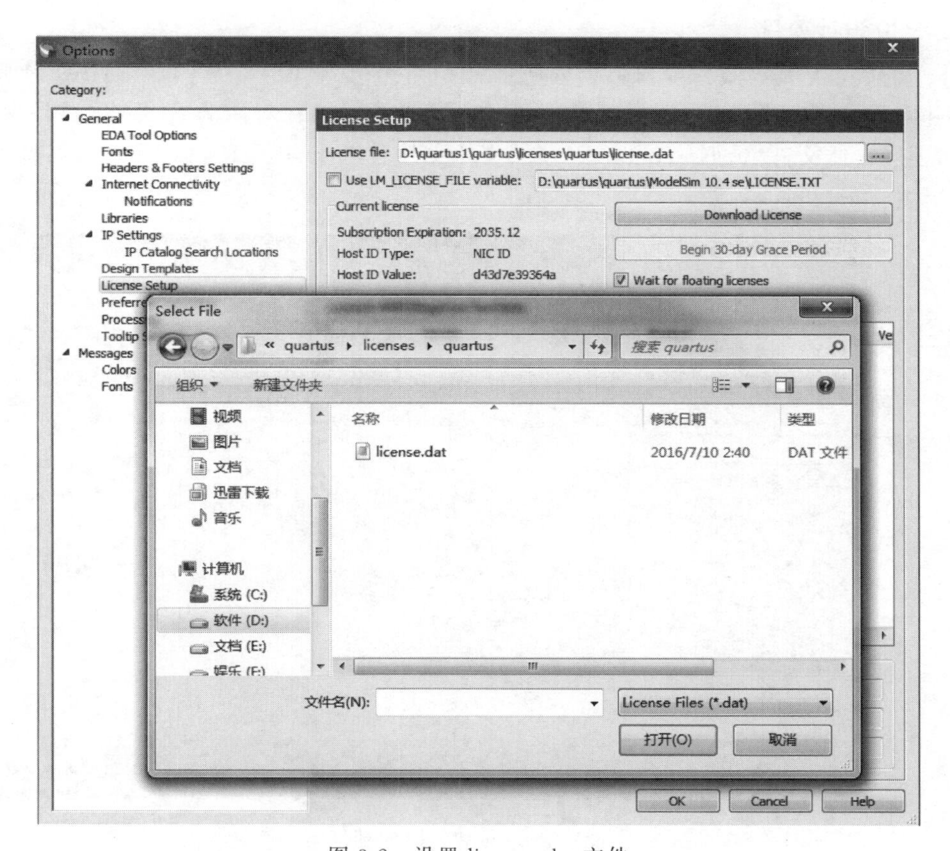

图 3-2 设置 license.dat 文件

3.2 Quartus Prime 设计流程

使用 Quartus Prime 开发工具进行 FPGA 器件的开发和应用，其过程主要有设计输入、设计处理、波形仿真和器件编程等阶段。在设计的任何阶段出现错误，都需要进行修改，纠正错误，重复上述过程，直至每个阶段都正确为止。

下面将以一个 6 位二进制计数器设计项目 myexam 设计为例，介绍 Quartus Prime 的使用流程，介绍如何经过设计各个阶段，最终将 myexam.vhd 设计下载到 FPGA 芯片，完成 6 位二进制计数器设计的完整过程。

3.2.1 设计输入

Quartus Prime 编辑器的工作对象是项目，项目用来管理所有设计文件以及编辑设计文件过程中产生的中间文档，建议读者在开始设计之前先建立一个文件夹，方便项目的管理。在一个项目下，可以有多个设计文件，这些设计文件的格式可以是原理图文件、文本文件（如 AHDL、VHDL、Verilog HDL 等文件）、符号文件、底层输入文件以及第三方 EDA 工具提供的多种文件格式，如 EDIF、Tcl 等。下面以文本文件为例，学习设计输入过程中的主要操作。

1. 建立设计项目

在 Quartus Prime 管理器窗口中选择菜单 File→New Project Wizard...，出现新建项目向导 New Project Wizard 对话框的第一页，如图 3-3 所示。在对话框下输入项目目录、项目名称和顶层实体文件名，如 myexam。顶层实体文件名可以与项目名称不一致，系统默认一致的名称。

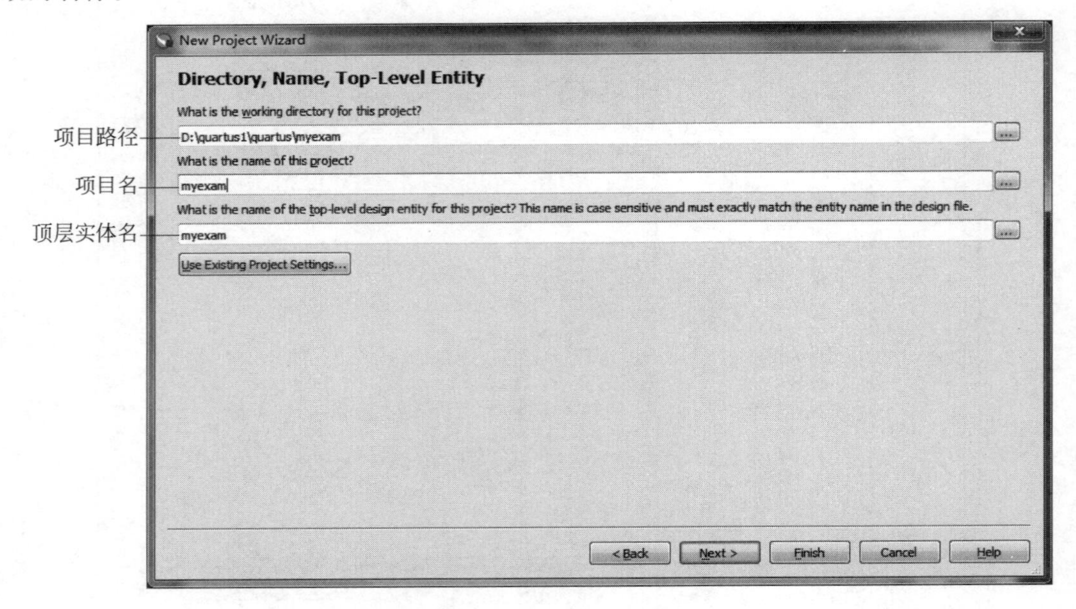

图 3-3　New Project Wizard 对话框第一页

新建项目向导第三页，单击按钮"..."可浏览文件选项，添加或删除与该项目有关的文件。初学者还没有建立文件，可以先跳过该页。

新建项目向导第四页，根据器件的封装形式、引脚数目和速度级别，选择目标器件。用户可以根据具备的实验条件进行选择，这里选择的芯片是 Cyclone V 系列中 5CSEMA5F31C6 芯片，如图 3-4 所示。

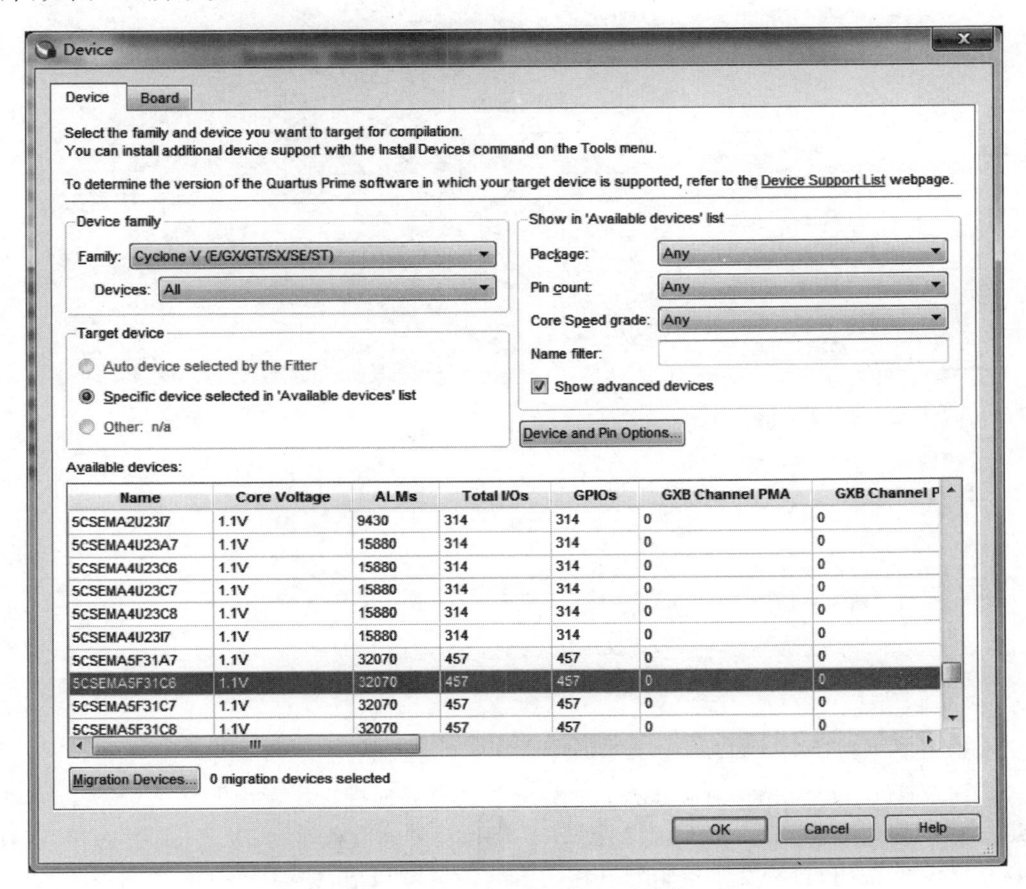

图 3-4 New Project Wizard 对话框第四页

新建项目向导第五页，添加第三方 EDA 综合、仿真、定时等分析工具，系统默认选择 Quartus Prime 的分析工具，对开发工具不熟悉的读者，建议采用系统默认选项。

在新建项目向导对话框的最后一页，给出前面输入内容的总览。单击 Finish 按钮，myexam 项目出现在项目导航窗口，myexam 表示顶层实体文件，如图 3-5 所示。在任务窗口出现设计项目过程中的全部操作，执行操作命令的方法可以在菜单栏下选择命令、单击工具栏中对应的工具按钮或者在任务窗口双击命令。

新建项目向导中的各个选项，在新建项目结束后，仍然可以修改或重新进行设置，通过选择菜单命令 Assignments→Settings···→General 实现。

2. 输入文本文件

Quartus Prime 支持 AHDL、VHDL 及 Verilog HDL 等硬件描述语言描述的文本文件，关于如何用 VHDL 描述硬件电路请参考本书中的第 2 章。这里将结合实例说明如何使

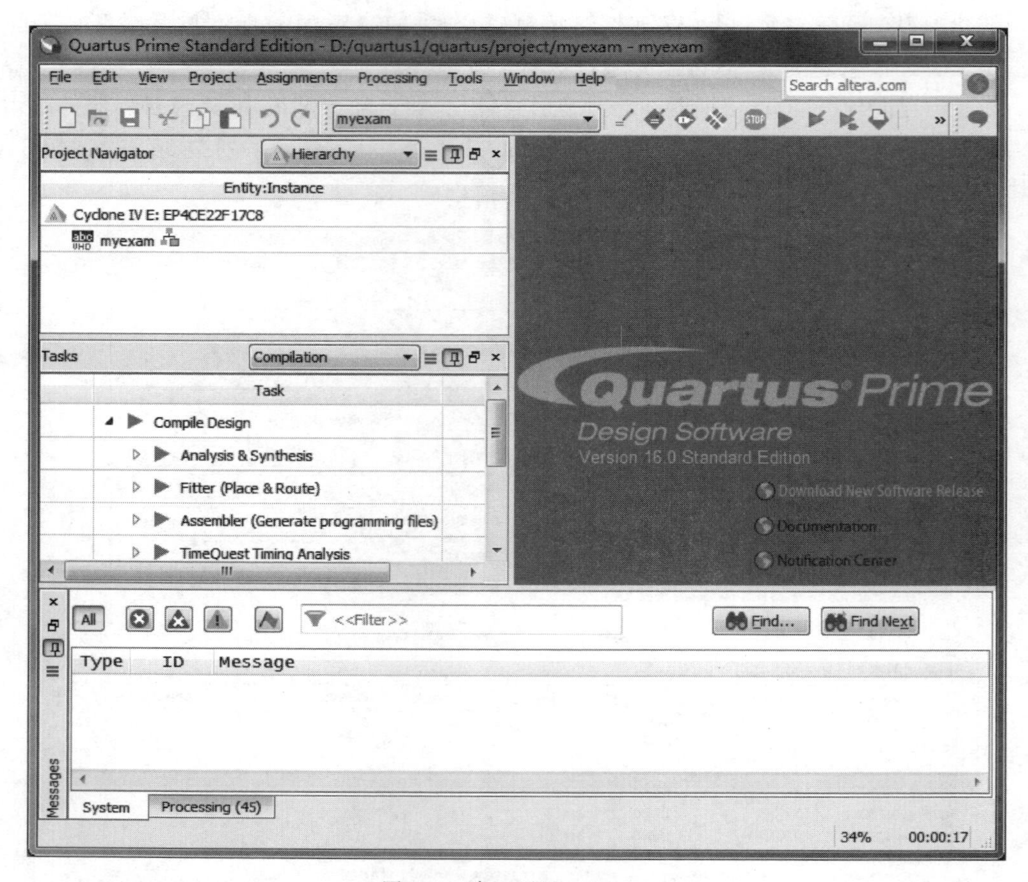

图 3-5　建立项目 myexam

用文本编辑器模板输入 VHDL 文本文件。

新建 VHDL 文本文件，在 Quartus Prime 管理器界面中选择菜单 File→New...，或单击新建文件按钮，出现 New 对话框，如图 3-6 所示。在对话框 Design Files 中选择 VHDL File，单击 OK 按钮，打开文本编辑器。在文本编辑器窗口下，按照 VHDL 语言规则输入设计文件，并将其保存，VHDL 文件的扩展名为.vhd。

Quartus Prime 支持多种硬件描述语言，不同的硬件描述语言编写的文件，其文件扩展名不同，如 AHDL 文件扩展名为.tdf，Verilog HDL 文件扩展名为.v。

Quartus Prime 提供了文本文件的编辑模板，使用这些模板可以快速准确地创建 VHDL 文本文件，避免语法错误，提高编辑效率。例如，用 VHDL 模板设计一个 6 位二进制计数器的 VHDL 文本文件。

(1) 选择菜单 Edit→Insert Template…，打开 Insert Template 对话框，单击左侧 Language templates 栏目打开 VHDL，VHDL 栏目下显示出所有 VHDL 的程序模板，如图 3-7 所示。

(2) 在 VHDL 模板中选择 Full Design→Arithmetic→Counters→Binary Counter，Insert Template 对话框的右侧会出现计数器模板程序的预览。这是一个带清零和使能端的计数器模板。单击 Insert，模板程序出现在文本编辑器中，其中蓝色的字母是关键字，绿

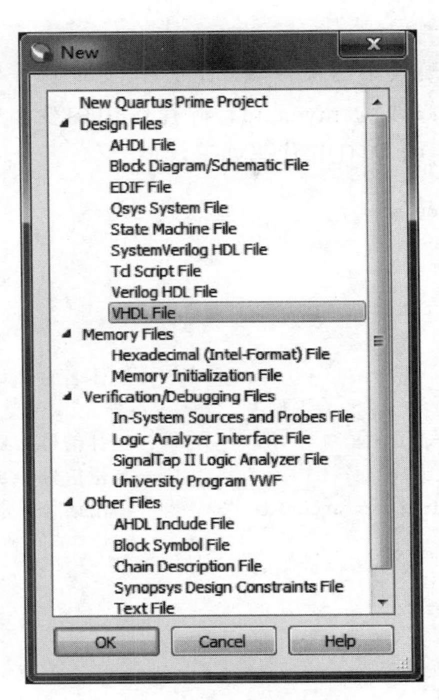

图 3-6 新建文本文件对话框

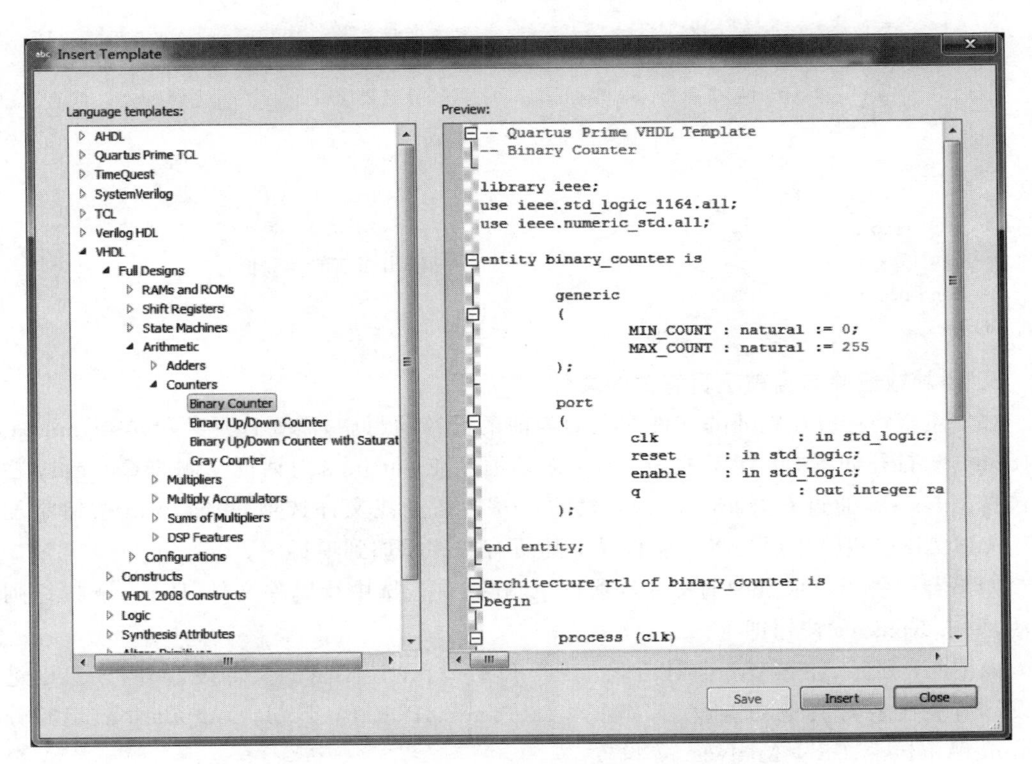

图 3-7 程序模板对话框

色部分为注释语句。

(3) 根据设计要求，对模板中的文件名、信号名、变量名等黑色部分的内容进行修改。将实体名 binary_counter 修改为 myexam；将程序中的变量表示改为常数形式；删掉 enable 输入信号等。修改后的 VHDL 代码如下：

```
-- Quartus Prime VHDL Template
-- Binary Counter
library ieee;
use ieee.std_logic_1164.all;
use ieee.numeric_std.all;
entity myexam is                                    -- 实体名为 myexam
    port
    (   clk       : in std_logic;                   -- 时钟信号 clk 定义
        reset     : in std_logic;                   -- 复位信号 reset 定义
        q         : out integer range 0 to 63);     -- 输出信号 q 定义
end entity;

architecture rtl of myexam is
begin
    process (clk)
        variable cnt: integer range 0 to 63;
    begin
        if (rising_edge(clk)) then                  -- 时钟 clk 上升沿
            if reset = '1' then                     -- 复位 reset 为高电平
                cnt := 0;                           -- 计数器复位
            else
                cnt := cnt + 1;                     -- 计数器工作
            end if;
        end if;
        q <= cnt;                                   -- 输出当前的计数值
    end process;
end rtl;
```

3. 添加或删除与当前项目有关的文件

如果希望将存放在别处的文件加入到当前的设计项目中，需要选择菜单 Assignments→Settings…，打开如图 3-8 所示的 Settings 对话框。在 Settings 对话框左侧的 Category 栏目下选择 Files 项，通过右边 File Name 栏的"…"按钮查找文件选项，单击 Add 按钮添加文件。Add All 按钮的作用是将当前目录下的所有文件添加到项目中。

如果希望将当前项目中的文件从项目中删除，首先选中待删除文件，Remove 按钮则被激活，单击 Remove 按钮即可。

如图 3-8 所示，在 Settings 对话框，除了可以进行设计项目的文件设置外，还可以进行与设计有关的各种其他功能设置，如：库 Libraries、IP、EDA Tool、Compilation、定时分析 Timing Analysis、SSN Analyzer 等设置。

4. 指定目标器件

如果在建立项目时，没有指定目标器件，可以通过选择菜单 Assignments→Device…，

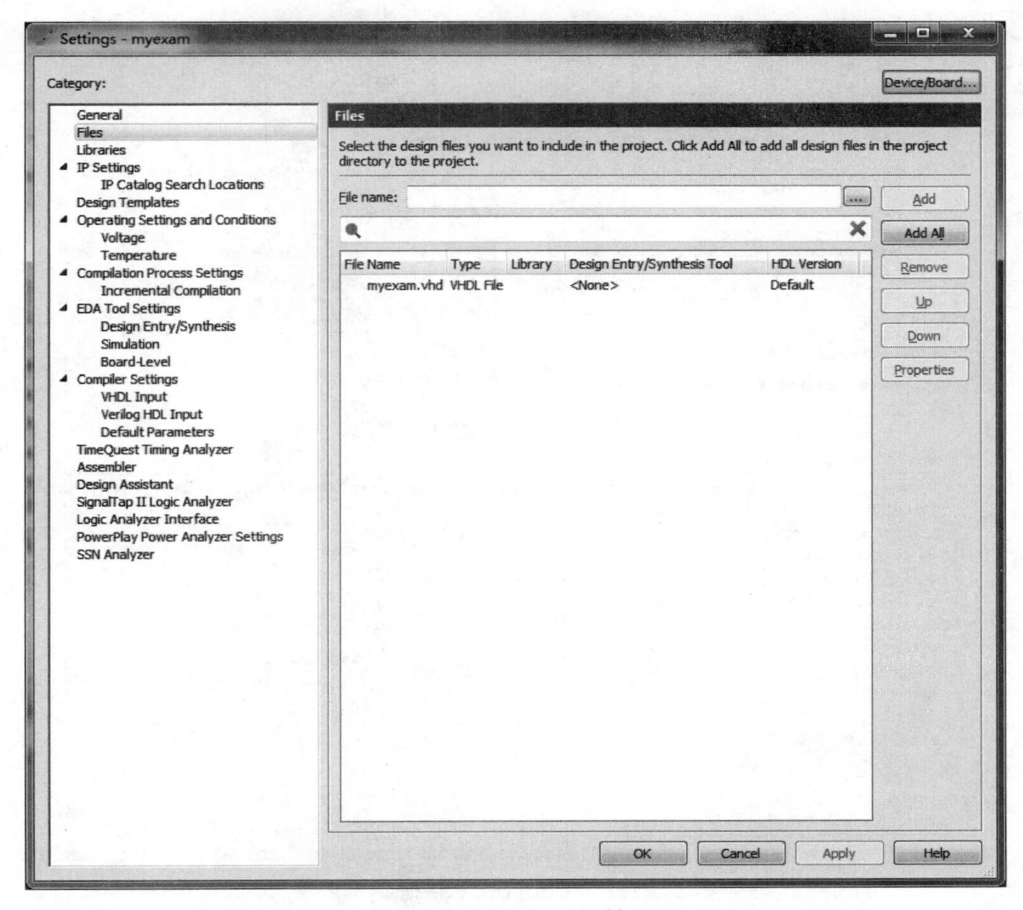

图 3-8　Settings 对话框

打开如图 3-9 所示的 Device 对话框，指定设计项目使用的目标器件。在 Family 下拉列表中选择器件系列；在 Show in 'Available devices' list 中选择封装形式、引脚数和速度级别；在 Available devices 中选择目标器件；单击 Device and Pin Options 按钮，出现器件和引脚选项对话框，根据设计需要进行配置、编程文件、不用引脚、双用途引脚以及引脚电压等选项的详细设置。

3.2.2　设计处理

Quartus Prime 设计处理的功能包括设计错误检查、逻辑综合、器件配置以及产生下载编程文件等，称作编译 Compilation。编译后生成的编程文件可以用 Quartus Prime 编程器或其他工业标准的编程器对器件进行编程或配置。

编辑设计文件后可以直接执行编译 Compilation 操作，对设计进行全面的设计处理。也可以分步骤执行，首先进行分析和综合处理 Analysis & Synthesis，检查设计文件有无错误，基本分析正确后，再进行项目的完整编译 Compilation。

1. 设置编译器

初学者如果选择系统默认的设置，可以跳过编译器设置。

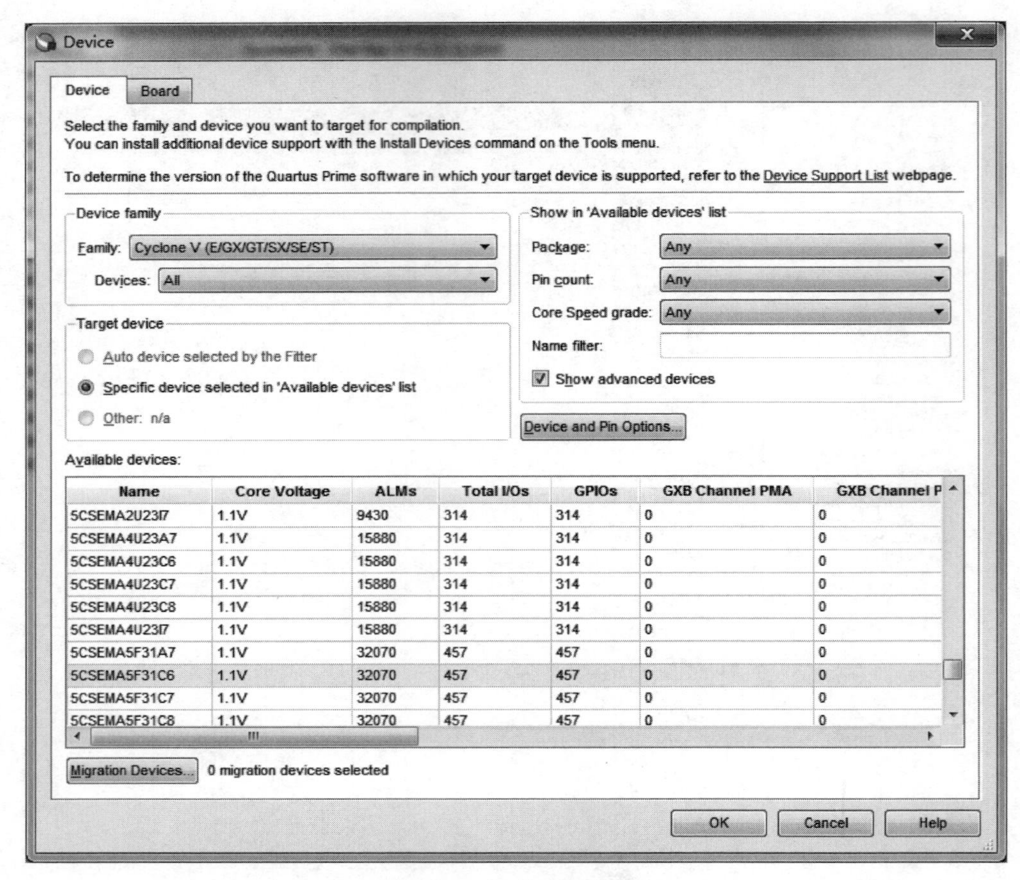

图 3-9 Device 对话框

如果确实需要对编译器进行专门的设置，选择菜单 Assignments→Settings…，在 Settings 对话框 Category 栏目下选择 Compilation Process Settings 项，可以设置与编译相关的内容，如图 3-10 所示。

2. 执行编译

Quartus Prime 软件实行的是项目管理，一个项目中可能会有多个文件，如果要对其中的某一个文件进行编译处理时，需要将该文件设置成顶层文件。

设置顶层文件：首先打开准备进行编译的文件，如打开前面编辑的文件 myexam. vhd，执行菜单命令 Project→Set as Top-Level Entity。下面进行设计处理的各项操作就是针对这一顶层文件 myexam. vhd 进行的。

执行编译：选择菜单 Processing→Start Compilation 或直接单击工具栏中编译按钮，开始执行编译操作，对设计文件进行全面的检查，编译操作结束后，出现如图 3-11 所示的界面，界面中给出编译后的信息。

任务窗口：显示编译过程中编译进程以及具体操作的项目。

信息窗口：显示所有信息、警告和错误。如果编译有错误，需要修改设计，重新进行编译。双击某个错误信息项，可以定位到原设计文件并高亮显示。

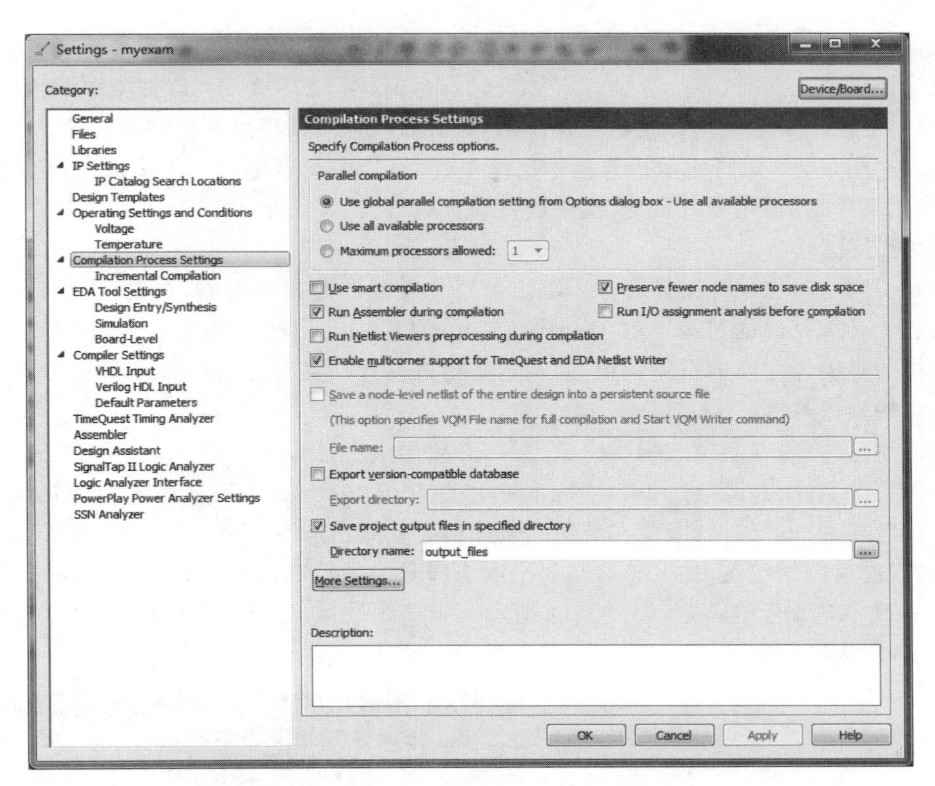

图 3-10　在 Settings 对话框的编译设置选项

4.编译报告栏　1.编译快捷按钮　5.编译总结报告

2.任务窗口

3.信息窗口

图 3-11　设计项目的编译

编译报告栏：编译完成后显示编译报告，编译报告栏包含了将一个设计编译正确后，将设计放到器件中的所有信息，如器件资源统计、编译设置、底层显示、器件资源利用率、适配结果、延时分析结果等。编译报告栏是一个只读窗口，选中某项可获得详细信息。

编译总结报告：编译完成后直接给出该报告，报告中给出编译的主要信息：项目名、文件名、选用器件名、占用器件资源、使用器件引脚数等。

3. 锁定引脚

锁定引脚是指将设计文件的输入输出信号分配到器件指定引脚，这是设计文件下载到FPGA芯片必须完成的过程。在Quartus Prime中，锁定引脚分为前锁定和后锁定两种。前锁定指的是编译之前的引脚锁定，后锁定是指对设计项目编译后的引脚锁定，这里介绍后锁定引脚的操作过程。

值得注意的是，在后锁定引脚完成之后，必须再次进行编译。

选择菜单Assignments→Pins Planner，出现Pins Planner对话框如图3-12所示。由于设计项目已经进行过编译，因此在节点列表区会自动列出所有信号的名称，在需要锁定的节点名处，双击引脚锁定区Location，在列出的引脚号中进行选择。例如，选择clk节点信号，锁定在PIN_AF14号引脚上，如图3-12所示。重复此过程，逐个进行引脚锁定，所有引脚锁定完成后，再次进行编译。

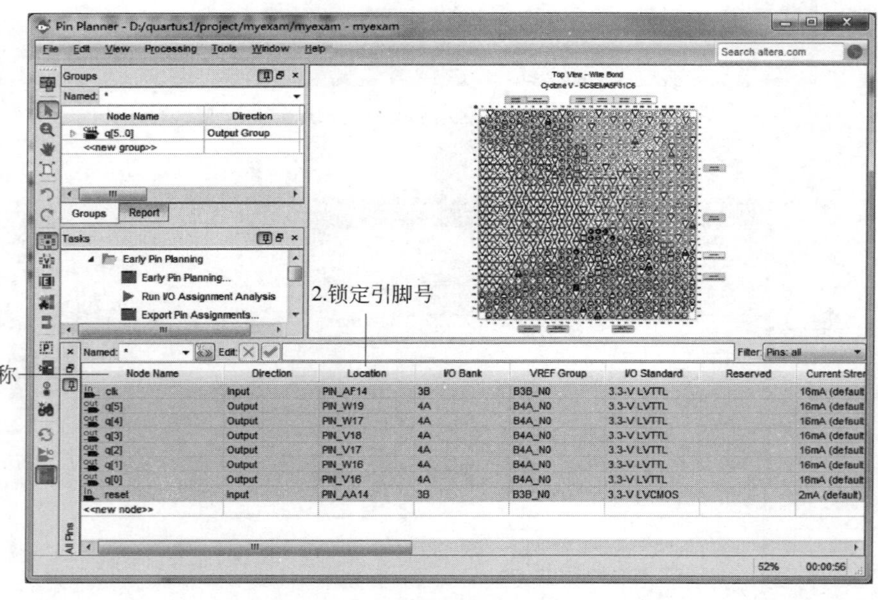

图 3-12 引脚锁定

3.2.3 波形仿真

当一个设计项目的编译通过之后，能否实现预期的逻辑功能，仍需要进一步的检验，波形仿真分析是必不可少的一个环节。波形仿真就是在波形编辑器中将设计的逻辑功能用波形图的形式显示，通过查看波形图，检查设计的逻辑功能是否符合设计要求。Quartus Ⅱ 13.0及之后的版本包含了Simulation Waveform Editor仿真工具，除此之外，Quartus Prime 16.0也支持ModelSim、questasim等第三方仿真工具软件，Simulation Waveform

Editor 仿真也借助了仿真工具 ModelSim。如果安装了 ModelSim 和 ModelSim-Altera，Simulation Waveform Editor 默认选择 ModelSim-Altera。本节主要以 Simulation Waveform Editor 和 ModelSim 为例介绍仿真流程。

1. ModelSim 仿真

ModelSim 是 Mentor Graphics 公司开发的一款功能强大的仿真软件，具有速度快、精度高和便于操作的特点，此外还具有代码分析能力，可以看出不同代码段消耗资源的情况。ModelSim 的功能侧重于编译和仿真，但不能指定编译的器件和下载配置，需要和 Quartus Prime 等软件关联。

在 Quartus Prime 16.0 界面菜单栏中选择 Tools→options 选项卡中的 EDA tool options，在 ModelSim 一项指定 ModelSim 安装的路径。本文安装并指定的 ModelSim 路径为 D:\quartus\quartus\ModelSim 10.4 se\win64。

在 Quartus Prime 16.0 界面菜单栏中选择 Assignments→Settings。选中该界面中 EDA Tool settings 中的 Simulation。在 Tool name 中选择 ModelSim，Format for output netlist 中选择开发语言的类型 VHDL（如果项目是基于 Verilog 语言写的，则此处选择 Verilog），如图 3-13 所示。然后单击 Apply 和 OK 按钮。

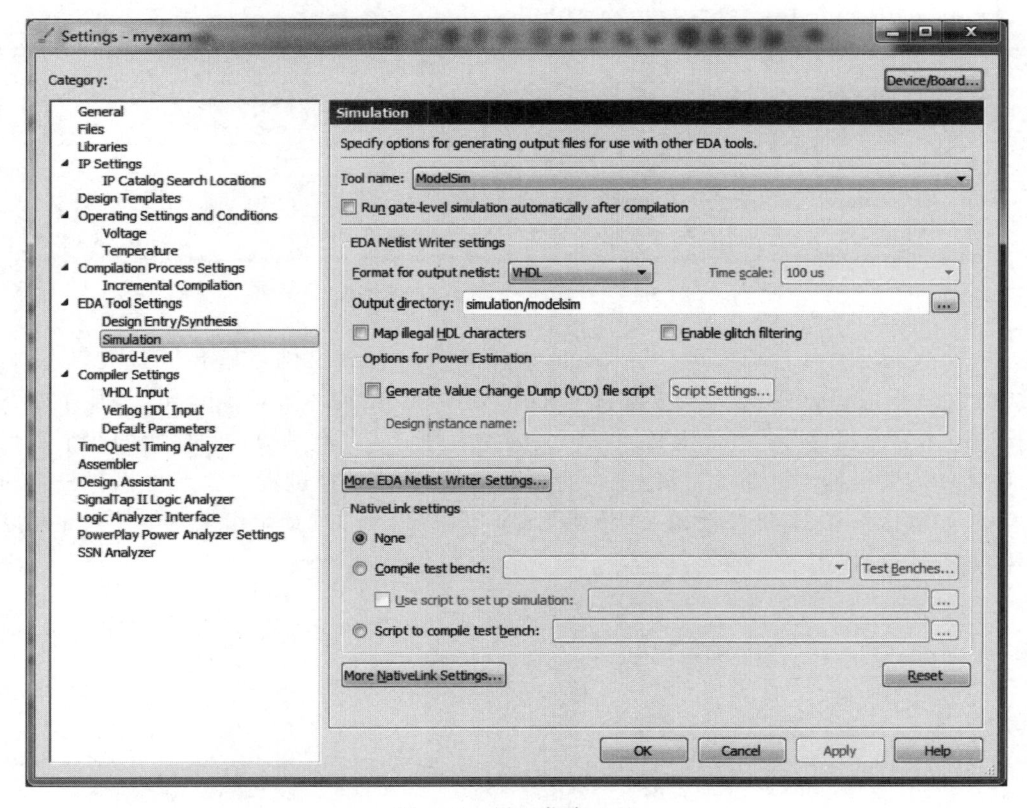

图 3-13 设置仿真工具

设置完成后，编译工程。在 Quartus Prime 16.0 菜单栏中选择 Processing→Start Compilation，等待编译，编译无错后会在 myexam 目录下生成 simulation 目录。单击菜单栏 Processing→Start→Start Test Bench Template Writer，如图 3-14 所示，在 myexam/simulation/modelsim 下会生成一个与项目顶层文件同名的 testbench 测试文件模板：myexam. vht（Verilog 语言环境下生成的测试文件为 myexam. vt）。

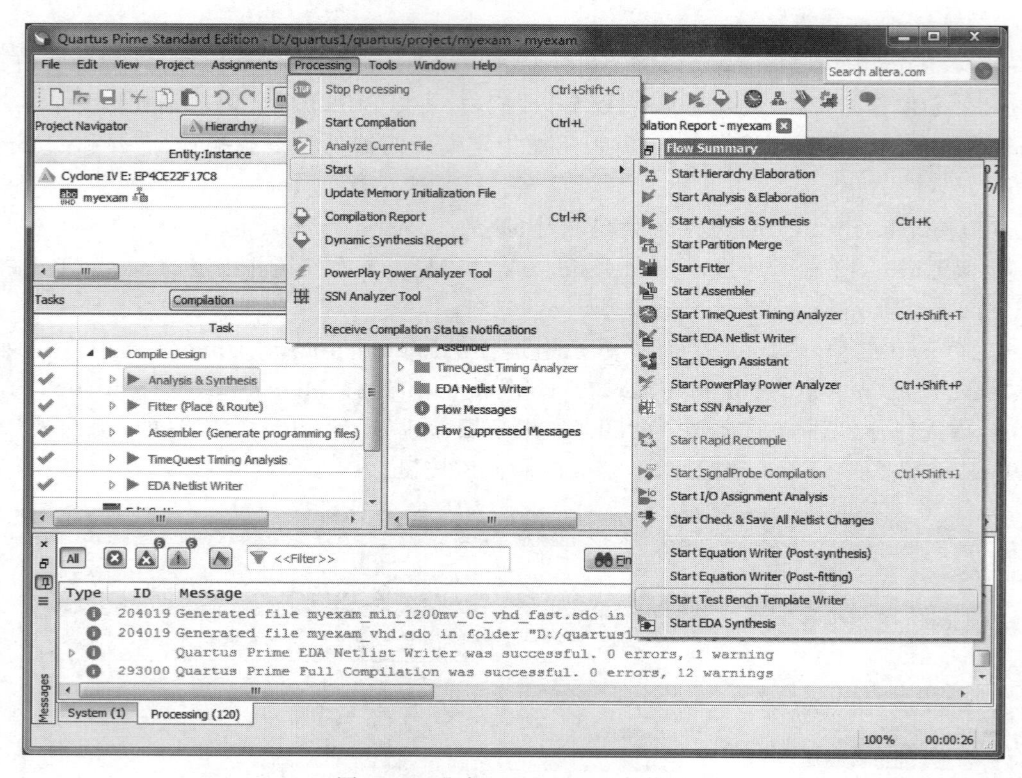

图 3-14 生成 test bench 文件模板

打开 myexam. vht 文件，可以看到此时生成的 testbench 文件是基于 VHDL 语言的，程序结构包含了 library 库、无端口实体 myexam_vhd_tst、结构体 myexam_arch，程序如下所示。结构体分为三部分：信号定义、实例化、施加激励。施加激励通过程序中的两个进程实现，设计者需要根据测试需求，设计需要的激励信号，其中 init 进程主要产生执行一次的激励信号，如复位信号、非周期性输入信号等；always 进程中主要产生由敏感事件列表触发的信号，如时钟信号、周期性输入信号等。

```
LIBRARY ieee;
USE ieee.std_logic_1164.all;

ENTITY myexam_vhd_tst IS
END myexam_vhd_tst;
ARCHITECTURE myexam_arch OF myexam_vhd_tst IS
 -- constants
 -- signals
SIGNAL clk : STD_LOGIC;
SIGNAL q : STD_LOGIC_VECTOR(5 DOWNTO 0);
SIGNAL reset : STD_LOGIC;
COMPONENT myexam
```

```
    PORT (
    clk : IN STD_LOGIC;
    q : OUT STD_LOGIC_VECTOR(5 DOWNTO 0);
    reset : IN STD_LOGIC
    );
END COMPONENT;
BEGIN
    i1 : myexam
    PORT MAP (
-- list connections between master ports and signals
    clk => clk,
    q => q,
    reset => reset
    );
init : PROCESS
-- variable declarations
BEGIN
        -- code that executes only once
WAIT;
END PROCESS init;
always : PROCESS
-- optional sensitivity list
-- (        )
-- variable declarations
BEGIN
        -- code executes for every event on sensitivity list
WAIT;
END PROCESS always;
END myexam_arch;
```

根据测试需求在模板中修改测试文件，在 init 进程中添加 reset 激励信号，always 进程中添加周期为 20ns 的时钟信号，编写完成仿真测试文件后保存。

```
LIBRARY ieee;                                   -- 使用 IEEE 库
USE ieee.std_logic_1164.all;                    -- 使用 std_logic_1164 程序包的所有设计单元

ENTITY myexam_vhd_tst IS                        -- 实体描述
END myexam_vhd_tst;                             -- 结束实体描述
ARCHITECTURE myexam_arch OF myexam_vhd_tst IS   -- 结构体描述
    SIGNAL clk : STD_LOGIC := '1';              -- 内部时钟信号 clk 的定义
    SIGNAL q : integer range 0 to 63;           -- 内部信号 q 的定义
    SIGNAL reset : STD_LOGIC := '1';            -- 内部复位信号 reset 的定义
COMPONENT myexam                                -- 元件说明语句，形成底层元件
PORT (
    clk : IN STD_LOGIC;
    q : OUT integer range 0 to 63;
    reset : IN STD_LOGIC
    );
END COMPONENT;
BEGIN
```

```
    i1 : myexam                                   -- 元件例化语句,调用底层元件
    PORT MAP (
 -- list connections between master ports and signals
        clk => clk,
        q => q,
        reset => reset
    );
init : PROCESS                                    -- init 进程
    BEGIN
        wait for 4 ns; reset <= '0';              -- 4ns 后复位信号无效
        WAIT;
    END PROCESS init;                             -- 结束进程 init
always : PROCESS                                  -- always 进程
    BEGIN
       wait for 10 ns; clk <= not clk;            -- 产生周期为 20ns 的时钟信号
    END PROCESS always;                           -- 结束进程 always
END myexam_arch;                                  -- 结构体结束
```

在 Quartus Prime 界面菜单栏中选择 Assignments→Settings→EDA Tool Settings→Simulation 界面，在界面 NativeLink settings 项中单击 Compile test bench 右边的 Test Benches 按钮，如图 3-15 所示。弹出界面如图 3-16 所示，在界面中单击 New…按钮。在新

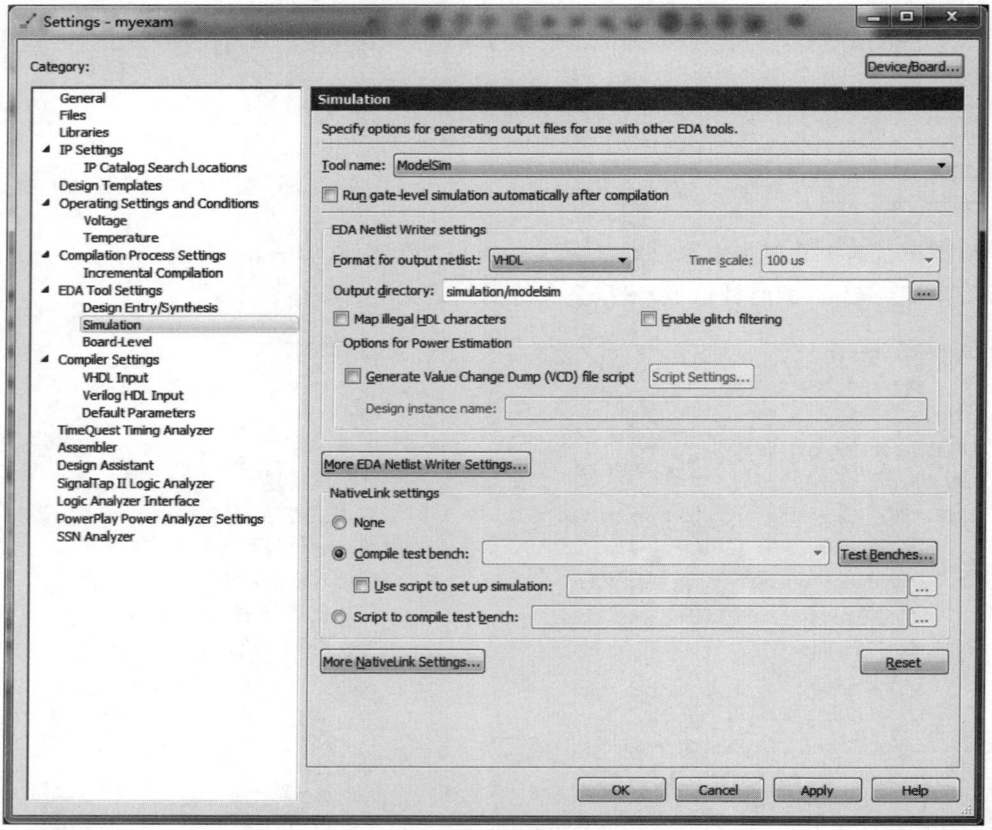

图 3-15　选择仿真文件步骤 1

出现的界面图 3-17 中 Test bench name 输入测试文件名字，在 Top level module in test bench 栏中输入测试文件中的顶层模块名。选中 Use test bench to perform VHDL timing simulation 并在 Design instance name in test bench 中输入设计测试文件中设计例化名默认为 i1。然后在 Test bench and Simulation files 栏下的 File name 选择测试文件 myexam. vht，然后单击 add 按钮，单击 OK 按钮设置完成。

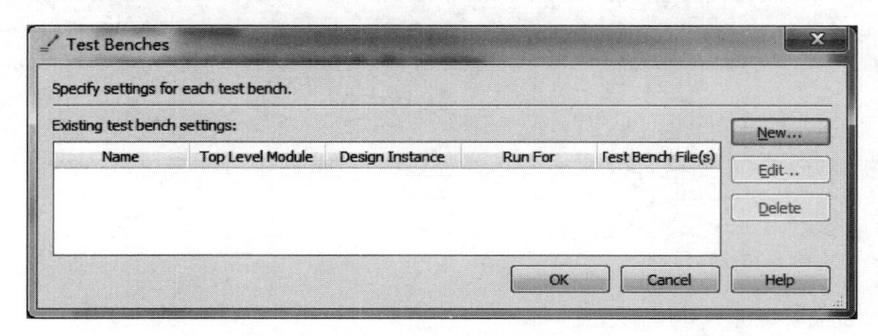

图 3-16　选择仿真文件步骤 2

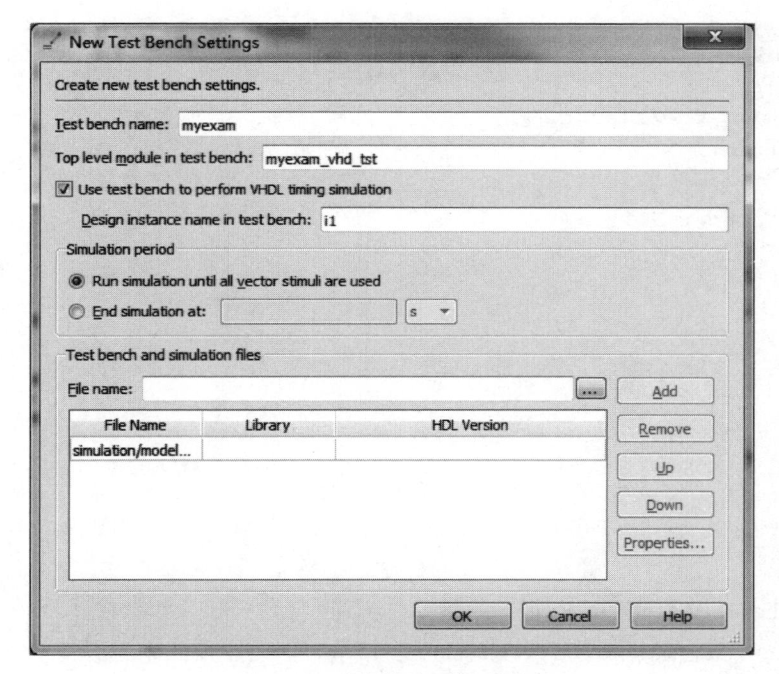

图 3-17　选择仿真文件步骤 3

仿真文件配置完成后回到 Quartus Prime 16.0 开发界面，在菜单栏中选择菜单栏 Tools 中的 Run Simulation Tool→RTL Simulation 进行行为级仿真，即功能仿真，接下来就可以看到 ModelSim 的运行界面，观察仿真波形如图 3-18 所示。通过功能仿真波形，可以验证设计文件逻辑功能的正确性。如果选择 Run Simulation Tool→Gate Level Simulation 可以进行门级仿真，即时序仿真。时序仿真中可以看到信号的传输延迟，以及可能产生的竞争冒险现象。

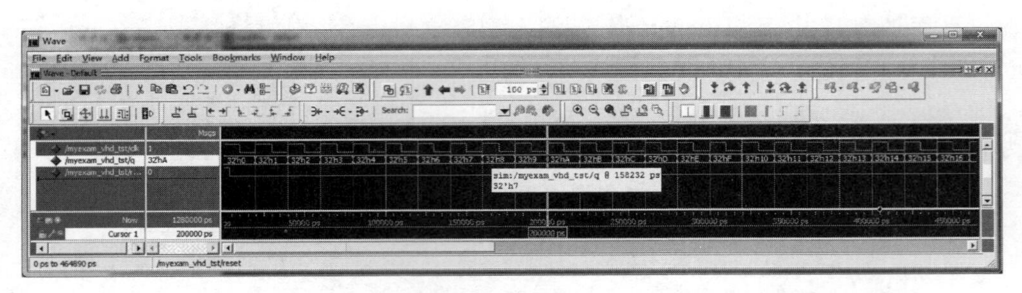

图 3-18　仿真结果

下面把基于 Verilog 语言的测试文件 myexam. vt 也提供给读者，以供参考。

```
'timescale 1 ps/ 1 ps
module myexam_vlg_tst();                              //端口信号定义
    // constants
    // general purpose registers
    // test vector input registers
    reg clk;
    reg reset;
    // wires
    wire [63:0] q;
    // assign statements (if any)
    myexam i1 (                                       //元件例化
        .clk(clk),
        .q(q),
        .reset(reset)
    );
    initial                                           // initial 语句
        begin                                         //内部放置只需执行一次的激励信号
            $ display("Running testbench");
            clk <= 0;
            reset <= 1;
            #4reset <= 0;                             //4ns 后复位信号无效
        end
    always #10 clk <= ~clk;                           //always 语句,产生周期为 20ns 的时钟信号
endmodule
```

2. Simulation Waveform Editor 仿真

当 myexam 工程编译成功后，在 Quartus Prime 管理器界面中选择菜单 File→New，或单击新建文件按钮，出现 New 对话框。在对话框 Verification→Debugging Files 中选择 University Program VWF，单击 OK 按钮，然后弹出 Simulation Waveform Editor 界面，如图 3-19 所示。

添加信号之前先设置仿真截止时间，在管理器界面选择菜单 Edit→Set End Time，弹出界面 End Time，如图 3-20 所示。End Time 的时间范围是 10ns～100μs，如果设置的时间不在这个时间范围内，单击 OK 按钮会有时间范围设置的提示，关闭 End Time 界面。

仿真运行时间设置后，需在图 3-19 中的 Name 栏添加仿真信号。在管理器界面选择菜单 Edit→Insert→Insert Node or Bus…，或者双击图 3-19 中 Name 栏的空白处，会弹出

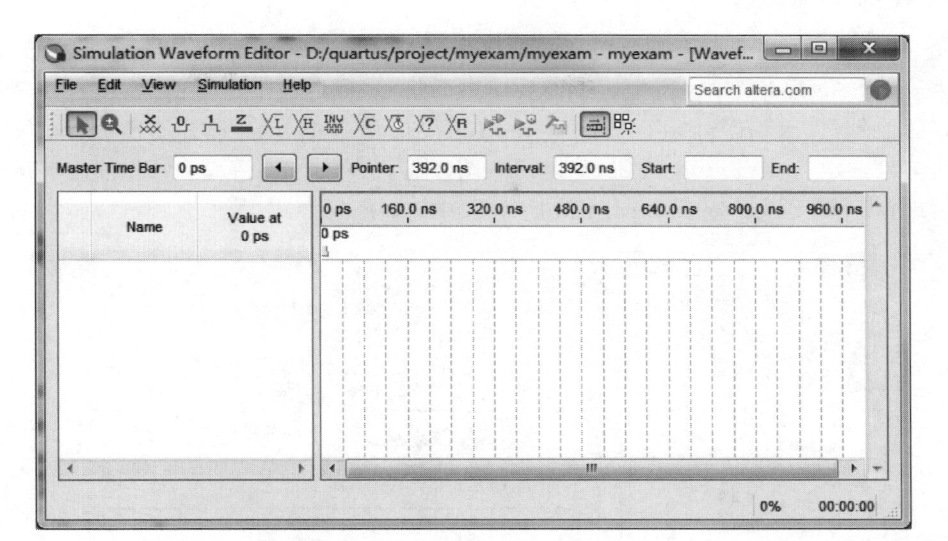

图 3-19　University Program VWF 界面

Insert Node or Bus 界面，如图 3-21 所示。图中 Name 中没有任何信号，我们需要单击 Node Finder…，弹出如图 3-22 所示 Node Finder 界面。图中 Look in 右边需要放置工程文件名，我们单击“…”，然后在弹出的界面中选择 myexam 工程文件并单击 OK，如果是对当前工程的仿真，此步可省略；接下来单击 List，myexam 工程中的信号就会出现在 Nodes Found 下方的空白处。

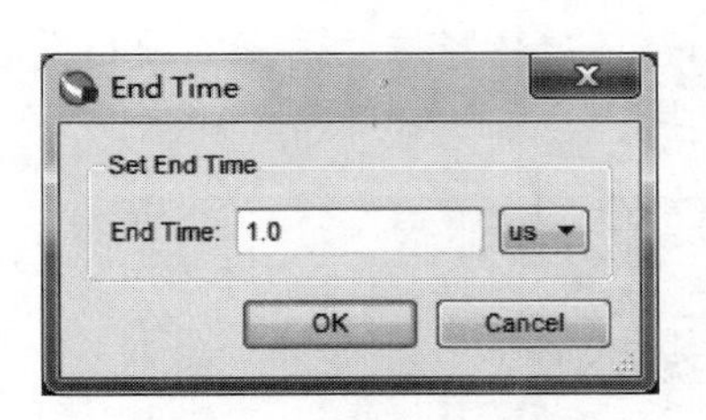

图 3-20　End Time 界面

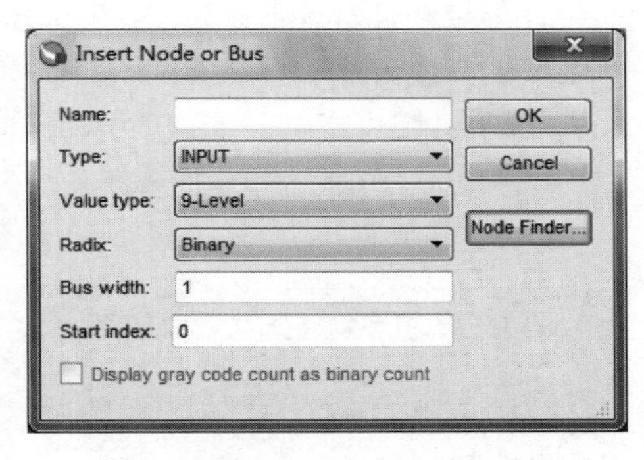

图 3-21　Insert Node or Bus 界面

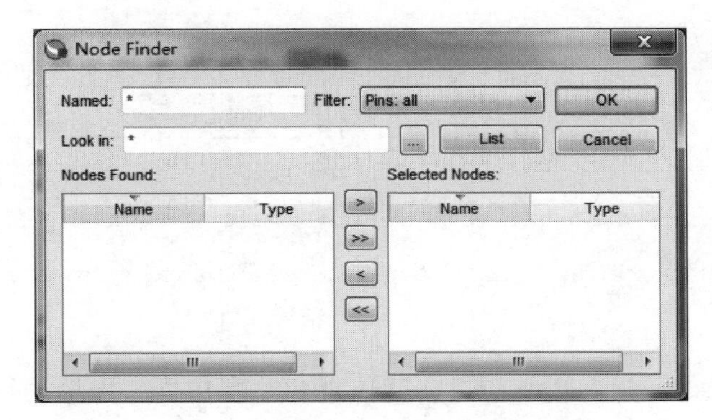

图 3-22　Node Finder 界面

在 Nodes Found 中单击需要仿真的输出信号和全部的输入信号，然后单击“>”，将选择的信号放入 Selected Nodes 栏中。不需要仿真的信号，可以单击“<”进行删除。如果需要仿真所有的信号，直接单击“>>”，Nodes Found 栏中的所有信号会出现在 Selected Nodes 栏中。当信号选定后，单击 OK 按钮，则返回到图 3-21，再单击 OK 后，信号和信号默认的波形图会出现在 Simulation Waveform Editor 界面中，如图 3-23 所示。

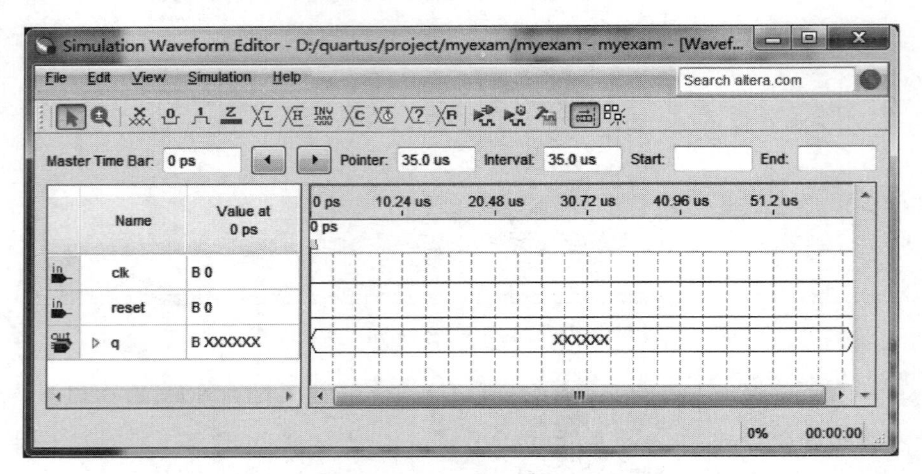

图 3-23　Simulation Waveform Editor 界面

现在需要为输入信号赋值。在 Simulation Waveform Editor 界面的图标中，共有 11 种赋值方式，设计者可以根据需要选取。我们选择对 clk 赋值，单击弹出 Clock 界面，将时钟周期 Period 设置为 20ns。reset 赋值时，如图 3-24 单击鼠标选中其中的一段后单击，选中的一段将会变成高电平 1。信号 clk 和 reset 赋值完成后，如图 3-25 所示；在管理器界面选择菜单 File→Sava As…，将文件名改为 myexam，最好与要仿真的项目同名，然后单击保存。

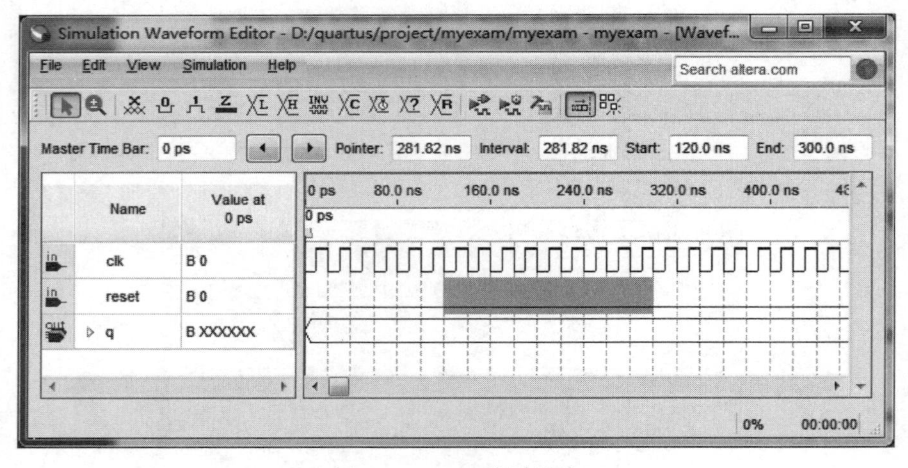

图 3-24　reset 信号赋值

Simulation Waveform Editor 包含功能仿真和时序仿真。这里进行功能仿真，在管理器界面选择菜单 Simulation→Run Functional Simulation 或者单击，弹出仿真进程窗

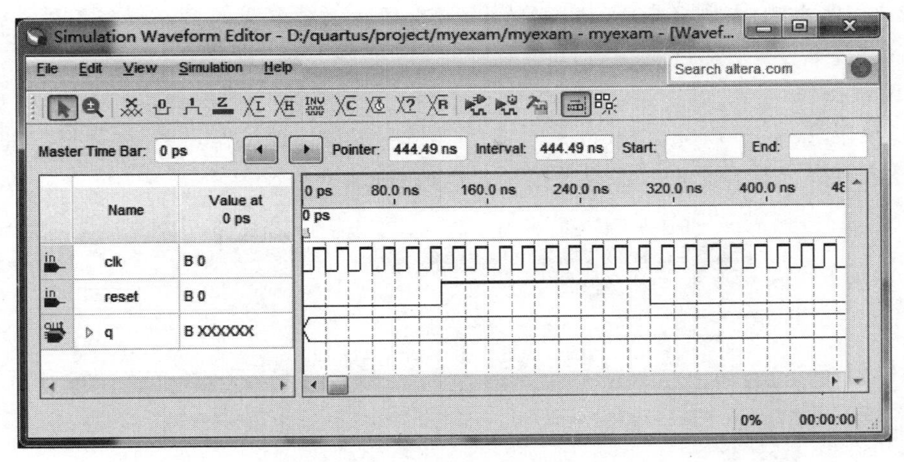

图 3-25 完成信号赋值

口，仿真完成自动关闭，并弹出包含输出波形的仿真完成界面，如图 3-26 所示。注意对输入波形的任何改动，都需要重新进行仿真。

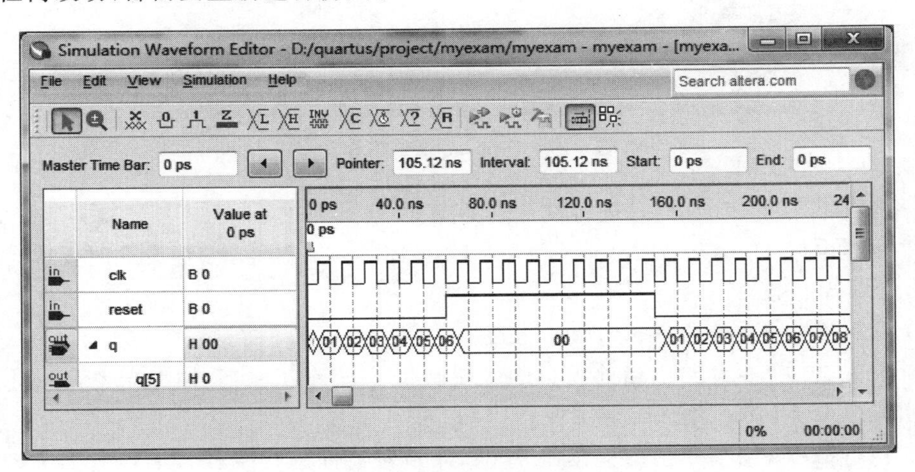

图 3-26 功能仿真图

时序仿真能观察到电路信号的实际延迟情况。只有 Cyclone IV 和 Stratix IV 支持时序仿真，如果 Quartus 工程所选择的芯片不是这两种芯片，那么时序仿真会定义为功能仿真。

3.2.4 器件编程

编译成功后，Quartus Prime 将生成编程数据文件，如. pof 和. sof 等编程数据文件，通过下载电缆将编程文件下载到预先选择的 FPGA 芯片中，该芯片就会执行设计文件描述的功能。

1. 编程连接

在进行编程操作之前，首先将下载电缆的一端与 PC 机对应的端口相连。使用 MasterBlaster 下载电缆编程，将 MasterBlaster 电缆连接到 PC 机的 RS-232C 串行端口。使用 ByteBlasterMV 下载电缆，将 ByteBlasterMV 电缆连接到 PC 机的并行端口。使用

USB Blaster 下载电缆,则连接到 PC 机的 USB 端口。下载电缆的另一端与编程器件相连,连接好后进行编程操作。

2. 编程操作

选择菜单 Tools→Programmer 或单击工具栏中编程快捷按钮,打开编程窗口如图 3-27 所示。读者需要根据自己的实验设备情况,进行器件编程的设置。

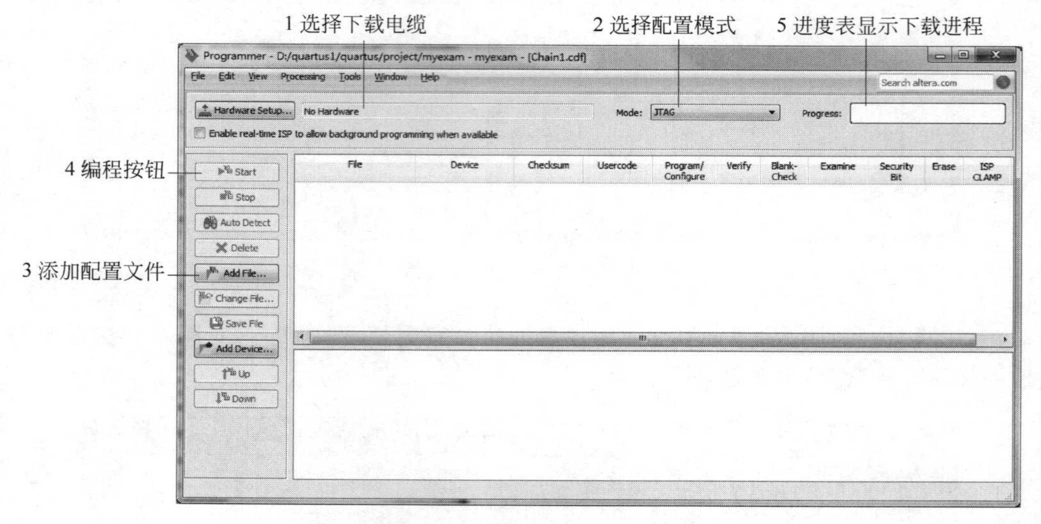

图 3-27 Programmer 编程窗口

作者根据自己的实验设备,进行设置的情况如下:

(1) 下载电缆 Hardware Setup…设置:USB Blaster。注意,编程设置时要保证下载电缆连接,且设备上电。

(2) 配置模式 Mode 设置:JTAG 模式。

(3) 配置文件:自动给出当前项目的配置文件 myexam.sof。如果需要自己添加配置文件,则单击 Add File…添加配置文件。

(4) 执行编程操作:单击编程按钮 Start,开始对器件进行编程。编程过程中进度表显示下载进程,信息窗口显示下载过程中的警告和错误信息。

(5) 实际检验:器件编程结束后,在实验设备上实际查看 FPGA 芯片作为计数器的工作情况,应当给计数器加入频率为 1Hz 的时钟信号,方便观察计数器的变化。如果计数器工作正常,说明读者已经基本学会了 FPGA 的开发流程以及 Quartus Prime 16.0 的使用。

3. 其他编程文件的产生

Quartus Prime 在编译过程中会自动产生编程文件,如.sof 文件。但对于其他格式的文件,如二进制格式的.rbf 配置数据文件,需要专门进行设置才能产生。

编译后产生.rbf 文件过程如下:选择菜单 File→Convert Programming File…,出现图 3-28 所示的对话框。首先,在 Output programming file 列表中选择 Raw Binary File(.rbf)。下一步,将 File name 一栏改成 myexam.rbf。然后,单击 Input files to convert 栏中的 SOF Data,此时 Add File 按钮被激活,单击 Add File 按钮,添加输入数据文件 myexam.sof,单击 Generate 即可产生.rbf 文件。查找设计项目目录,可以找到 myexam.rbf 文件。

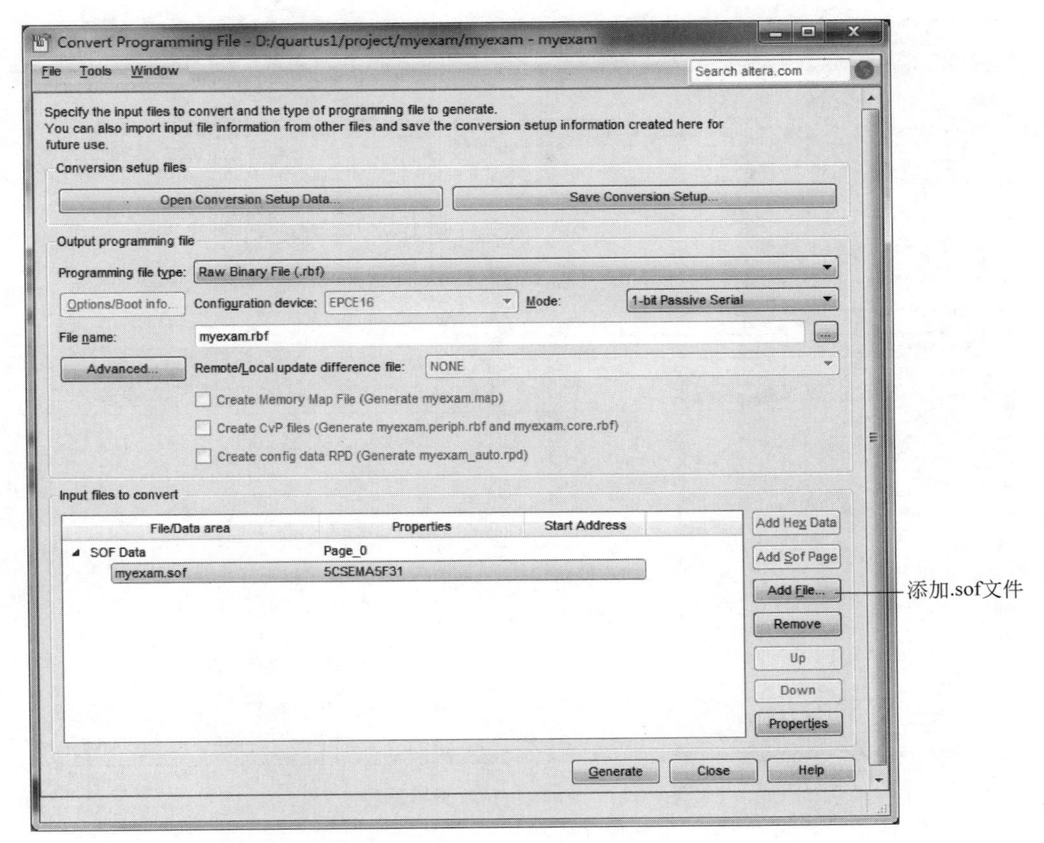

图 3-28 编译后生成.rbf 文件

3.3 嵌入式逻辑分析仪使用

Quartus Prime 软件提供了波形仿真工具，读者可以运行波形仿真工具，分析了解设计系统各信号波形。书中 3.2.3 波形仿真一节中专门介绍如何使用波形仿真工具对设计系统的信号进行波形仿真的测试，通过信号波形分析了解设计系统的工作是否正常。

这里介绍嵌入式逻辑分析仪的使用，就是将逻辑分析仪嵌入到 FPGA 芯片内部，测试 FPGA 芯片内部或外部引脚实际信号波形，分析系统工作是否正常的方法。

嵌入式逻辑分析仪的使用分为以下几个步骤：打开 Tools→Signal Tap Ⅱ Logic Analyzer 编辑窗口，输入待测信号，Signal Tap Ⅱ 参数设置，编译下载，运行 Signal Tap Ⅱ 分析被测信号。

下面以前面已经输入的文件 myexam.vhd 为例，学习嵌入式逻辑分析仪的使用。

1. Signal Tap Ⅱ 编辑窗口

选择菜单 Tools→Signal Tap Ⅱ Logic Analyzer，出现 Signal Tap Ⅱ编辑窗口，如图 3-29 所示，显示一个空的 Signal Tap Ⅱ 文件。

Signal Tap Ⅱ 编辑窗口主要分为以下 5 个栏目：

(1) 实例管理 Instance Manager：管理分析程序。

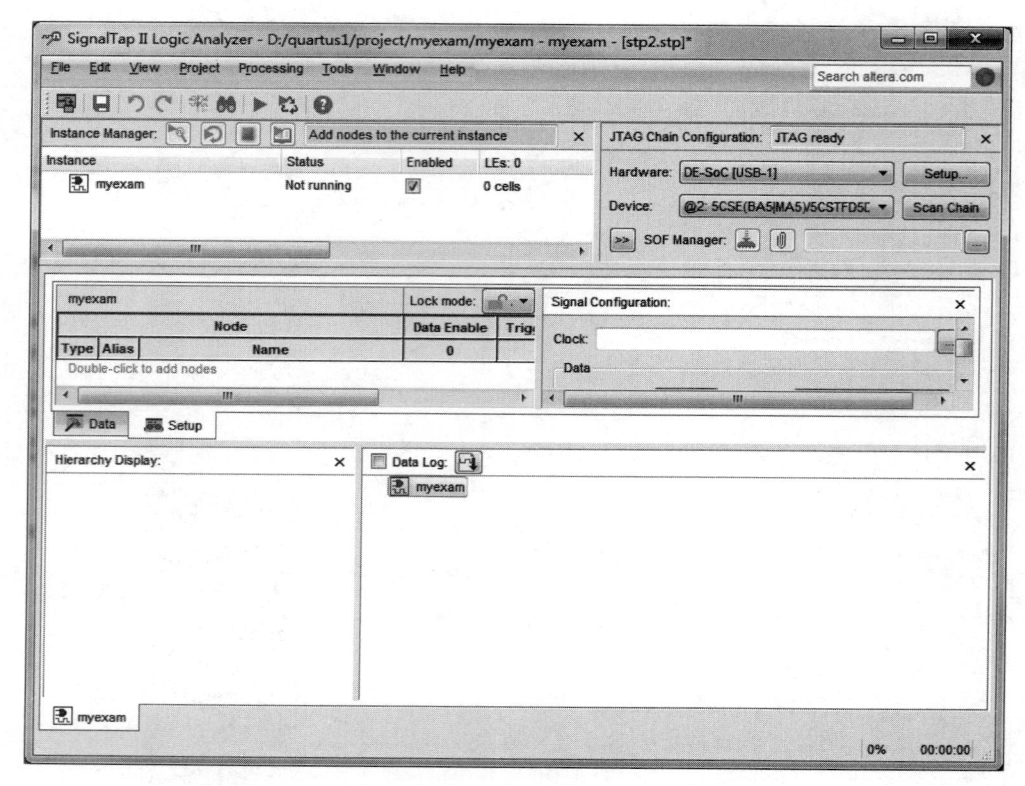

图 3-29　Signal Tap Ⅱ编辑窗口

(2) JTAG 链配置 JTAG Chain Configuration：管理配置硬件和文件。

(3) 设置/数据 Setup/Data：设置测试信号或者观察测试数据。

(4) 信号设置 Signal Configuration：设置逻辑信号分析仪。

(5) 层次显示 Hierarchy Display：显示分析文件的结构层次。

2. 输入文件和待测信号

在实例管理 Instance Manager 栏目下，单击 Instance 下面的 auto_signaltap_0，将其更名为准备分析的文件名 myexam。

双击设置测试信号 Setup 空白处，弹出 Node Finder 对话框，在对话框中选择测试信号。这里选择观察 myexam 模块的 cnt。插入节点的过程与波形仿真选择信号完全相同。

3. Signal Tap Ⅱ参数设置

在信号设置 Signal Configuration 栏目下，完成对逻辑信号分析仪参数的设置，设置窗口如图 3-30 所示。

(1) 设置 Signal Tap Ⅱ工作时钟：单击图 3-30 所示 Clock 右侧的“…”按钮，在 Node Finder 对话框中，选择 clk 信号作为逻辑分析仪的采样时钟。

(2) 设置采样数据：采样数据深度设置为 1KB，根据待测信号的数量和 FPGA 芯片内部的存储器的大小决定采样数据深度。

(3) 触发设置：触发器流程控制、触发位置、触发条件均采用默认值。

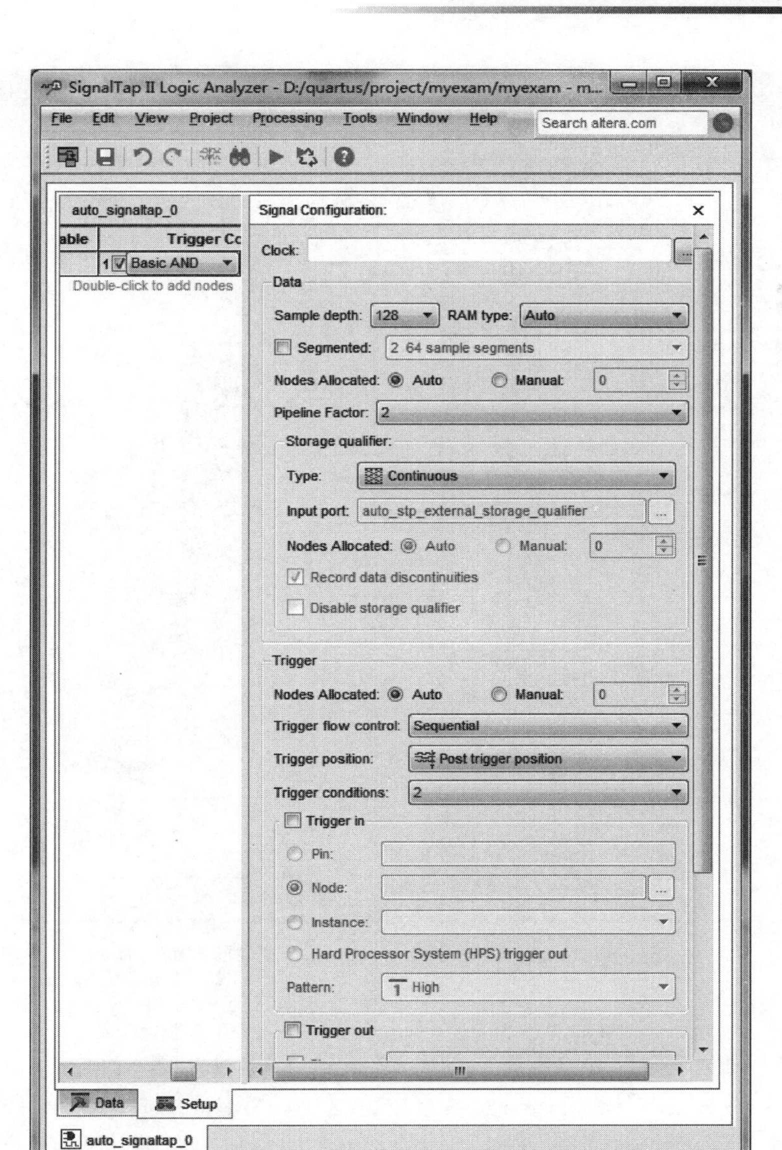

图 3-30 设置 Signal Tap Ⅱ参数

(4) 触发输入：首先选中触发输入 Trigger in，接着在触发源 Node 处选择 myexam 设计中的复位信号 reset，触发方式采用下降沿 Falling Edge。

(5) 保存文件：设置完成后，保存该文件 myexam.stp，保存时，系统出现提示信息：Do you want to enable Signal Tap Ⅱ，单击 yes，表示同意使用 Signal Tap Ⅱ，并准备将其与 myexam 文件捆绑在一起进行综合和适配，一同下载到 FPGA 芯片中。

也可以通过选择菜单 Assignments→Settings…，打开如图 3-31 所示的 Settings 对话框。在 Settings 对话框左侧的 Category 栏目下选择 Signal Tap Ⅱ Logic Analyzer 项，选中 Enable Signal Tap Ⅱ Logic Analyzer，添加 myexam.stp 文件，完成 Signal Tap Ⅱ与 myexam 源文件的捆绑。

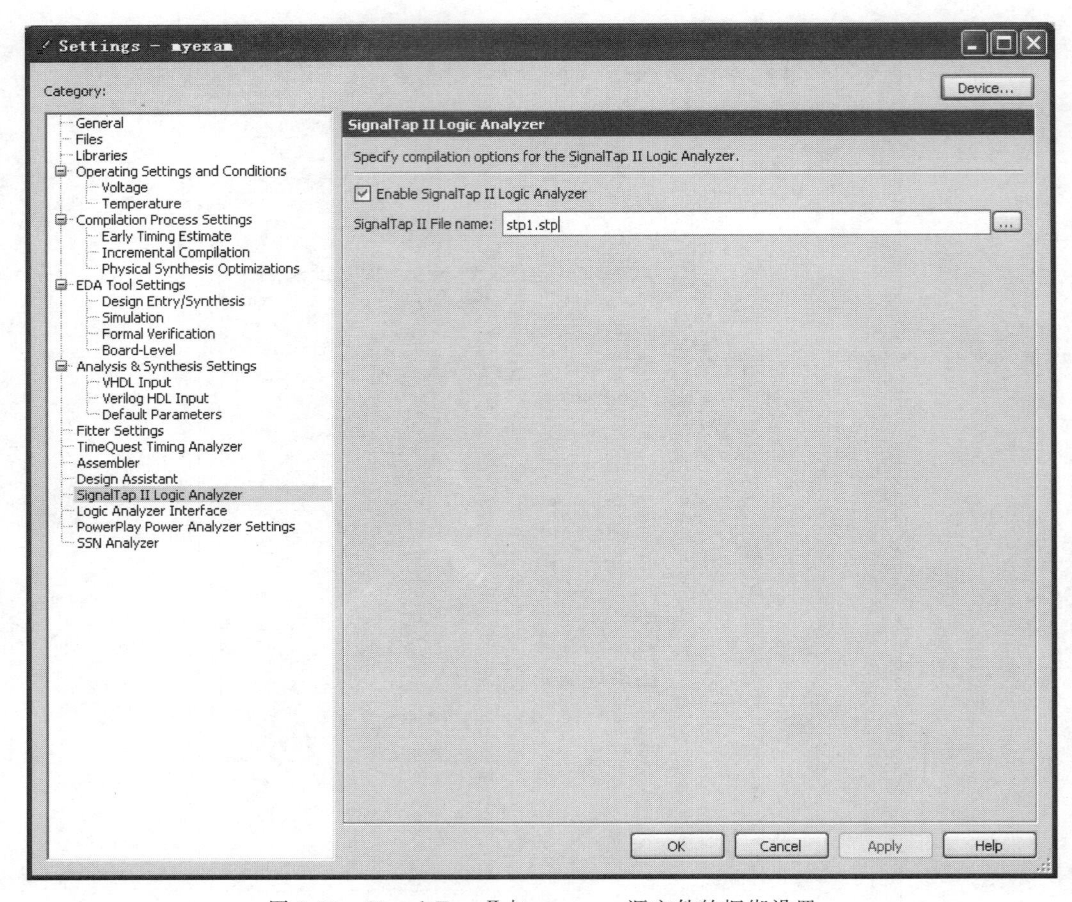

图 3-31 Signal Tap Ⅱ与 myexam 源文件的捆绑设置

4. 编译下载

(1) 编译：完成上述设置并保存文件后，必须要再次进行完整编译 Compilation。选择菜单 Processing→Start Compilation 或直接单击工具栏中编译按钮，执行编译操作，对设计文件进行检查。

(2) 连接硬件：在进行下载操作之前，首先将下载电缆的一端与 PC 机对应的端口相连，作者使用 USB Blaster 下载电缆，连接到 PC 机的 USB 端口，下载电缆的另一端与编程器件相连。

(3) 下载设置：如图 3-32 所示。Hardware 设置为 USB Blaster；连接硬件正常，系统会自动找到下载器件 Device 为 5CES；通过“…”按钮设置下载文件为 myexam. sof。

(4) 执行下载操作：单击编程按钮，开始对器件 5CSE 进行编程。

5. Signal Tap Ⅱ信号分析

如图 3-33 所示，在实例管理 Instance Manager 栏目下，选中 Instance 下面的文件 myexam，再单击 Autorun Analysis 启动分析按钮，启动 Signal Tap Ⅱ信号分析。只有当器件编程成功后，该分析按钮才会激活。

在 Setup/Data 栏目下，选择观察测试数据 Data 窗口。

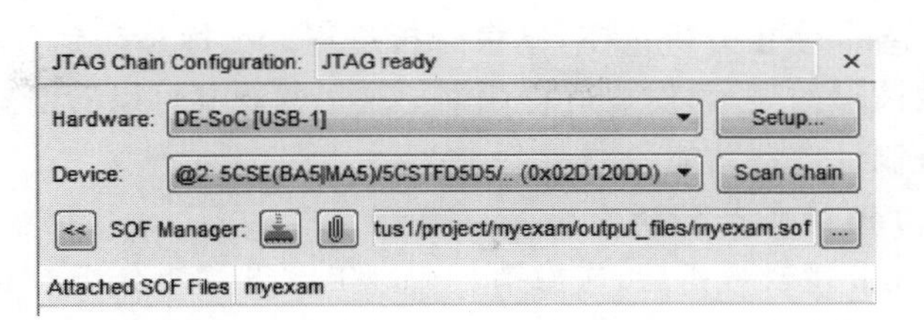

图 3-32 下载设置界面

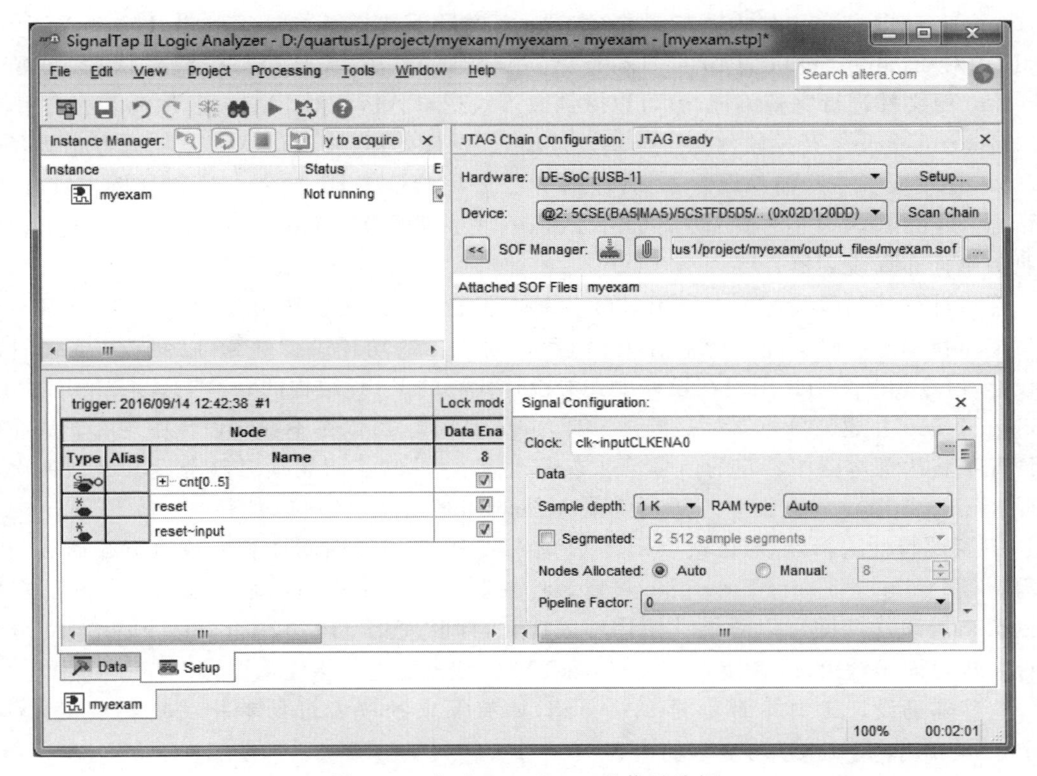

图 3-33 启动 Signal Tap Ⅱ信号分析

单击复位 reset 键，使 reset 信号发生一次从高电平到低电平的变化，为 Signal Tap Ⅱ逻辑分析仪提供采样触发信号。这时，在 Signal Tap Ⅱ的数据窗口就会观察到来自 FPGA 目标器件 5CES 芯片的实时信号，信号如图 3-34 所示。

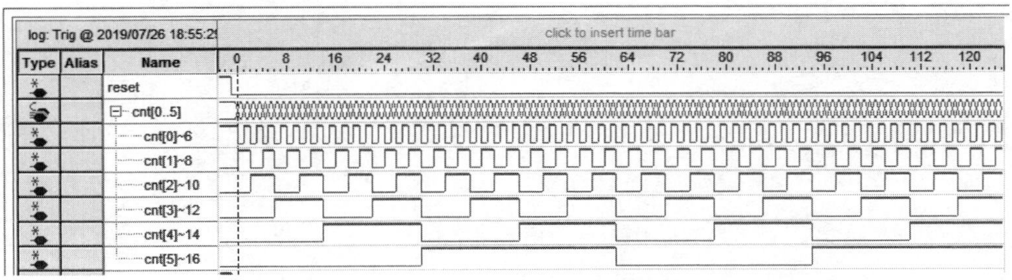

图 3-34 Signal Tap Ⅱ采样的信号波形

按下 Stop Analysis 停止分析按钮，结束分析过程。鼠标移动到分析波形处，单击鼠标右键和左键，将缩放波形的显示，使之适合观察。这里的观察可以看清输出信号 cnt 的变化规律，与设计的六进制计数器功能一致。

6. 撤销 Signal Tap Ⅱ 信号分析

结束 Signal Tap Ⅱ 逻辑分析后，应撤销 Signal Tap Ⅱ 逻辑分析与 myexam 源文件的捆绑，释放出嵌入式逻辑分析仪对 FPGA 芯片资源的占用。

撤销 Signal Tap Ⅱ 逻辑分析与 myexam 源文件捆绑的方法：选择菜单 Assignments→Settings…，在 Settings 对话框左侧的 Category 栏目下选择 Signal Tap Ⅱ Logic Analyzer 项，撤销对 Enable Signal Tap Ⅱ Logic Analyzer 的选中，单击 OK 按钮确认后，重新对 myexam 源文件进行完整编译，就可以撤销嵌入式逻辑分析仪对 FPGA 芯片资源的占用。

Quartus Prime 开发软件除了提供设计输入、设计处理、波形仿真等设计流程中必备的工具外，还集成了一些辅助设计工具，包括 I/O 分配验证工具、功率估计和分析工具、RTL 阅读器、SignalProbe(信号探针)及 Chip Editor(底层编辑器)、Timing Closure Floorplan(时序收敛平面布局规划器)。

在设计的任何阶段都可以使用 I/O 分配验证工具来验证引脚分配的合理性，保证在设计早期尽快确定引脚分配。功率估计工具可以对设计的功耗进行估算，以便于电源设计和热设计。RTL 视图则是用户在设计中查看设计代码的 RTL 结构的一种工具。SignalProbe 和 Signal Tap Ⅱ 逻辑分析器都是调试工具，SignalProbe 可以在不影响设计中现有布局布线的情况下将内部电路中特定的信号迅速布线到输出引脚，从而无须对整个设计另做一次全编译。Chip Editor 能够查看编辑后布局布线的详细信息，且可以使用 Resource Property Editor(资源特性编辑器)对逻辑单元、I/O 单元或 PLL 的原始属性和参数执行编译后的重新编辑。Timing Closure Floorplan 可以通过控制设计的平面布局来达到时序目标。在综合以及布局布线期间可以对设计使用网表优化，同时使用 Timing Closure Floorplan 分析设计并执行面积约束，或者使用 LogicLockTM 区域分配进一步优化设计。

这些辅助设计工具本章不再一一介绍，如有需求的读者可参考相关书籍或 Quartus Prime 16.0 用户手册，学习更多的内容。

第 4 章 基本电路的 VHDL 设计

CHAPTER 4

本章将以数字逻辑为基础,对包括组合和时序在内的基本逻辑电路的 VHDL 设计,以及数字电路设计中的关键问题和基本设计要点进行介绍,希望读者通过这一章的内容能够进行简单电路的 VHDL 设计。

4.1 优先编码器

优先编码器是数字电路中的常用逻辑电路,这里所说的编码是对输入通道的编码。优先编码器对所有的输入通道进行了优先级排队,允许多个输入通道上同时有有效信号,而只对优先级最高的有效输入通道进行编码,产生编码输出信号,对优先级低的有效通道则不进行编码。优先编码器的功能用 FPGA 实现起来非常方便,假设我们需要设计如表 4-1 所示的 4 线-2 线优先编码器,其中 cs 为片选端,ex 为扩展输出端。当 cs 为 0 时,编码器不工作,输出全部为 1; 当 cs 为 1 时,编码器工作,ex 输出为 0,out[1..0]输出为优先级最高的有效输入通道号的原码。

表 4-1 4 线-2 线优先编码器功能表

cs	d_i(3)	d_i (2)	d_i (1)	d_i (0)	d_o(1)	d_o(0)	ex
0	×	×	×	×	1	1	1
1	1	×	×	×	1	1	0
1	0	1	×	×	1	0	0
1	0	0	1	×	0	1	0
1	0	0	0	1	0	0	0

从行为描述的角度看,输出信号的获得取决于输入信号,因此可以把输入信号看作判断条件,通过对条件的判断获得输出值。在 VHDL 语言中能够实现条件判断功能的语句很多,例如条件信号赋值语句、选择信号赋值语句、case 语句、if 语句等。另一个需要满足的功能就是输入信号有优先级之分,即判断条件有优先级。在上述 VHDL 语句中,if 语句对条件的判断有优先级,先判断的条件优先级最高,因此我们可以考虑用 if 语句实现对电路的设计。设计程序如例 4.1 所示。

【例 4.1】 if 语句实现的优先编码器。

```
library IEEE;
use ieee.std_logic_1164.all;

entity encoder42 is
port (d_i : in std_logic_vector(3 downto 0);
    cs    : in std_logic;
    ex    : out std_logic;
    d_o   : out std_logic_vector(1 downto 0));
end ;

architecture behave of encoder42 is
begin
  process (cs, d_i)
  begin
      if cs = '0' then d_o <= "11"; ex <= '1';
      else
          if d_i (3)  =  '1' then d_o <=  "11"; ex <= '0';
          elsif d_i(2)  =  '1' then d_o <=  "10"; ex <= '0';
          elsif d_i(1)  =  '1' then d_o <=  "01"; ex <= '0';
          elsif d_i(0)  =  '1' then d_o <=  "00"; ex <= '0';
          end if;
    end if;
  end process;
end behave;
```

为了验证其功能的正确性，我们写出如下的 testbench 文件：

```
library ieee;
use ieee.std_logic_1164.all;

entity encoder42_vhd_tst is
end encoder42_vhd_tst;

architecture encoder42_arch of encoder42_vhd_tst is
    signal cs, ex : std_logic;
    signal d_i : std_logic_vector(3 downto 0);
    signal d_o : std_logic_vector(1 downto 0);
    component encoder42                          -- 仿真元件声明
        port (cs : in std_logic;
            d_i : in std_logic_vector(3 downto 0);
            d_o: out std_logic_vector(1 downto 0);
            ex : out std_logic);
    end component;
begin
    i1 : encoder42                               -- 元件例化
            port map (cs  => cs, d_i  => d_i, d_o  => d_o, ex  => ex);
    process                                      -- 此进程中的内容只执行一次
    begin
            cs <= '0','1' after 20 ns; wait;
    end process;
    process                                      -- 此进程中的内容循环执行
```

```
    begin
        d_i<="1111";     wait for 30 ns;
        d_i<="0111";     wait for 30 ns;
        d_i<="0011" ;    wait for 30 ns;
        d_i<="0001" ;    wait for 30 ns;
    end process;
end encoder42_arch;
```

其在 ModelSim 下的功能仿真波形如图 4-1 所示，由图中可以看出 d_i (3)的优先级最高，d_i (0)的优先级最低，功能符合设计要求。

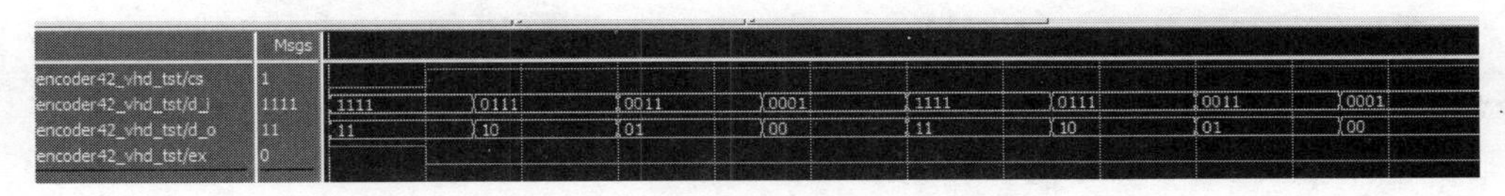

图 4-1 优先编码器仿真波形图

4.2 数据选择器

在 FPGA 内部有大量的数据选择器(又称多路选择器或多路开关)，通过数据选择器对数据的传输通道进行选择，从而实现电路逻辑和时序功能。例如前面介绍的 FPGA 最小可编程逻辑构成单元——4 输入 LUT，就是以 4 个输入信号作为地址选择信号，将 16 个数据存储单元作为数据输入通道的 16 选 1 数据选择器。从行为描述的角度看，输出信号的获得取决于地址信号，因此可以把地址信号作为判断条件，采用与 4.1 节相似的方法，通过对条件的判断获得输出值，具体可参考本书第 2 章中介绍的几种数据选择器的设计方法。

数据选择器的另一个应用是在算法设计中实现非线性运算，下面以 DES(Data Encryption Standard)算法中 S 盒的设计为例进行介绍。DES 是广泛地应用于诸如 POS、ATM 等数据加密领域的分组对称密码算法，关于 DES 算法的详细设计大家可以参考本书第 8 章密码算法设计。S 盒是整个 DES 算法中唯一的非线性变换部件，DES 算法中共有 8 个 S 盒，每个 S 盒是一个 4 行、16 列的表，表中数据为 4 位长的二进制数据，S 盒的输入为 6 位数据，其中第 1、6 位组合构成一个 2 位的数，对应表中的某一行，第 2 到第 5 位组合构成一个 4 位的数，对应表中的某一列，其交叉点的数据作为 S 盒的 4 位输出项。8 个 S 盒的内容各不相同，但设计方法相同，下面以 S1 盒为例介绍其设计，S1 盒的内容如表 4-2 所示。

表 4-2 S1 盒

行	列																
	0	1	2	3	4	5	6	7	8	9	10	11	12	13	14	15	
0	14	4	13	1	2	15	11	8	3	10	6	12	5	9	0	7	S1 盒
1	0	15	7	4	14	2	13	1	10	6	12	11	9	5	3	8	
2	4	1	14	8	13	6	2	11	15	12	9	7	3	10	5	0	
3	15	12	8	2	4	9	1	7	5	11	3	4	10	0	6	13	

S 盒的设计也是根据输入获得输出，可以有多种方法，这里采用双 case 语句，通过 case 语句的嵌套，形成一个 6 输入、4 输出的查找表。即当输入 DATA＝D0D1D2D3D4D5 时，以

D0、D5 组合作为行，以 D1、D2、D3、D4 组合作为列，在 S1 表中查得对应的 4 位二进制数，作为选择函数 S1 的输出。设计程序如例 4.2 所示。

【例 4.2】 基于双 case 语句 S 盒的设计。

```
library IEEE; …;
entity s1 is
    port(data : in std_logic_vector(5 downto 0);
    dout: out std_logic_vector(3 downto 0));
end s1;
architecture behave of s1 is
  signal s1 : std_logic_vector(1 downto 0) ;        --- 保存行 data
  signal s2 : std_logic_vector(3 downto 0) ;        --- 保存列 data
begin
  s1 <= data(5) & data(0);
  s2 <= data(4 downto 1);
  process(data)
  begin
      case s1 is
        when "00"  => case s2 is
            when "0000"  => sou <=  "1110";
            when "0001"  => sou <=  "0100";
            …
            end case;
        when "01"  => case s2 is
            …
            end case;
        when "11"  => case s2 is
            when "0000"  => sou <=  "1111";
            when "0001"  => sou <=  "1100";
            …
            when "1111"  => sou <=  "1101";
            end case;
        when others => null;
      end case;
    end process;
end behave;
```

ModelSim 下的仿真结果如图 4-2 所示，与表格结果一致。S2～S8 的设计与 S1 盒设计方式相同，只是 case 语句中各分支的输出信号取值不同。

	Msgs				
/s1_box_vhd_tst/data	111111	111111	000000	111000	000111
/s1_box_vhd_tst/dout	1101	1101	1110	0011	0100

图 4-2 S1 盒的仿真波形

值得注意的是，若 DES 算法中的 8 个 S 盒全部使用 case 语句设计，将占用 FPGA 芯片大量的寄存器资源，不利于算法其他功能的实现。考虑到 S 盒的设计与查找表结构相同，因此可以利用 FPGA 芯片丰富的存储器资源，将 S 盒的输入作为 ROM 的地址，S 盒的输出作为 ROM 的存储数据。其中，ROM 的地址 add 与 S 盒的输入 data 之间的关系如下：

```
add(5 downto 0) <= data(5)&data(0)&data(4 downto 1);
```

再使用S盒时直接调用ROM存储器即可，这样可以节省芯片的逻辑资源，有利于进行密码算法其他逻辑模块的设计。有关基于ROM的S盒的设计请参见5.3节。

4.3 组合逻辑电路与并行语句、进程语句的关系

组合逻辑电路的输出仅仅取决于当时的输入信号，而与电路之前的输入无关。前面两节都属于组合逻辑电路设计，观察设计程序可知，在VHDL语言中组合逻辑电路的实现可以使用并行信号赋值语句，也可以采用纯组合行为描述的进程语句，采用不依赖时钟的进程。例如，有如下两个实例。

【例4.3】 并行语句实现的组合逻辑电路。

```
Entity test1 is
    port (a, b, sel1 : in bit;
        result : out bit);
end test1;
architecture test1_body of test1 is
begin
    result <= a when sel1 = '1' else
            b;
end test1_body;
```

【例4.4】 进程语句实现的组合逻辑电路。

```
Entity test1 is
    port (a, b, sel1 : in bit;
         result : out bit);
end test1;
architecture test1_body of test1 is
begin
    process (sel1,a, b)
    begin
        if (sel1 = '1') then
            result <= a;
        else
            result <= b;
        end if;
    end process;
end test1_body;
```

两个程序描述的是实现相同功能的组合逻辑电路，由此可见，在某些时候，并行语句和进程语句可以实现相同的功能。但是对于时序逻辑电路的实现，就必须使用带有时钟信号的进程描述语句。

组合逻辑电路的设计有一个需要注意的问题，以例4.5所示的半加器设计为例，观察其时序仿真波形图4-3(通过Tool→Run Simulation Tool→Gate Level Simulation实现)，不难看出图中48ns左右存在两个不希望出现的毛刺。

【例 4.5】 半加器的 VHDL 设计。

```
library ieee;
use ieee.std_logic_1164.all;
entity half_add is
    port ( a        : in std_logic;
           b        : in std_logic;
           result   : out std_logic;
           c        : out std_logic);
end entity;
architecture rtl of half_add is
begin
    result <= a xor b;
    c <= a and b;
end rtl;
```

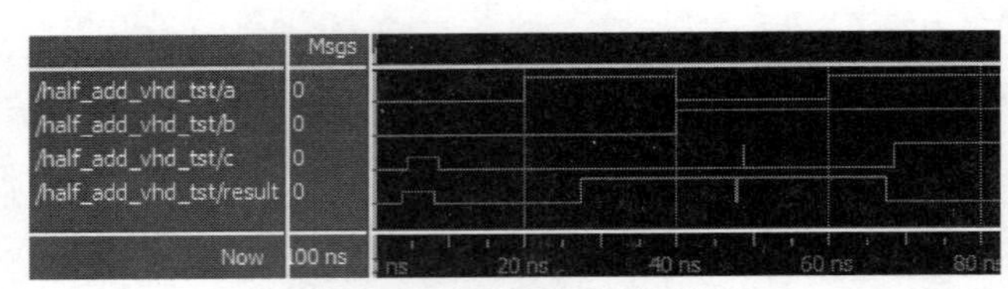

图 4-3 半加器仿真波形图

通过 processing-start-start TimeQuest Timing Analyzer 编译后，在 Table of Contents 栏中选择 TimeQuest Timing Analyzer 并右击后选择 Generate Report in TimeQuest，进入 TimeQuest Timing Analyzer 界面，然后选择 Reports→Datasheet→Report Datasheet 可以看到如图 4-4 所示的传输延迟(propagation delay)情况，需要注意的是，图中显示的延迟时间的长短与电路综合时所用的芯片型号有关。其中 RR 表示信号的上升时间，RF 表示高到低的变化时间，FR 表示低到高的变化时间，FF 表示下降时间。观察仿真图，在 40ns 时输入信号 a、b 同时向相反的方向跳变，即电路出现了竞争，而信号 a 下降所需的时间比信号 b 上升所需的时间长，从而使传输到 c 和 result 的输入信号同时出现了高电平，这就是产生毛刺的原因。对于组合逻辑电路的设计，竞争冒险通常是不可避免的，因此不建议将组合逻辑电路的输出直接作为时钟或片选等对信号质量要求较高的场合。这同时也说明了在验证一个设计是否正确时，不仅要通过功能仿真看其逻辑是否正确，还要通过时序仿真看其时序功能是否正确。

Propagation Delay

	Input Port	Output Port	RR	RF	FR	FF
1	a	c	10.211			11.292
2	a	result	10.403	10.515	11.295	11.399
3	b	c	10.195			11.407
4	b	result	10.275	10.395	11.378	11.484

图 4-4 传输延迟时间示例

4.4 运算电路

由于 VHDL 中有专门的算术运算符，所以可以方便地进行运算电路的设计，设计时需要注意包含对定义相应运算符的程序包的调用。

【例 4.6】 设计一个能够进行 4 位数相加、相减和相乘运算的电路。

```
library ieee;
use ieee.std_logic_1164.all;
use ieee.std_logic_arith.all;
use ieee.std_logic_unsigned.all;
entity calculate is
        port (op1, op2 : in std_logic_vector (3 downto 0);
           sum,sub     : out std_logic_vector (3 downto 0);
           mult        : out std_logic_vector (7 downto 0));
end ;
architecture beh of calculate is
begin
    sum <= op1 + op2;
    sub <= op1 - op2;
    mult <= op1 * op2;
end beh;
```

综合出来的电路如图 4-5 所示。

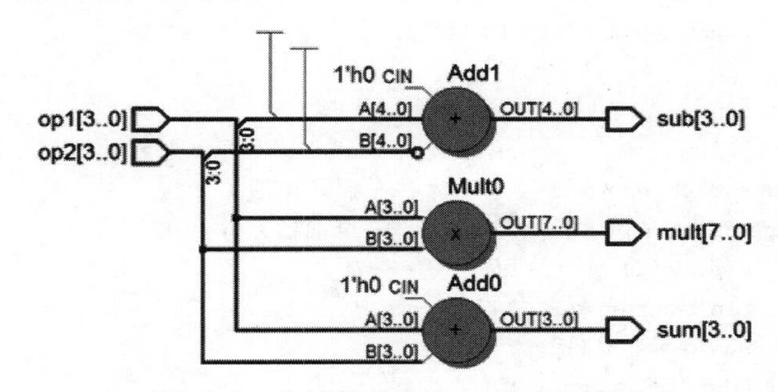

图 4-5 4 位运算器的 RTL 综合电路图

FPGA 中电路的设计非常灵活,我们也可以采用其他的方法。以图 4-6 所示的串联结构的 4 位加法器为例,来看一下基于结构的设计方法。

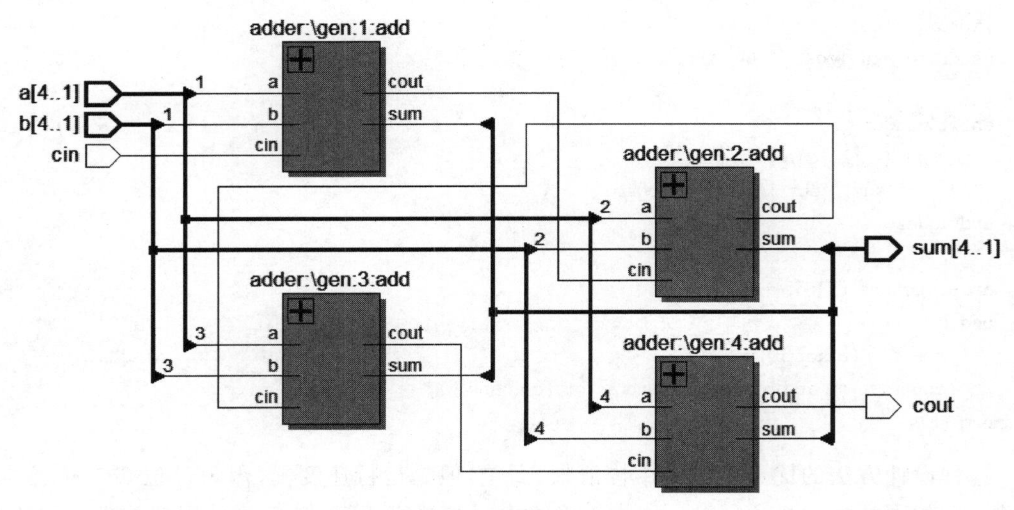

图 4-6 4 位串行进位加法器

【例 4.7】 4 位串行进位加法器的设计。

```
library ieee;
use ieee.std_logic_1164.all;

entity adderN is
    generic(N : integer := 4);
    port (a, b: in std_logic_vector(N downto 1);
        cin : in std_logic;
        sum: out std_logic_vector(N downto 1);
        cout: out std_logic);
end adderN;

architecture struc of adderN is
    component adder
        port (a, b, cin : in std_logic;
             sum, cout : out std_logic);
    end component;
    signal carry : std_logic_vector(0 to N);
begin
    carry(0) <= cin;
    cout <= carry(N);
    gen: for I in 1 to N generate               -- 循环生成
        add: adder port map(                    -- 全加器元件例化
                a => a(I), b => b(I),
                cin => carry(I - 1),
                sum => sum(I),
                cout => carry(I));
   end generate;
end struc;
```

其中,例化元件 adder 的设计如下:

```
library ieee;
use ieee.std_logic_1164.all;

entity adder is
    port (a, b, cin : in std_logic;
         sum, cout : out std_logic);
end adder;

architecture rtl of adder is
begin
    sum <= (a xor b) xor cin;
    cout <= (a and b) or (cin and a) or (cin and b);
end rtl;
```

这种设计方法的优点是电路结构清晰、简单,但是运行速度慢,因为进位端 cout 必须要经过 4 个相同的加法模块 adder 才能正确输出。为提高运算速度,可采用超前进位加法器。

【例 4.8】 基于数据流的 4 位超前进位加法器的设计。

```
library ieee;
use ieee.std_logic_1164.all;

entity adderN is
    generic(N : integer := 4);
    port (a: in std_logic_vector(N downto 1);
        b: in std_logic_vector(N downto 1);
        cin: in std_logic;
        sum: out std_logic_vector(N downto 1);
        cout: out std_logic);
end adderN;

architecture rtl of adderN is
begin
    p1: process(a, b, cin)
        variable vsum : std_logic_vector(N downto 1);
        variable carry : std_logic;
    begin
        carry := cin;
        for i in 1 to N loop
            vsum(i) := (a(i) xor b(i)) xor carry;
            carry := (a(i) and b(i)) or (carry and (a(i) or b(i)));
        end loop;
        sum <= vsum;
        cout <= carry;
    end process p1;
end rtl;
```

综合出来的电路如图 4-7 所示。

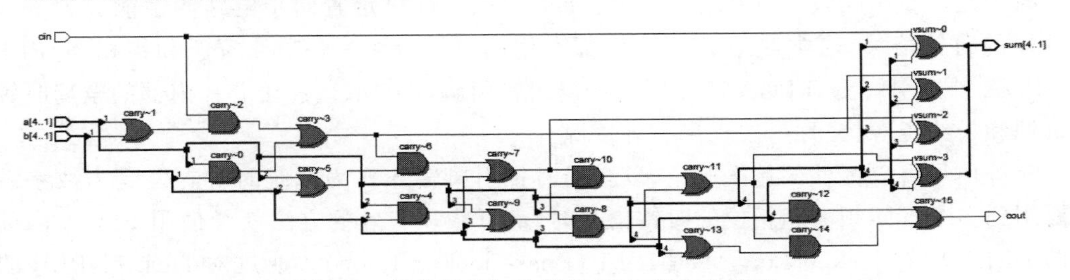

图 4-7 超前进位加法器的 RTL 综合电路图

通过对上述三种方法设计的 4 位加法器的传输延迟时间进行比较，可知采用运算符设计的 4 位加法器的运行速度高于超前进位加法器，超前进位加法器的运行速度高于串行进位加法器。感兴趣的读者可以进一步对比观察三种方法编译之后的 flow summary，可以看到，采用运算符的设计逻辑单元(Total logic elements)占用率最少，逻辑单元占用最多的是超前进位加法器。可见相同功能的电路采用不同的设计方法生成电路的运行速度和大小是不同的，可以根据需要灵活选择。

4.5 时钟信号

时钟信号是时序逻辑电路中必不可少的一个输入控制信号，时序逻辑电路是以时钟信号为节拍工作的。

1. 时钟信号的判断

时序逻辑电路中，对时钟信号进行判断，通常采用下面的设计形式：

```
process (时钟信号名)
begin
    if (时钟信号变化条件)then
        顺序语句;
    end if;
end process;
```

如果满足条件的时钟信号到来，则电路动作。为了保证电路工作的可靠性，常采用时钟边沿动作的电路结构，VHDL 中对时钟沿的判断常采用如下描述形式：

(1) 时钟信号上升沿的 VHDL 描述：

```
if (clk'event and clk = '1') then …
if rising_edge(clk) then …
wait until rising_edge (clk);
```

(2) 时钟信号下降沿的 VHDL 描述：

```
if (clk'event and clk = '0') then …
if falling_edge(clk) then …
wait until falling_edge (clk) ;
```

2. 时钟信号的产生

时钟是同步电路设计的核心，时钟的质量和稳定性决定着同步电路的性能。为了获得高性能的时钟信号，通常使用 FPGA 内部专用的时钟资源——布线资源和锁相环(PLL)。从 FPGA 外部引脚看，FPGA 有专门的全局时钟引脚(GCLK)、连接芯片内部的全局时钟布线资源和长线资源(又称第二全局时钟资源)。

时钟信号可以由外部晶振产生，以全局时钟引脚输入作为系统时钟。但是当数字系统需要用到多个不同频率和相位的时钟信号时，最可靠和有效的方法就是使用 FPGA 内部固有的 DLL(Delay-locked Loop)或者 PLL(Phase-locked Loop)。通过对 DLL 或 PLL 的配置，获得需要的时钟信号，供系统内部的不同模块使用。不同 FPGA 芯片内部集成的 DLL 或 PLL 的数量及功能各不相同，使用时要参考具体的器件手册。通常 Xilinx 芯片内集成 DLL，称为 CLKDLL，在高端 FPGA 中，CLKDLL 的增强模块为 DCM(Digital Clock Manager，数字时钟管理模块)；Intel FPGA 芯片内集成的 PLL，分为增强型 PLL(Enhanced PLL)和高速 PLL(Fast PLL)、Cyclone PLL 等。Altera 器件的 PLL 使用比较方便，一般是通过 Megafunction 或 Megawizard 设置 PLL 参数并生成 IP 后，在程序中调用。

我们通过下面的例子，看看多时钟信号的产生及其在电路中的应用。

【例 4.9】 通过 Megawizard 生成 PLL，由输入时钟 clkin 获得两个更高频率的时钟

outclk_0、outclk_1，调用此 PLL，使输入信号 a 在两个时钟的作用下翻转，得到两个输出信号 b 和 c。

(1) 首先，工程创建好后，在右侧的 IPCatlog 栏中输入 PLL，然后在搜索的结果中选中 ALTPLL，则弹出 Save IP Variation 界面，如图 4-8 所示。

(2) 在图 4-8 中，填写文件名称为 pll_use，并单击 OK 按钮。

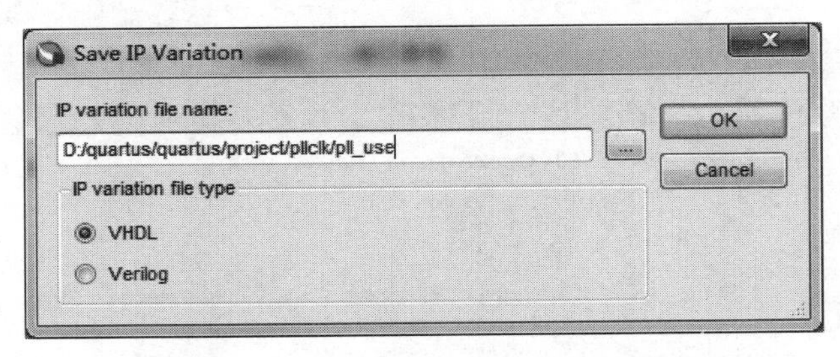

图 4-8　ALTPLL 初始化界面

(3) 在接下来的窗口中，依次设置 PLL 模块输入时钟 inclk0 的频率和 PLL 的工作模式。这里假设输入频率为 10MHz，工作模式采用“normal”模式，如图 4-9 所示。Intel FPGA 器件共有四种工作模式：“normal”模式，PLL 的输入引脚与 I/O 单元的输入时钟寄存器相关联；“zero delay buffer”模式，PLL 的输入引脚和 PLL 的输出引脚的延时相关联，通过 PLL 的调整，到达两者“零”延时；“External feedback”模式，PLL 的输入引脚和 PLL 的反馈引脚延时相关联；“no compensation”模式，不对 PLL 的输入引脚进行延时补偿。

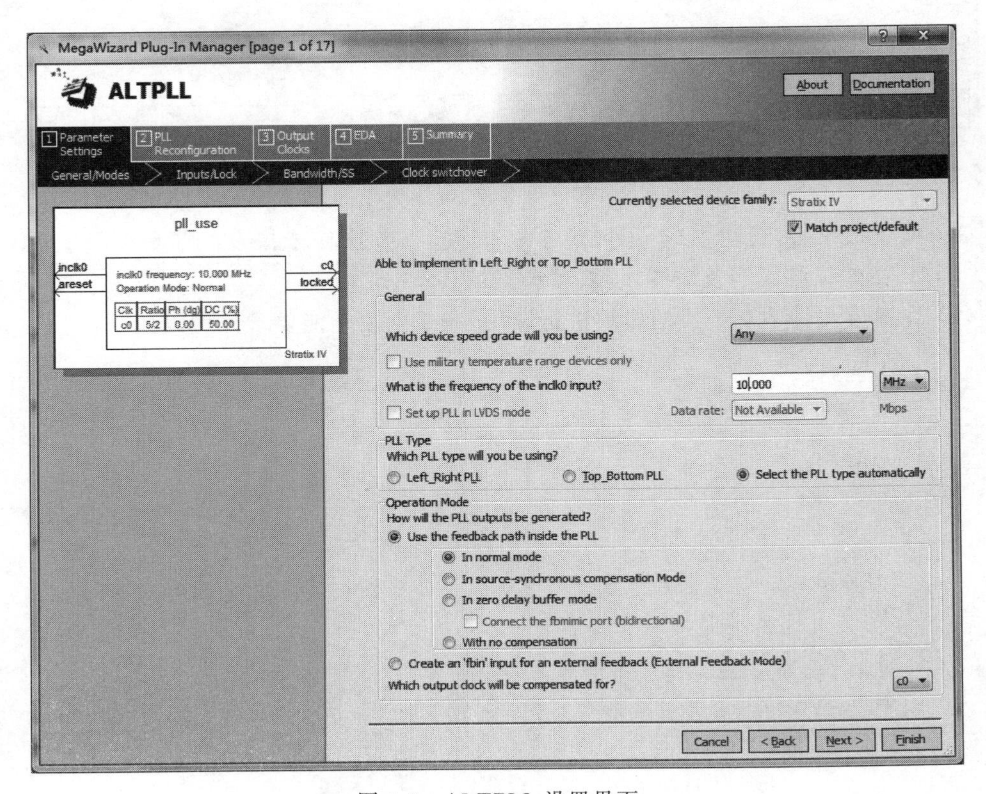

图 4-9　ALTPLL 设置界面

（4）设置PLL的异步复位输入引脚“areset”，默认高有效，以及锁定输出引脚“locked”。

（5）设置两个输出时钟：c0和c1，时钟频率分别为25MHz和32MHz。时钟c0的设置界面如图4-10所示。

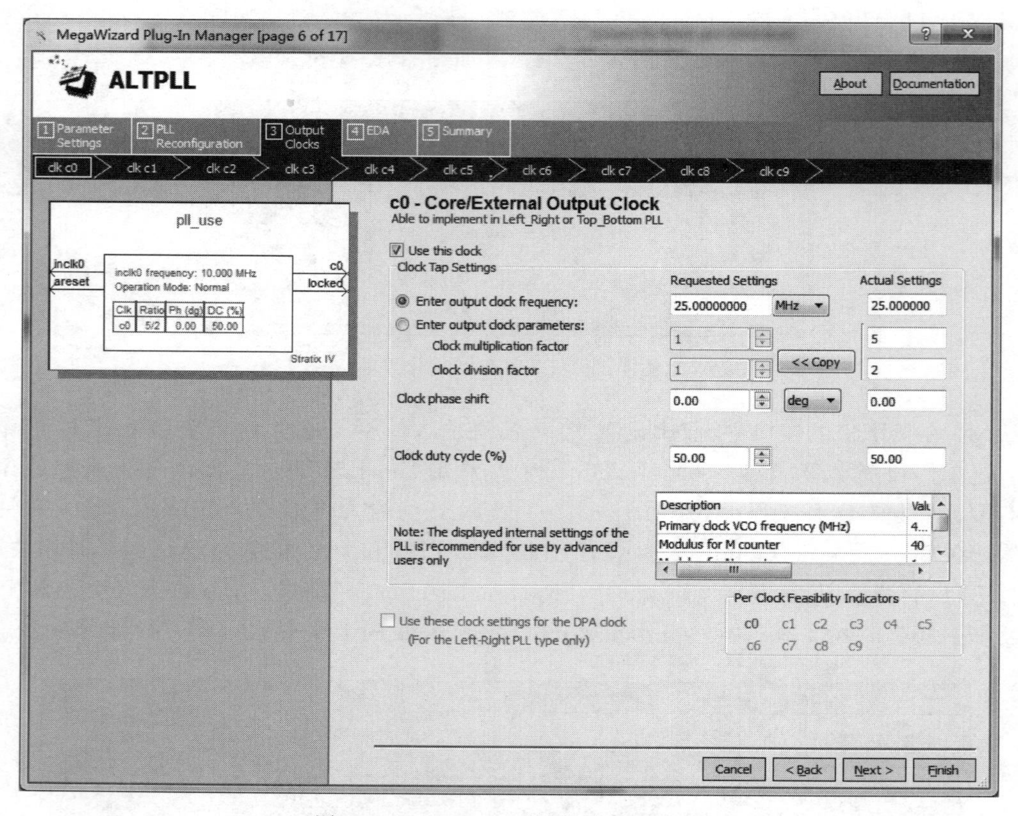

图4-10　ALTPLL时钟输出设置界面

（6）配置结束后，自动生成pll_use.vhd文件。（本操作未提及的步骤，可选择默认设置，关于IP核的详细说明及应用，读者可参见第5章。）

（7）在顶层文件中对生成的模块进行调用，完成电路功能要求。代码如下：

```
library ieee;
use ieee.std_logic_1164.all;

entity pllclk is
  port (reset,a : in std_logic;
        b,c : out std_logic;
        clkin :in std_logic;
        locked : out std_logic);
end pllclk;

architecture rtl of pllclk is
      component pll_use is
      port(  areset     : in std_logic := '0';
        inclk0          : in std_logic := '0';
        c0              : out std_logic ;
```

```
            c1                  : out std_logic ;
            locked              : out std_logic );
        end component pll_use;
        signal clkout0,clkout1 :std_logic;
        signal tmp : std_logic;
begin
        u1:pll_use
port map(areset => reset,inclk0 => clkin,c0 => clkout0,c1 => clkout1,locked => locked);
                                                                        -- 端口映射
        process(clkout0,a)
        begin
            if reset = '1' then
                  b <= '0';
            elsif clkout0'event and clkout0 = '1' then
            b <= not a;
              tmp <= not a;
             end if;
        end process;

process(clkout1,tmp)
        begin
          if reset = '1' then
                  c <= '0';
            elsif clkout1'event and clkout1 = '1' then
            c <= not tmp;
             end if;
        end process;
end rtl;
```

ModelSim 下的仿真波形如图 4-11 所示，可见 PLL 的输出需要经过一定的时间，在 locked 变为高电平时，两个倍频信号 clkout0、clkout1 产生，b、c 信号的输出符合设计要求。

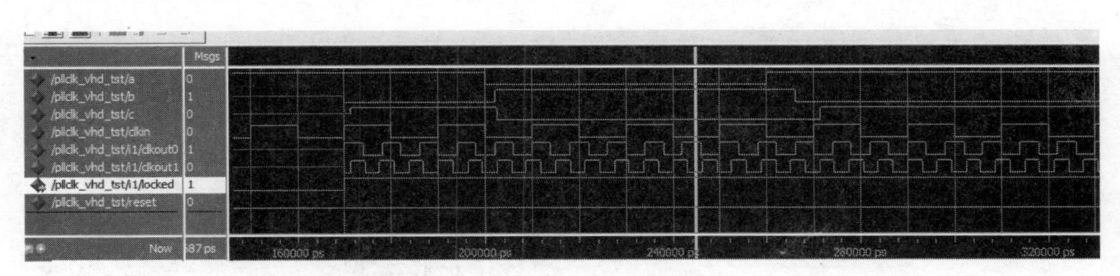

图 4-11　PLL 调用仿真波形

时钟信号的产生除了上述方法外，在需要较低时钟频率且频率要求不太严格的场合，还可以采用分频电路获得，具体介绍请参见书中 4.10 节。

4.6　锁存器和触发器

1. 锁存器

锁存，就是把信号暂存，以维持某种电平状态。锁存器属于电平触发的存储单元，不同于触发器，当使能信号有效时，即不锁存数据时，锁存器相当于一个缓冲器，输出对输入是透明的，输入立即体现在输出端，因此锁存器也称为透明锁存器；当使能信号无效时，输出端的数据被锁住，输出不再随输入变化。锁存器的最主要作用是缓存，完成高速的控制与慢速的外设的不同步问题，其次是解决驱动的问题。另外，当使能信号有效时，由于输入对输出是透明的，布线延迟的不同，使得锁存器容易产生毛刺，同时也不能过滤毛刺，这是锁存器的一个缺点。但是与触发器相比，锁存器完成同一个功能所需要的逻辑门的数量要少，可以提高集成度，因此在 ASIC 中用得较多。

如何设计一个带存储功能的电路呢？在 4.1 节中我们指出 if 语句对条件的判断具有优先级，这里我们说，当 if 语句的条件覆盖不全时，也可以综合出带有储存功能的电路，即当电路处于 if 语句条件中未列出的状态时，电路的状态保持不变，即状态锁存。同样对于 case 语句，当在条件分支中采用 null 语句时，也可以综合出带有储存功能的电路。下面分别举例加以说明。

【例 4.10】 设计一个 D 锁存器，要求当使能信号 en 为高电平时，输出随输入变化，当 en 变为低电平时，锁存数据。

```
library ieee;
use ieee.std_logic_1164.all;
entity d_latch is
port (en, d : in std_logic;
     q : out std_logic);
end d_latch;
architecture behave of d_latch is
begin
process (en, d)
begin
        if en = '1' then q <= d;
        end if;
    end process;
end behave;
```

综合出的电路如图 4-12 所示，仿真波形如图 4-13 所示，可以看出当 en 为 1 时，输出随输入变化，当 en 为 0 时，输出保持不变，即数据锁存，符合锁存器的逻辑功能。

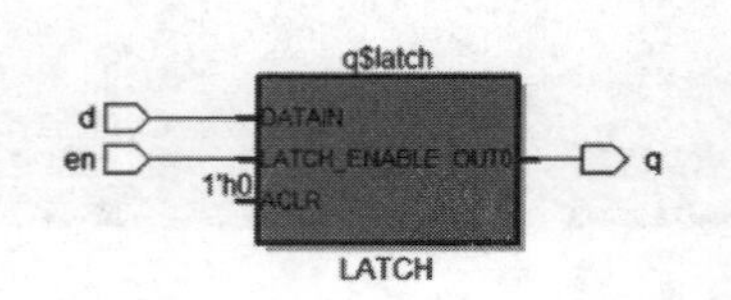

图 4-12　d_latch 的 RTL 综合电路图

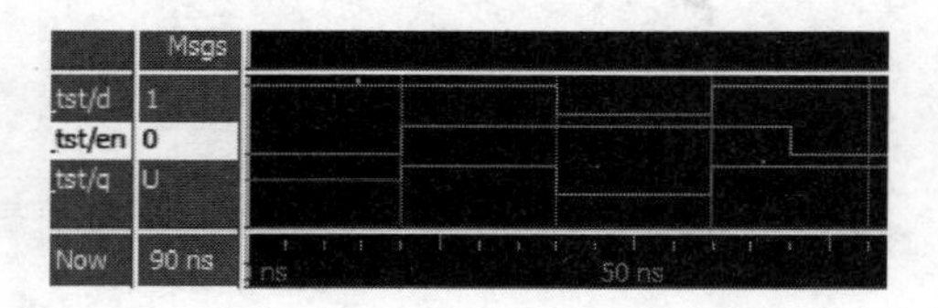

图 4-13　d_latch 的仿真波形图

对于此程序，也可将程序内部的进程用 case 语句修改如下：

```
process(en,d)
begin
    case en is
        when '1' => q <= d;
        when others => null;
        end case;
end process;
```

综合后的电路和仿真波形与上面的完全一致。这里要注意进程敏感信号列表里的信号既包含使能信号 en,也包含了输入信号 d。

2. 触发器

触发器(Flip-Flop,FF)作为时序逻辑电路的基本构成单元,又称双稳态触发器或双稳态门,是一种可以在两种状态下运行的数字逻辑电路。触发器与锁存器相比较,最大的区别就是具有时钟信号,触发器属于脉冲边沿敏感电路,当时钟信号处于恒定的电平区间时,触发器的状态始终保持不变,即状态锁存;只有在时钟脉冲的上升沿或下降沿的瞬间,输出才会跟随输入(又称触发)变化。

讲到触发器就不得不介绍一下建立时间和维持时间。建立时间(setup time)t_{su} 是指数据在被采样时钟边沿采集到之前,需保持稳定的最小时间。维持时间(hold time)t_h 是指数据在被采样时钟边沿采集到之后,需保持稳定的最小时间。任何连接到触发器输入端的信号要被采集到,必须满足触发器的建立时间和保持时间,否则就会被过滤或者进入亚稳态状态。由于毛刺出现的时间非常短暂,一般为几纳秒,很难满足此条件,因此触发器可以很好地滤除毛刺信号。触发器的种类很多,最常用的是 D 触发器,另外还有 T 触发器、SR 触发器、JK 触发器等。触发器的建立和维持时间实际上也就是程序设计所要用的 FPGA 器件的建立和维持时间,具体可参见器件手册。

【例 4.11】 研究例 4.10 中的程序,如果把进程敏感信号列表里的输入信号 d 去掉,程序其他部分不变,则得到的是一个触发器。

```
process (en)
begin
    if (en = '1') then
        q <= d;
    end if;
end process;
```

综合出的电路如图 4-14 所示,仿真波形如图 4-15 所示,可以看出只有当 en 出现上升沿时,输出才会跟随输入变化,其他时刻,输出保持不变,符合触发器的逻辑功能。

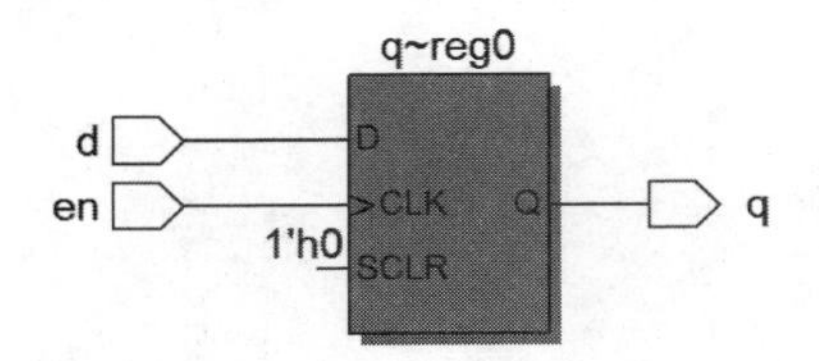

图 4-14　d_ff 的 RTL 综合电路图

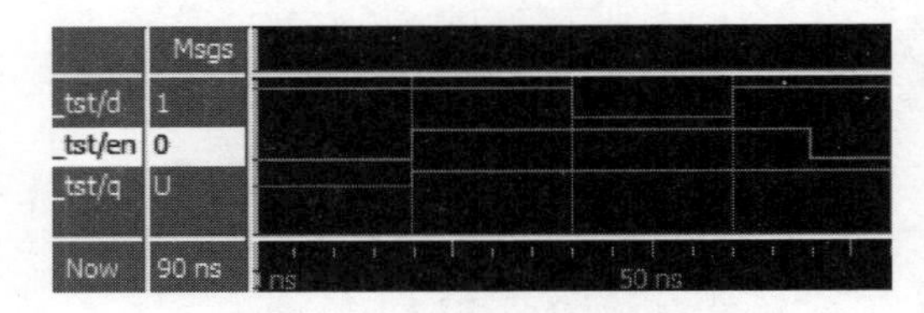

图 4-15　d_ff 的仿真波形图

我们也可以将程序中的进程更换为如下三种形式之一(为了更符合逻辑功能,我们把 en 更名为 clk):

变换一:

```
process (clk,d)
begin
    if (clk = '1' and clk'event) then
        q <= d;
    end if;
end process;
```

此处虽然进程的敏感信号列表里仍有输入信号 d,但是进程内部明确为时钟信号的上升沿，因此不会产生锁存器，而是触发器。

变换二：

```
process
begin
    wait until clk = '1';
    q <= d;
end process;
```

变换三：

```
process(en)
begin
    case en is
        when '1' => q <= d;
        when others => null;
    end case;
end process;
```

得到的均为相同功能的D触发器，只是变换三所述的方式较少采用。

在电路的设计过程中，有时需要将某个信号延迟一段时间，虽然我们在本书2.1节中介绍过带有时间延迟的信号赋值语句，但是这样的延迟仅仅在仿真时有效，而在电路综合时是被忽略的。实际电路中信号的延迟是通过触发器对信号的传递实现的，具体参见例4.12。

【例4.12】 具有三级时钟延迟的电路设计。

```
library ieee; use ieee.std_logic_1164.all;
entity delay is
   port( a,clk: instd_logic;
       q1,q2,q3 : outstd_logic);
end ;
architecture a of delay is
signal qn,qnl,qnm: std_logic;
begin
    process (clk)
    begin
      if clk'event and clk = '1' then
        qn <= a;          -- 1st state d flip/flop
        qnl <= qn;        -- 2nd state d flip/flop
        qnm <= qnl;       -- 3rd stage d flip/flop
      end if;
    end process;
    q3 <= qnm;            -- output
    q2 <= qnl;
    q1 <= qn;
end a;
```

仿真波形如图4-16所示，输入端的信号a在延迟了3个时钟周期后，出现在q3端。为了提高延迟的精确性，可以提高时钟信号clk的频率。

综合后的电路如图4-17所示，从图中可以看出此电路是由三个D触发器首尾依次相连

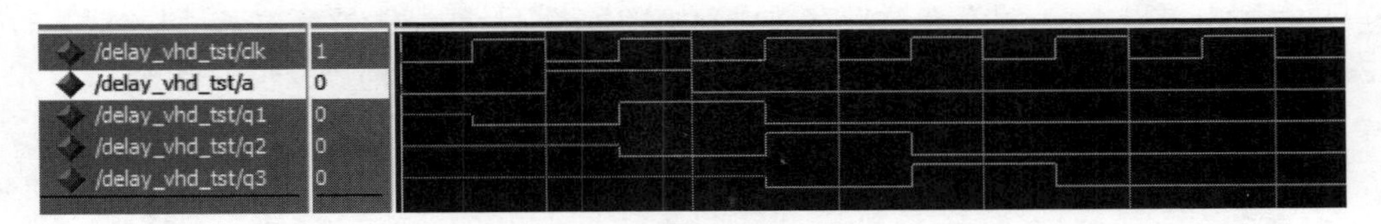

图 4-16　3 级延迟电路的仿真波形

实现信号传输的，此结构也是构成移位寄存器的基本方法，具体可参见本书 4.11 节中的相关内容介绍。

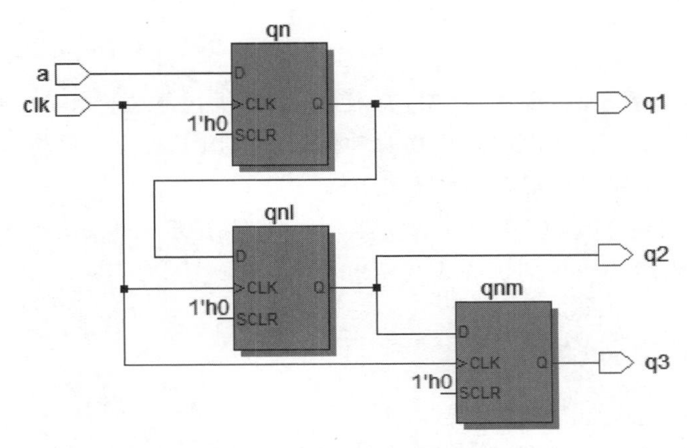

图 4-17　3 级延迟电路的 RTL 综合电路

4.7　同步、异步信号描述

这里所说信号的同步、异步指的是信号与时钟信号之间两种不同的关系。所谓同步是指信号有效状态的采集必须与时钟的有效沿(上升沿或下降沿)同步，而异步信号则与时钟信号无关，只要异步信号有效，就会发挥其作用。我们以复位信号为例，介绍同步和异步信号的设计。复位信号在电子电路的设计中异常重要，通常通过复位，使电路处于一个确定的初始状态，也可以通过手动或自动的方式，使电路出现运行异常(如程序跑飞等情况)时，使电路回到初始状态。

(1) 同步复位信号的 VHDL 描述

```
process (复位信号名,时钟信号名)
begin
    if(时钟信号变化条件)then
        if(复位信号变化条件) then
        状态复位语句;
        else
        顺序语句;
        end if;
    end if;
end process;
```

从程序中可以看出，只有在时钟有效沿到来的前提下，复位信号有效，电路才能执行复位操作，否则即使复位信号有效，电路也不能执行复位操作，符合同步复位的概念。

(2) 异步复位信号的 VHDL 描述

```
process (复位信号名,时钟信号名)
begin
    if (复位信号变化条件) then
        状态复位语句;
    elsif (时钟信号变化条件)then
        顺序语句;
    end if;
end process;
```

从程序段中可以看出，只要复位信号有效，则电路执行复位操作，与时钟信号无关。只有在复位信号无效的情况下，电路才会在时钟信号的作用下执行相关功能，符合异步复位的概念。多数情况下，电路采用异步复位方式。

【例 4.13】 设计一个 4 位宽的 d 触发器 dff4，具有异步清零 clr 和异步置位 prn、同步使能 en 的控制功能，其中 clr 的优先级高于 prn。

```
library ieee;
use ieee.std_logic_1164.all;
entity dff4 is
port(clk,clr,prn,en : in std_logic;
        d : in std_logic_vector(3 downto 0);
        q : out std_logic_vector(3 downto 0));
end ;
architecture a of dff4 is begin
    process (clr,prn,clk,en) begin
        if clr = '1' then
           q<= (others =>'0');              -- 异步清零
        elsif prn = '1' then
           q<= (others =>'1');              -- 异步置位
        elsif rising_edge(clk) then
           if en = '1' then                  -- 同步使能
            q<= d;
           end if;
        end if;
    end process;
end a;
```

综合后的电路如图 4-18 所示，仿真波形如图 4-19 所示。从两图中，可以分析出，异步清零的优先级高于异步置位的优先级。

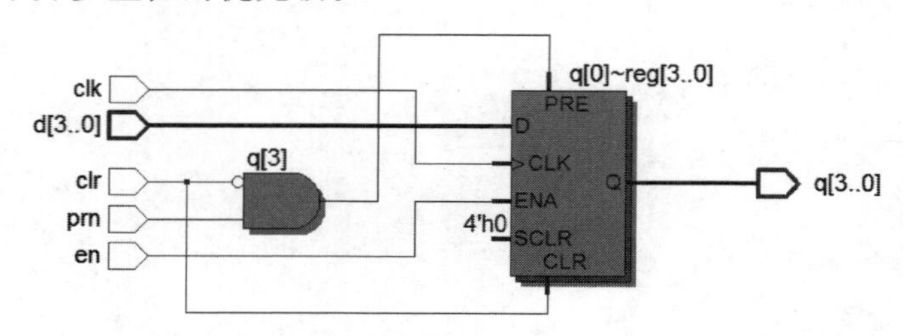

图 4-18　4 位 D 触发器 dff4 的 RTL 综合电路图

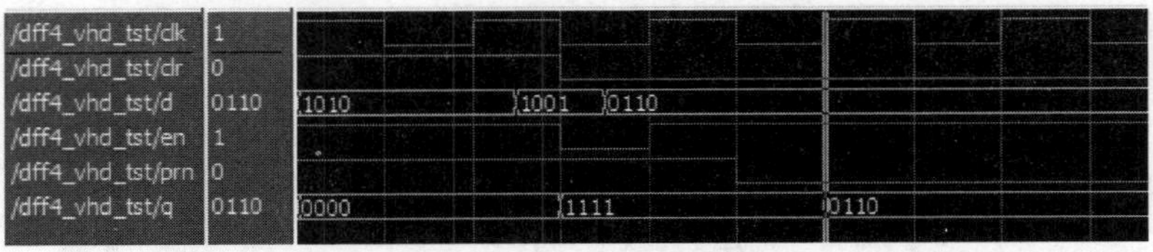

图 4-19　4 位 D 触发器 dff4 的仿真波形图

4.8　同步电路设计原则

所谓异步电路是指电路的输出与时钟信号没有关系，或者说电路内部各个模块的时钟信号在时间和相位上没有关联的电路，异步电路常常用组合逻辑来进行电路的译码，因此输出信号上的毛刺常常是不可避免的。而同步电路的输出依赖于时钟信号的边沿，通过各种类型的触发器，例如D触发器、JK触发器、T触发器等输出信号，因此可以避免输出信号上毛刺的出现。因此在提高信号输出质量上，我们常常倾向于设计同步电路，而不是异步电路。由于同步电路在设计时，不仅包含组合逻辑，还包含各种触发器，而许多的异步电路单纯使用组合逻辑就可实现，因此同步电路设计时所需的逻辑资源往往多于异步电路的设计。

我们以 4.3 节的例 4.5 为例，看看怎样通过异步电路的同步化，消除竞争冒险的毛刺现象。

【例 4.14】 在半加器的输出端增加一个触发器，使信号的输出与时钟同步，从而消除毛刺。

```
library ieee;
use ieee.std_logic_1164.all;
entity synch is
    port (a,b      : in std_logic;
        clk        : in std_logic;
        result     : out std_logic;
        c          : out std_logic);
end entity;
architecture rtl of synch is
signal tmpr,tmpc : std_logic;
begin
    tmpr <=  a xor b;
    tmpc <=  a and b;
    process(clk)
    begin
        if clk'event and clk = '1' then
            result <= tmpr;
            c <= tmpc;
        end if;
    end process;
end rtl;
```

电路的仿真波形如图 4-20 所示，可见，原来在信号 c 和 result 上的毛刺消失了，只是输出信号的获得比原来的延迟了 20ns(时钟周期)左右的时间。

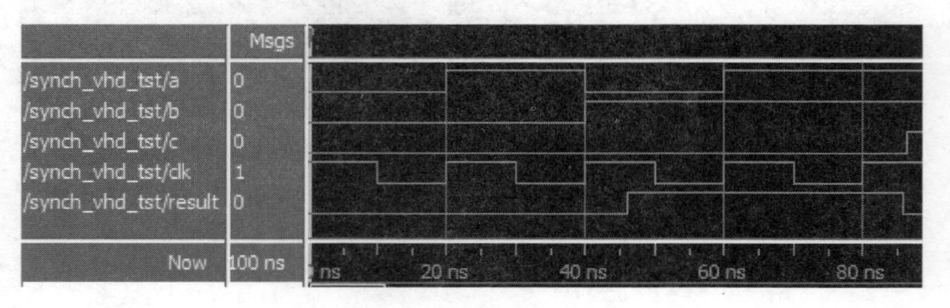

图 4-20　消除毛刺后的仿真波形

4.9　计数器

计数器是数字电路设计中的重要组成部分，常用来进行定时电路的设计，最常见的就是数字钟这种在我们日常生活中广泛使用的电子设备。

【例 4.15】　设计一个带异步复位 reset 信号和同步使能 en 信号的十二进制的计数器 count12。

```
library ieee;
use ieee.std_logic_1164.all;
use ieee.std_logic_unsigned.all;
entity count12 is
port(clk,reset,en: in std_logic;
     q: out std_logic_vector(3 downto 0));
end count12;

architecture beh of count12 is
signal tmp_q: std_logic_vector(3 downto 0);
begin
    process(clk, reset)
    begin
      if (reset = '1') then
         tmp_q <= "0000";
      elsif(clk'event and clk = '1') then
         if(en = '1') then
           if(tmp_q = "1011") then
             tmp_q <= "0000";
           else
             tmp_q <= tmp_q + '1';
           end if;
         end if;
       end if;
  end process;
q <= tmp_q;
end beh;
```

仿真波形如图 4-21 所示。

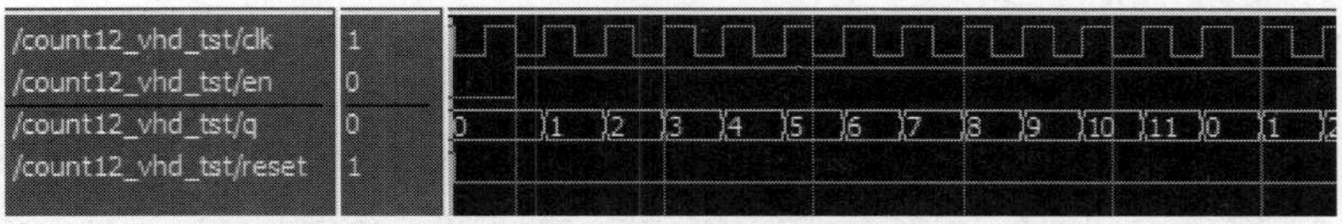

图 4-21　十二进制计数器仿真波形图

如果希望将计数器的输出用数码管显示出来，则这个计数器实际上需要 2 组输出信号：一组为个位数输出，从 0～9 循环；一组为十位数输出，仅需要显示 0 和 1 两个数字。因此可以对上面的程序做如下修改：

```
library ieee;
use ieee.std_logic_1164.all;
use ieee.std_logic_unsigned.all;
entity cnt12 is
port (clk,reset,en: in std_logic;
     qh: out std_logic;
     ql: out std_logic_vector(3 downto 0));
end cnt12;

architecture beh of cnt12 is
signal tmp_ql: std_logic_vector(3 downto 0);
signal tmp_qh: std_logic;
begin
    process(clk, reset)
    begin
      if (reset = '1') then
         tmp_ql <= "0000";
         tmp_qh <= '0';
      elsif(clk'event and clk = '1') then
         if(en = '1') then
                if tmp_qh = '1' and tmp_ql = "0001" then
                    tmp_qh <= '0';
                    tmp_ql <= "0000";
                else
                    if(tmp_ql = "1001") then
                        tmp_ql <= "0000";
                        if tmp_qh = '0' then
                            tmp_qh <= '1';
                        end if;
                    else
                        tmp_ql <= tmp_ql + 1;
                    end if;
                end if;
            end if;
        end if;
   end process;
    ql <= tmp_ql;
    qh <= tmp_qh;
end beh;
```

仿真波形如图 4-22 所示。

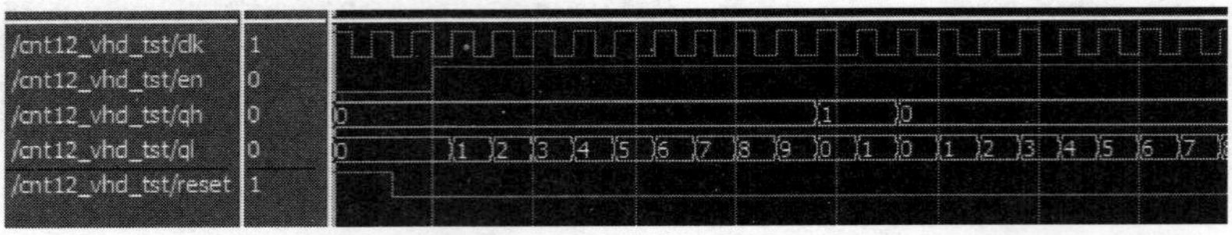

图 4-22　2 位数显示的十二进制计数器仿真波形

采用相同的设计思路,可以设计出六十进制的计数器,考虑数字钟的时、分、秒实际上就是一个十二进制的计数模块和两个六十进制的计数模块,则按照图 4-23 所示的电路结构,采用模块调用的方法即可设计出 12 小时工作的数字钟。此电路的设计留给读者做练习。

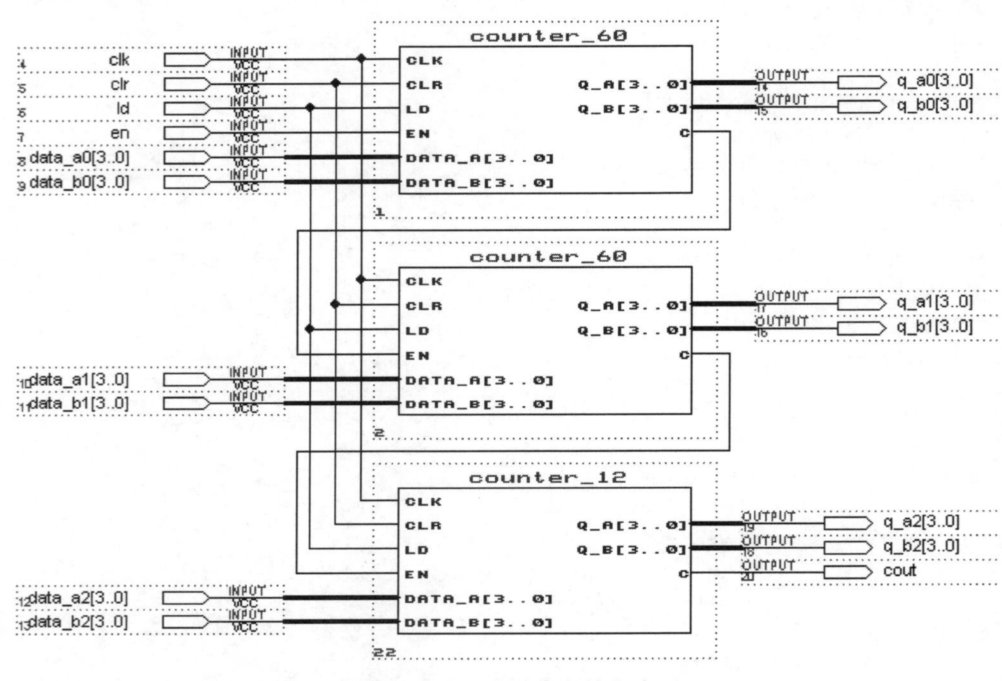

图 4-23　12 小时数字钟电路

4.10　分频电路

在系统设计中,有时外部提供的时钟信号频率(基准频率)不是系统内部模块需要的工作频率,例如 24 小时时钟电路,要求时钟信号提供的频率为 1Hz,如果外部的基准频率为 1kHz,这时就需要对基准频率信号进行 1000 分频,得到需要的时钟信号。分频电路在数字电路的设计中应用十分广泛,作用十分重要。分频电路除用来产生所需的时钟信号外,还常常用来产生选通信号、中断信号以及帧头信号等,这些信号常用来规范数字电路或数字系统的工作过程,或者用来控制数字电路的具体操作等,这些信号的产生和时序关系正确与否往往是整个电路设计成败的关键。

常用分频电路的设计是用计数器实现,N 分频器的设计是在 N 进制计数器的基础上,在合适的状态下,加入额外的分频输出信号。如下所示,为一个 10 分频电路的部分 VHDL

程序。

```
if(clk'event and clk = '1')then
    if(counter = "1001")then
        counter < = (others = >'0');
        clk_div10 < = '1';
    else
        counter < = counter + 1;
        clk_div10 < = '0';
    end if;
end if;
```

其输入与输出关系如图 4-24 所示。

图 4-24 10 分频电路输入与输出关系

从仿真图中可以看出分频后的信号占空比不是 1/2,为此可将程序做如下修改:

```
if(clk'event and clk = '1')then
    if(counter = "100")then
        counter < = (others = >'0');
        clk_temp < = not clk_temp;
    else
        counter < = counter + 1;
    end if;
end if;
clk_div10 < = clk_temp;
```

仿真波形如图 4-25 所示,此时占空比为 1/2。

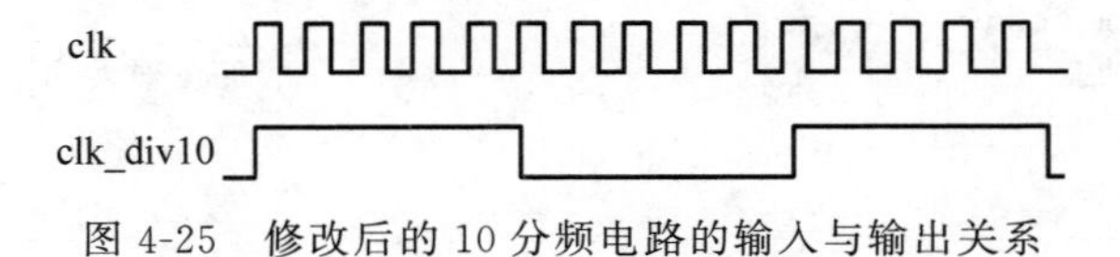

图 4-25 修改后的 10 分频电路的输入与输出关系

这种设计方法可以归属于偶数分频电路,除此之外,还有奇数分频电路、小数分频电路和大数值分频电路等。

4.11 寄存器

寄存器作为一种常用的时序逻辑电路,广泛用于各类数字系统和计算机中,用来暂时存放参与运算的数据和运算结果。寄存器的电路结构是由触发器构成,常用 D 触发器。N 个触发器组成的寄存器可存储 N 位二进制代码,常见有 8 位寄存器、16 位寄存器等。寄存器通常具有公共输入/输出使能控制端和时钟输入端,一般把使能控制端作为寄存器的选择信号,把时钟作为数据输入控制信号。

在此强调一下寄存器和锁存器的区别,由于寄存器是由触发器构成的,因此寄存器的输出端平时不随输入端的变化而变化，只有在时钟沿有效时才将输入端的数据送至输出端，常称打入寄存器，而锁存器的输出端在时钟电平有效时总随输入端变化而变化，只在时钟信号变为无效的时刻，才将输出端的状态锁存起来，使其不再随输入端的变化而变化，具体可参见4.6节。这也决定了寄存器和锁存器应用场合的不同：当数据有效滞后于时钟控制信号有效时，只能使用锁存器，而当数据提前于控制信号而到达并且要求同步操作，则可用寄存器来存放数据。

寄存器除了完成数据的暂存之外，还可以实现数据的并串、串并转换，以及构成移位型的计数器，如环形或扭环形计数器等。

1. D寄存器

【例4.16】 设计一个功能类似于74374的带三态输出的8位D寄存器，输入D(8:1)端的数据在clk的上升沿时被打入寄存器，在输出使能端oen为低电平时，寄存数据从输出端Q(8:1)输出，其他时刻，输出端为高阻态。

高阻态可以用IEEE标准数据类型"STD_LOGIC"和"STD_LOGIC_VECTOR"中的"Z"取值来表示。程序设计如下：

```
library ieee;
use ieee.std_logic_1164.all;

entity reg_8d is
   port(clk, oen : in std_logic;
        d : in std_logic_vector(8 downto 1);
        q : out std_logic_vector(8 downto 1));
end ;

architecture beh of reg_8d is
    signal qint : std_logic_vector(8 downto 1);
begin
    q <= qint when oen = '0' else
        "ZZZZZZZZ";                          -- 高阻态,注意必须大写
    process(clk,d)
    begin
        if clk'event and clk = '1' then
            qint <= d;
        end if;
    end process;
end architecture ;
```

综合后的电路如图4-26所示。

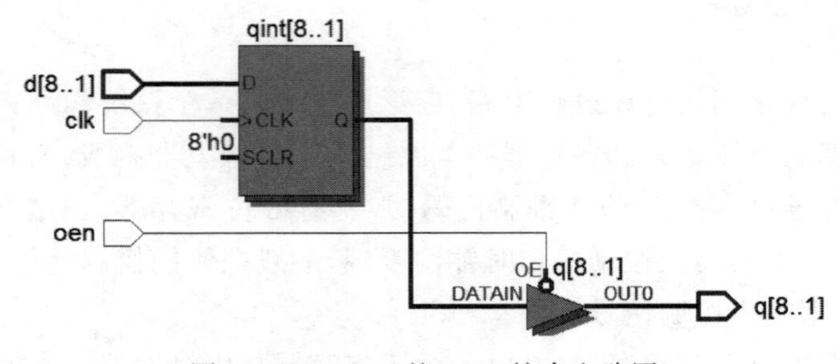

图4-26 reg_8d的RTL综合电路图

仿真波形如图 4-27 所示，功能符合要求。

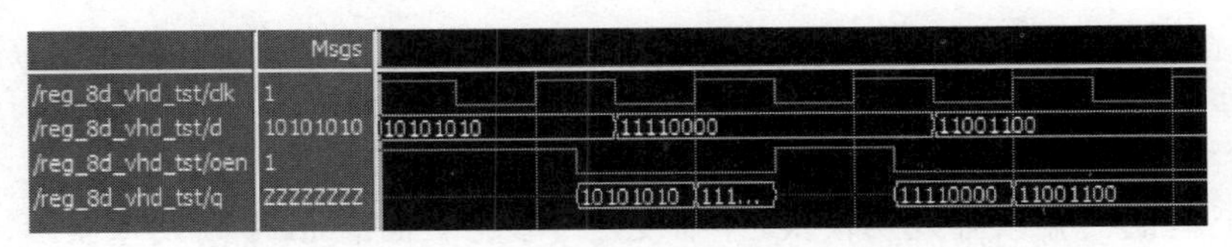

图 4-27　带三态输出的 8 位 D 寄存器仿真波形

2. m 序列产生器

伪随机数在密码领域的应用无处不在，它是很多密码算法和密码协议的基础，因此伪随机数发生器在密码系统中处于基础性地位，是一个密码系统是否健壮的关键因素之一。真正意义上的随机数或者随机事件是使用物理现象产生的，比如掷钱币、骰子、转轮、使用电子元件的噪声、核裂变等，其结果是不可预测、不可见的。计算机并不能产生这种绝对随机的随机数，只能生成相对的随机数，即伪随机数。最常见的伪随机数发生器是基于线性反馈移位寄存器的伪随机数发生器，简称 LFSR(Linear Feedback Shift Register)。

一个反馈移位寄存器 FSR(Feedback Shift Register)由两部分组成：移位寄存器和反馈函数，其结构如图 4-28 所示。移位寄存器是由触发器(通常为 D 触发器)首尾依次连接构成的，由 n 个触发器构成的 n 位移位寄存器也称为 n 级移位寄存器；反馈函数由移位寄存器某些位的与、或、异或等组合逻辑构成，当反馈函数是由移位寄存器某些位的异或组成时，此 FSR 称为线性反馈移位寄存器 LFSR。n 级移位寄存器中的初始值称为移位寄存器的初态。

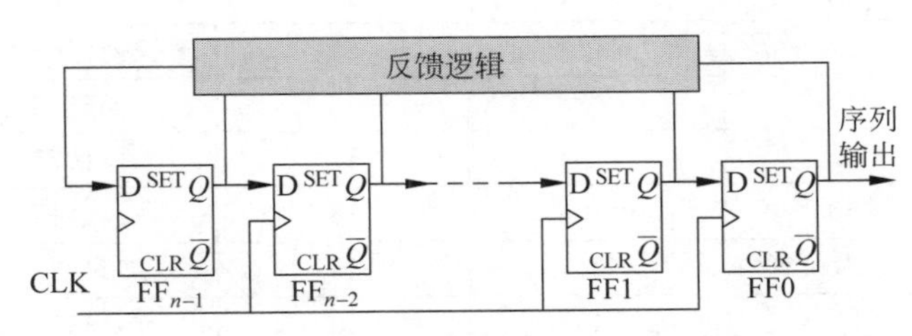

图 4-28　反馈移位寄存器

例如，一个由 4 个触发器构成的移位寄存器，如图 4-29 所示，其中 right_da 为右移串行数据输入端，left_da 为左移串行数据输入端，则寄存器中的数据 data 可以通过下面的语句完成右移或左移：

```
data <=  right_da & data ( 3 downto 1);
data <= data (2 downto 0) & left_da;
```

若要移动多位，或循环移位，将上述语句放在循环语句内部即可实现。这种移位寄存器的设计方法是基于行为的设计方法。我们也可以用基于结构的描述方法，即通过元件例化

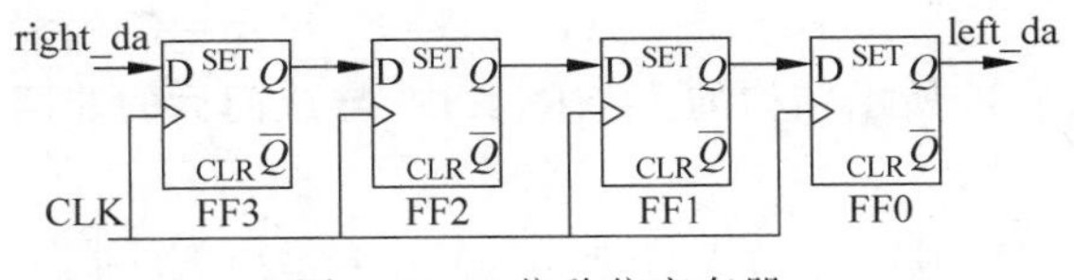

图 4-29　4 位移位寄存器

语句循环调用触发器完成。仍以4位移位寄存器为例，其结构描述方法如下：

```
gf: for i in 0 to 3 generate
u1: dff port map(z(i),clk,z(i+1));
end generate gf;
```

其中dff为已有的D触发器逻辑模块，详细设计可参见下面的m序列发生器设计中的相关内容。

LFSR的工作原理是：移位寄存器中所有位的值右移1位，最右边的一个寄存器移出的值是输出位，最左边一个寄存器的值由反馈函数的输出值填充，此过程称为进动1拍。移位寄存器根据需要不断地进动m拍，便有m位的输出，形成输出序列o1,o2,…,om。线性反馈移位寄存器的周期是指输出序列从开始到重复所经历的长度，n级LFSR的最大周期为2^n-1，此时输出的最长周期序列称为m序列，即m序列是最长线性反馈移位寄存器序列。

m序列决定于反馈函数，即寄存器的抽头序列，用m序列的特征多项式表示

$$f(x)=c_nx^n+\ldots+c_2x^2+c_1x+1$$

此多项式实际上是一个n阶本原多项式，其中x^n表示构成移位寄存器的第n个触发器，c_n为反馈系数，当c_n为1时，表示反馈支路连通，为0时，表示反馈支路断开。常用的m序列产生器的反馈系数如表4-3所示。

表4-3 常用m序列产生器反馈系数

寄存器级数	m序列长度	反馈系数	寄存器级数	m序列长度	反馈系数
2	3	7	14	16383	42103
3	7	13	15	32767	100003
4	15	23	16	65535	210013
5	31	45	17	131071	400011
6	63	103	18	262143	1000201
7	127	211	19	524287	2000047
8	255	435	20	1048575	4000011
9	511	1021	21	2097151	10000005
10	1023	2011	22	4194303	20000003
11	2047	4005	23	8388607	40000041
12	4095	10123	24	16777215	100000207
13	8191	20033	25	33554431	200000011

注：表中反馈系数采用八进制表示。

例如，要设计一个5级的m序列产生器，由表4-3可知，此时的反馈系数为八进制数"45"，即二进制数"100101"，对照特征多项式，可知寄存器抽头为

$$c_5=c_2=c_0=1,\quad c_4=c_3=c_1=0$$

由此，可构造如图4-30所示结构的LFSR，其中，异或门后的非门是为了避免m序列发生器输出"全0"信号。

根据此结构写出的VHDL程序如下所示，其中的D触发器直接调用Altera库中的DFF。通过Altera的帮助文件，可知Altera库中的DFF元件的定义如下：

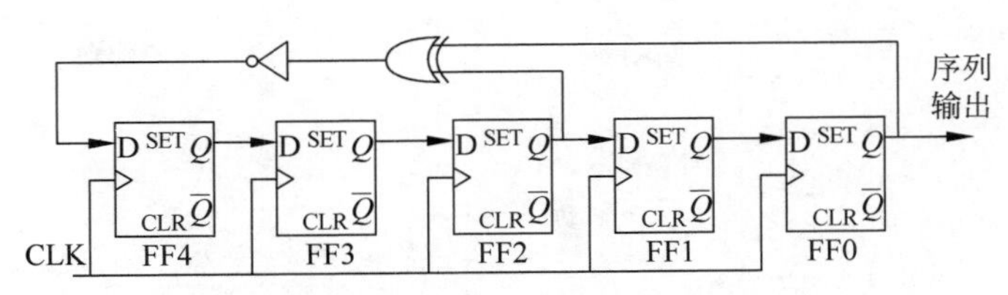

图 4-30　5 级的 m 序列产生器

```
component dff
   port (d     : in std_logic;
        clk    : in std_logic;
        clrn   : in std_logic;
        prn    : in std_logic;
        q      : out std_logic );
end component;
```

其逻辑功能如表 4-4 所示。

表 4-4　Altera 库中 DFF 元件的逻辑功能

prn	clrn	clk	d	q
L	H	X	X	H
H	L	X	X	L
L	L	X	X	L
H	H	↑	L	L
H	H	↑	H	H
H	H	L	X	Qo*
H	H	H	X	Qo

此 DFF 元件放在 Altera 的 altera_primitives_components 包中，在 Quartus 环境下默认是可见的，因此程序设计时，可以不用如下的 use 调用语句：

```
library Altera;
use altera.altera_primitives_components.all;
```

完整的 VHDL 程序如下：

```
library ieee ;
use ieee.std_logic_1164.all ;
use ieee.std_logic_arith.all ;
use ieee.std_logic_unsigned.all;

entity m_serial is
port(clk:in std_logic;
     data: out std_logic;
     data5:out std_logic_vector(0 to 4));
end m_serial;
```

```
architecture arch of m_serial is
component dff
   port (d     : in std_logic;
        clk    : in std_logic;
        clrn   : in std_logic;
        prn    : in std_logic;
        q      : out std_logic );
end component;
signal z:std_logic_vector(0 to 5);
begin
    z(5)<= not(z(2) xor z(0));
    g1:for i in 4 downto 0 generate
        dffx:dff port map(z(i+1),clk,'1','1',z(i));
        end generate;
    data5(0 to 4)<= z(0 to 4);
    data<= z(0);
end arch;
```

仿真波形如图 4-31 所示，data 端输出的即为 m 序列，从图中可以看出，此序列的周期为 31，即每隔 31 个时钟节拍，m 序列重复一次，而在某个时刻，从 data5 端口输出的即为 5 位的伪随机数。

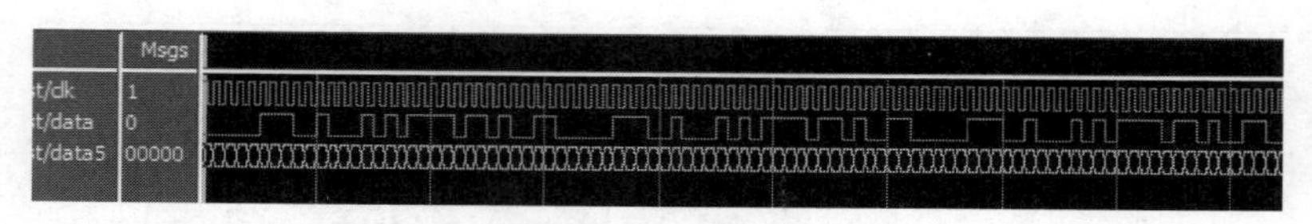

图 4-31　5 级的 m 序列产生器仿真波形

3. 串并转换电路的设计

数据的串并转换和并串转换是数据流处理的常用手段。对于数据量较小的设计可以通过采用移位寄存器来完成，例如对于并串转换，可以采用如下两种方式的语句，将并行数据通过移位的方式获得串行数据。

(1) 赋值语句

```
data(6 downto 0)<= data(7 downto 1) 或 data(7 downto 1)<= data(6 downto 0)
```

(2) 移位操作符

```
p_data<= p_data SLL data_in 或 p_data<= p_data SRL data_in
```

其中 p_data 为并行输出的数据，data_in 为串行输入的数据，根据 data_in 是先高位输入还是先低位输入，决定采用数据左移方式还是数据右移方式，且 p_data 最终数据的获得取决于数据的位数，若并行数据为 8 位，则经过 8 个时钟获得最终的 p_data。另外在使用移位操作符时，需要注意左操作数必须是 bit_vector 类型的，右操作数必须是 integer 类型，关于数据类型可参见本书 2.1.2 节相关论述。

对于有一定条件的数据串并间的转换，可以通过条件判断语句设计，例如 if 或 case 语句；而对于复杂的数据转换，则可以通过状态机实现。

【例 4.17】 试设计一个 8 位的并入串出数据转换电路。

```
library IEEE;
use IEEE.std_logic_1164.all;
entity p_to_s is
port(din :in std_logic_vector(7 downto 0);
clk,load : in std_logic;
dout :out std_logic;
dout8:out std_logic_vector(7 downto 0));
end;
architecture beh of p_to_s is
signal data : std_logic_vector(7 downto 0);
begin
    process(clk,din)
    begin
        if clk'event and clk = '1' then
            if load = '1' then dout8 <= din;data <= din;
            else
                    for n in 0 to 7 loop
                        data(6 downto 0)<= data(7 downto 1);
                        dout <= data(0);
                    end loop;
            end if;
        end if;
    end process;
end beh;
```

综合出来的电路如图 4-32 所示。

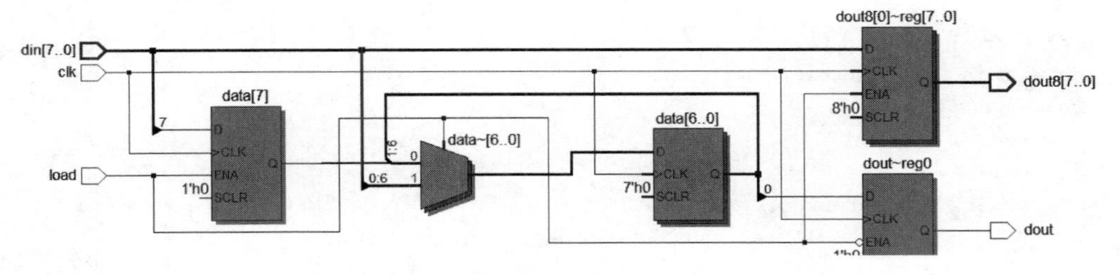

图 4-32 例 4.17 综合电路图

在此电路的 testbench 中添加如下两个进程,其中 always 进程用于产生时钟信号,clk_period 为常数,在结构体的说明部分进行声明,用于定义时钟周期; test 进程用于描述激励信号,确定所有输入信号的波形。

```
always : PROCESS
BEGIN
        clk <= '1';
        wait for clk_period/2;
        clk <= '0';
        wait for clk_period/2;
END PROCESS always;
Test: process
begin
        load <= '1','0' after 50 ns;
```

```
        din <= "11110000","10101010" after 30 ns;
        wait;
    end process;
```

仿真波形结果如图4-33所示，由图可知，当load信号为高时，电路对并行输入数据进行锁存，具有并入并出的功能，当load为低时，锁存的数据以时钟信号为激励，从最低位开始，依次从串行数据输出端dout输出。

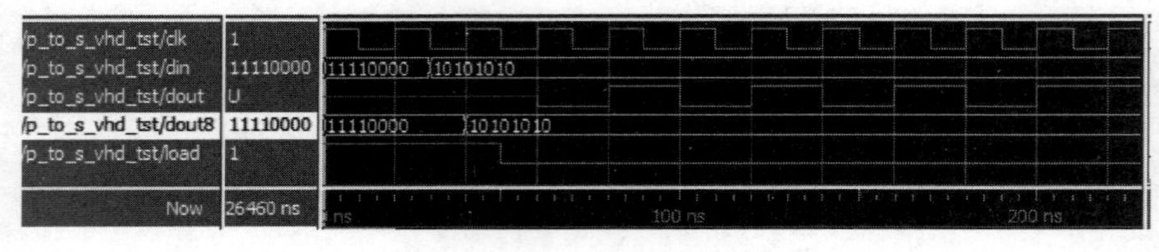

图4-33　例4.17仿真波形图

上例如果用移位指令进行设计，就需要做如下修改：

```
library ieee;
use ieee.std_logic_1164.all;

entity p_to_s is
port(din :in bit_vector(7 downto 0);
clk,load : in bit;
dout :out bit;
dout8:out bit_vector(7 downto 0));
end;

architecture beh of p_to_s is
signal data : bit_vector(7 downto 0);
begin
    process(clk,din)
    begin
        if clk'event and clk = '1' then
            if load = '1' then dout8 <= din;data <= din;
            else
                    for n in 0 to 7 loop
                    data <= data SRL 1;
                    dout <= data(0);
                    end loop;
            end if;
        end if;
    end process;
end beh;
```

串入并出数据类型转换电路的设计与此类似，留给读者做练习。

4.12　状态机

时序逻辑电路在任何一个时刻，必处于某一状态下，因此时序逻辑电路实际上是以时钟信号为节拍，在有限个状态下按照预先设计的顺序有序运行的电路。因此可以从状态转换的角度描述时序逻辑电路，即采用状态机的方式。确切地说状态机是表示有限个状态以及在这些状态之间的转移和动作等行为的数学模型。由于状态数有限，又把状态机称为有限状态机 FSM(Finite State Machine)。

采用状态机的方式描述时序逻辑电路，具有结构简单、清晰的特点，容易构成性能良好的同步时序逻辑模块；同时状态机设计的系统可靠性高，可以高效地用来实现控制功能。一般由状态机构成的硬件系统比相同功能的 CPU 软件构成的系统工作速度要高出三至四个数量级，且能够摒除 CPU 软件运行过程中的许多固有缺陷。根据时序逻辑电路的两大分类，状态机也可以分为两类：Moore 型状态机和 Mealy 型状态机。

1. Moore 型状态机

Moore 型状态机输出为当前状态的函数，由于状态的变化与时钟同步，因此输出的变化也与时钟同步，属于同步输出电路模型。我们可以用图 4-34 所示的状态转换图来描述 Moore 型状态机，其电路结构框图如图 4-35 所示。

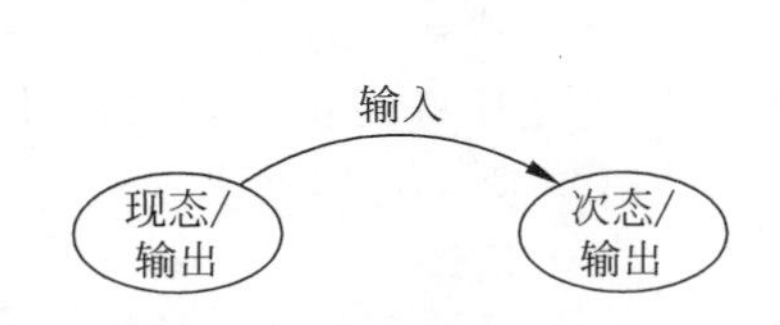

图 4-34　Moore 型状态机状态转换图

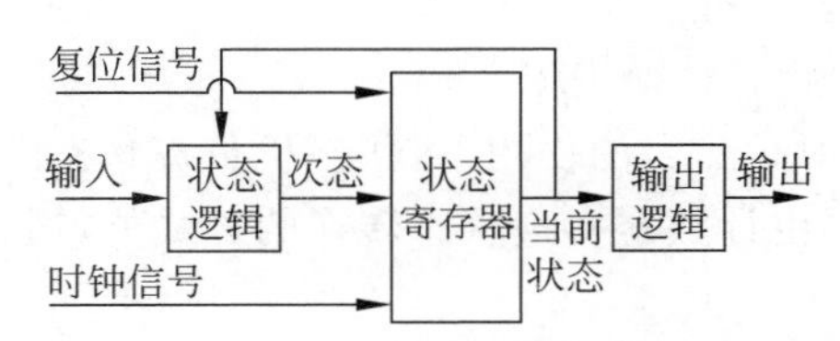

图 4-35　Moore 型状态机结构框图

2. Mealy 型状态机

Mealy 型状态机的输出为当前状态和所有输入信号的函数，由于输入信号与时钟信号无关，因此其输出在输入变化后将立即发生变化，不依赖时钟，因此 Mealy 型状态机属于异步输出电路模型。我们可以用图 4-36 所示的状态转换图来描述 Mealy 型状态机，其电路结构框图如图 4-37 所示。

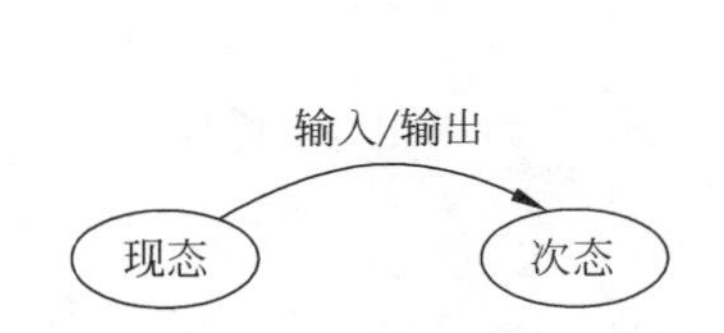

图 4-36　Mealy 型状态机状态转换图

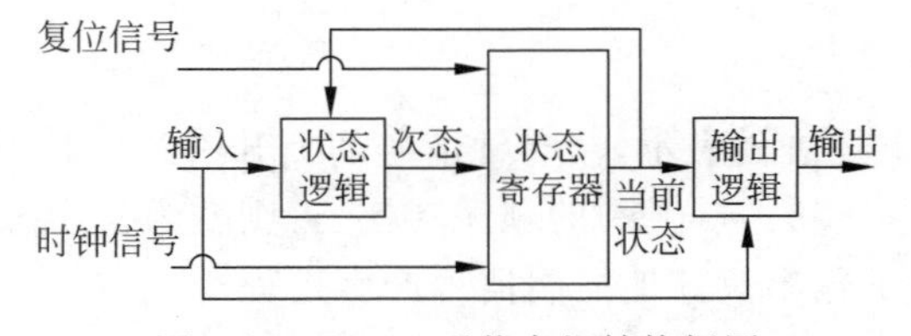

图 4-37　Mealy 型状态机结构框图

3. 状态机的设计

状态机的设计一般来说都要先定义一个复位状态，明确状态机的初始状态，在电路出现异常时，也可使其从不定态中恢复。状态机的描述通常包括以下几个部分：

1) 状态的定义

在结构体的说明部分，进行状态机的状态名的定义。例如：

```
type st is (s0,s1,s2,s3);
signal current_state, next_state: st;
```

本例中，通过枚举类型的定义，说明了一个具有 4 个取值 s0、s1、s2、s3 的 st 类型，并且声明 current_state 和 next_state 两个信号的类型为 st 类型，也即 current_state 和 next_ state 为具有 4 个状态值的状态信号,可以理解为一个是现态 current_state,一个是次态 next_state。

当然状态信号的定义也不止上述一种方式,计数器的状态输出也可用来作状态信号。例如,假设有一 3 位宽的逻辑向量:signal cnt: std_logic_vector (2 downto 0),来看下面的进程:

```
process(clk)
begin
    if rising_edge(clk) then
        cnt <= cnt + 1;
    end if;
end process;
```

由程序可以看出这实际上是一个八进制计数器,cnt 在时钟信号的作用下,依次加 1,由 000 变化至 111,因此 cnt 就可以用来作为具有 8 个状态值的状态量,上述进程即为状态转换进程。

2) 状态转换进程

在时钟信号的作用下,状态机负责状态的转换。除了上面所介绍的计数器输出作为状态信号,由计数器实现状态转换的方式外,通常采用 case 语句或 if 语句来实现状态的转换。例如:

```
change_state: process(clk, a)
begin
    if rising_edge(clk) then
        case state is
        when s0 => if a = '1' then state <= s1;else state <= s0;end if;
        when s1 => if a = '1' then state <= s2;else state <= s0;end if;
        when s2 => if a = '1' then state <= s3;else state <= s0;end if;
        end case;
    end if;
end process;
```

上述进程表示,当时钟信号的上升沿到来时,若输入信号 a 为高电平,则状态 state 沿着 s0→s1→s2→s3→s0 的顺序转换,否则变为初始态 s0。

3) 输出及其他控制信号产生进程

根据输入信号和当前状态的取值确定输出以及状态机内部所需的其他控制信号。例如:

```
output_process: process(state,a)
    begin
        case state is
        when s0 => if a = '1' then b <= "01";else b <= "00";end if;
        when s1 => if a = '1' then b <= "10";else b <= "00";end if;
        when s2 => if a = '1' then b <= "11";else b <= "00";end if;
        end case;
    end process;
```

其中,state 为状态信号,a 为输入,b 为输出,b 的取值决定于输入信号 a 和电路的状态。因此该进程描述的状态机为 Mealy 型状态机。

【例 4.18】 设计一个跑马灯控制电路，当复位信号 rst 为高电平时，8 个 LED 发光二极管全部熄灭；当 rst 位低电平时，8 个 LED 发光二极管的状态变化为从左至右逐个依次点亮、全部熄灭、从右至左逐个点亮、全部熄灭，再重新开始新一轮循环。

为简单起见，我们把发光二极管的四种状态变化——从左至右逐个依次点亮、全部熄灭、从右至左逐个点亮、全部熄灭依次用 s0、s1、s2、s3 表示，用状态机进行 4 个状态间的切换，用移位寄存器来控制逐个点亮 LED，并为输出端赋值，使用 count 为亮灯数量进行计数，当达到 8 时，切换状态。具体程序设计如下：

```
library ieee;
use ieee.std_logic_1164.all;
use ieee.std_logic_unsigned.all;

entity light is
   port (clk    : in std_logic;
         rst    : in std_logic;
         q      : out std_logic_vector(7 downto 0));
end light;

architecture beh of light is
   type ms is(s0,s1,s2,s3);                          -- 状态机的定义,4 个循环状态
   signal state  : ms;
   signal q1     : std_logic_vector(7 downto 0);     -- 用于信号锁存的内部信号
   signal count  : std_logic_vector(3 downto 0);     -- 亮灯数量计数

begin
   change_state :process(clk,rst)                    -- 状态转换进程
   begin
      if rst  =  '1' then                            -- 返回初始状态 s0
         state <= s0;
      elsif clk'event and clk = '1' then
         case state is                               -- case 语句选择当前状态
               when s0 => if count = "0111" then
                             state <= s1;
                          end if;
               when s1 => state <= s2;
               when s2 => if count = "0111" then
                             state <= s3;
                          end if;
               when s3 => state <= s0;
            end case;
        end if;
    end process;

   output_process :process(clk,rst)                  -- 输出进程
    begin
       if rst  =  '1' then
            q1 <= (others =>'0');
            count <= "0000";
       elsif clk'event and clk = '1' then
```

```
                case state is
                  when s0 => q1 <= '1'&q1(7 downto 1);      -- 移位寄存器,依次点亮 LED
                            if count = "0111" then          -- 点灯计数到达 8
                               count <= (others => '0');    -- 计数复位
                            else count <= count + 1;
                            end if;
                  when s1 => q1 <= "00000000";
                  when s2 => q1 <= q1(6 downto 0)& '1';
                            if count = "0111" then
                               count <= (others => '0');
                            else count <= count + 1;
                            end if;
                  when s3 => q1 <= "00000000";
                end case;
            end if;
    end process;
      q <= q1;                                              -- 数据输出
end;
```

仿真波形如图 4-38 所示，其中输出信号 q 为十六进制显示。可以看到在时钟节拍下，状态的变换顺序，以及 8 个 LED 灯的亮灭情况，功能完全符合要求。

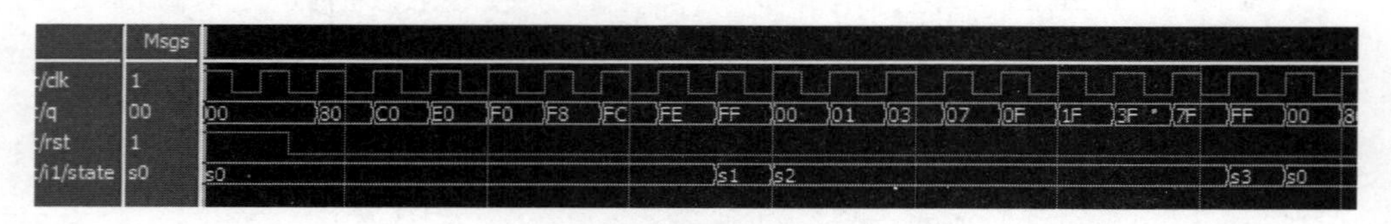

图 4-38　跑马灯仿真波形图

上例状态机的设计使用了 2 个进程，一个进程完成状态的转换，另一个进程完成信号的输出，这种状态机的设计称为双进程状态机。除此之外，还有单进程状态机和三进程状态机的程序结构。所谓单进程，就是将上述的两个进程合为一个进程，在这一个进程中，既有状态的转换，又有信号输出。将上例中的双进程改为单进程，如下所示：

```
process(clk,rst)
    begin
        if rst =  '1' then
              q1 <= (others => '0'); state <= s0; count <= "0000";
        elsif clk'event and clk = '1' then
              case state is
                when s0 => q1 <= '1'&q1(7 downto 1);      -- 移位寄存器,依次点亮 LED
                          if count = "0111" then          -- 点灯计数到达 8
                             count <= (others => '0');    -- 计数复位
                             state <= s1;
                          else count <= count + 1;
                          end if;
                when s1 => q1 <= "00000000"; state <= s2;
                when s2 => q1 <= q1(6 downto 0)& '1';
                          if count = "0111" then
                             count <= (others => '0');
```

```
                  state <= s3;
                else count <= count + 1;
                end if;
          when s3 => q1 <= "00000000";state <= s0;
        end case;
      end if;
end process;
```

所谓三进程，就是在状态量的定义上，区分了现态和次态，例如：

```
type state_type is (s0,s1,s2);
signal presentstate,nextstate:state_type;
```

其中，presentstate 和 nextstate 分别用来表示现态和次态。

而在结构体中，则多了如下的进程，即实现次态到现态的转换：

```
state_reg:process(clk)
begin
    if rising_edge(clk) then
        presentstate <= nextstate;
    end if;
end process;
```

另外的两个进程采用与双进程相同的方式编写，也可用单进程来描述状态转换和信号输出，需要注意进程中的状态量的使用，对上面的单进程可以修改如下：

```
process(clk,rst)
    begin
        if rst  =  '1' then
              q1 <= (others =>'0'); state <= s0; count <= "0000";
        elsif clk'event and clk = '1' then
              case presentstate is                  -- 根据现态进行判断
                when s0 => q1 <= '1'&q1(7 downto 1);
                         if count = "0111" then
                            count <= (others =>'0');
                            nextstate <= s1;        -- 获得次态值
                         else count <= count + 1;
                         end if;
                when s1 => q1 <= "00000000";
                         nextstate <= s2;           -- 获得次态值
                when s2 => q1 <= q1(6 downto 0)& '1';
                         if count = "0111" then
                            count <= (others =>'0');
                            nextstate <= s3;        -- 获得次态值
                         else count <= count + 1;
                         end if;
                when s3 => q1 <= "00000000";nextstate <= s0;
              end case;
          end if;
end process;
```

不管是采用哪种结构，仿真结果完全一致。

4.13 动态扫描电路

动态扫描电路在数字系统中应用非常普遍，例如键盘按键值的读取、多位 LED 数码显示等。这里以多位 LED 数码显示为例，说明动态扫描电路的设计方法。

首先我们来看 LED 数码管的显示原理。LED 数码管由 7 个发光二极管 a、b、c、d、e、f、g，外加小数点 h 构成，根据数码管相互间的连接情况，有两种类型的数码管：共阴极数码管和共阳极数码管，如图 4-39 所示。

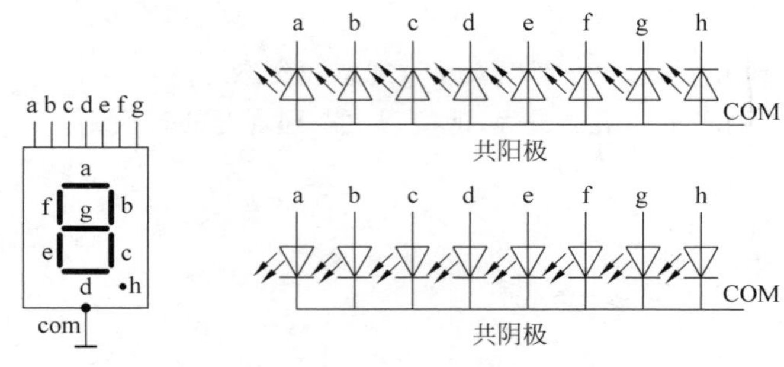

图 4-39 LED 数码管

只要按规律控制各发光段的亮、灭，就可以显示各种字形或符号，例如给共阴极数码管的“gfedcba”7 个引脚依次接“1101101”，表示数码管的 a、c、d、f、g 段亮，b、e 段灭，则数码管显示数字“5”，因此也称“1101101”为数字“5”的段码或字形码。共阴极和共阳极数码管的段码对照表如表 4-5 所示。

表 4-5 段码(hgfedcba)对照表

显示字符	0	1	2	3	4	5	6	7	8	9	A	b	c	d	E	F
共阴极段码	3F	06	5B	4F	66	6D	7D	07	7F	6F	77	7C	39	5E	79	71
共阳极段码	C0	F9	A4	B0	99	92	82	F8	80	90	88	83	C6	A1	86	8E

注：表中段码均为十六进制数表示。

当需要使用多个数码管显示多位数值时，常采用动态扫描的方式进行电路的连接。即多个数码管采用同一组 8 位的数据线，而通过对公共端 COM 的扫描，即依次使公共端有效，实现多位数的显示。在这种连接方式下，只需要 8 位数据线以及几个公共端即可，与静态显示相比，具有连线简单的特点。动态扫描的显示方式在任一时刻其实只有一个 LED 数码管有数据显示，但是由于扫描的频率较高，而视觉有一定的暂留效应，人眼观察到的现象就是多位数据同时显示。

下面来看一下，对于图 4-40 所示电路如何进行 VHDL 程序的设计。分析电路图，我们知道显示电路需要两组数据：动态扫描信号、显示所需的字形码。

1. 动态扫描信号的输出

假设使用的是共阳极数码管，动态扫描信号为依次使 8 个数码管的公共端变为有效的高电平。通过状态机输出扫描信号，由于有 8 个数码管，所以我们需要 8 个状态值，定义

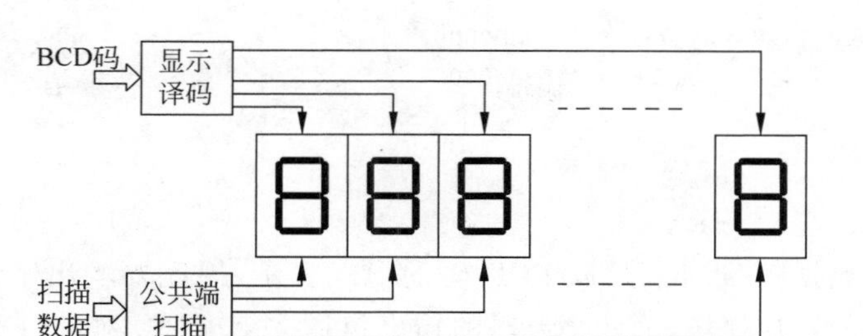

图 4-40　8 位 LED 显示电路

如下：

```
type state_type is (s0,s1,s2,s3,s4,s5,s6,s7);
signal state:state_type;
```

状态转换采用下面的进程：

```
process(clk,state)
begin
if rising_edge(clk) then
    case state is
    when s0 => state <= s1;
    when s1 => state <= s2;
    ……
    when s7 => state <= s0;
    end case;
end if;
end process;
```

上述状态的转换只受时钟信号的控制,没有输入信号,所以也可以采用计数器输出实现状态的转换,即采用下面的进程(其中 cnt 为 3 位宽的逻辑向量)：

```
process(clk)
begin
    if rising_edge(clk) then
        cnt <= cnt + 1;
    end if;
end process;
```

若这里采用计数器输出 cnt 作为状态信号,则扫描信号的输出可以采用下面的进程完成：

```
process(cnt)
  begin
    case cnt(2 downto 0) is
        when "000" => scan <= "00000001";
when "001" => scan <= "00000010";
        when "010" => scan <= "00000100";
        when "011" => scan <= "00001000";
        when "100" => scan <= "00010000";
        when "101" => scan <= "00100000";
```

```
            when "110" => scan <= "01000000";
            when "111" => scan <= "10000000";
        end case;
    end process;
```

2. 显示译码

电路内部的数据信号通常是以 BCD 码的形式表示，因此要输出字形码，就必须包含 BCD 码到字形码的转换模块，因此字形码的输出包括 2 个模块：对应位的 BCD 码的获得，以及 BCD 码到字形码的转换，如图 4-41 所示。

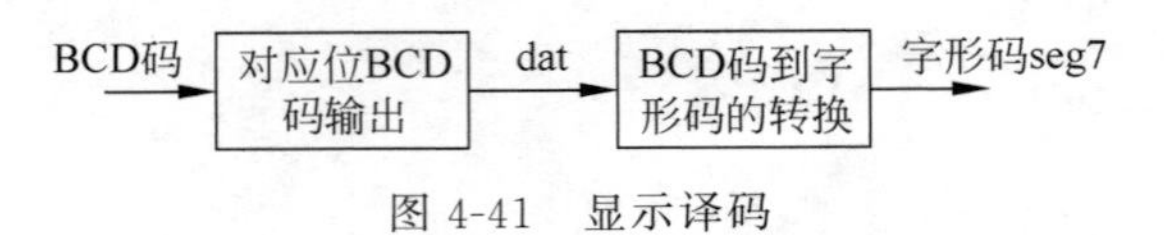

图 4-41 显示译码

1）对应位 BCD 码输出

假设这里采用上面所说的计数器输出 cnt 作为状态信号，cntq1、cntq2、…、cntq8 为 8 个 LED 数码管上要显示数值的 BCD 码值。下面的进程可以将相应位的 BCD 码与其应显示的位对应起来。

```
process(cnt)
  begin
     case cnt(2 downto 0) is
           when "000" => dat <= cntq1;
when "001" => dat <= cntq2;
           when "010" => dat <= cntq3;
           when "011" => dat <= cntq4;
           when "100" => dat <= cntq5;
           when "101" => dat <= cntq6;
           when "110" => dat <= cntq7;
           when "111" => dat <= cntq8;
     end case;
end process;
```

2）BCD 码到字形码的转换

假设所用数码管为共阳极数码管，将 BCD 码转换为字形码的进程如下。若用共阴极数码管，其字形码可参考表 4-5。

```
process(dat)
  begin
    case(dat) is
           when "0000" => seg7 <= "11111100";
           when "0001" => seg7 <= "01100000";
           when "0010" => seg7 <= "11011010";
           when "0011" => seg7 <= "11110010";
           when "0100" => seg7 <= "01100110";
           when "0101" => seg7 <= "10110110";
           when "0110" => seg7 <= "10111110";
           when "0111" => seg7 <= "11100000";
```

```
            when "1000" => seg7 <= "11111110";
            when "1001" => seg7 <= "11110110";
            when others => null;
        end case;
    end process;
```

第5章 基于IP的设计

CHAPTER 5

本章主要介绍 Quartus Prime 中可重复利用的参数化模块库(LPM)设计资源,讲述如何配置和实例引用参数化模块等 IP 资源。希望读者通过这一章的内容,能够利用 Quartus Prime 软件工具提供的参数化模块资源对常用电路进行高效快速的 HDL 设计。

5.1 IP 核

IP(Intellectual Property)原指知识产权、著作权等,在 IC 设计领域通常被理解为实现某种功能的设计。IP 核则是完成某种常用但是比较复杂的算法或功能(如 FIR 滤波器、SDRAM 控制器、PCI 接口等),并且参数可修改的电路模块,又称为 IP 模块。随着 CPLD/FPGA 的规模越来越大,设计越来越复杂,越来越多的人开始认识到 IP 核以及 IP 复用技术的优越性,并努力推动 IP 复用设计技术的发展。

根据实现的不同,IP 核可以分为三类:完成行为域描述的软核(Soft Core),完成结构域描述的固核(Firm Core)和基于物理域描述并经过工艺验证的硬核(Hard Core)。三种 IP 核的特点比较见表 5-1。不同的用户可以根据自己的需要订购不同的 IP 产品。

表 5-1 三种 IP 核的特点比较

	软(soft)IP 核	固(firm)IP 核	硬(hard)IP 核
描述内容	模块功能	模块逻辑结构	物理结构
提供方式	HDL 文档	门电路级网表,对应具体工艺网表	电路物理结构掩模版图和全套工艺文件
优点	灵活,可移植	介于两者之间	后期开发时间短
缺点	后期开发时间长		灵活性差,不同工艺难移植

(1) 软核:用硬件描述语言(HDL)的形式描述功能的 IP 核,与具体的实现技术无关。软核是集成电路设计的高层描述,灵活性大。软核可以用于多种制作工艺,在新功能模块中重新配置,以实现重定目标电路。此类 IP 核只通过了功能和时序验证,其他的实现内容及相关测试等均需要使用者自己完成,因此软核 IP 用户的后继工作较大。

(2) 硬核:IP 硬核是基于半导体工艺的物理设计,已有固定的拓扑布局和具体工艺,并已经过工艺验证,具有可保证的性能。提供给用户的形式是电路物理结构掩膜版图和全套工艺文件,允许设计者将 IP 快速集成在衍生产品中。因为与工艺相关,硬核 IP 的灵活性较差。

(3) 固核：在设计阶段介于软核和硬核之间的IP核。除了完成软核所有设计外，固核还完成了门级电路综合和时序仿真等环节，以RTL描述和可综合网表的形式提交。固核的用户使用灵活性介于软核和硬核之间。

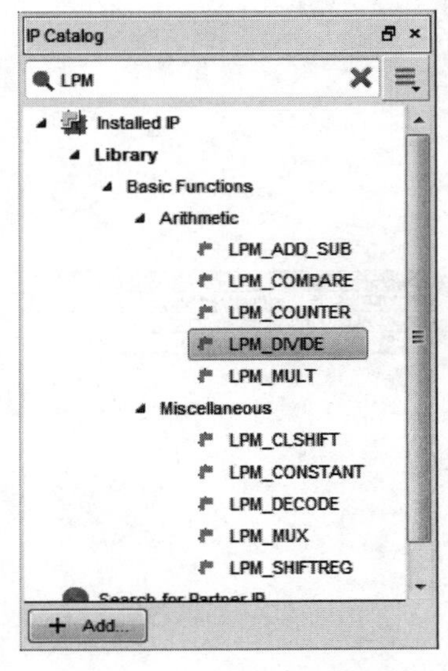

图 5-1　LPM 种类选择界面

Intel公司以及第三方IP合作伙伴给用户提供了很多可用的功能模块，它们基本可以分为两类：免费的LPM宏功能模块(Megafunctions/LPM)和需要授权使用的IP知识产权(MEGACORE)。这两者只是从实现的功能上区分，使用方法上则基本相同。

LPM宏功能模块是一些复杂或高级的构建模块，可以在Quartus Prime设计文件中和门、触发器等基本单元一起使用，这些模块的功能一般都是通用的，例如Counter、FIFO、RAM等。Altera提供的可参数化LPM宏功能模块和LPM函数均为Altera器件结构做了优化，而且必须使用宏功能模块才可以使用一些Altera特定器件的功能，例如存储器、DSP块、LVDS驱动器、PLL电路。

通过菜单Tools→IP Catalog，并在IP Catalog中输入LPM，会出现Quartus Prime软件已安装的LPM种类，如图5-1所示。通过选择需要的LPM，单击并进行修改。

5.2　触发器IP核的VHDL设计应用

触发器(Flip-Flop)是数字电路设计中的基本单元，尤其是D触发器，通常被用来做延时和缓存处理。第4章给出了利用多个D触发器构造移位寄存器和m序列发生器的示例。将图4-29和图4-30给出的移位寄存器和m序列发生器结合在一起，可以形成串行输入初始状态的序列发生器，利用原理图方式进行设计，结果如图5-2所示。

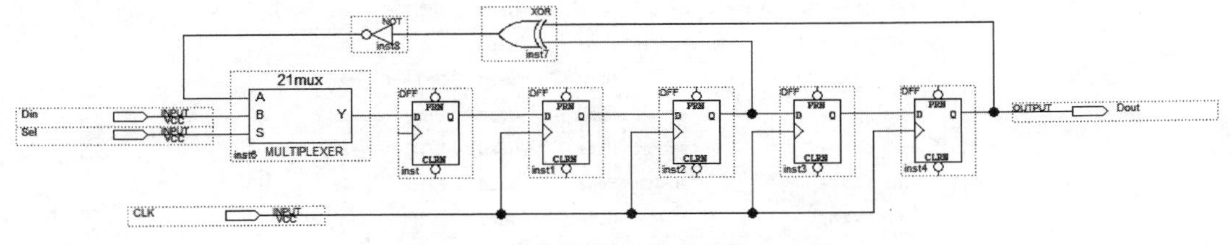

图 5-2　利用触发器构造序列发生器

触发器的延迟功能与移位寄存器功能类似，Altera LPM宏功能模块中将两种功能结合在一起，用同一个模块实现。

如图5-3所示，在原理图输入模式下，可以在Symbol界面下，在megafunctions→storage下使用宏功能模块LPM_DFF完成功能更复杂的D触发器。

BDF(原理图)文件中插入LPM_DFF后，双击右上角参数列表或者选择右键菜单Properties后，可以进行LPM_DFF的端口和参数设置，如图5-4和图5-5所示。

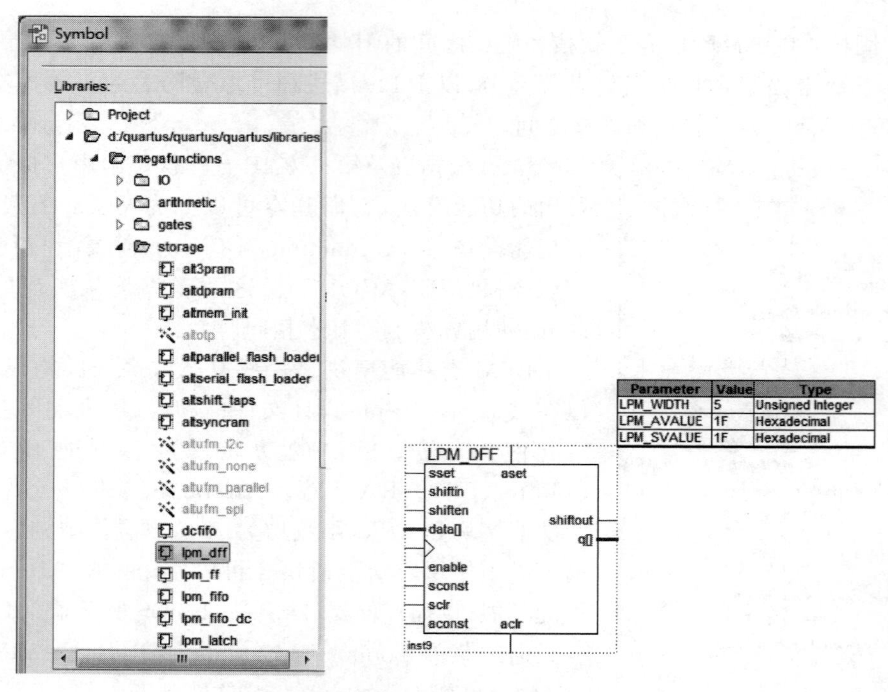

图 5-3　原理图输入方式下的 LPM_DFF

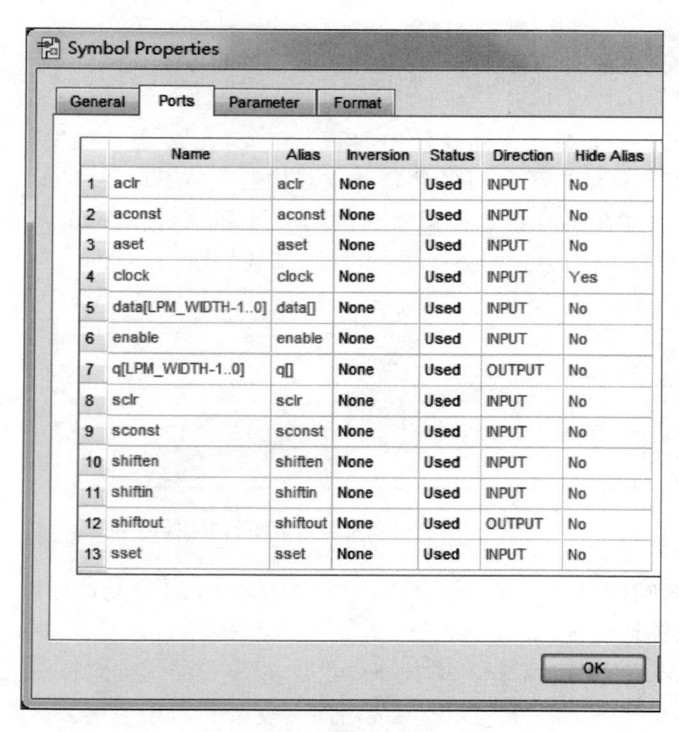

Symbol Properties

General | Ports | Parameter | Format

	Name	Alias	Inversion	Status	Direction	Hide Alias
1	aclr	aclr	None	Used	INPUT	No
2	aconst	aconst	None	Used	INPUT	No
3	aset	aset	None	Used	INPUT	No
4	clock	clock	None	Used	INPUT	Yes
5	data[LPM_WIDTH-1..0]	data[]	None	Used	INPUT	No
6	enable	enable	None	Used	INPUT	No
7	q[LPM_WIDTH-1..0]	q[]	None	Used	OUTPUT	No
8	sclr	sclr	None	Used	INPUT	No
9	sconst	sconst	None	Used	INPUT	No
10	shiften	shiften	None	Used	INPUT	No
11	shiftin	shiftin	None	Used	INPUT	No
12	shiftout	shiftout	None	Used	OUTPUT	No
13	sset	sset	None	Used	INPUT	No

OK

图 5-4　LPM_DFF 端口设置

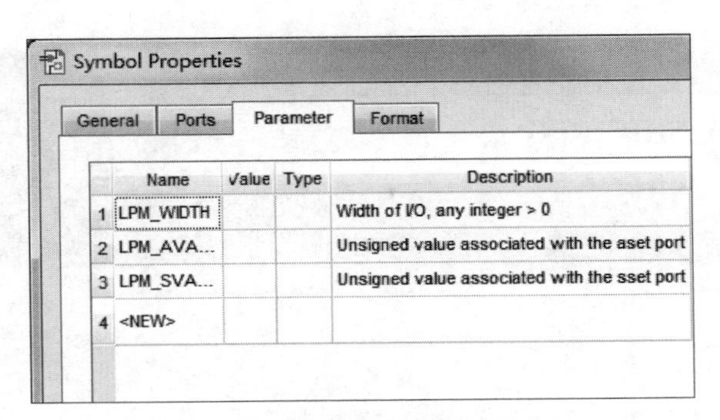

图 5-5 LPM_DFF 参数设置

利用图 5-4 所示页面，对端口的状态设置为使用或不使用，可以改变 LPM_DFF 的端口，从而使相应的功能有效或无效。图 5-5 所示的参数设置，可以确定 D 触发器的级数和初始值等。

通过 MegaWizard Plug-In Manager 同样可以进行 D 触发器设计。在 MegaWizard Plug-In Manager 中，没有 LPM_DFF，而是命名为 LPM_SHIFTREG。在 IP Catalog 栏中输入 LPM_SHIFTREG，并单击，弹出 Save IP Variation 对话框，如图 5-6 所示；选择文件类型为 VHDL，并命名为 LPM_SHIFTREG1，然后单击 OK，打开 MegaWizard Plug-In Manager 界面。

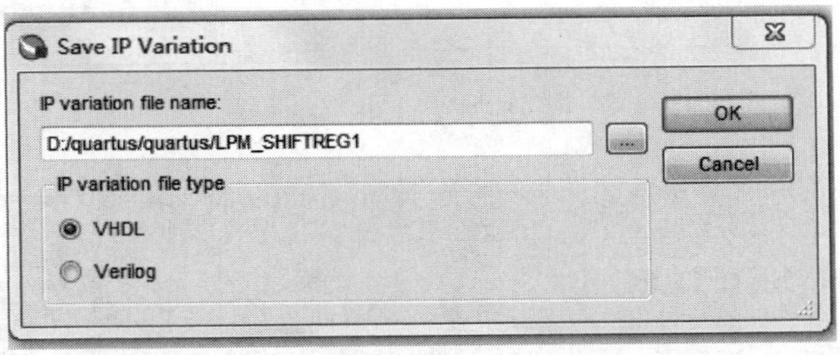

图 5-6 触发器应用设计——LPM_SHIFTREG

在图 5-7 和图 5-8 所示参数设置页面，可以对 LPM_SHIFTREG 进行各种属性设置，这里设置了并行输出 q 的宽度为 5bit，表示内部有 5 级 D 触发器，形成 5 位的移位寄存器。另外还有输出端口的选择和输入端口的配置，如并行输入、输出端口以及同步、异步端口设置等。

比较 LPM_DFF 和 LPM_SHIFTREG 可以看到，二者实现的功能相同，对比分析可以更好地理解各个端口的功能和使用方法。LPM_SHIFTREG 的其他设置可采取默认值，最终可以实现定制的 LPM_SHIFTREG 功能。

编写例 5.1 所示 VHDL 代码，对产生的 5 位 LPM_SHIFTREG 进行调用，可以产生第 4 章 m 序列产生器设计的相同功能。

【例 5.1】 调用 LPM_SHIFTREG 模块形成 m 序列。

```
LIBRARY ieee;
USE ieee.std_logic_1164.all;

ENTITY myShift5Reg IS
  port(clk : in std_logic;
```

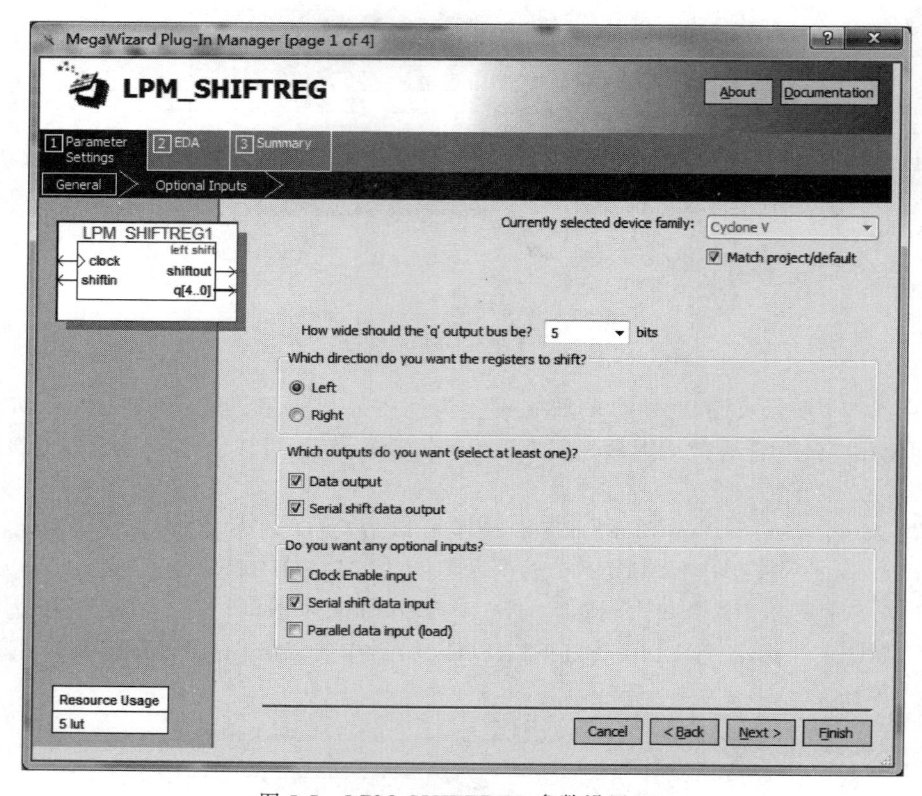

图 5-7　LPM_SHIFTREG 参数设置(1)

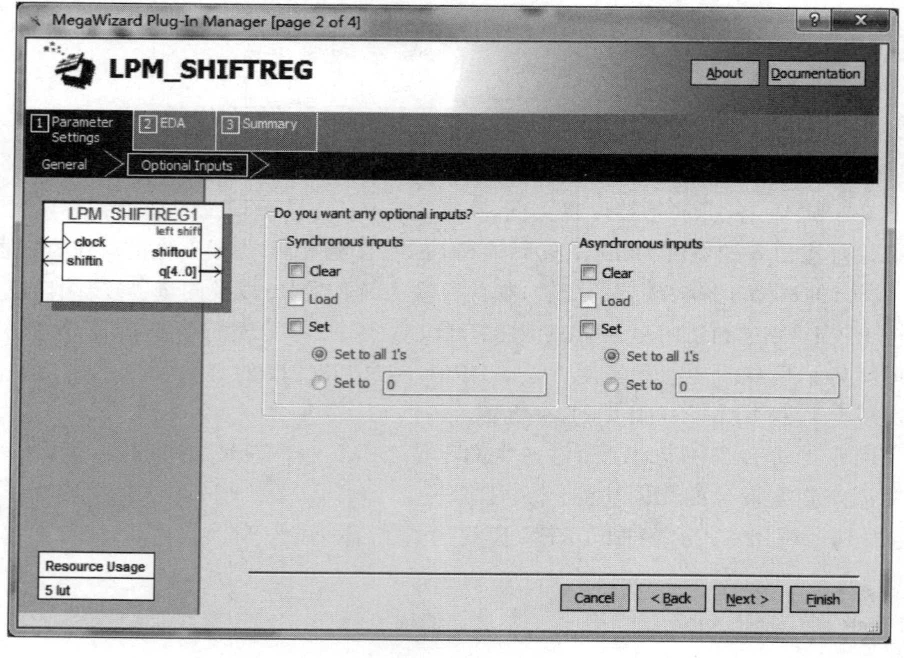

图 5-8　LPM_SHIFTREG 参数设置(2)

```
        qout : buffer STD_LOGIC_VECTOR(0 to 4);
        dout: out std_logic );
END myShift5Reg;
ARCHITECTURE rtl OF myShift5Reg IS

COMPONENT LPM_SHIFTREG1 IS
    PORT
    (
        clock           : IN STD_LOGIC ;
        shiftin         : IN STD_LOGIC ;
        q               : OUT STD_LOGIC_VECTOR (0 to 4);
        shiftout        : OUT STD_LOGIC
    );
END COMPONENT;
begin

mySReg_inst : LPM_SHIFTREG1 PORT MAP (
        clock           => clk,
        shiftin         => not (qout(0) xor qout(2)),
        q               => qout,
        shiftout        => dout
    );
end rtl;
```

5.3 存储器 IP 核的 VHDL 设计应用

存储器是 FPGA 设计中常用的模块之一，包括 RAM、ROM 等。可以通过模板(Template)很快给出完整代码，如例 5.2 给出的最基本单口 RAM 代码就是通过菜单 Edit→Insert Template 获得的。

【例 5.2】 单口 RAM 模板。

```
library ieee;
use ieee.std_logic_1164.all;

entity single_port_ram is
    generic
    (   DATA_WIDTH : natural  := 8;
        ADDR_WIDTH : natural  := 6
    );

    port
    (   clk             : in std_logic;
        addr            : in natural range 0 to 2 ** ADDR_WIDTH - 1;
        data            : in std_logic_vector((DATA_WIDTH - 1) downto 0);
        we              : in std_logic := '1';
        q               : out std_logic_vector((DATA_WIDTH - 1) downto 0)
    );
end entity;

architecture rtl of single_port_ram is
    -- Build a 2 - D array type for the RAM
    subtype word_t is std_logic_vector((DATA_WIDTH - 1) downto 0);
```

```
    type memory_t is array(2 ** ADDR_WIDTH - 1 downto 0) of word_t;
    -- Declare the RAM signal.
    signal ram : memory_t;
    -- Register to hold the address
    signal addr_reg : natural range 0 to 2 ** ADDR_WIDTH - 1;

begin
    process(clk)
    begin
    if(rising_edge(clk)) then
        if(we = '1') then
            ram(addr) <= data;
        end if;
        -- Register the address for reading
        addr_reg <= addr;
    end if;
    end process;

    q <= ram(addr_reg);
end rtl;
```

下面利用 DES 数据加密算法中的 S 盒设计，给出通过 MegaWizard Plug-In Manager 进行单口 RAM 设计的过程。

通过菜单 Tools→IPCatalog，在 IPCatalog 栏中输入 RAM，然后会列出相关的 IP 核，在这里选择 RAM：1-PORT，并双击进入如图 5-6 所示的界面。设计语言选择 VHDL，输入输出文件名，然后单击 OK 按钮，依次进入图 5-9 到图 5-11 所示的参数设置界面。

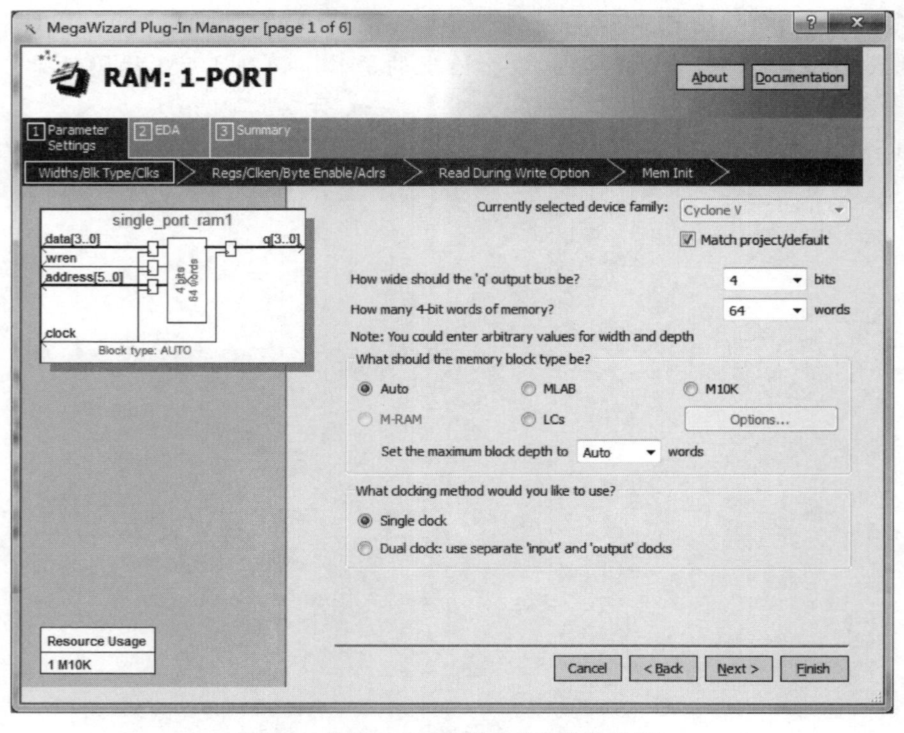

图 5-9　单端口 RAM 模块的参数设置(1)

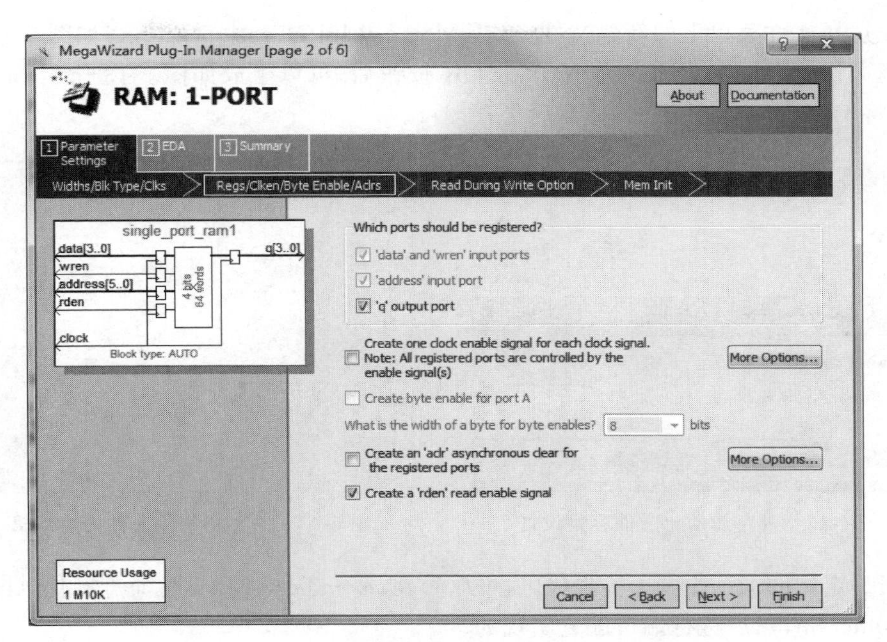

图 5-10　单端口 RAM 模块的参数设置(2)

因为 DES 算法的 S 盒是 6 进 4 出即包含 64 个 4bit 数据，因此，在图 5-9 页面中设置存储容量 64words、数据宽度 4bit，输入输出使用相同时钟；图 5-10 页面中设置字节使能、寄存器存储、独立读使能等相关属性；在图 5-11 中可以指定 RAM 的初始内容，这里使用的是内存初始化文件 sbox.mif，该初始化文件的生成过程参照图 5-12 和图 5-13 所示。

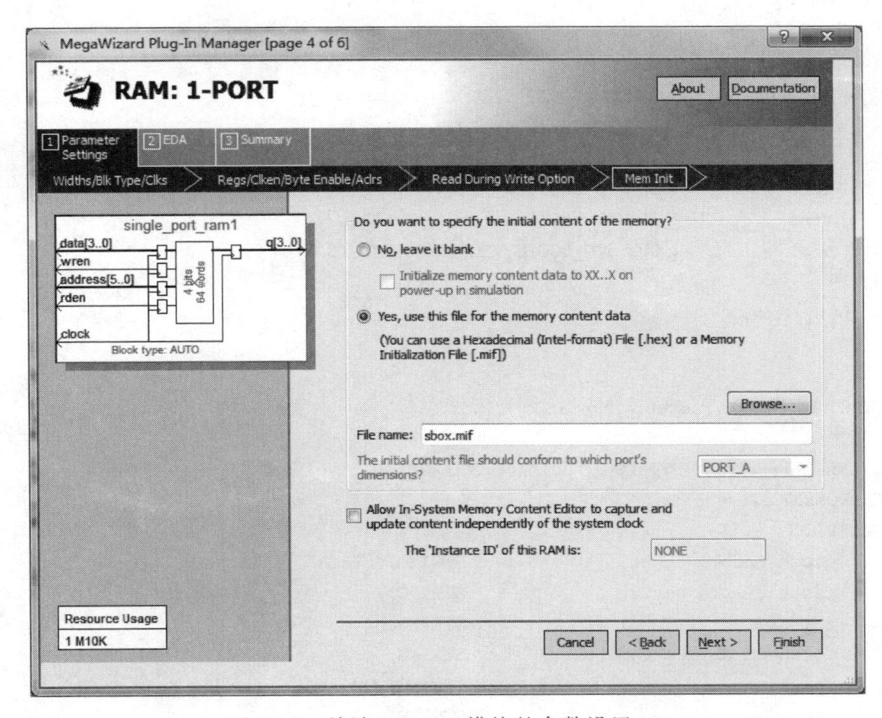

图 5-11　单端口 RAM 模块的参数设置(3)

首先选择文件菜单下的新建文件，选择 Memory Initialization File，在如图 5-12 所示弹出对话框中设置存储字数和字大小，单击 OK 按钮后，可以生成如图 5-13 所示 mif 文件编辑界面，将 DES 的 S 盒数据输入，然后保存即可。

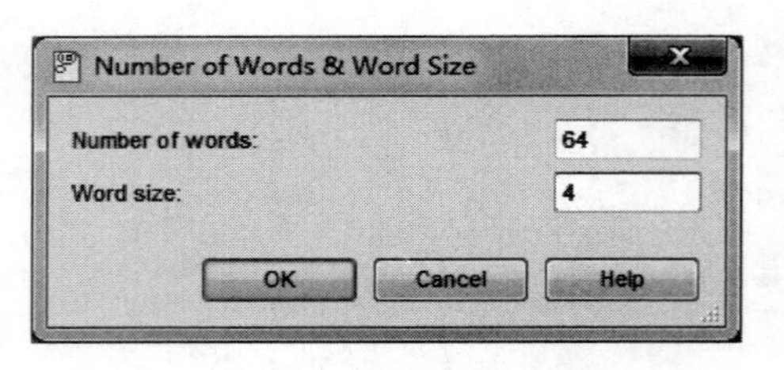

图 5-12　内存初始化文件容量设置

Addr	+0	+1	+2	+3	+4	+5	+6	+7	ASCII
0	15	1	8	14	6	11	3	4	....
8	9	7	2	13	12	0	5	10	....
16	3	13	4	7	15	2	8	14	....
24	12	0	1	10	6	9	11	5	....
32	0	14	7	11	10	4	13	1	....
40	5	8	12	6	9	3	2	15	....
48	13	8	10	1	3	15	4	2	....
56	11	6	7	12	0	5	14	9	....

图 5-13　内存初始化文件内容编辑

下面是定制的 RAM 模块实现代码，可以看到，RamTest_SBox 是通过例化 Altera 内部模块 altsyncram，然后进行端口配置实现的。

```
LIBRARY ieee;
USE ieee.std_logic_1164.all;

LIBRARY altera_mf;
USE altera_mf.all;

ENTITY RamTest_SBox IS
    PORT
    (
        address     : IN STD_LOGIC_VECTOR (5 DOWNTO 0);
        clock       : IN STD_LOGIC  := '1';
        data        : IN STD_LOGIC_VECTOR (3 DOWNTO 0);
        rden        : IN STD_LOGIC  := '1';
        wren        : IN STD_LOGIC ;
        q           : OUT STD_LOGIC_VECTOR (3 DOWNTO 0)
    );
END RamTest_SBox;


ARCHITECTURE SYN OF ramtest_sbox IS

    SIGNAL sub_wire0: STD_LOGIC_VECTOR (3 DOWNTO 0);
    COMPONENT altsyncram
    GENERIC (
        clock_enable_input_a        : STRING;
        clock_enable_output_a       : STRING;
        init_file                   : STRING;
        intended_device_family      : STRING;
        lpm_hint                    : STRING;
        lpm_type                    : STRING;
```

```
        numwords_a                      : NATURAL;
        operation_mode                  : STRING;
        outdata_aclr_a                  : STRING;
        outdata_reg_a                   : STRING;
        power_up_uninitialized          : STRING;
        read_during_write_mode_port_a   : STRING;
        widthad_a                       : NATURAL;
        width_a                         : NATURAL;
        width_byteena_a                 : NATURAL
    );
    PORT (
            address_a: IN STD_LOGIC_VECTOR (5 DOWNTO 0);
            clock0: IN STD_LOGIC ;
            data_a: IN STD_LOGIC_VECTOR (3 DOWNTO 0);
            wren_a: IN STD_LOGIC ;
            q_a: OUT STD_LOGIC_VECTOR (3 DOWNTO 0);
            rden_a: IN STD_LOGIC
    );
    END COMPONENT;

BEGIN
    q  <= sub_wire0(3 DOWNTO 0);

    altsyncram_component : altsyncram
    GENERIC MAP (
        clock_enable_input_a => "BYPASS",
        clock_enable_output_a => "BYPASS",
        init_file => "sbox.mif",
        intended_device_family => "Cyclone IV GX",
        lpm_hint => "ENABLE_RUNTIME_MOD=NO",
        lpm_type => "altsyncram",
        numwords_a => 64,
        operation_mode => "SINGLE_PORT",
        outdata_aclr_a => "NONE",
        outdata_reg_a => "CLOCK0",
        power_up_uninitialized => "FALSE",
        read_during_write_mode_port_a => "NEW_DATA_NO_NBE_READ",
        widthad_a => 6,
        width_a => 4,
        width_byteena_a => 1
    )
    PORT MAP (
        address_a => address,
        clock0 => clock,
        data_a => data,
        wren_a => wren,
        rden_a => rden,
        q_a => sub_wire0
    );

END SYN;
```

对生成程序进行综合，然后编写测试用例进行仿真，例 5.3 给出的测试用例向测试对象提供时钟激励，读信号 rden 始终有效，并且在该时钟上升沿顺序给出地址数据，从而完成 S 盒内容读取的仿真。

【例 5.3】 基于存储器 IP 的 DES 算法 S 盒实现的仿真测试用例。

```
LIBRARY ieee;
USE ieee.std_logic_1164.all;
USE ieee.std_logic_unsigned.all;

ENTITY RamTest_SBox_vhd_tst IS
END RamTest_SBox_vhd_tst;
ARCHITECTURE RamTest_SBox_arch OF RamTest_SBox_vhd_tst IS
SIGNAL address : STD_LOGIC_VECTOR(5 DOWNTO 0)  := "000000";
SIGNAL clock : STD_LOGIC  := '0';
SIGNAL data : STD_LOGIC_VECTOR(3 DOWNTO 0);
SIGNAL q : STD_LOGIC_VECTOR(3 DOWNTO 0);
SIGNAL rden : STD_LOGIC  := '1';            -- 读信号始终有效
SIGNAL wren : STD_LOGIC  := '0';            -- 不允许写
COMPONENT RamTest_SBox
    PORT (
    address : IN STD_LOGIC_VECTOR(5 DOWNTO 0);
    clock : IN STD_LOGIC;
    data : IN STD_LOGIC_VECTOR(3 DOWNTO 0);
    q : OUT STD_LOGIC_VECTOR(3 DOWNTO 0);
    rden : IN STD_LOGIC;
    wren : IN STD_LOGIC
    );
END COMPONENT;
BEGIN
    i1 : RamTest_SBox
    PORT MAP (
    address  => address,
    clock  => clock,
    data  => data,
    q  => q,
    rden  => rden,
    wren  => wren
    );
always : PROCESS (clock)                     -- 时钟下降沿给出地址激励信号
BEGIN
    if falling_edge(clock) then
     if (address = "11111") then address <=  "00000";
        else address <=  address + "00001";
        end if;
    end if;
END PROCESS always;

CLOCK_Pro : PROCESS                          -- 提供时钟激励信号,周期 20ns
BEGIN
    wait for 10 ns; clock <=  not clock;
END PROCESS CLOCK_Pro;
END RamTest_SBox_arch;
```

基于上述测试用例，通过 ModelSim 进行仿真，得到图 5-14 所示仿真波形，如图中所示，地址输入在时钟下降沿发生变化，读信号始终有效，在时钟上升沿数据正常输出。图中 data 始终显示红色，是因为测试用例中没有给出该信号的具体值。该信号是向 RAM 写入的数据，由于写信号 wren 始终为 0，因此没有真正写入 RAM 中。

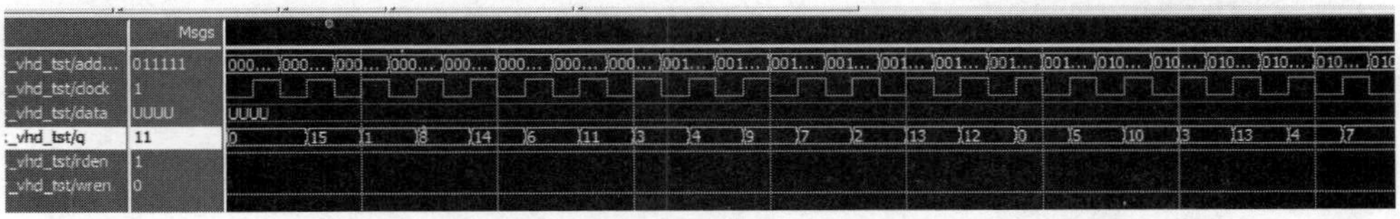

图 5-14　基于 RAM 存储器 IP 的 DES 算法 S 盒的仿真波形

密码算法的 S 盒变换通常是固定数据的，读者可以将上述设计修改为 ROM 实现，也可以通过 wren 和 data 端口对 S 盒内容进行更改，从而可以用在不同的算法中。

5.4　锁相环 IP 核的 VHDL 设计应用

Intel 在很多型号的 FPGA 芯片中都提供有专用锁相环电路，用来实现设计所需多种时钟频率。通过 Quartus Ⅱ 或者 Quartus Prime 软件的参数化模块库中的 PLL 模块可以很好地利用 FPGA 芯片中的锁相环资源。下面利用 ALTPLL 模块的参数配置和实例化对锁相环电路 IP 核的 VHDL 设计进行简单介绍。

在 IPCatalog 栏中输入 PLL 或者 ALTPLL，然后在 Library 中单击 ALTPLL，在弹出的如图 5-15 所示的 Save IP Variation 界面，选择 VHDL 作为创建的设计文件语言，将输出文件命名为 mypll。单击 OK 按钮后进入图 5-16 所示的对话框，在这里对输入时钟 inclk0 的频率和 PLL 的工作模式进行设置，假设输入频率为 100MHz，工作模式采用 normal 模式。输入频率用于输出频率设置的参考，不与实际工作频率相关。Altera 器件共有四种工作模式：normal 模式，PLL 的输入引脚与 I/O 单元的输入时钟寄存器相关联；zero delay buffer 模式，PLL 的输入引脚和 PLL 的输出引脚的延时相关联，通过 PLL 的调整，到达两者“零”延时；External feedback 模式，PLL 的输入引脚和 PLL 的反馈引脚延时相关联；no compensation 模式，不对 PLL 的输入引脚进行延时补偿。

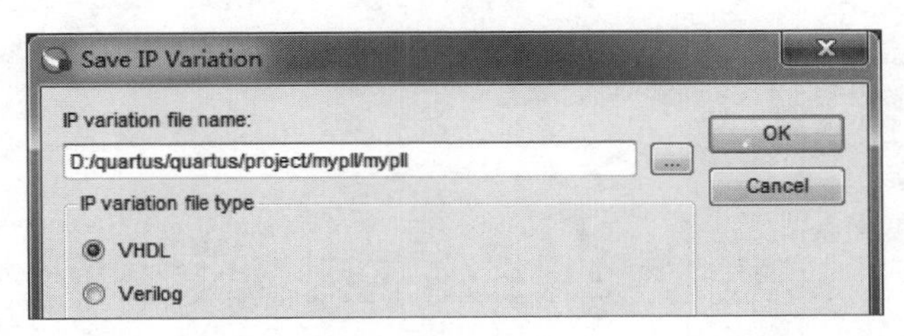

图 5-15　创建新的参数化模块——锁相环 PLL

参数化模块 ALTPLL 可以设置 9 个输出时钟，这里仅使用两个输出时钟：c0 和 c1，分别设置为 300MHz 和 75MHz，如图 5-17 和图 5-18 所示。这里的时钟输出频率都是以设定乘因子和除因子的方式给出，也可以直接输入预期时钟频率(Requested Setting)。

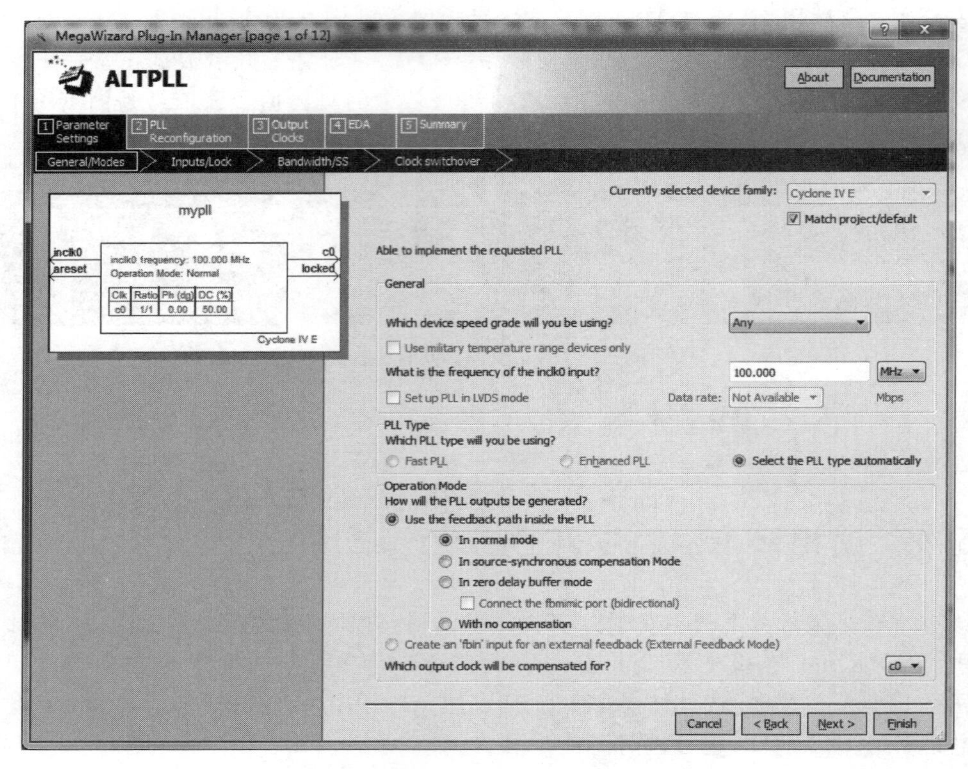

图 5-16　参数化模块 ALTPLL 的参数设置

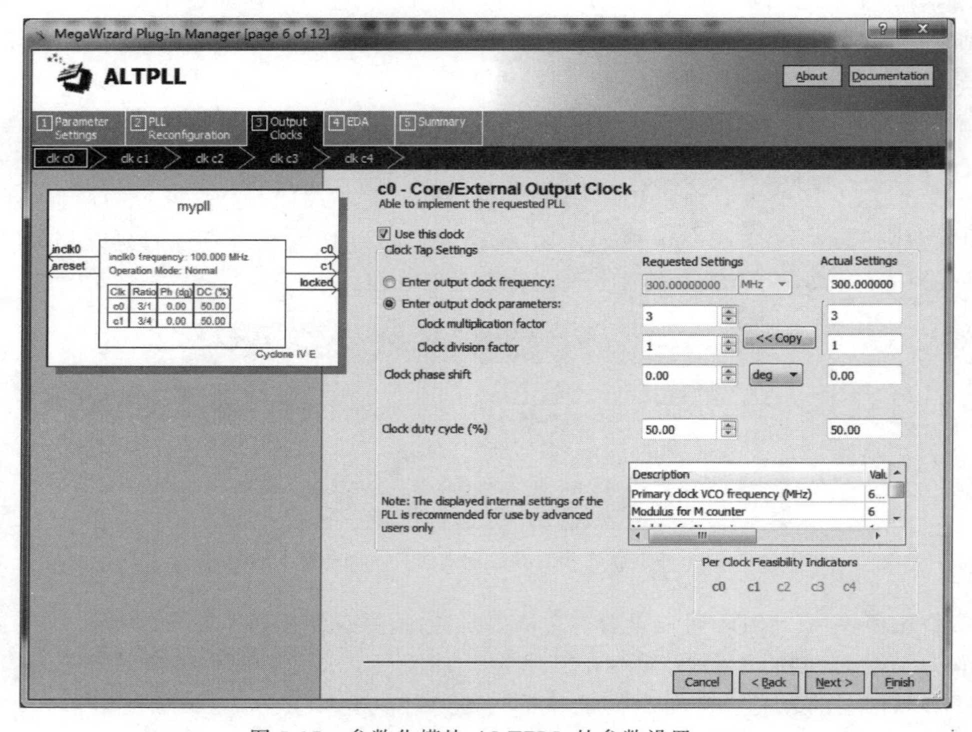

图 5-17　参数化模块 ALTPLL 的参数设置-c0

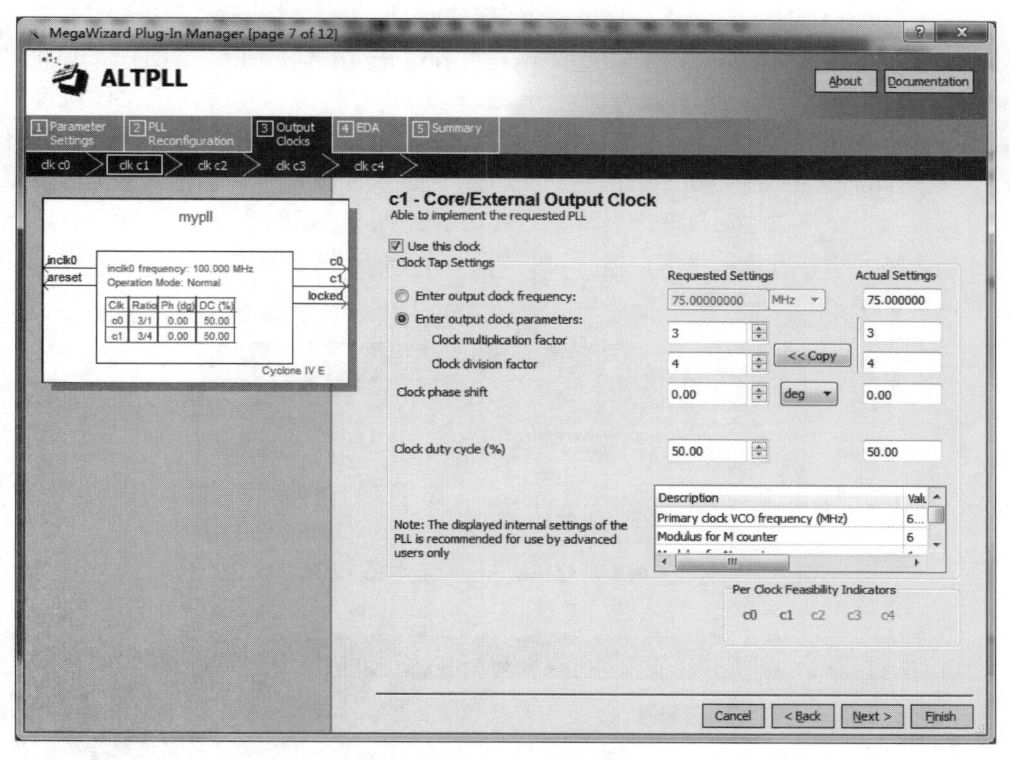

图 5-18　参数化模块 ALTPLL 的参数设置-c1

时钟模块的其他设置均采用默认设置。通过给定输入时钟频率进行仿真，可以得到如图 5-19 所示的仿真图。

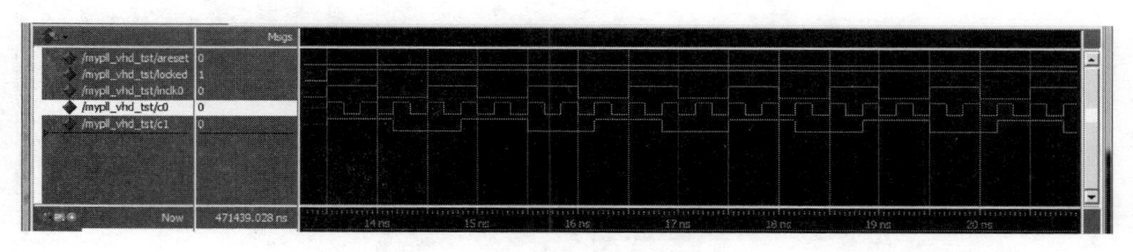

图 5-19　锁相环 PLL 的仿真结果

分析图 5-19 所示仿真波形，其中 inclk0 是输入时钟信号，时钟周期为 10000ps，时钟频率为 100MHz；c0 和 c1 是输出信号，三个时钟信号都是占空比 1∶1 的时钟信号。如图所示，inclk0 经过 1 个时钟周期后，c0 恰好经过了 3 个时钟周期，即 c0 的频率是 inclk0 的 3 倍，即 300MHz。再分析 c1 和 c0 的周期特性，可以发现，c1 的频率是 c0 的 1/4，即 75MHz。所以，通过仿真波形可知，仿真结果与 ALTPLL 的设置一致，PLL 设计正确。

5.5　运算电路 IP 核的 VHDL 设计应用

Quartus Prime 软件的参数化模块库对运算单元的 IP 模块有很好的支持，常用的数学运算都可以在这里完成。下面利用 LPM_ADD_SUB 模块设计一个简单的 8 位加法器，对运算电路 IP 核的 VHDL 设计进行简单介绍。

在 IP Catalog 栏中输入 LPM_ADD_SUB,在 Library 中选择 LPM_ADD_SUB 并双击,弹出 Save IP Variation 界面,如图 5-20 所示,选择 VHDL 作为创建的设计文件语言,将输出文件命名为 adder。单击 OK 按钮后进入如图 5-21 所示的对话框,指定输入数据的位宽为 8bit,只选择加法功能;单击 Next 按钮,进入图 5-22 所示对话框确认输入数据的类型,按默认值设置两个操作数均为可变无符号数。再次单击 Next 按钮,在图 5-23 所示对话框,指定加入进位输入端和进位输出端。然后,在图 5-24 页面下,设置流水线设计参数,其他内容可按默认设置使用。

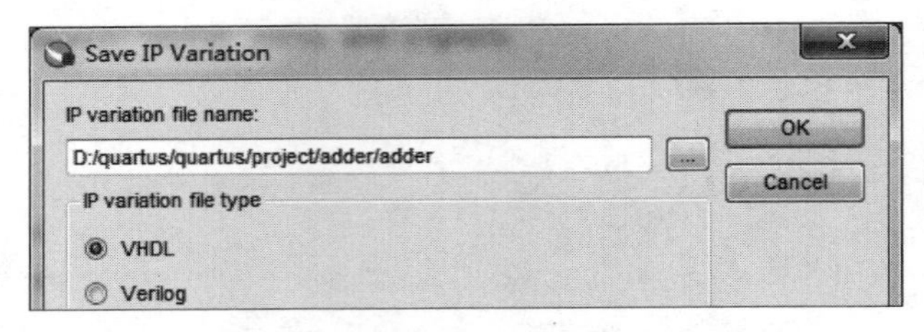

图 5-20 创建新的参数化模块——运算电路 LPM_ADD_SUB

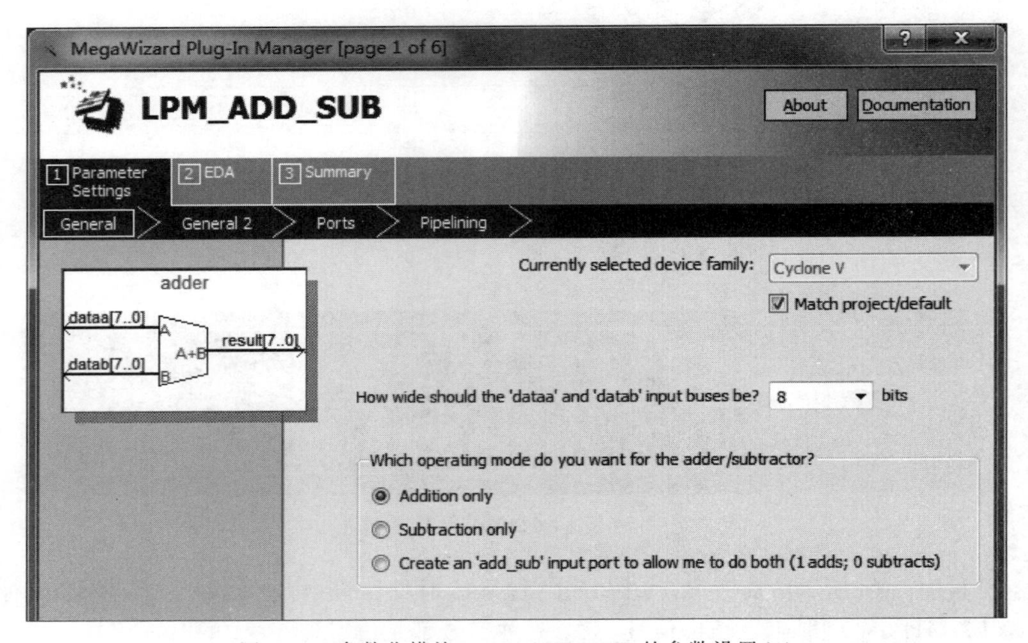

图 5-21 参数化模块 LPM_ADD_SUB 的参数设置(1)

通过向导定制完加法器后,可以创建相应的 VHDL 文件,然后编写如例 5.4 所示的测试用例,利用 ModelSim 进行仿真,可以得到如图 5-25 所示的仿真结果。

【例 5.4】 加法器测试用例。

```
LIBRARY ieee;
USE ieee.std_logic_1164.all;

ENTITY adder_vhd_tst IS
```

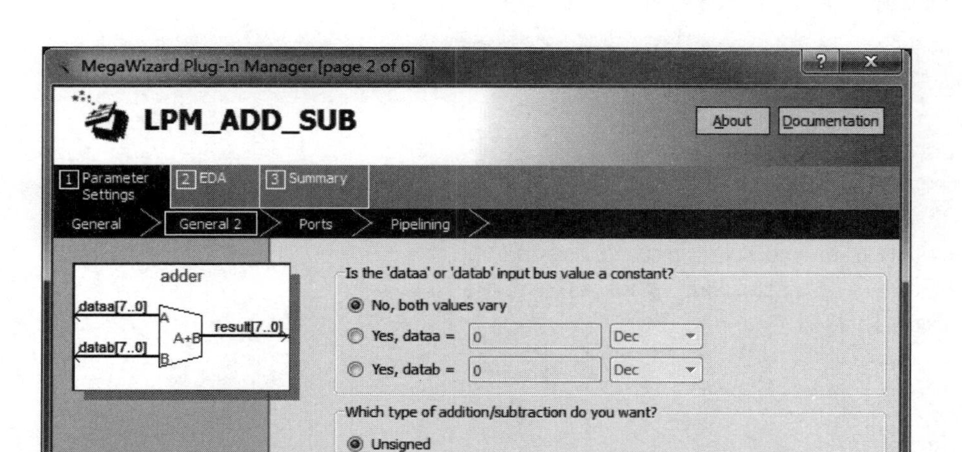

图 5-22　参数化模块 LPM_ADD_SUB 的参数设置(1)

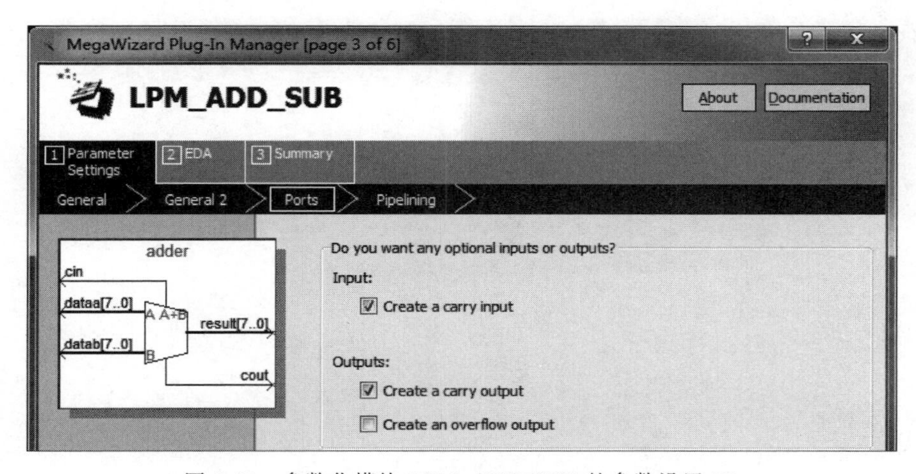

图 5-23　参数化模块 LPM_ADD_SUB 的参数设置(2)

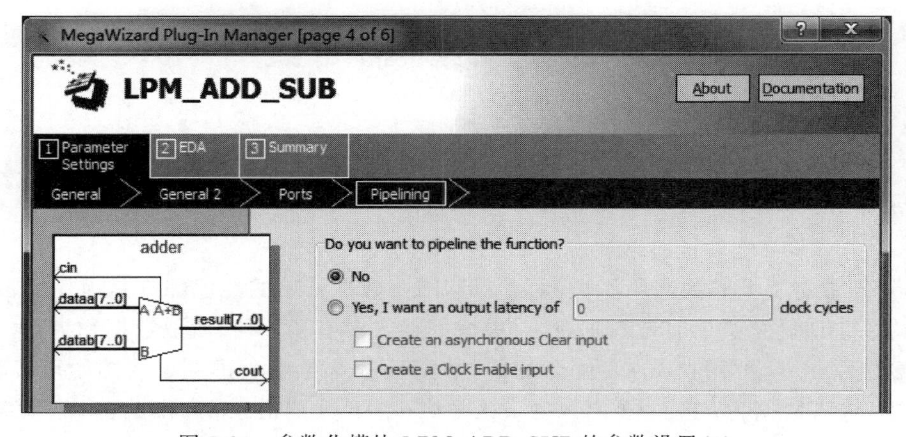

图 5-24　参数化模块 LPM_ADD_SUB 的参数设置(3)

```
END adder_vhd_tst;
ARCHITECTURE adder_arch OF adder_vhd_tst IS

SIGNAL cin : STD_LOGIC;
SIGNAL cout : STD_LOGIC;
SIGNAL dataa : STD_LOGIC_VECTOR(7 DOWNTO 0);
SIGNAL datab : STD_LOGIC_VECTOR(7 DOWNTO 0);
SIGNAL result : STD_LOGIC_VECTOR(7 DOWNTO 0);
COMPONENT adder
    PORT (
    cin : IN STD_LOGIC;
    cout : OUT STD_LOGIC;
    dataa : IN STD_LOGIC_VECTOR(7 DOWNTO 0);
    datab : IN STD_LOGIC_VECTOR(7 DOWNTO 0);
    result : OUT STD_LOGIC_VECTOR(7 DOWNTO 0)
    );
END COMPONENT;
BEGIN
    i1 : adder
    PORT MAP (
-- list connections between master ports and signals
    cin => cin,
    cout => cout,
    dataa => dataa,
    datab => datab,
    result => result
    );
init : PROCESS
-- variable declarations
BEGIN
        -- code that executes only once
    wait for 1 ns; cin <= '0'; dataa <= x"3f"; datab <= x"57"; -- 等待 1ns 后数据有效
    wait for 1 ns; cin <= '1'; dataa <= x"7f"; datab <= x"57";
    wait for 1 ns; cin <= '0'; dataa <= x"9a"; datab <= x"85";
    wait for 1 ns; cin <= '1'; dataa <= x"97"; datab <= x"68";
    WAIT;
END PROCESS init;
END adder_arch;
```

图 5-25 给出了上述测试用例仿真后波形，图中数据开始的红色部分是由于测试用例中首先等待了 1ns 后才给出有效数据，这一段时间输入没有初始值，所以数据均为 X。这里给出的运算电路是一个带进位的 8 位全加器，数据显示均为十六进制。从图中可以看出，在 1000ps 处，输入数据为：进位位 0，加数 dataa 和 datab 分别是 0x3F 和 0x57，结果 result 为 0x86，进位输出 0，之后在 2000ps、3000ps、4000ps 处，随着输入数据的变化，输出结果做出相应变化，分析可知，输出符合设计要求，设计结果正确。

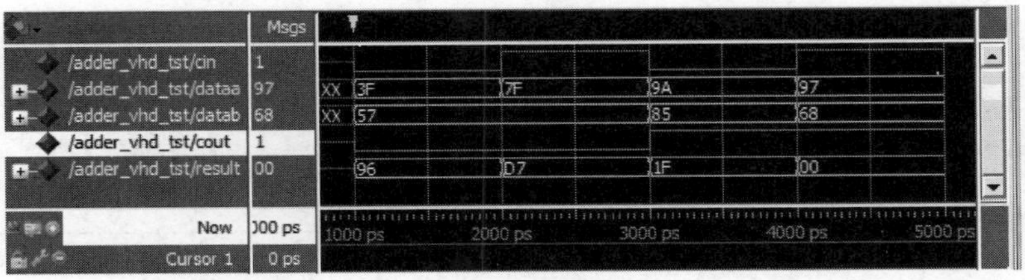

图 5-25　加法器仿真结果

第6章 人机交互接口设计

CHAPTER 6

人机交互是智能设备一个不可缺少的功能，通过人机交互接口可以实现使用者与智能设备间的信息交互，将使用者的需求或指令传输给智能设备，智能设备将系统的状态信息或者指令及需求的执行情况反馈给使用者，实现人与设备间的良好沟通，方便使用者的使用。人机交互界面的友好性也是评价一个智能设备是否优良的重要因素。本章将主要介绍人机交互中基本的键盘扫描输入电路和液晶显示电路的VHDL设计。

6.1 键盘扫描电路的VHDL设计

6.1.1 设计原理

1. 单列式键盘

键盘是数字系统中常见的输入装置。根据系统所需按键数量的多少以及按键的排列方式，键盘可分为单列式键盘和矩阵式键盘两种，其中单列式键盘的连接如图6-1所示，分为共阴极和共阳极两种。以共阴极连接方式为例，在程序设计时，可以采用循环扫描键盘的方式，判断 n 位的键盘输入端哪个数据位为0，即可获知哪个按键被按下。

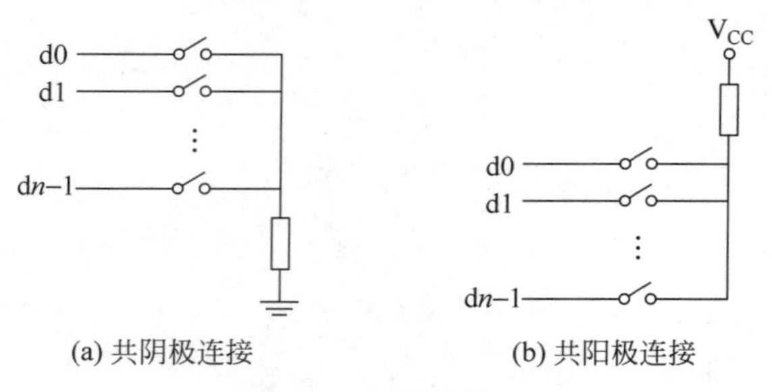

图6-1 单列式键盘

例如，若带有4个按键的共阴极连接的单列式键盘与FPGA相连的数据端定义为data，即在port语句中有如下定义：

```
data: in std_logic_vector(3 downto 0);
```

则VHDL中的按键值获得可采用如下进程，其中data为键盘输入引脚，key为按键的编号，依次为0至3号按键，采用二进制数描述。

```
process(clk)
begin
    if clk'event and clk = '1' then
        case data is
            when "0111"  => key <= "11";      -- 3 号按键
            when "1011"  => key <= "10";      -- 2 号按键
            when "1101"  => key <= "01";      -- 1 号按键
            when "1110"  => key <= "00";      -- 0 号按键
            when others  => null;
        end case;
    end if;
end process;
```

2. 矩阵式键盘

矩阵式键盘是一种常见的输入装置，其电路有共阴极和共阳极两种连接方式，如图 6-2 所示，每条水平线和垂直线在交叉处不直接连通，而是通过一个按键加以连接。这样，4 个 FPGA 输出引脚端口加 4 个 FPGA 输入引脚端口就可以构成 4×4=16 个按键的键盘控制接口，可以采用逐行或逐列扫描查询法获得所按键的键值。这里以共阳极矩阵式键盘为例，给出用列信号进行扫描时的基本原理和流程：矩阵式键盘与 FPGA 相连的引脚分别命名为 keyrow 和 keycol，其中 keyrow 为列引脚，排列为“列 4 列 3 列 2 列 1”，keycol 为行引脚，排列为“行 4 行 3 行 2 行 1”。所谓列扫描，就是逐列给出低电平，同时读取键盘行信号，如果行信号的某一行为低电平，则此行与低电平的那一列交叉处的按键即为按下的按键。例如，当扫描信号 keyrow 输出“1011”时，表示正在扫描列 3，若此时读出的行信号 keycol 值为“1111”，表示列 3 上没有按键按下；若 keycol 为“1011”，表示按键 A 被按下。若采用共阴极矩阵式键盘，则扫描输出信号和采集信号都应以高电平为有效信号(扫描或判断信号)。

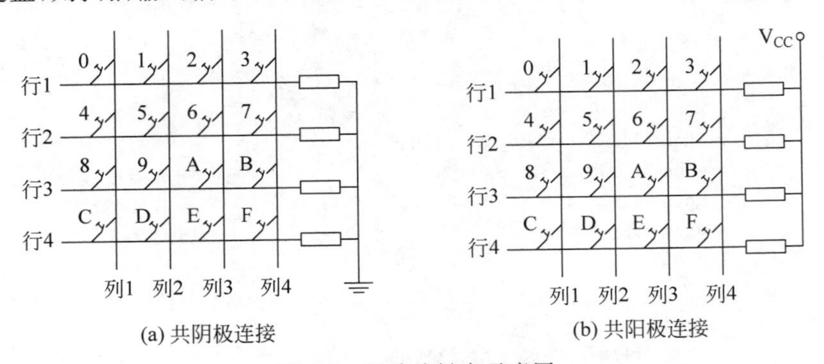

图 6-2　矩阵式键盘示意图

列扫描方式下的 VHDL 程序如下，采用状态机输出列扫描信号：

```
type  st  is (s0,s1,s2,s3);
signal state: st;

process(clk)
begin
    if clk'event and clk = '1' then
        case state is
```

```
                when s0  => keyrow <= "1110"; state <= s1;          -- 扫描列 1
                when s1  => keyrow <= "1101"; state <= s2;          -- 扫描列 2
                when s2  => keyrow <= "1011"; state <= s3;          -- 扫描列 3
                when s3  => keyrow <= "0111"; state <= s0;          -- 扫描列 4
            end case;
        end if;
    end process;
```

键值的获得可采用双 case 语句，通过当前 keyrow 的扫描输出值，结合读入的 keycol 值，获取按键值，程序如下：

```
process(keyrow)
begin
    case keyrow is
        when "1110"  =>
            case keycol is
                when "1110"  => key <= "0000";               -- 0 号按键
                when "1101"  => key <= "0001";               -- 1 号按键
                when "1011"  => key <= "0010";               -- 2 号按键
                when "0111"  => key <= "0011";               -- 3 号按键
                when others  => null;
            end case;
        when "1101"  =>
            case keycol is
                when "1110"  => key <= "0100";               -- 4 号按键
                when "1101"  => key <= "0101";               -- 5 号按键
                when "1011"  => key <= "0110";               -- 6 号按键
                when "0111"  => key <= "0111";               -- 7 号按键
                when others  => null;
            end case;
        when "1011"  =>
            case keycol is
                when "1110"  => key <= "1000";               -- 8 号按键
                when "1101"  => key <= "1001";               -- 9 号按键
                when "1011"  => key <= "1010";               -- A 号按键
                when "0111"  => key <= "1011";               -- B 号按键
                when others  => null;
            end case;
        when "0111"  =>
            case keycol is
                when "1110"  => key <= "1100";               -- C 号按键
                when "1101"  => key <= "1101";               -- D 号按键
                when "1011"  => key <= "1110";               -- E 号按键
                when "0111"  => key <= "1111";               -- F 号按键
                when others  => null;
            end case;
        when others  => null;
    end case;
end process;
```

3. 键盘消抖原理

在进行键盘扫描的过程中，常会出现键盘不灵或扫描不正确的情况，原因之一就是按键的抖动。如图 6-3 所示，在按键按下和抬起时，会在金属键盘回路中产生短暂的冲击信号，此段时间内如果在时钟的上升沿采集键值则会导致键值的不确定性。

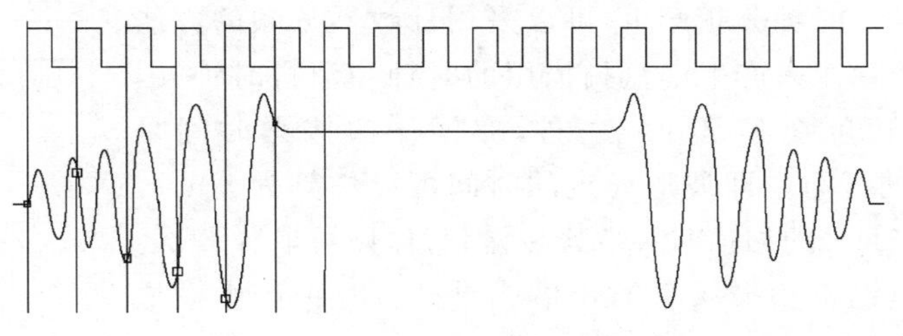

图 6-3 按键抖动示意图

因此在设计键盘扫描电路时，需要考虑按键的消抖，以获取波形稳定、长度合适的键盘反馈信号。人们将大量使用以及示波器观察得到的金属按键闭合过程波形图总结后，得出按键抖动时间一般为 5～10ms，因此可以采用延迟一段时间再采样的方法，获得准确的按键值。按键消抖的流程如图 6-4 所示。其中的 x 为重新采样的次数，可以根据具体使用情况确定。

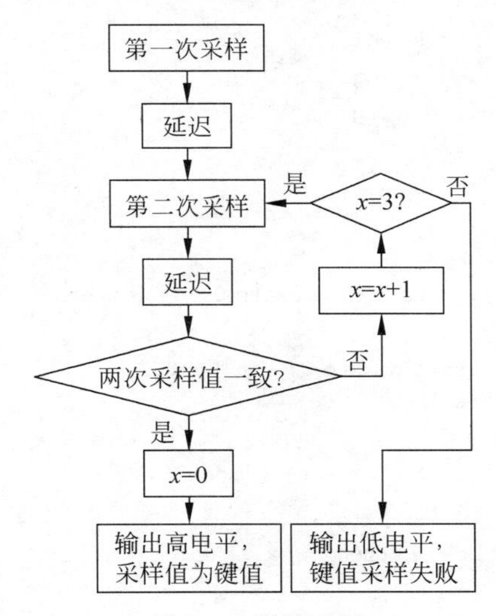

图 6-4 消抖过程

6.1.2 设计实现

下面以矩阵式键盘为例，介绍键盘与 FPGA 的接口设计。FPGA 与 4×4 矩阵式键盘的接口电路如图 6-5 所示。键盘的 4 个行线和 4 个列线分别与 FPGA 的 I/O 口相连。

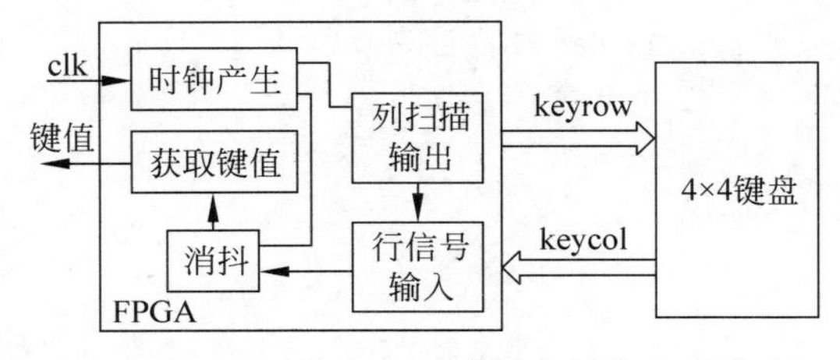

图 6-5 FPGA 与矩阵式键盘的接口电路

键值的获取过程如图 6-6 所示。

1. 时钟产生模块

时钟信号由系统时钟分频产生,可以采用计数器分频的方法获得。时钟产生模块用来产生键盘扫描用的时钟和消抖时钟,因为一般人的按键速度至多是 10 次/秒,亦即一次按键时间是 100ms,所以按下的时间也即波形稳定的时间可以估算为 50ms。以频率为 8ms(125Hz)的扫描时钟取样按键信息,则可取样 6 次。而通常消抖频率是键盘扫描频率的 4 倍或更高。时钟产生模块的示例程序如下所示。

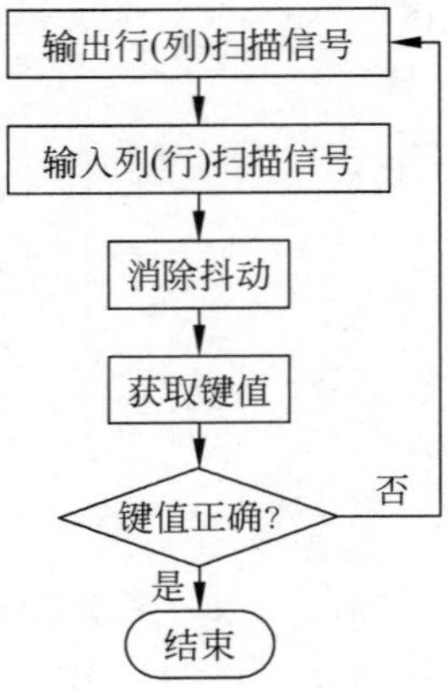

图 6-6　扫描过程

```
library ieee;
use ieee.std_logic_1164.all;
use ieee.std_logic_arith.all;
use ieee.std_logic_unsigned.all;

entity clk_gen is
      port(clk          : in std_logic;                        -- 全局时钟
           clk_scan     : out std_logic;                       -- 扫描键盘时钟
           clk_xd       : out std_logic                        -- 键盘消抖动时钟
           );
end clk_gen;

architecture gclk of clk_gen is
signal k_counter : std_logic_vector(31 downto 0)  := (others => '0');    -- 产生 key 消抖信号和
                                                                          -- 键盘扫描用的计数器
signal count:std_logic_vector(4 downto 0)  := "00000";
signal clk_out: std_logic  := '0';
begin
    process(clk)
    begin
        if clk'event and clk = '1' then
            count <= count + 1;
            if count = "10000" then
                clk_out <= not clk_out;
            end if;
        end if;
    end process;

    process(clk_out)
    begin
        if clk_out'event and clk_out = '1' then
             k_counter <= k_counter + 1;
       end if;
    end process;

    process(clk)
    begin
     if clk'event and clk = '1' then
```

```
            clk_xd <= k_counter(0);
            clk_scan <= k_counter(3);
        end if;
        end process ;
    end ;
```

其中 k_counter 和 counter 的取值范围，以及消抖时钟 clk_xd 和键盘扫描时钟 clk_scan 的输出与 k_counter 之间的关系要根据具体的系统时钟 clk 设定。本例为了仿真的方便，取值设定均较小。

这里需要注意的是，在结构体中定义信号时，给每个定义的信号都赋了一个初值，例如：

```
signal count:std_logic_vector(4 downto 0)  := "00000";
```

其中语句的最后" :="00000""为赋初值，此操作的目的是 ModelSim 仿真的需要，如若不给信号赋初值，在 ModelSim 下仿真时会提示错误。

2. 列扫描模块

列扫描输出模块的设计已在设计原理部分介绍，采用状态机的方法完成。示例程序如下。

```
library ieee;
use ieee.std_logic_1164.all;

entity key_scan is
     port(clk_scan: in std_logic;                                --扫描时钟脉冲
          keyrow : out std_logic_vector(3 downto 0));           --扫描序列
end ;

architecture a of key_scan is
    type  st   is (s0,s1,s2,s3);
    signal state: st;
begin
    process(clk_scan)
    begin
        if clk_scan'event and clk_scan = '1' then
            case state is
                when s0  => keyrow <= "1110"; state <= s1;     --扫描列 1
                when s1  => keyrow <= "1101"; state <= s2;     --扫描列 2
                when s2  => keyrow <= "1011"; state <= s3;     --扫描列 3
                when s3  => keyrow <= "0111"; state <= s0;     --扫描列 4
            end case;
        end if;
    end process;
end ;
```

3. 消抖模块

消抖模块的设计可以采用延迟的方法通过计数器实现，这里使用另一种方法：采用附加 D 触发器和 RS 触发器的方式构建消抖模块。硬件电路设计如下：构建一个使用同一个时钟信号的三级 D 触发器，取每一级 Q 端输出相与，分别送到 RS 触发器的 S、R 端，RS 触发器 Q 端输出的即为消抖后的电平值。所有触发器使用同一个时钟信号，电路原理如图 6-7 所示。

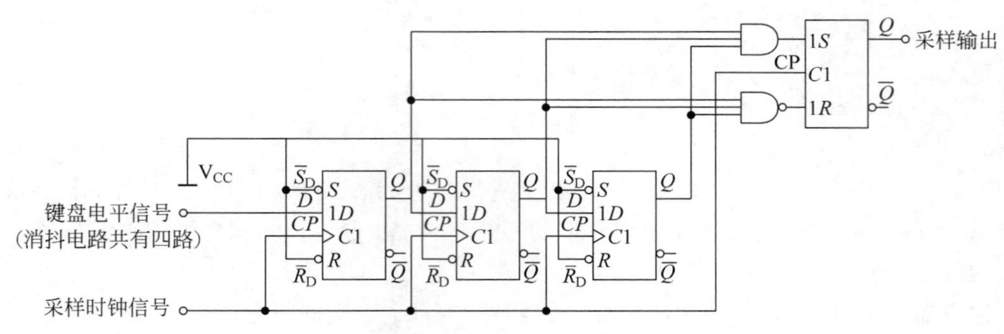

图 6-7 连接每个输入引脚的消抖电路模块

此消抖模块放在每个输入引脚的输入端上，并且消抖模块所用触发器的级数与采样时钟信号的频率(也即消抖时钟频率)有关，使用中应根据实际需求适当增减 D 触发器的级数，调整消抖时钟频率，配合按键使消抖达到最佳效果。假设按键处在连发状态下，速度至多达到 10 次/秒，亦即一次按键时间至少是 100ms，波形稳定时间估算为 50ms；若将采样信号周期定为 8ms(频率为 125Hz)，则一次按键可取样到 12 次(其中按键处于完全按下的状态应该有 6 次)。对于周期在 4ms 以下的不稳定噪声，该模块至多只采样一次，即不会将 RS 触发器置“1”，也即过滤掉频率为 250Hz 以上的噪声。示例程序如下。

```
library ieee;
use ieee.std_logic_1164.all;
library altera;
use altera.maxplus2.all;                          -- 少了它,无法使用 D,SR 触发器

entity xiaodou is
     port(xk_clk : in std_logic;                  -- xk_clk 消抖时钟
          d_in: in std_logic;
          d_out : out std_logic);
end ;

architecture xd of xiaodou is
   signal vcc : std_logic;
   signal q0,q1,q2 : std_logic;                   -- 消抖
   signal s,r,srq : std_logic;                    -- SR 触发器
begin
   vcc <= '1';
   dff1:dff port map(d => d_in ,q => q0, clk => xk_clk, clrn => vcc, prn => vcc);
   dff2:dff port map(d => q0 ,q => q1, clk => xk_clk, clrn => vcc, prn => vcc);
   dff3:dff port map(d => q1 ,q => q2, clk => xk_clk, clrn => vcc, prn => vcc);
   sr1:srff port map(s =>(q0 and q1 and q2),r => not (q0 and q1 and q2), q => srq, clk => xk_
clk, clrn => vcc, prn => vcc);
   d_out <= srq;
end;
```

此消抖电路要放在每一个键盘输入引脚上，采用如下的程序完成。

```
library ieee;
use ieee.std_logic_1164.all;
```

```
entity key44_xiaod is
    port(xd_clk : in std_logic;                                    -- 消抖时钟脉冲
        key_in   : in std_logic_vector(3 downto 0);                -- 键盘输入
        key_out  : out std_logic_vector(3 downto 0) );             -- 键盘消抖后的输出
end ;

architecture keyxd of key44_xiaod is
    component xiaodou is
     port( d_in,xk_clk : in std_logic;
          d_out : out std_logic );
     end component;
begin
    cp1 : for i in 0 to 3 generate                                 -- 循行产生回路消抖动电路
    begin
        ux : xiaodou port map(xk_clk => xd_clk,d_in => key_in(i),d_out => key_out(i));
    end generate cp1;
end ;
```

通过 for 语句采用四次元件例化完成 4×4 键盘 4 个输入引脚抖动的消除。

需要注意的是，由于本程序中调用了 Altera 库中的 maxplus2 包，因此仿真时 ModelSim 的库中必须要有 Altera 的 maxplus2 对应的仿真库。下面以添加 maxplus2 仿真库为例，介绍如何在 ModelSim 中添加 Altera 的仿真库。在 Quartus II 11.1 程序安装包自带的 ModelSim 中，已经自带了部分 Altera 的仿真库文件，假设需要在 ModelSim 安装目录中的 Altera 目录(C:\altera\11.1\modelsim_ase\altera\vhdl\altera)中添加 maxplus2 仿真库。步骤如下：

(1) 更改 ModelSim 安装目录下的配置文件 modelsim.ini 的只读属性为读写。

(2) 打开 ModelSim，更改目录 File→Change directory 到根目录下的 altera 目录：C:\altera\11.1\modelsim_ase\altera\vhdl\altera。

(3) 可以新建一个库，也可以在原有的库中添加仿真程序包。若要新建一个名为 test 的仿真库，可以在 ModelSim 的菜单栏中单击 File→New→Library，设置 Library Name 为 test。单击 OK 按钮后可以看到 ModelSim 的 Library 界面中添加了一个新的空库：test (empty)，此库位于步骤 2 设定的路径下，如图 6-8 所示。

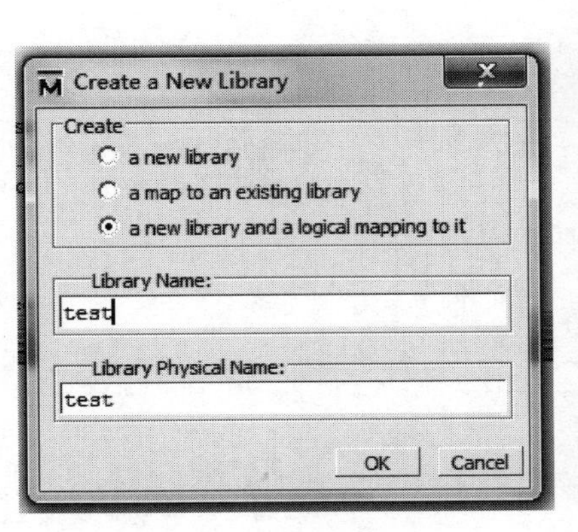

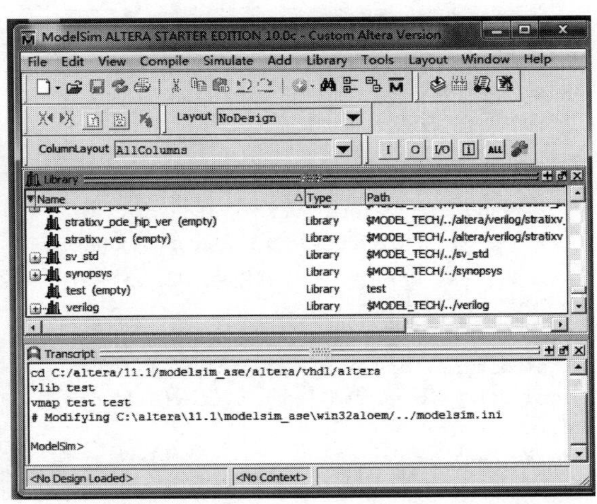

图 6-8 在 ModelSim 中添加一个新库

(4) 在ModelSim的环境下对需要使用的库文件进行编译。在对Altera的库进行编译时，首先需要编译三个通用文件：220model.v，altera_mf.v，altera_primitives.v，之后编译需要的文件。选择Compile→compile…，在弹出的对话框中的Library中选择读者刚才建立的库名test，在查找范围内选择maxplus2的地址：

C:\altera\11.1\quartus\libraries\vhdl\altera\maxplus2.vhd

单击Compile，如果有多个库文件需要编译，可以继续选择，否则单击Done按钮退出ModelSim。如果在步骤(3)中，没有建立新库，希望把新编译的库文件放在已有的Altera库中，则只需要在Library中选择已有库Altera即可，其余操作相同。

(5) 打开配置文件modelsim.ini，如果是新建库文件，则在[Library]下可以找到test=test语句，修改路径为test = $MODEL_TECH/../altera/vhdl/altera/test。如果是在已有的库中添加仿真文件，则不需要修改，关闭modelsim.ini，并设置其属性为只读属性。再次打开ModelSim，在Library栏即可看到新添加的库及仿真程序包文件，如图6-9所示。

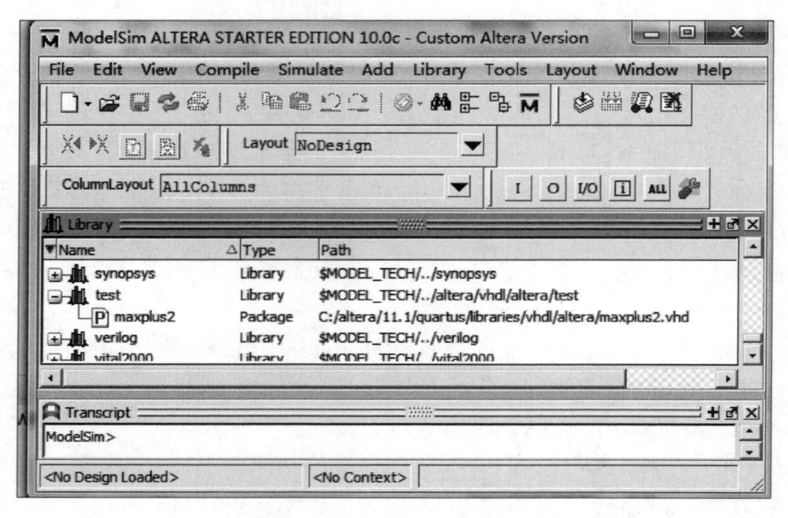

图6-9 添加maxplus2仿真库后的ModelSim环境

4. 键值获取模块

通过键值获取模块获得正确的键值，并将其存储或输出。示例程序如下：

```
library ieee;
use ieee.std_logic_1164.all;

entity key_get is
     port( clk: in std_logic;                                  -- 扫描时钟脉冲, 24Hz 左右
         key : out std_logic_vector(3 downto 0);               -- 扫描序列
         keycol,keyrow : in std_logic_vector(3 downto 0) );
end ;

architecture a of key_get is
signal key_value : std_logic_vector(3 downto 0);
begin
process(keyrow,keycol)
begin
    case keyrow is
```

```
        when "1110" =>
            case keycol is
                when "1110" => key_value <= "0000";          -- 0 号按键
                when "1101" => key_value <= "0001";          -- 1 号按键
                when "1011" => key_value <= "0010";          -- 2 号按键
                when "0111" => key_value <= "0011";          -- 3 号按键
                when others => null;
            end case;
        when "1101" =>
            case keycol is
                when "1110" => key_value <= "0100";          -- 4 号按键
                when "1101" => key_value <= "0101";          -- 5 号按键
                when "1011" => key_value <= "0110";          -- 6 号按键
                when "0111" => key_value <= "0111";          -- 7 号按键
                when others => null;
            end case;
        when "1011" =>
            case keycol is
                when "1110" => key_value <= "1000";          -- 8 号按键
                when "1101" => key_value <= "1001";          -- 9 号按键
                when "1011" => key_value <= "1010";          -- A 号按键
                when "0111" => key_value <= "1011";          -- B 号按键
                when others => null;
            end case;
        when "0111" =>
            case keycol is
                when "1110" => key_value <= "1100";          -- C 号按键
                when "1101" => key_value <= "1101";          -- D 号按键
                when "1011" => key_value <= "1110";          -- E 号按键
                when "0111" => key_value <= "1111";          -- F 号按键
                when others => null;
            end case;
        when others => null;
    end case;
end process;

process(clk)
begin
    if clk'event and clk = '1' then
        key <= key_value;
    end if;
end process;
end;
```

5. 顶层程序

顶层程序采用元件例化的方法调用各个模块,完成键值的采集。

```
library ieee;
use ieee.std_logic_1164.all;
use ieee.std_logic_arith.all;
use ieee.std_logic_unsigned.all;

entity key is
    port(
```

```
        clk : in std_logic;                                    -- 系统时钟脉冲
         key_out: buffer std_logic_vector(3 downto 0);         -- 扫描序列
         key_in : in std_logic_vector(3 downto 0);             -- 键盘输入
         k_value_end: out std_logic_vector(3 downto 0) );
end ;

architecture key44 of key is
    component clk_gen is                                       -- 时钟产生模块
          port(clk : in std_logic;                             -- 全局时钟
               clk_scan : out std_logic;                       -- 扫描键盘时钟
               clk_xd : out std_logic                          -- 键盘消抖动时钟
          );
    end component clk_gen;
    component key_scan is                                      -- 扫描序列产生模块
          port(clk_scan: in std_logic;                         -- 扫描时钟脉冲
               keyrow : out std_logic_vector(3 downto 0)       -- 扫描序列
          );
    end component ;
    component key44_xiaod is                                   -- 消抖模块
          port(xd_clk : in std_logic;                          -- 消抖时钟脉冲
               key_in : in std_logic_vector(3 downto 0);       -- 键盘输入
               key_out: out std_logic_vector(3 downto 0)       -- 消抖后的输入
          );
    end component ;

    component key_get is                                       -- 键值获取模块
          port(
             clk : in std_logic;                               -- 扫描时钟脉冲
                    key : out std_logic_vector(3 downto 0);    -- 扫描序列
                    keycol,keyrow : in std_logic_vector(3 downto 0) );
    end component;
signal clk_sc      : std_logic;
signal clk_x       : std_logic;
signal clk_count   : std_logic;
signal key_value   : std_logic_vector(3 downto 0);
begin
    clkgen : clk_gen port map(clk => clk,clk_scan => clk_sc,clk_xd => clk_x);
    keyscan: key_scan port map(clk_scan => clk_sc,keyrow => key_out);
    xiaodou:key44_xiaod port map(xd_clk => clk_x, key_in => key_in, key_out => key_value);
    keyget:key_get port map(clk => clk,key => k_value_end,keyrow => key_out, keycol => key_
value);
end ;
```

6.1.3 仿真验证

仿真波形如图 6-10 所示。其中 clk 为系统时钟，clk_scan 为键盘扫描的时钟信号，clk_xd 为消抖时钟信号，由图可以看出，当输出的扫描信号为 1011、键盘输入的信号为 0111 时，采集到的键值为 1011，即 B 号按键；当输出的扫描信号为 0111、键盘输入的信号为 0111 时，采集到的键值为 1111，即 F 号按键；当输出的扫描信号为 1110、键盘输入的信号为 0111 时，采集到的键值为 0011，即 3 号按键；当输出的扫描信号为 1101、键盘输入的信号为 0111 时，采集到的键值为 0111，即 7 号按键。仿真正确。

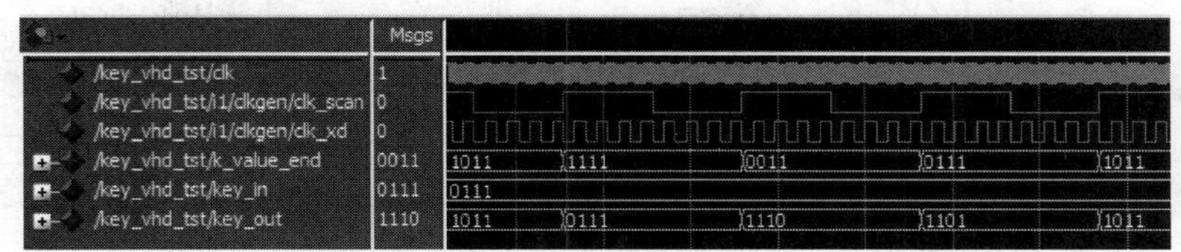

图 6-10　4×4 键盘仿真波形图

6.2 液晶驱动电路的 VHDL 设计

6.2.1 设计原理

1. 液晶显示器工作原理

液晶显示器(LCD,又称液晶屏)具有工作电压低、功耗小、寿命长、易集成、方便携带并且显示信息量大、无辐射、无闪烁等优点,因此在显示领域应用广泛。市面上销售的液晶显示模块 LCM 是在液晶屏 LCD 的基础上,增加了 LCD 控制器,用来控制数据在 LCD 上的显示,为 LCD 提供时序和控制信号。由于内置了 LCD 控制器,因此 LCM 对用户而言,就相当于一片普通的 I/O 接口芯片,用户只需了解 LCD 控制器的各种数据/指令格式、显示存储器的区间划分和接口引脚的功能定义即可。

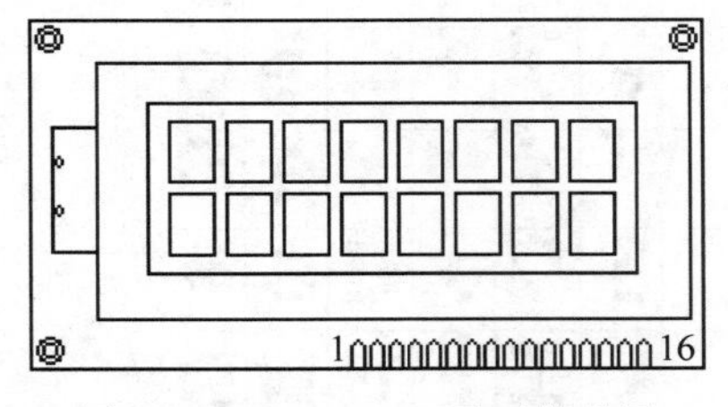

图 6-11　LCM1602 平面外观图

液晶显示器按其功能可分为笔段式和点阵式两种。后者又可以分成字符点阵式和图形点阵式,图形点阵式液晶显示器不仅可显示数字、字符等内容,还能显示汉字和图形。这里以一款较为简单的字符点阵式 LCM1602 为例(如图 6-11 所示),介绍其驱动电路的 VHDL 设计。

1602 采用标准的 16 脚接口,各引脚情况如表 6-1 所示。显示屏能同时显示 16×2 个字符,字符的类型有 160 个,包括常用的英文、日文字符、希腊字母及各种标点符号,还能自行编写 16 个自定义符号,同时带有显示背光。

表 6-1　LCM1602 外部引脚

引脚号	符号	电平	功　能	引脚号	符号	电平	功　能
1	VSS	—	GND(0V)	9	DB2	H/L	D2
2	VDD	H/L	DC+5V	10	DB3	H/L	D3
3	N. C	—	N. C	11	DB4	H/L	D4
4	RS	H/L	寄存器选择	12	DB5	H/L	D5
5	R/W	H/L	读/写	13	DB6	H/L	D6
6	EN	H,H→L	使能信号	14	DB7	H/L	D7
7	DB0	H/L	D0	15	A(+)	DC +5V	LED 背光+
8	DB1	H/L	D1	16	K(−)	0V	LED 背光−

从外部引脚可知,此 LCM 有 8 条数据线 DB7～DB0,3 条控制线 RS、R/W、EN,其中 EN 起到类似片选和时钟线的作用,R/W 为读写控制信号,RS 为寄存器选择信号。在读数据(或者 Busy 标志)期间,EN 线必须保持高电平;而在写指令(或者数据)过程中,EN 线上

必须送出一个正脉冲。R/W、RS的组合一共有4种操作模式，如表6-2所示。

表6-2　LCM1602的基本操作

RS	R/W	功能说明
L	L	向LCM写入指令到指令寄存器(IR)
L	H	读取Busy标志及地址计数器(AC)的状态
H	L	向LCM写入数据到数据寄存器(DR)
H	H	从LCM数据寄存器(DR)中读出数据

1602里的存储器有三种：CGROM、CGRAM、DDRAM。CGROM保存了厂家生产时固化在LCM中的160个不同的点阵字符图形，如表6-3所示，有阿拉伯数字、英文字母的大小写、常用的符号和日文假名等，每一个字符都有一个固定的代码，例如大写的英文字母"A"的代码是01000001B(41H)，显示时模块把地址41H中的点阵字符图形显示出来，就能看到字母"A"。

表6-3　CGROM和CGRAM中字符代码与字符图形对应关系

<table>
<tr><th rowspan="2">Lower 4 Bits</th><th colspan="16">Upper 4 Bits</th></tr>
<tr><th>0000</th><th>0001</th><th>0010</th><th>0011</th><th>0100</th><th>0101</th><th>0110</th><th>0111</th><th>1000</th><th>1001</th><th>1010</th><th>1011</th><th>1100</th><th>1101</th><th>1110</th><th>1111</th></tr>
<tr><td>0000</td><td>CG RAM (1)</td><td></td><td></td><td>0</td><td>@</td><td>P</td><td>`</td><td>p</td><td></td><td></td><td></td><td>ー</td><td>タ</td><td>ミ</td><td>α</td><td>p</td></tr>
<tr><td>0001</td><td>(2)</td><td></td><td>!</td><td>1</td><td>A</td><td>Q</td><td>a</td><td>q</td><td></td><td></td><td>。</td><td>ア</td><td>チ</td><td>ム</td><td>ä</td><td>q</td></tr>
<tr><td>0010</td><td>(3)</td><td></td><td>"</td><td>2</td><td>B</td><td>R</td><td>b</td><td>r</td><td></td><td></td><td>「</td><td>イ</td><td>ツ</td><td>メ</td><td>β</td><td>θ</td></tr>
<tr><td>0011</td><td>(4)</td><td></td><td>#</td><td>3</td><td>C</td><td>S</td><td>c</td><td>s</td><td></td><td></td><td>」</td><td>ウ</td><td>テ</td><td>モ</td><td>ε</td><td>∞</td></tr>
<tr><td>0100</td><td>(5)</td><td></td><td>$</td><td>4</td><td>D</td><td>T</td><td>d</td><td>t</td><td></td><td></td><td>、</td><td>エ</td><td>ト</td><td>ヤ</td><td>μ</td><td>Ω</td></tr>
<tr><td>0101</td><td>(6)</td><td></td><td>%</td><td>5</td><td>E</td><td>U</td><td>e</td><td>u</td><td></td><td></td><td>・</td><td>オ</td><td>ナ</td><td>ユ</td><td>σ</td><td>ü</td></tr>
<tr><td>0110</td><td>(7)</td><td></td><td>&</td><td>6</td><td>F</td><td>V</td><td>f</td><td>v</td><td></td><td></td><td>ヲ</td><td>カ</td><td>ニ</td><td>ヨ</td><td>ρ</td><td>Σ</td></tr>
<tr><td>0111</td><td>(8)</td><td></td><td>'</td><td>7</td><td>G</td><td>W</td><td>g</td><td>w</td><td></td><td></td><td>ァ</td><td>キ</td><td>ヌ</td><td>ラ</td><td>g</td><td>π</td></tr>
<tr><td>1000</td><td>(1)</td><td></td><td>(</td><td>8</td><td>H</td><td>X</td><td>h</td><td>x</td><td></td><td></td><td>ィ</td><td>ク</td><td>ネ</td><td>リ</td><td>√</td><td>x̄</td></tr>
<tr><td>1001</td><td>(2)</td><td></td><td>)</td><td>9</td><td>I</td><td>Y</td><td>i</td><td>y</td><td></td><td></td><td>ゥ</td><td>ケ</td><td>ノ</td><td>ル</td><td>⁻¹</td><td>y</td></tr>
<tr><td>1010</td><td>(3)</td><td></td><td>*</td><td>:</td><td>J</td><td>Z</td><td>j</td><td>z</td><td></td><td></td><td>ェ</td><td>コ</td><td>ハ</td><td>レ</td><td>j</td><td>千</td></tr>
<tr><td>1011</td><td>(4)</td><td></td><td>+</td><td>;</td><td>K</td><td>[</td><td>k</td><td>{</td><td></td><td></td><td>ォ</td><td>サ</td><td>ヒ</td><td>ロ</td><td>ˣ</td><td>万</td></tr>
<tr><td>1100</td><td>(5)</td><td></td><td>,</td><td><</td><td>L</td><td>¥</td><td>l</td><td>|</td><td></td><td></td><td>ャ</td><td>シ</td><td>フ</td><td>ワ</td><td>¢</td><td>円</td></tr>
<tr><td>1101</td><td>(6)</td><td></td><td>-</td><td>=</td><td>M</td><td>]</td><td>m</td><td>}</td><td></td><td></td><td>ュ</td><td>ス</td><td>ヘ</td><td>ン</td><td>£</td><td>÷</td></tr>
<tr><td>1110</td><td>(7)</td><td></td><td>.</td><td>></td><td>N</td><td>^</td><td>n</td><td>→</td><td></td><td></td><td>ョ</td><td>セ</td><td>ホ</td><td>゛</td><td>ñ</td><td></td></tr>
<tr><td>1111</td><td>(8)</td><td></td><td>/</td><td>?</td><td>O</td><td>_</td><td>o</td><td>←</td><td></td><td></td><td>ッ</td><td>ソ</td><td>マ</td><td>゜</td><td>ö</td><td>█</td></tr>
</table>

CGRAM是留给用户自己定义点阵型显示数据的，DDRAM则是和显示屏的内容对应的。1602内部的DDRAM有80字节，而显示屏上只有2行×16列，共32个字符，所以两者不完全一一对应。默认情况下，显示屏上第一行的内容对应DDRAM中80H到8FH的内容，第二行的内容对应DDRAM中C0H到CFH的内容，液晶屏的显示地址如表6-4所示。DDRAM中90H到A7H、D0H到E7H的内容是不显示在显示屏上的，但是在滚动屏幕的情况下，这些内容就可能被滚动显示出来了(注：这里列举的DDRAM的地址准确来说应该是DDRAM地址+80H之后的值，因为在向数据总线写数据的时候，命令字的最高位总是为1。)

表6-4 液晶屏的显示地址

	1	2	3	…	15	16
Line1	80H	81H	82H	…	8EH	8FH
Line2	C0H	C1H	C2H	…	CEH	CFH

注意采用文本显示方式时，写入文本显示缓冲区的不是点阵状态信息，而是字符编码(代码)，其点阵状态信息，即字模存放在CGROM或CGRAM中。通过将字符编码写入字符显示RAM(DDRAM)后，1602会自动取出该字符编码所对应字符的点阵状态信息，通过行列驱动器驱动液晶屏显示该字符。

1602中内嵌通用显示驱动芯片44780，总共有11条指令，它们的格式如表6-5所示。有两个8位的寄存器：数据寄存器(DR)和指令寄存器(IR)。通过数据寄存器可以存取DDRAM、CGRAM的值，以及设置目标RAM的地址；通过指令命令选择数据寄存器的存取对象，每次的数据寄存器存取动作都将自动地以上次选择的目标RAM地址进行写入或读取。

表6-5 1602指令格式表

指　令	RS	R/W	D7	D6	D5	D4	D3	D2	D1	D0
清屏	0	0	0	0	0	0	0	0	0	1
光标复位	0	0	0	0	0	0	0	0	1	0
输入方式设置	0	0	0	0	0	0	0	1	I/D	S
显示开关控制	0	0	0	0	0	0	1	D	C	B
光标移位	0	0	0	0	0	1	S/C	R/L		
功能设置	0	0	0	0	1	DL	N	F	*	*
设置CGRAM地址	0	0	CGRAM的地址							
设置DDRAM地址	0	0	DDRAM的地址							
读忙标志及地址计数器AC	0	1	BF	AC的值						
写DDRAM或CGRAM	1	0	写入的数据							
读DDRAM或CGRAM	1	1	读出的数据							

各指令的功能如下：

(1) 清屏：清除屏幕，将显示缓冲区DDRAM的内容全部写入空格(ASCII码20H)；光标复位，回到显示器的左上角；地址计数器AC清零。

(2) 光标复位：光标复位，回到显示器的左上角；地址计数器AC清零；显示缓冲区

DDRAM 的内容不变。

(3) 输入方式设置：设定当写入一字节后，光标的移动方向以及后面的内容是否是移动的。当 I/D=1 时，光标从左向右移动，I/D=0 时，光标从右向左移动；当 S=1 时，内容移动，S=0 时，内容不移动。

(4) 显示开关控制：控制显示的开关，当 D=1 时显示，D=0 时不显示；控制光标的开关，当 C=1 时光标显示，C=0 时光标不显示；控制字符是否闪烁，当 B=1 时字符闪烁，B=0 时字符不闪烁。

(5) 光标移位：移动光标或整个显示字幕。当 S/C=1 时整个显示字幕移位，当 S/C=0 时只光标移位，且当 R/L=1 时光标右移，R/L=0 时光标左移。

(6) 功能设置：设置数据位数，当 DL=1 时数据为 8 位，DL=0 时数据为 4 位；设置显示行数，当 N=1 时双行显示，N=0 时单行显示；设置字形大小，当 F=1 时，为 5×10 点阵，F=0 时，为 5×7 点阵。

(7) 设置字库 CGRAM 地址：设置用户自定义 CGRAM 的地址，对用户自定义 CGRAM 的访问时，要先设定 CGRAM 的地址，地址范围为 0～63。

(8) 设置显示缓冲区 DDRAM 地址：设置当前显示缓冲区 DDRAM 的地址，对 DDRAM 访问时，要先设定 DDRAM 的地址，地址范围为 0～127。

(9) 读忙标志及地址计数器 AC：当 BF=1 时表示忙，这时不能接收命令和数据；BF=0 时表示不忙；低 7 位为读出的 AC 的地址，值为 0～127。液晶显示模块是一个慢显示器件，所以在执行每条指令之前一定要确认其是否处于空闲状态，即读取 LCM 的忙信号位 BF，当 BF 为 0 时，才能接收新的指令，否则指令失效。如果在送出一条指令前不检查 BF 状态，则需要延时一段时间，确保上一条指令执行完毕，具体参照所用 LCM 的数据手册。

(10) 写 DDRAM 或 CGRAM：向 DDRAM 或 CGRAM 当前位置写入数据，对 DDRAM 或 CGRAM 写入数据之前必须设定 DDRAM 或 CGRAM 的地址。

(11) 读 DDRAM 或 CGRAM：从 DDRAM 或 CGRAM 当前位置中读出数据，当需要从 DDRAM 或 CGRAM 读出数据时，先须设定 DDRAM 或 CGRAM 的地址。

对 1602 的操作必须符合其工作时序要求，其中写数据或指令的工作时序如图 6-12 所示，读状态的工作时序如图 6-13 所示。

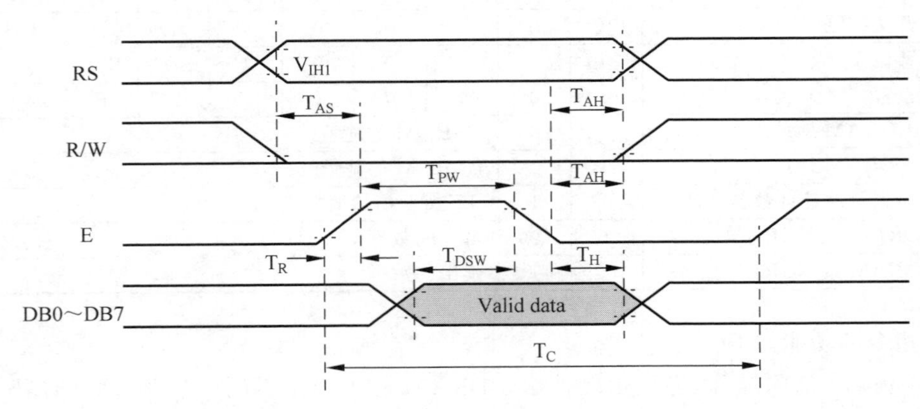

图 6-12 1602 写数据/指令工作时序

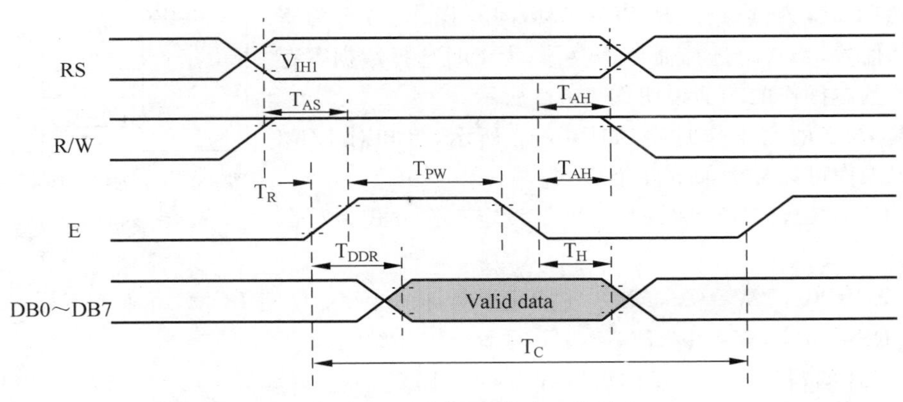

图 6-13 1602 读数据/指令工作时序

2. 液晶模块的初始化

液晶模块在使用前必须对其进行初始化，即通过 FPGA 向其输入一组初始化命令，否则模块无法正常显示。1602 初始化的过程如下：

(1) 清屏；

(2) 功能设置；

(3) 开/关显示设置；

(4) 输入方式设置。

在进行程序设计时，我们可以将初始化代码放入数组中，采用状态机，在状态指示下，将初始化代码依次输出给 LCM。

例如，按照初始化顺序，以及表 6-5，设计如下代码：

```
type initial_c is array(0 to 3)of std_logic_vector(7
downto 0);      --初始化指令代码
constant initial_data:initial_c := (x"01", x"38",x"0f",
x"06");
```

其中，"01H"表示清屏；"38H"将功能设置为 8 位数据位，双行、5×7 字形显示；"0fH"命令开启显示屏，光标显示，光标闪烁；"06H"命令设置文字不动，显示地址递增，光标自动右移。

设计时，只需要将 initial_data 中的数据依次送入 LCM1602 即可。注意在每一条指令送出之前，一定要检查 BF 状态，确保上一条指令执行完毕。也可以采用延时的办法，参照液晶的使用说明，可知清屏需要 1.64μs，其他指令执行需要 40μs。液晶初始化流程如图 6-14 所示。

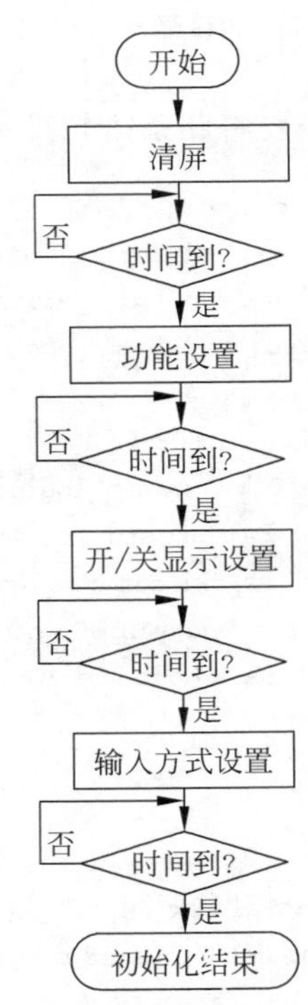

图 6-14 液晶模块的初始化流程

6.2.2 设计实现

FPGA 与液晶模块的接口电路如图 6-15 所示。

其中，D0～D7 为数据总线接口，R/W 为读写控制信号，R/W=1 时，为读操作，R/W=0 时，为写操作。RS 为寄存器选择信号，为 0 时选择命令寄存器，为 1 时选择数据寄存器。四种基本操作的功能说明如表 6-2 所示。

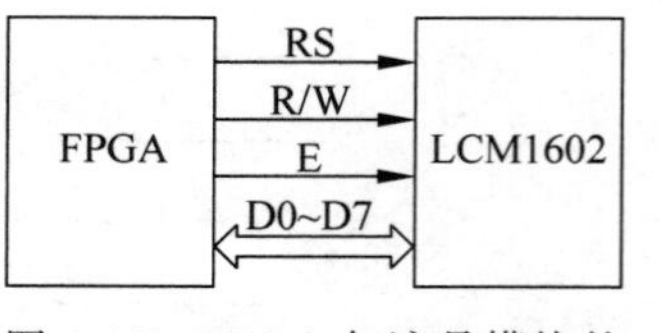

图 6-15 FPGA 与液晶模块的接口电路

根据 1602 的写工作时序，如图 6-12 所示，可知对 LCM 的写命令操作可以分为如下几个步骤。

（1）RS='0'，RW='0'，EN='0'；设定工作方式为写命令寄存器。

（2）RS='0'，RW='0'，EN='1'，DB=具体命令字；使能 LCM，将命令字写入 LCM。

（3）RS='0'，RW='0'，EN='0'；写命令工作结束。

对 LCM 的写显示数据操作可以分为如下步骤。

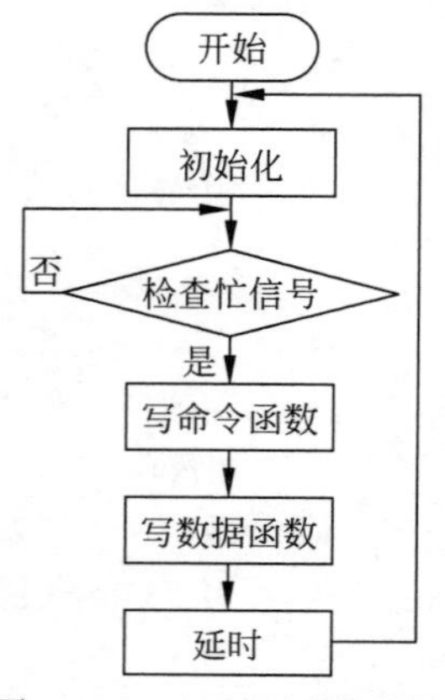

图 6-16 LCD 显示流程图

（1）RS='1'，RW='0'，EN='0'；设定工作方式为写数据寄存器。

（2）RS='1'，RW='0'，EN='1'，DB=具体显示数据；使能 LCM，将显示内容写入 LCM。

（3）RS='1'，RW='0'，EN='0'；写显示数据结束。

程序设计时，可以采用状态机控制各个步骤的进行。

一个完整的 LCD 显示流程如图 6-16 所示，例如，要在液晶屏上显示"How are you?"，通过对照表 6-3 CGROM 和 CGRAM 中字符代码与字符图形对应关系，可以获知此条语句各个字符的编码依次为：

48H、6FH、77H、A0H、61H、72H、65H、A0H、79H、6FH、75H、3FH

假设要将此条语句显示在液晶模块的第一行，程序如下：

```
library ieee;
use ieee.std_logic_1164.all;
use ieee.std_logic_arith.all;
use ieee.std_logic_unsigned.all;

entity lcd1602 is
Port (clk : in std_logic;                                   -- 假设时钟频率为 1MHz
      En: out std_logic;                                    -- 使能信号
      rs,rw: out std_logic;                                 -- 寄存器选择和读写控制信号
    pin_vdd,pin_v0: out std_logic;                          -- 电源和背光控制
      data: out std_logic_vector(7 downto 0));              -- 字符编码

end ;

architecture Beh of lcd1602 is
-- signal clk_1M,clk_1s:std_logic;
signal cnt: integer range 0 to 100;
type lcdstate is (s0,s1,s2,s3,s4,s5);
signal state : lcdstate;
```

```
type timing_state is (a,b,c);
signal time_sta : timing_state;

type initial_c is array(0 to 5)of std_logic_vector(7 downto 0);-- 初始化指令代码
constant Initial_data:initial_c := (x"01",x"38",x"0f",x"06",x"02",x"14");
                                        -- 1.64us,1.64us,40us, 40us,40us,40us,40us
-- 清屏; 设置显示方式; 归位; 设置输入模式; 开显示; 设置移动方式

type code is array(0 to 11)of std_logic_vector(7 downto 0);
constant screen_code:code := (x"48",x"6f",x"77",x"a0",x"61",x"72",x"65",x"a0",x"79", x"
6f",x"75",x"3f");
-- How are you?

begin
pin_vdd <= '1';
pin_v0 <= '1';

process(clk)
begin
   if clk'event and clk = '1' then
      case state is
         when s0  =>                                    -- 清屏
            case time_sta is
               when a  => rs <= '0';rw <= '0';en <= '0';time_sta <=  b;
               when b  => rs <= '0';rw <= '0';en <= '1';time_sta <=  c;data <= initial_
data(0);when c  => rs <= '0';rw <= '0';en <= '0';
                        if cnt = 2 then cnt <= 0;state <= s1;time_sta <=  a;
                        else cnt <= cnt + 1;
                        end if;
         -- when others =>
            end case;
         when s1  =>                                    -- 功能设置
            case time_sta is
               when a  => rs <= '0';rw <= '0';en <= '0';time_sta <=  b;
               when b  => rs <= '0';rw <= '0';en <= '1';time_sta <=  c;data <= initial_
data(1);when c  => rs <= '0';rw <= '0';en <= '0';
                        if cnt = 50 then cnt <= 0;state <= s2;time_sta <=  a;
                        else cnt <= cnt + 1;
                        end if;
         -- when others =>
            end case;
         when s2  =>                                    -- 开/关显示设置
            case time_sta is
               when a  => rs <= '0';rw <= '0';en <= '0';time_sta <=  b;
               when b  => rs <= '0';rw <= '0';en <= '1';time_sta <=  c;data <= initial_
data(2);
               when c  => rs <= '0';rw <= '0';en <= '0';
```

```
                            if cnt = 50 then cnt <= 0;state <= s3;time_sta <=  a;
                            else cnt <= cnt + 1;
                            end if;
            -- when others =>
                end case;
            when s3  =>                                          -- 输入方式设置
                case time_sta is
                    when a  => rs <= '0';rw <= '0';en <= '0';time_sta <= b;
                    when b  => rs <= '0';rw <= '0';en <= '1';time_sta <=  c;data <= initial_
data(3);
                    when c  => rs <= '0';rw <= '0';en <= '0';
                            if cnt = 50 then cnt <= 0;state <= s4;time_sta <=  a;
                            else cnt <= cnt + 1;
                            end if;
            -- when others =>
                end case;
            when s4  =>                                          -- 写入显示起始地址
                case time_sta is
                    when a  => rs <= '0';rw <= '0';en <= '0';time_sta <=  b;
                    when b  => rs <= '0';rw <= '0';en <= '1';time_sta <=  c;data <= x"80";when
c  => rs <= '0';rw <= '0';en <= '0';
                            if cnt = 50 then cnt <= 0;state <= s5;time_sta <=  a;
                            else cnt <= cnt + 1;
                            end if;
            -- when others =>
                end case;
            when s5  =>                                          -- 写入显示数据
                for i in 0 to 11 loop
                case time_sta is
                    when a  => rs <= '1';rw <= '0';en <= '0';time_sta <=  b;
                    when b => rs <= '1'; rw <= '0';en <= '1'; time_sta <= c; data <= screen_
code(i);
                    when c  => rs <= '1';rw <= '0';en <= '0';
                            if cnt = 50 then cnt <= 0;state <= s4;time_sta <=  a;
                            else cnt <= cnt + 1;
                            end if;
            -- when others =>
                end case;
                end loop;
            end case;
        end if;
    end process;
end;
```

6.2.3 仿真验证

仿真波形如图 6-17 所示。其中 clk 为系统时钟，data 为液晶初始化和显示字符的字符编码，En 为使能信号，pin_v0 为液晶模块的背光控制信号，若为 1 则打开背光，为 0 则关闭背光；pin_vdd 为液晶模块的电源控制，在不需要显示时，可以关闭液晶电源，以达到节能的目的。rw＝0，rs＝0 时表示向 lcd 写命令数据；rw＝0，rs＝1 时表示向 lcd 写显示数据。

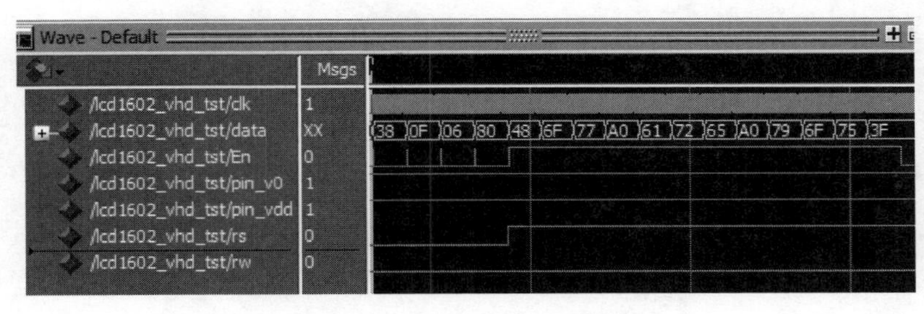

图 6-17　液晶显示仿真波形图

第7章 数字信号处理

CHAPTER 7

本章将以数字逻辑为基础，对若干数字信号处理模块进行VHDL语言设计，希望读者通过这一章的内容能够学会利用VHDL语言实现基本数字信号处理功能。

7.1 差错控制电路的VHDL设计（CRC校验电路）

数字通信系统中，需要同时考虑提高传输有效性和可靠性。信道编码是提高可靠性的必要手段，又称为差错控制编码。循环校验码CRC（Cyclical Redundancy Check）在数据通信和计算机通信中有着广泛的应用，它具有编码和解码方法简单、检错和纠错能力强等特点，可以显著地提高系统的检错能力。

7.1.1 设计原理

CRC校验优先编码器是数字电路中的常用逻辑电路，基本思想是利用线性编码原理，在发送端根据传输的k位信息码，以一定的规则产生一个r位校验用编码（CRC码），附在信息码之后构成新的$(k+r)$位二进制序列。接收方以同样规则对接收数据进行检验，确定传输中是否出错。

在代数编码理论中，二进制码序列用来表示一个多项式，例如1100101表示$1\cdot x^6+1\cdot x^5+0\cdot x^4+0\cdot x^3+1\cdot x^2+0\cdot x+1=x^6+x^5+x^2+1$。因此，要产生信息码的CRC校验码，首先应将待编码的k位数据表示成多项式$M(x)$：

$$M(x)=C_{k-1}x^{k-1}+C_{k-2}x^{k-2}+\cdots+C_ix^i+\cdots+C_1x+C_0$$

其中，$C_i=0$或$1, 0\leqslant i\leqslant k-1$。

r位CRC校验码$R(x)$产生过程如下：

将$M(x)$左移r位，然后除以生成多项式$G(x)$，所得余数就是CRC校验码。这里，$G(x)$是一个$r+1$位的多项式。用公式表示为

$$\frac{M(x)x^r}{G(x)}=Q(x)+\frac{R(x)}{G(x)}$$

其中，$Q(x)$是商，在CRC编码计算过程中不需要保留，多项式除法运算的余数就是$M(x)$的r位CRC校验码$R(x)$。计算过程中，系数运算采用模2运算，没有进位和借位，在逻辑上就是系数值的异或运算。

根据CRC校验码$R(x)$产生过程可知，生成多项式$G(x)$是一个$r+1$位的不可约多项

式，不同的 $G(x)$产生的 CRC 校验码也会有所不同，表 7-1 给出了 CRC 校验的常用生成多项式。

表 7-1 常用 CRC 校验的基本参数

名　称	生成多项式	二进制编码
CRC-4	x^4+x+1	0011
CRC-12	$x^{12}+x^{11}+x^3+x+1$	100000001011
CRC-16	$x^{16}+x^{15}+x^2+1$	1000000000000101
CRC-CCITT	$x^{16}+x^{12}+x^2+1$	0001000000000101
CRC-32	$x^{32}+x^{26}+x^{23}+x^{22}+x^{16}+x^{12}+x^{11}+x^{10}+x^8+x^7+x^5+x^4+x^2+x+1$	0000010011000001_0001110110110111

7.1.2 校验电路的 VHDL 实现

CRC 校验电路就是根据输入信息产生 CRC 码的电路。实际电路不可能将所有消息编码全部输入后再进行计算，通常会选定输入数据宽度 $k\leqslant r$，每输入 k 比特消息，CRC 校验电路会更新校验结果输出值。其计算公式为

$$\frac{(R(x)\oplus M(k,r))x^k}{G(x)}=Q'(x)+\frac{R(x)^*}{G(x)}$$

其中，$R(x)^*$ 表示更新后的 CRC 校验，$M(k,r)$表示将 k 比特有效消息输入以低位补 0 的方式扩展为 r 位后的数据。也就是说，将输入的 k 比特消息与现有 CRC 校验结果进行左对齐异或运算，然后将异或结果进行逻辑左移 k 位，然后进行有限域除法运算求模，即可得到更新后 CRC 校验 $R(x)^*$。

选定表 7-1 中的 32bit 校验 CRC-32，若当前 CRC 校验结果 $R(x)$为

$$R(x)=C_{31}x^{31}+C_{30}x^{30}+\cdots+C_ix^i+\cdots+C_1x+C_0$$

那么，输入 1bit 消息 c 后更新的 CRC 校验结果 $R(x)^*$ 为

$$\begin{aligned}R(x)^*&=[(C_{31}\oplus c)x^{32}+C_{30}x^{31}+\cdots+C_ix^{i+1}+\cdots+C_1x^2+C_0x]\bmod G(x)\\&=(C_{30}x^{31}+\cdots+C_ix^{i+1}+\cdots+C_1x^2+C_0x+0)\oplus[G(x)\wedge(C_{31}\oplus c)]\end{aligned}$$

其中，

$$G(x)\wedge(C_{31}\oplus c)=\begin{cases}G(x), & (C_{31}=c)\\0, & (C_{31}\neq c)\end{cases}$$

根据上述公式，可以推导出输入 k 比特消息后的 CRC 校验 $R(x)^*$ 计算公式。

一次输入 8bit 有效数据的 CRC-32 的设计程序如例 7.1 所示，根据上述 CRC 校验结果更新公式，可以利用一个时钟周期，对固定生成多项式的 CRC 校验完成结果更新。

【例 7.1】 CRC 校验电路的 VHDL 示例。

```
library ieee;
use ieee.std_logic_1164.all;
use ieee.std_logic_unsigned.all;
use ieee.numeric_std.all;

entity crc32 is
```

```
port(clk:in std_logic;
     rst:in std_logic;
     enable:in std_logic;
     d:in std_logic_vector(7 downto 0);
     crc:out std_logic_vector(31 downto 0));
end crc32;

architecture crc32_8 of crc32 is
signal r: std_logic_vector(31 downto 0);
-- signal s: std_logic_vector(31 downto 0);
begin
crc <= r;
  process(clk)
  -- variable r: std_logic_vector(0 to 31);
  begin
    if rising_edge(clk) then
      if rst = '1' then
        r <= x"00000000";
      else
        if enable = '1' then
          r(0) <= d(6) xor d(0) xor r(24) xor r(30);
          r(1) <= d(7) xor d(6) xor d(1) xor d(0) xor r(24) xor r(25) xor r(30) xor r(31);
          r(2) <= d(7) xor d(6) xor d(2) xor d(1) xor d(0) xor r(24) xor r(25) xor r(26) xor
                  r(30) xor r(31);
          r(3) <= d(7) xor d(3) xor d(2) xor d(1) xor r(25) xor r(26) xor r(27) xor r(31);
          r(4) <= d(6) xor d(4) xor d(3) xor d(2) xor d(0) xor r(24) xor r(26) xor r(27) xor
                  r(28) xor r(30);
          r(5) <= d(7) xor d(6) xor d(5) xor d(4) xor d(3) xor d(1) xor d(0) xor r(24) xor
                  r(25) xor r(27) xor r(28) xor r(29) xor r(30) xor r(31);
          r(6) <= d(7) xor d(6) xor d(5) xor d(4) xor d(2) xor d(1) xor r(25) xor r(26) xor
                  r(28) xor r(29) xor r(30) xor r(31);
          r(7) <= d(7) xor d(5) xor d(3) xor d(2) xor d(0) xor r(24) xor r(26) xor r(27) xor
                  r(29) xor r(31);
          r(8) <= d(4) xor d(3) xor d(1) xor d(0) xor r(0) xor r(24) xor r(25) xor r(27) xor
                  r(28);
          r(9) <= d(5) xor d(4) xor d(2) xor d(1) xor r(1) xor r(25) xor r(26) xor r(28) xor
                  r(29);
          r(10) <= d(5) xor d(3) xor d(2) xor d(0) xor r(2) xor r(24) xor r(26) xor r(27) xor
                  r(29);
          r(11) <= d(4) xor d(3) xor d(1) xor d(0) xor r(3) xor r(24) xor r(25) xor r(27) xor
                  r(28);
          r(12) <= d(6) xor d(5) xor d(4) xor d(2) xor d(1) xor d(0) xor r(4) xor r(24) xor
                  r(25) xor r(26) xor r(28) xor r(29) xor r(30);
          r(13) <= d(7) xor d(6) xor d(5) xor d(3) xor d(2) xor d(1) xor r(5) xor r(25) xor
                  r(26) xor r(27) xor r(29) xor r(30) xor r(31);
          r(14) <= d(7) xor d(6) xor d(4) xor d(3) xor d(2) xor r(6) xor r(26) xor r(27) xor
                  r(28) xor r(30) xor r(31);
          r(15) <= d(7) xor d(5) xor d(4) xor d(3) xor r(7) xor r(27) xor r(28) xor r(29) xor
                  r(31);
          r(16) <= d(5) xor d(4) xor d(0) xor r(8) xor r(24) xor r(28) xor r(29);
          r(17) <= d(6) xor d(5) xor d(1) xor r(9) xor r(25) xor r(29) xor r(30);
```

```
            r(18) <= d(7) xor d(6) xor d(2) xor r(10) xor r(26) xor r(30) xor r(31);
            r(19) <= d(7) xor d(3) xor r(11) xor r(27) xor r(31);
            r(20) <= d(4) xor r(12) xor r(28);
            r(21) <= d(5) xor r(13) xor r(29);
            r(22) <= d(0) xor r(14) xor r(24);
            r(23) <= d(6) xor d(1) xor d(0) xor r(15) xor r(24) xor r(25) xor r(30);
            r(24) <= d(7) xor d(2) xor d(1) xor r(16) xor r(25) xor r(26) xor r(31);
            r(25) <= d(3) xor d(2) xor r(17) xor r(26) xor r(27);
            r(26) <= d(6) xor d(4) xor d(3) xor d(0) xor r(18) xor r(24) xor r(27) xor r(28) xor
                    r(30);
            r(27) <= d(7) xor d(5) xor d(4) xor d(1) xor r(19) xor r(25) xor r(28) xor r(29) xor
                    r(31);
            r(28) <= d(6) xor d(5) xor d(2) xor r(20) xor r(26) xor r(29) xor r(30);
            r(29) <= d(7) xor d(6) xor d(3) xor r(21) xor r(27) xor r(30) xor r(31);
            r(30) <= d(7) xor d(4) xor r(22) xor r(28) xor r(31);
            r(31) <= d(5) xor r(23) xor r(29);
          end if;
        end if;
      end if;
   end process;
end crc32_8;
```

7.1.3 仿真验证

基于上述 VHDL 实现代码，可以在 Quartus Prime 软件中建立工程并进行编译综合，综合完成后可以对 CRC 校验电路的 VHDL 实现进行仿真。仿真测试文件如例 7.2 所示。

【例 7.2】 CRC 校验电路的测试用例。

```
LIBRARY ieee;
USE ieee.all;
USE ieee.std_logic_1164.all;
USE ieee.std_logic_unsigned.all;

ENTITY CRCTest_vhd_tst IS
END CRCTest_vhd_tst;
ARCHITECTURE CRCTest_arch OF CRCTest_vhd_tst IS
    SIGNAL clk : STD_LOGIC  := '0';
    SIGNAL crc : STD_LOGIC_VECTOR(31 DOWNTO 0);
    SIGNAL d : STD_LOGIC_VECTOR(7 DOWNTO 0)  := "00000001";
    SIGNAL enable : STD_LOGIC;
    SIGNAL rst : STD_LOGIC;

COMPONENT CRCTest
    PORT (
    clk : IN STD_LOGIC;
    crc : OUT STD_LOGIC_VECTOR(31 DOWNTO 0);
    d : IN STD_LOGIC_VECTOR(7 DOWNTO 0);
    enable : IN STD_LOGIC;
    rst : IN STD_LOGIC
    );
```

```
END COMPONENT;
BEGIN
    i1 : CRCTest
    PORT MAP (
    clk  => clk,
    crc  => crc,
    d  => d,
    enable  => enable,
    rst  => rst
    );
init : PROCESS                                 -- 控制信号的变化,执行一次
BEGIN
    rst <=  '1'; enable <=  '0';
    wait for 20 ns; rst <=  '0';
    wait for 20 ns; enable <=  '1';
    wait for 100 ns; enable <=  '0';
    wait for 20 ns; enable <=  '1';
WAIT;
END PROCESS init;
always : PROCESS (clk )
BEGIN
    if falling_edge(clk) then                  -- 不断输入新的数据,驱动校验电路工作
        d <=  d  +  "00000001";
    end if;
END PROCESS always;

CLOCK : PROCESS                                -- 时钟电路
begin
   wait for 10 ns; clk <=  not clk;            -- 时钟 clk 的周期是 20ns
end process CLOCK;
END CRCTest_arch;
```

例 7.2 中给出了 CRC 校验电路的测试用例,利用该用例可以对电路进行仿真,结果如图 7-1 所示。图中数据为十六进制显示,可以看出,校验电路在 rst 信号为 1 时复位,并且 enable 信号同时为 1 时进行计算,正常工作状态每个时钟上升沿都会输出新的结果。输入数据 0x08 时,由于 enable 信号为 0,因此输出结果没有发生变化。

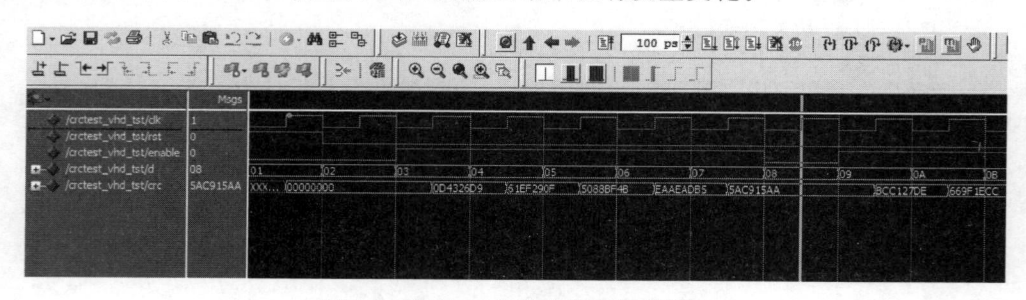

图 7-1　CRC-32 校验电路的仿真波形

由于电路设计的是同步复位,即在时钟上升沿才会根据 rst 信号进行复位,因此图中初始阶段输出结果有 1/2 个时钟周期的 X 输出。

7.2　滤波电路的 VHDL 设计

数字滤波是数字信号处理中常用的功能，本节主要介绍 FIR 数字滤波电路的基本原理和 VHDL 设计方法及代码。

7.2.1　设计原理

FIR 有限脉冲响应滤波器是数字滤波器的一种，它的特点是单位脉冲响应是一个有限长序列，系统函数一般可以记为如下形式：

$$H[z]=\sum_{n=0}^{N-1}h[n]z^{-n}$$

其中，N 是 $h(n)$ 的长度，也即是 FIR 滤波器的抽头数。

FIR 滤波器的一个突出优点是其相位特性。常用的线性相位 FIR 滤波器的单位脉冲响应均为实数，且满足偶对称或奇对称的条件，即

$$h(n)=h(N-1-n) \text{ 或 } h(n)=-h(N-1-n)$$

因此，描述一个 FIR 滤波器最简单的方法，就是用卷积和表示：

$$y[n]=\sum_{n=0}^{N}h[k]x[n-k]$$

N 阶 FIR 直接型结构如图 7-2 所示。

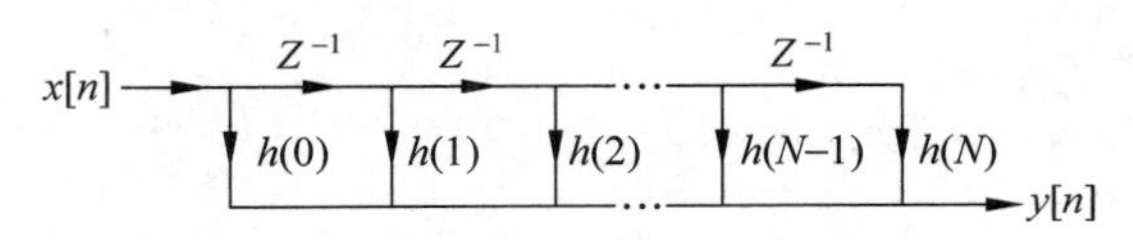

图 7-2　N 阶 FIR 直接型结构图

而线性 FIR 滤波器的实现结构可进一步简化为图 7-3 所示模型(以 $N=6$ 阶为例)。

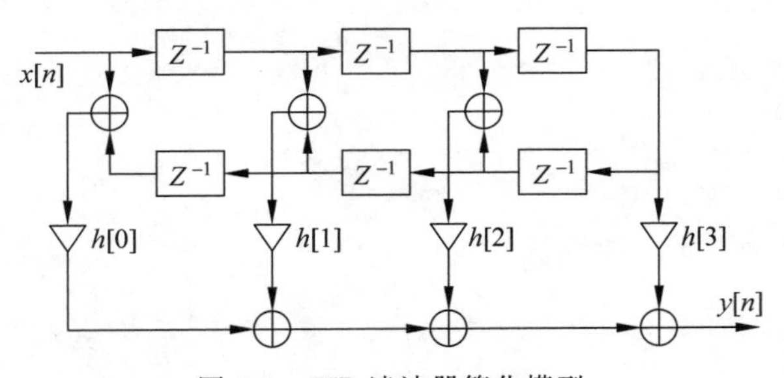

图 7-3　FIR 滤波器简化模型

根据图 7-2 所示直接型 FIR 滤波器结构，可以将 FIR 滤波器电路分为延时处理模块、乘法单元模块、累加计算模块等。

7.2.2　FIR 滤波电路的设计实现

8 级 FIR 滤波电路的 VHDL 实现见例 7.3。该实例的输入数据宽度是 4bit，输出结果是 11bit，8 级卷积的系数 h1～h8 利用内部常数进行定义，读者可以修改接口定义，将常系

数改为可变系数的 FIR 滤波器。

在该电路的实现中，乘法运算的结构相同，使用元件单独定义，然后在顶层模块中进行实例化并行完成卷积过程中的乘法运算。FIR 滤波电路的延时处理和乘积累加都在顶层模块中实现。

【例 7.3】 FIR 滤波电路实例(8 级滤波)。

滤波电路顶层设计如下：

```
library ieee;
use ieee.std_logic_1164.all;
use ieee.std_logic_unsigned.all;

entity FIR1 is
    port
    (   clk   : in std_logic;
        x     : in std_logic_vector(3 downto 0);
        y     : out std_logic_vector(10 downto 0));
end entity;

architecture FIR1_8 of FIR1 is
signal x1,x2,x3,x4,x5,x6,x7,x8 :std_logic_vector(3 downto 0);
signal y1,y2,y3,y4,y5,y6,y7,y8 :std_logic_vector(7 downto 0);
constant h1 : std_logic_vector(3 downto 0) := "0110";
constant h2 : std_logic_vector(3 downto 0) := "0010";
constant h3 : std_logic_vector(3 downto 0) := "0011";
constant h4 : std_logic_vector(3 downto 0) := "0100";
constant h5 : std_logic_vector(3 downto 0) := "0100";
constant h6 : std_logic_vector(3 downto 0) := "0011";
constant h7 : std_logic_vector(3 downto 0) := "0010";
constant h8 : std_logic_vector(3 downto 0) := "0110";

    component mult8 is
    port
    (
        clk  : in std_logic;
        a, b : in std_logic_vector(3 downto 0);
        c    : out std_logic_vector(7 downto 0)
    );
    end component;

begin


delay:process (clk)                     -- 延时处理模块,8 级缓存
    begin
        if rising_edge(clk) then
            x1 <= x;x2 <= x1;x3 <= x2;x4 <= x3;
            x5 <= x4;x6 <= x5;x7 <= x6;x8 <= x7;
        end if;
    end process;
```

```
sumout:        process (clk)              -- 累加模块,计算各级卷积 h(i) * x(i)的和
    variable yout : std_logic_vector(10 downto 0);
    variable o1, o2, o3, o4 : std_logic_vector(8 downto 0);
    begin
        if rising_edge(clk) then
            o1 := ("0"&y1) + ("0"&y2);
            o2 := ("0"&y3) + ("0"&y4);
            o3 := ("0"&y5) + ("0"&y6);
            o4 := ("0"&y7) + ("0"&y8);
            yout := ("00"&o1) + ("00"&o2) + ("00"&o3) + ("00"&o4);
        end if;
        y <= yout;
    end process;



    mul1 : mult8                          -- 以下是各级卷积乘法运算的例化
        port map (clk => clk, a => x1, b => h1, c => y1);
    mul2 : mult8 -- (clk, x1, h1, y1);
        port map (clk => clk, a => x2, b => h2,c => y2);
    mul3 : mult8 -- (clk, x1, h1, y1);
        port map (clk => clk,a => x3, b => h3, c => y3);
    mul4 : mult8 -- (clk, x1, h1, y1);
        port map (clk => clk, a => x4, b => h4, c => y4);
    mul5 : mult8 -- (clk, x1, h1, y1);
        port map (clk => clk, a => x5, b => h5,c => y5);
    mul6 : mult8 -- (clk, x1, h1, y1);
        port map (clk => clk, a => x6, b => h6,c => y6);
    mul7 : mult8 -- (clk, x1, h1, y1);
        port map (clk => clk, a => x7, b => h7, c => y7);
    mul8 : mult8 -- (clk, x1, h1, y1);
        port map (clk => clk, a => x8, b => h8, c => y8);
end FIR1_8;
```

乘法器模块：

```
library ieee;
use ieee.std_logic_1164.all;
use ieee.numeric_std.all;
use ieee.std_logic_unsigned.all;

entity mult8 is
    port
    (
        clk  : in std_logic;
        a, b : in std_logic_vector(3 downto 0);
        c    : out std_logic_vector(7 downto 0)
    );
end entity;

architecture rtl of mult8 is
```

```
signal outr : std_logic_vector(7 downto 0);
begin
    process (clk)
    begin
        if rising_edge(clk) then
            outr <= a * b;
        end if;
    end process;
    c <= outr;
end rtl;
```

7.2.3 仿真验证

上述 FIR 滤波电路经过编译综合后，得到如图 7-4 所示的 RTL 网表结构。与 FIR 基本原理一致，该电路实现对输入数据的 8 级缓存，并通过乘累加运算实现了输入数据与系数 $h(n)$的卷积输出。

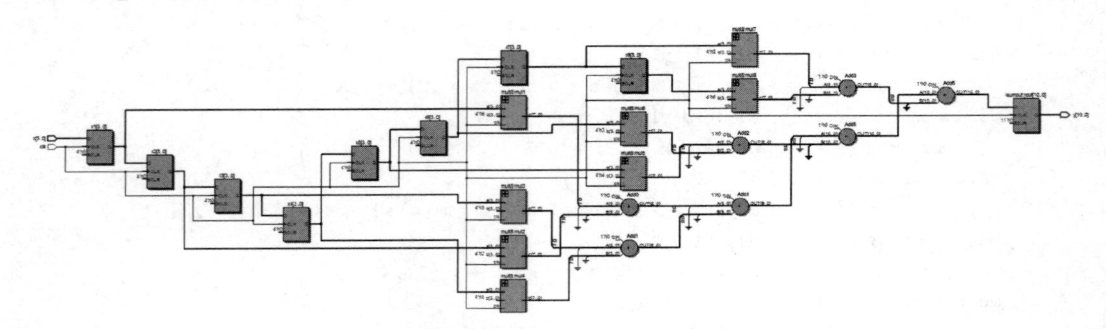

图 7-4 一种 FIR 滤波电路的 RTL 网表结构图

综合结果正确后，要对该电路功能进行仿真，仿真测试用例如例 7.4 所示。

【例 7.4】 FIR 滤波电路的测试用例。

```
LIBRARY ieee;
    USE ieee.std_logic_1164.all;
    use ieee.std_logic_unsigned.all;
ENTITY FIRTest_vhd_tst IS
END FIRTest_vhd_tst;
ARCHITECTURE FIRTest_arch OF FIRTest_vhd_tst IS
    -- constants
    -- signals
    SIGNAL clk : STD_LOGIC;
    SIGNAL x : STD_LOGIC_VECTOR(3 DOWNTO 0);
    SIGNAL y : STD_LOGIC_VECTOR(10 DOWNTO 0);
    type sindatat is array (127 downto 0) of std_logic_vector(3 downto 0);
    signal sdata : sindatat := (         --一周期的输入信号源数据采样值
    x"7",x"8",x"9",x"8",x"9",x"8",x"A",x"A",x"A",x"A",x"9",x"A",x"C",x"C",x"9",x"A",
    x"B",x"C",x"D",x"B",x"A",x"C",x"C",x"D",x"D",x"C",x"E",x"D",x"D",x"B",x"B",x"B",
    x"C",x"D",x"E",x"B",x"C",x"C",x"E",x"D",x"D",x"C",x"D",x"B",x"C",x"B",x"A",x"D",
    x"B",x"A",x"C",x"C",x"9",x"A",x"8",x"9",x"9",x"7",x"8",x"A",x"9",x"9",x"8",x"6",x"9",
    x"8",x"8",x"5",x"8",x"6",x"6",x"6",x"7",x"5",x"4",x"3",x"3",x"5",x"3",x"2",x"4",x"5",
```

```
    x"4",x"2",x"2",x"5",x"3",x"2",x"1",x"5",x"4",x"2",x"4",x"1",x"3",x"4",x"3",x"2",x"3",
    x"3",x"4",x"3",x"5",x"2",x"2",x"4",x"3",x"4",x"3",x"5",x"5",x"4",x"4",x"4",x"3",x"4",
    x"4",x"5",x"5",x"7",x"7",x"4",x"7",x"5",x"7",x"6",x"7",x"7");

    signal i : integer range 128 downto 0 := 127;
COMPONENT FIRTest
    PORT (
    clk : IN STD_LOGIC;
    x : IN STD_LOGIC_VECTOR(3 DOWNTO 0);
    y : OUT STD_LOGIC_VECTOR(10 DOWNTO 0)
    );
END COMPONENT;
BEGIN
    i1 : FIRTest                        -- 测试对象实例化
    PORT MAP (
    clk => clk,
    x => x,
    y => y);

always : PROCESS (clk)                  -- 在时钟下降沿时将信号源数据输入测试对象
    BEGIN
        if falling_edge(clk) then
            if (i = 0) then i <= 127;
            else i <= i - 1;
            end if;
        end if;
        x <= sdata(i);
    END PROCESS always;

CLOCK : PROCESS                         -- 产生时钟激励
    BEGIN
        clk <= '0';
        wait for 10 ns;
        clk <= not clk;
        wait for 10 ns;
    END PROCESS CLOCK;

END FIRTest_arch;
```

在例 7.4 的测试用例中，通过内部数组定义了信号源数据，然后在时钟信号驱动下循环输出，激励 FIR 滤波电路工作。通过 ModelSim 仿真，得到如图 7-5 所示的仿真波形。

图中仿真开始阶段，滤波电路输出部分 X 值，其原因是滤波电路中的延时电路没有给出初始值，读者可以进行适当修改，使其输出 0 值，当输入信号达到延时单元个数后，输出数据 y 为正常值。

另外，参照图 7-5 中所示操作，在信号源输入端 x 和输出端 y 上单击鼠标右键，在快捷菜单中选择 Format→Analog(automatic)选项，然后单击 zoom out 按钮，将波形适当缩小，可以将仿真波形转换为如图 7-6 所示。

图 7-5　FIR 滤波电路的仿真波形

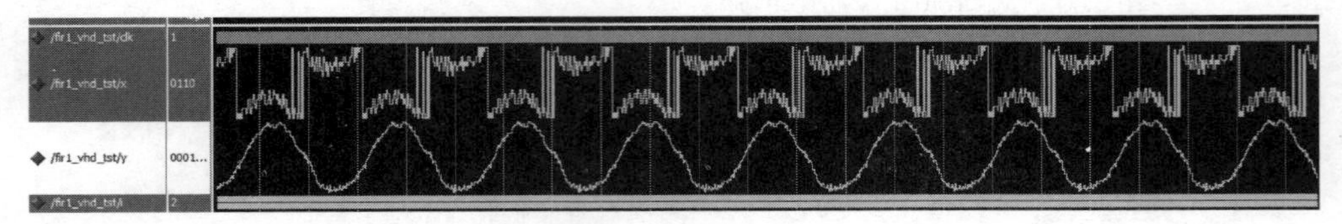

图 7-6　FIR 滤波电路输入输出的模拟显示

图 7-6 给出的是滤波电路输入输出的模拟显示，可以比较清晰地看到，输入信号的高频部分经过滤波电路滤波后，效果比较明显，说明滤波电路的设计基本正确，结果达到预期要求，读者可以将该滤波电路的精度进一步提高，然后选择更加合理的滤波系数 h，达到更好的滤波效果，也可以在此基础上完成其他形式的滤波电路设计。

7.3　HDB3 基带信号编译码电路的 VHDL 设计

7.3.1　设计原理

1. 基带编码概述

基带信号即未被载波调制的待传信号，基带信号所占的频带称为基带，基带的高限频率与低限频率之比通常远大于 1。例如，模拟信号经过信源编码得到的信号为数字基带信号，在数字通信中，有些场合可不经过载波调制和解调过程，而对基带信号进行直接传输。当信号经过信道时，由于信道特性不理想及噪声的干扰，容易使信号受到干扰而变形。因此必须对基带信号进行一定的变换，使其适合在基带信道中传输，即对基带信号进行编码，使信号在基带传输系统内减小码间干扰。将数字基带信号经过码型变换，不经过调制，直接送到信道传输，称为数字信号的基带传输，数字基带信号的传输是数字通信系统的重要组成部分。常见的传输码型有 NRZ 码、RZ 码、AMI 码、HDB3 码及 CMI 码。

RZ(Return-to-zero Code)编码，即归零编码，正电平代表逻辑 1，负电平代表逻辑 0，每传输完一位数据，信号返回到零电平，也就是说，信号线上会出现 3 种电平：正电平、负电平、零电平，如图 7-7 所示。因为每位信号传输之后都要归零，所以接收方只要在信号归零后采样即可，不需要单独的时钟信号，这样的信号也叫作自同步信号。自同步信号的优点是省去了时钟数据线，但是大部分的数据带宽却由于传输“归零”信号而浪费掉了。

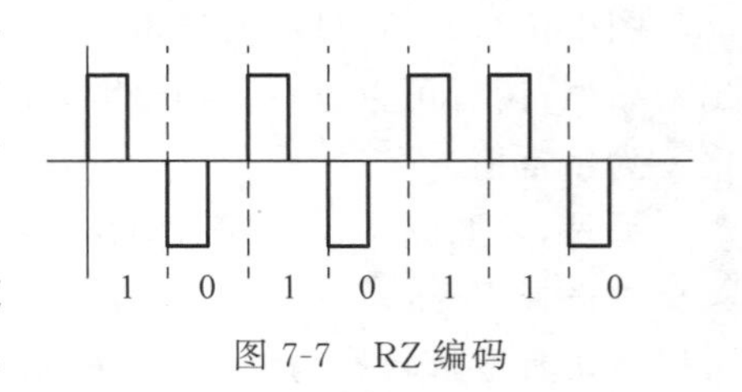

图 7-7　RZ 编码

NRZ(Non-return-to-zero Code)编码克服了 RZ 编码的缺点，如图 7-8 所示，不需要归零，但是却失去了自同步性。此时可以通过在传输数据前加入同步头(SYNC)的方法,类似于0101010之类的方波,使接收方通过同步头计算出发送方的频率。

另一类与NRZ相似的编码是NRZI(Non-Return-to-Zero Inverted Code)编码,NRZI用信号的翻转代表一个逻辑,信号的保持代表另外一个逻辑。例如USB传输的编码就是NRZI格式,在USB中,电平翻转代表逻辑0,电平不变代表逻辑1,如图7-9所示。

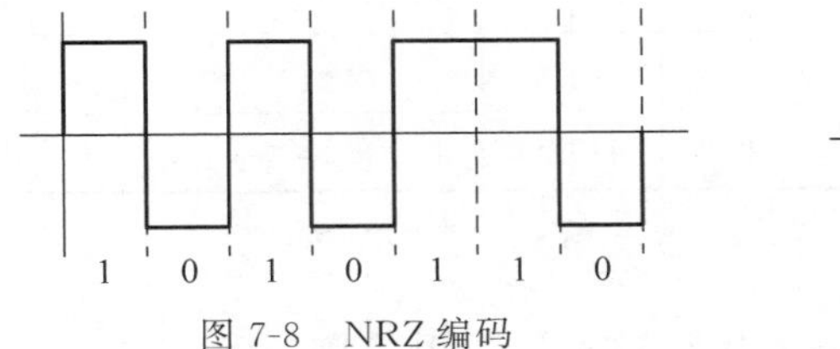

图7-8　NRZ编码

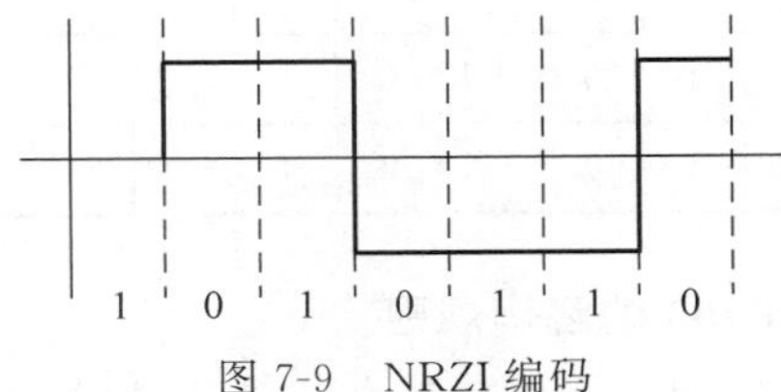

图7-9　NRZI编码

此外,因为在USB的NRZI编码下,逻辑0会造成电平翻转,所以接收者在接收数据的同时,根据接收到的翻转信号不断调整同步频率,保证数据传输正确。但是,这样还是会有一个问题,就是虽然接收者可以主动和发送者的频率匹配,但是两者之间总会有误差。假如数据信号是1000个逻辑1,经过USB的NRZI编码之后,就是很长一段没有变化的电平,在这种情况下,即使接收者的频率和发送者相差千分之一,就会造成把数据采样成1001个或者999个1了。解决这个问题的办法,就是强制插0,如果要传输的数据中有7个连续的1,发送前就会在第6个1后面强制插入一个0,让发送的信号强制出现翻转,从而强制接收者进行频率调整。接收者只要删除6个连续1之后的0,就可以恢复原始的数据了。同样的方法也用在HDB3码中。

AMI(Alternate Mark Inversion)码全称是传号交替反转码,其编码规则是消息代码中的逻辑0仍由0电平表示,而逻辑1交替地变为+1、-1、+1、-1、…,如图7-10所示。AMI码是CCITT建议采用的基带传输码型,但其缺点是有可能出现四连零现象,这不利于接收端的定时信号提取。

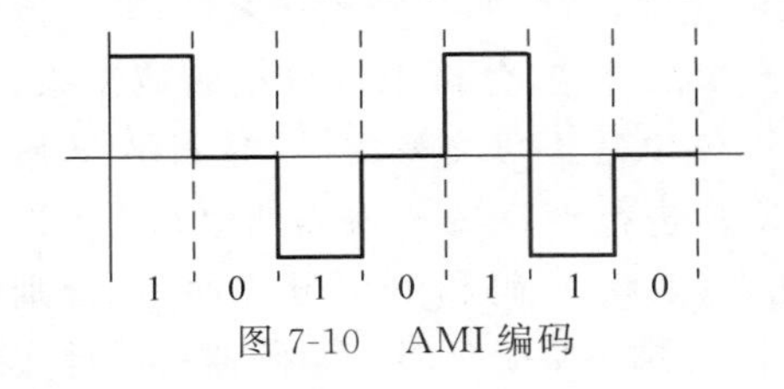

图7-10　AMI编码

HDB3(High Density Bipolar of order 3code)为三阶高密度双极性码,是AMI码的改进码型,最适合基带传输的码型。HDB3码因其无直流成分、低频成分少和连0的个数最多不超过三个等特点,对定时信号的恢复十分有利。

另外,CMI码一般作为4次群的接口码型。

2. HDB3的编码规则

HDB3码的编码规则如下:

(1)先将消息代码变换成AMI码,若AMI码中连0的个数小于4,此时的AMI码就是HDB3码;

(2)若AMI码中连0的个数大于3,则将每4个连0串的第4个0变换成与前一个非0符号(+1或-1)同极性的符号,用V表示(+1记为+V,-1记为-V);

(3)为了不破坏极性交替反转,当相邻V符号之间有偶数个非0符号时,再将当前V符号前一非0符号后的第1个0变换成+B或-B,符号的极性与前一非0符号相反,并让后面的非0符号从V符号开始再交替变化。

例如，消息代码 101011000001100001 转换为 HDB3 码的过程如表 7-2 所示。

表 7-2 HDB3 代码的编码过程

消息代码	1	0	1	0	1	1	0	0	0	0	0	1	1	0	0	0	0	1
AMI 码	1	0	−1	0	1	−1	0	0	0	0	0	1	−1	0	0	0	0	1
插 V	1	0	−1	0	1	−1	0	0	0	−v	0	1	−1	0	0	0	−v	1
插 B	1	0	−1	0	1	−1	0	0	0	−v	0	1	−1	+B	0	0	v	−1
HDB3 码	1	0	−1	0	1	−1	0	0	0	−1	0	1	−1	1	0	0	1	−1

3. HDB3 的解码规则

HDB3 码的编码虽然有些复杂，但其解码规则非常简单，其规则如下：

（1）从收到的符号序列中找到破坏极性交替的点，可以断定符号及其前面的 3 个符号必是连 0 符号，从而恢复 4 个连 0 码。具体情况可分为以下两种：若 3 连“0”前后非 0 脉冲同极性，则将最后一个非 0 元素译为 0，如“＋1000＋1”就应该译成“10000”，否则不用改动；若 2 连“0”前后非 0 脉冲极性相同，则两 0 前后都译为 0，如“－100－1”，就应该译为“0000”，否则不用改动。

（2）将所有的－1 变换成＋1 后，即得原消息代码。

分析 HDB3 代码，可以看出由 HDB3 码确定的基带信号基本无直流分量（其 1 信号交替变换），且只有很小的低频分量；HDB3 码中连 0 串的数目至多为 3 个，易于提取定时信号；虽然编码规则复杂，但解码较简单。所以在基带编码中，HDB3 编码使用非常广泛。

7.3.2 设计实现

如果直接将要进行编码的数据按上述编码原则先转换成 AMI 码，然后进行加 V 码、加 B 码操作，会发现转化成 AMI 码时有一个码极性形成的过程，而在加 B 码操作之后，非 0 码元相应极性还有可能进行反转，因此有两个信号极性产生的过程，分析 HDB3 的编码结果：V 码的极性是正负交替的，余下的 1 码和 B 码看成为一体也是正负交替的，同时满足 V 码的极性与前面的非 0 码极性一致，由此产生了利用 FPGA 进行 HDB3 码编码的思路：先进行加 V 码、加 B 码操作，在此过程中，暂不考虑其极性，然后将 V 码和 B 码分成两组，分别进行极性变换来一次实现，这样可以提高系统的效率，同时减小系统延时。编码器的设计实现可以采用层次化的设计方法，由三个模块组成：插 V 模块（insert_v），插 B 模块（insert_b）和极性转换模块（polar_convert）。分别设计各个模块，再在顶层将这三个模块合为一个整体。

1. HDB3 编码器顶层模块

HDB3 编码器的顶层模块设计如图 7-11 所示。其中，hdb_in 为串行输入信号，hdb_out 为串行输出信号。由于 HDB3 编码器的输出有 0、1、－1 三种情况，这里用“00”“01”“10”表示。在真正使用的时候，编码器的后面还要加一个极性转换电路，使得“00”“01”“10”信号能够转换为零电平、高电平和低电平信号。具体程序如下所示。

```
library ieee;
use ieee.std_logic_1164.all;
```

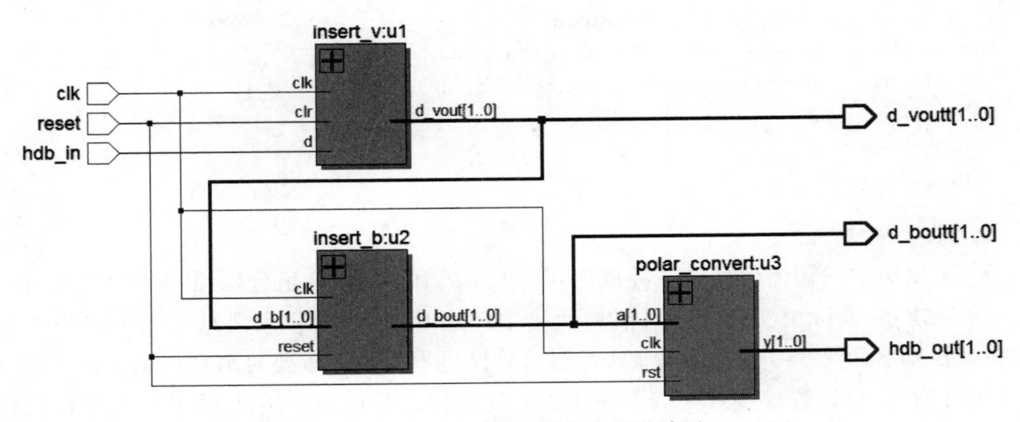

图 7-11 HDB3 编码器的顶层设计图

```
use ieee.std_logic_unsigned.all;
LIBRARY altera;
USE altera.altera_primitives_components.all;

entity hdb3 is
port(hdb_in,clk,reset : in std_logic;
d_voutt,d_boutt: out std_logic_vector(1 downto 0);
hdb_out: out std_logic_vector(1 downto 0));
end;

architecture a of hdb3 is
component insert_v                          -- 插 V 模块元件声明
    port(d,clk,clr: in std_logic;
        d_vout : out std_logic_vector(1 downto 0)
        );
end component;

component insert_b                          -- 插 B 模块元件声明
    port(d_b : in std_logic_vector(1 downto 0);
        clk,reset: in std_logic;
        d_bout : out std_logic_vector(1 downto 0)
        );
end component;

component polar_convert                     -- 极性转换模块声明
    port(rst: in std_logic;
        a : in std_logic_vector(1 downto 0);
        y : out std_logic_vector(1 downto 0);
        clk : in std_logic
        );
end component;

signal d_vout,d_bout :std_logic_vector(1 downto 0);

begin                                       -- 元件例化
```

```
u1:insert_v port map(hdb_in,clk,reset,d_vout);
u2:insert_b port map(d_vout,clk,reset,d_bout);
u3:polar_convert port map(reset,d_bout,hdb_out,clk);
d_voutt <= d_vout;
d_boutt <= d_bout;
end;
```

2. 插 V 模块

插 V 模块中的输出信号有三种取值：0 码、1 码和 V 码，这里分别用“00”“01”和“11”表示。插 V 模块，实际上实现的是对消息代码中四连 0 串的检测，当消息代码中出现 4 个连续的 0 时，则将第 4 个 0 变换为 V 码，否则信号保持不变。由于要对消息代码中的连续 0 的个数进行判断，所以程序设计中需要一个连 0 计数器，用 count0 表示，插 V 后的中间代码用 d_vout 表示。在时钟信号的作用下，通过对输入串行信号的判断，决定 count0 和 d_vout 的取值。

程序的主体是一个对输入信号是否为连续 0 信号的判断语句。如果输入信号是 0 码，则连 0 计数器加 1，否则连 0 计数器清 0；当连 0 计数器值为 3 时，表示已连续输入了 3 个 0，若下一个输入信号仍为 0，则输出信号为“11”(即 V 码)。程序代码如下：

```
-- 00 mean 0,01 means 1,11 means V
library ieee;
use ieee.std_logic_1164.all;
use ieee.std_logic_unsigned.all;

entity insert_v is
port(d,clk,clr: in std_logic;
    d_vout : out std_logic_vector(1 downto 0));
end;

architecture a of insert_v is
signal count0 :integer range 0 to 3;
begin
    process(d,clk,clr)
    begin
        if clr = '1' then d_vout <= "00";count0 <= 0;
        else if rising_edge(clk) then
                    if count0 = 3 then if d = '0' then d_vout <= "11"; count0 <= 0;
                                          else d_vout <= "01";count0 <= 0;
                                          end if;
                    else
                        if d = '0' then d_vout <= "00"; count0 <= count0 + 1;
                          else d_vout <= "01";count0 <= 0;
                        end if;
                    end if;
                end if;
            end if;
        end process;
end a;
```

3. 插 B 模块

插 B 模块的输出信号 d_bout 有 4 种取值，分别为 0 码、1 码、V 码和 B 码，这里分别用"00""01""11"和"10"表示。程序的主要功能是判断相邻两个 V 码间的非 0 符号是否为偶数个，若为偶数个，则将当前 V 码前一非 0 符号后的第 1 个 0 变换成 B 码。

例如，若输入信号为"V011000V"，则输出信号应为"V011B00V"。由于信号的输入是串行输入的，要想将先输入的信号变换形式输出，就必须将输入的信号锁存后，再根据后续的输入信号的情况决定输出值。这里采用了 8 个 D 锁存器 DFF。

```
COMPONENT DFF
   PORT (d    : IN STD_LOGIC;
        clk   : IN STD_LOGIC;
        clrn  : IN STD_LOGIC;
        prn   : IN STD_LOGIC;
        q     : OUT STD_LOGIC );
END COMPONENT;
```

设计了两组四级延迟器，分别锁存输出数据的两个位：d_bout(1)和 d_bout(0)。

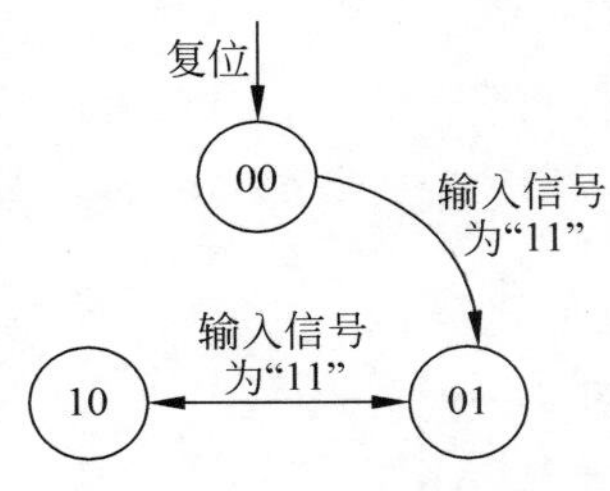

图 7-12　状态 v 转移图

由于程序是判断相邻两个 V 码间的 1 的个数，因此程序中设计了一个中间状态信号 v，用以表示输入信号为 V 码的状态，count 表示两个 V 码间的非 0 信号的个数，程序的状态转移图如图 7-12 所示。

当状态 v="00"时，表示没有 V 码输入，不需要对非 0 信号计数，count <= '0'；当输入信号为"11"时，即有 V 码输入，则状态按照图 7-12 所示转换。

当状态 v="01"或"10"时，若输入信号为 1 码，则 count 相应增；如果输入信号为 0 码，则 count 保持不变。

具体程序设计如下：

```
-- 00 表示 0,01 表示 1,11 表示 v,10 表示 b
library ieee;
use ieee.std_logic_1164.all;
use ieee.std_logic_unsigned.all;
library altera;
use altera.altera_primitives_components.all;

entity insert_b is
port(d_b : in std_logic_vector(1 downto 0);
    clk,reset: in std_logic;
    d_bout : out std_logic_vector(1 downto 0));
end;

architecture a of insert_b is
signal count : integer range 0 to 11;
signal d_b0tmp,d_bout0tmp,d_b1tmp,d_bout1tmp : std_logic_vector(0 to 3);
signal v : std_logic_vector(1 downto 0);
COMPONENT DFF
```

```
    PORT (d : IN STD_LOGIC;
         clk : IN STD_LOGIC;
         clrn : IN STD_LOGIC;
         prn : IN STD_LOGIC;
         q : OUT STD_LOGIC );
END COMPONENT;

begin
    d_b0tmp(0)<= d_b(0);
    d_b1tmp(0)<= d_b(1);
    u1:dff port map(d_b0tmp(0),clk,'1','1',d_bout0tmp(0));
    u2:dff port map(d_bout0tmp(0),clk,'1','1',d_bout0tmp(1));
    u3:dff port map(d_bout0tmp(1),clk,'1','1',d_bout0tmp(2));
    u4:dff port map(d_bout0tmp(2),clk,'1','1',d_bout0tmp(3));
    u5:dff port map(d_b1tmp(0),clk,'1','1',d_bout1tmp(0));
    u6:dff port map(d_bout1tmp(0),clk,'1','1',d_bout1tmp(1));
    u7:dff port map(d_bout1tmp(1),clk,'1','1',d_bout1tmp(2));
    u8:dff port map(d_bout1tmp(2),clk,'1','1',d_bout1tmp(3));

process(clk,d_b,reset)
begin
if reset = '1' then v <= "00";count <= 0;
elsif rising_edge(clk) then
        if d_b = "11" then                       -- 输入 v
            case v is
                when "00"  => v <= "01";         -- v = "01"时,表示有一个 v
                when "01"  => v <= "10";         -- v = "10"时,表示有两个 v
                when "10"  => v <= "01";
                when others  => null;
            end case;
        elsif d_b = "01" then                    -- 输入 1
                case v is
                    when "00"  => count <= 0;
                    when "01"  => count <= count + 1;
                    when "10"  => count <= count + 1;
                    when others  => null;
                end case;
        elsif d_b = "00" then                    -- 输入 0
                case v is
                    when "00"  => count <= 0;
                    when "01"  => count <= count;
                    when "10"  => count <= count;
                    when others  => null;
                end case;
        end if;
end if;
end process;

process(clk,d_b,v)
begin
    if rising_edge(clk) then
```

```
        if d_bout1tmp(0) = '1' and d_bout0tmp(0) = '1' and (count + 2) rem 2 = 0 and count/ = 0 then
            d_bout <= "10";                        -- 插入 b
        else d_bout(0)<= d_bout0tmp(3);
             d_bout(1)<= d_bout1tmp(3);
        end if;

    end if;
end process;
end a;
```

4. 极性转换模块

极性转换模块的输入信号来自于插B模块的输出，也即极性转换模块的输入信号有四种取值，分别为"00"表示的0码，"01"表示的1码，"11"表示的V码，"10"表示的B码。输出信号的取值有三种情况，分别为"00"表示的0码，"01"表示的1码和"10"表示的−1码。

在极性转换模块的设计中，设计了一个标志位flag表示信号的极性。当flag为0时，表示初始状态或者是已输出信号的极性为负；当flag为1时，表示已输出信号的极性为正。当输入信号是"01"或"10"，即1码和B码时，信号的极性应是正负交替变化的；当输入信号是"11"，即V码时，信号的极性应该与前面非0码的极性相同；当输入信号是"00"，即0码时，输出也为0码。具体程序设计如下：

```
-- input:00 mean 0,01 means 1,11 means v,10 means b
-- output:00 mean 0,01 means +1,10 means -1
library ieee;
use ieee.std_logic_1164.all;

entity polar_convert is
port(a : in std_logic_vector(1 downto 0);
    y : out std_logic_vector(1 downto 0);
    rst:in std_logic;
    clk : in std_logic);
end;

architecture a of polar_convert is
signal flag :std_logic;                    -- flag 为 0,表示前面的 1 的极性为负
                                           -- flag 为 1,表示前面的 1 的极性为正
begin
process(a,clk)
begin
if rst = '1' then y <= "00";
elsif rising_edge(clk) then
    if a = "00" then y <= a;
    elsif a = "01" or a = "10" then
        if flag = '0' then y <= "01"; flag <= '1';     -- 输出信号极性翻转
        else y <= "10"; flag <= '0';
        end if;
    elsif a = "11" then
        if flag = '0' then y <= "10";                  -- 输出信号极性保持不变
        else y <= "01";
        end if;
```

```
        end if;
    end if;
    end process;
    end a;
```

5. 解码模块

按照设计原理中介绍的解码规则来进行程序的设计。

(1) 从收到的符号序列中找到破坏极性交替的点,可以断定符号及其前面的3个符号必是连0符号,从而恢复4个连0码。具体情况可分为以下两种:若3连"0"前后非0脉冲同极性,则将最后一个非0元素译为0,如"+1000+1"就应该译成"10000",否则不用改动;若2连"0"前后非0脉冲极性相同,则两0前后都译为0,如"-100-1",就应该译为"0000",否则不用改动。

(2) 将所有的-1变换成+1后,即得原消息代码。

模块的输入有三种信号:0码、1码和-1码,分别用"00""01"和"10"表示。为了判断输入信号中是否有破坏极性交替的信号,我们设计了一个状态变量st,st的取值有三种:s0、s1、s2,其中s0表示初始状态或没有1码或-1码输入,s1表示输入了非0码为1码,s2表示输入了非0码为-1码。其状态转换图如图7-13所示。

同样,由于解码电路需要对之前输入的信号的取值进行转换,因此设计中也采用了锁存器,对之前输入的信号进行锁存,再根据后面的输入信号值进行转换后输出。信号的输出采用了四级锁存。

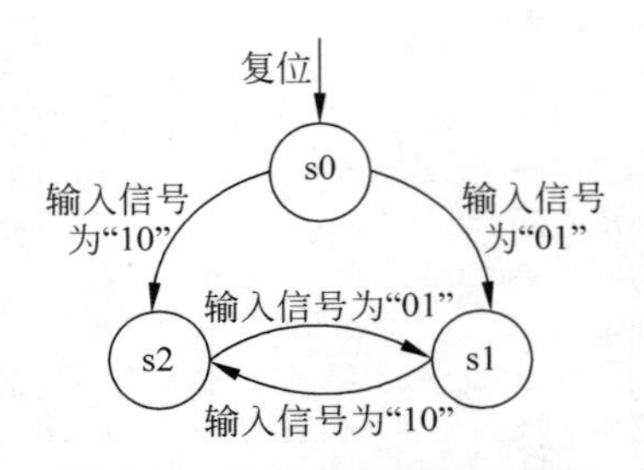

图7-13 解码电路状态转移图

除此之外,程序中设计了两个标志信号:flag、flag0和一个对连0信号进行计数的变量。其中flag0用以表示在两个极性相同的非0码之间的连0的个数,flag0="01"表示连0的个数为2,flag0="10"表示连0的个数为3。flag用以在两个连0状态时,将之前输入的非0码转换为0码输出。具体程序设计如下:

```
-- input:00 代表 0,01 代表 + 1,10 代表 - 1
library ieee;
use ieee.std_logic_1164.all;
use ieee.std_logic_unsigned.all;
LIBRARY altera;
USE altera.altera_primitives_components.all;

entity hdb3_decode is
port(hdbdecode_in : in std_logic_vector(1 downto 0);
    clk,reset: in std_logic; -- flag :out std_logic;
    hdbdecode_out : out std_logic);
end;

architecture a of hdb3_decode is
COMPONENT DFF
   PORT (d     : IN STD_LOGIC;
         clk   : IN STD_LOGIC;
```

```
        clrn  : IN STD_LOGIC;
        prn   : IN STD_LOGIC;
        q     : OUT STD_LOGIC );
END COMPONENT;

type state is (s0,s1,s2);
signal st : state;

signal flag0: std_logic_vector(1 downto 0);
signal h_out:std_logic_vector(3 downto 0);
signal h,h_in,h_tmp,flag :std_logic;
signal count: integer range 0 to 3;

begin
process(reset,clk)
begin
    if reset = '1' then st <= s0;
    elsif clk'event and clk = '1' then
                if hdbdecode_in = "01" then st <= s1;
                elsif hdbdecode_in = "10" then st <= s2;
                else null;
                end if;
    end if;
end process;

 -- flag = "00",no 3'0 or 2'0;flag = "01",2'0;flag = "10",3'0
process(reset,clk)
begin
    if reset = '1' then count <= 0;flag0 <= "00";hdbdecode_out <= '0';flag <= '1'; -- st <= s0;
    elsif clk'event and clk = '1' then
        case st is
            when s0  =>
                count <= 0;flag0 <= "00";
                hdbdecode_out <= h_out(3);h_in <= h;flag <= '1';
            when s1  =>
                if hdbdecode_in = "00" then
                    count <= count + 1;flag0 <= "00";
                    hdbdecode_out <= h_out(3);h_in <= h;flag <= '1';
                elsif hdbdecode_in = "01" and count = 2 then
                    flag0 <= "01";count <= 0;
                    hdbdecode_out <= h_out(3);h_in <= '0';flag <= '0';
                elsif hdbdecode_in = "01" and count = 3 then
                    flag0 <= "10";count <= 0;
                    hdbdecode_out <= h_out(3);h_in <= '0';flag <= '1';
                elsif hdbdecode_in = "10" then
                    count <= 0;flag0 <= "00";
                    hdbdecode_out <= h_out(3);h_in <= h;flag <= '1';
                else count <= 0; flag0 <= "00";
                    hdbdecode_out <= h_out(3);h_in <= h;flag <= '1';
                end if;
            when s2  =>
                if hdbdecode_in = "00" then
```

```
                    count <= count + 1;flag0 <= "00";
                    hdbdecode_out <= h_out(3);h_in <= h;flag <= '1';
                elsif hdbdecode_in = "10" and count = 2 then
                    flag0 <= "01";count <= 0;
                    hdbdecode_out <= h_out(3);h_in <= '0';flag <= '0';
                elsif hdbdecode_in = "10" and count = 3 then
                    flag0 <= "10";count <= 0;
                    hdbdecode_out <= h_out(3);h_in <= '0';flag <= '1';
                elsif hdbdecode_in = "01" then
                    count <= 0;flag0 <= "00";
                    hdbdecode_out <= h_out(3);h_in <= h;flag <= '1';
                    else count <= 0; flag0 <= "00";
                    hdbdecode_out <= h_out(3);h_in <= h;flag <= '1';
                end if;
            when others => null;
        end case;
    end if;
end process;

h <= hdbdecode_in(0) or hdbdecode_in(1);
u1:dff port map(h_in,clk,'1','1',h_out(0));
u2:dff port map(h_out(0),clk,'1','1',h_out(1));
u3:dff port map(h_out(1),clk,'1','1',h_out(2));
h_tmp <= h_out(2) and flag;
u4:dff port map(h_tmp,clk,'1','1',h_out(3));

end a;
```

7.3.3 仿真验证

若输入信号如表 7-2 所示，为字符串“101011000001100001”。插 V 模块的仿真波形如图 7-14 所示，其中，输入信号 clk 为时钟信号，clr 为清零信号，d 为数据输入端，d_vout 为插入 V 码后的输出信号。波形与表 7-2 一致，仿真正确。

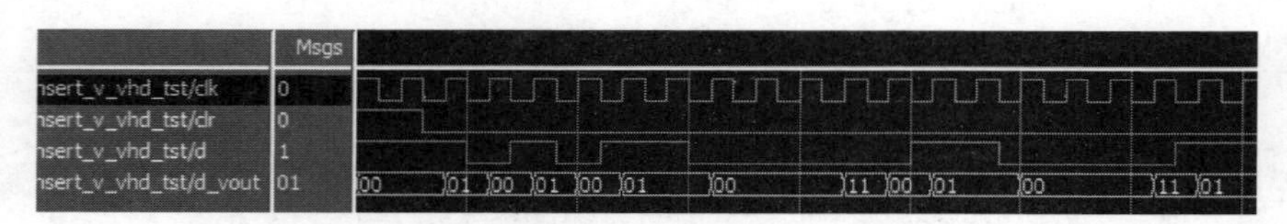

图 7-14 插 V 模块的仿真波形

将插 V 模块的输出信号作为插 B 模块输入信号，插 B 模块的仿真波形如图 7-15 所示，与表 7-2 一致，仿真正确。

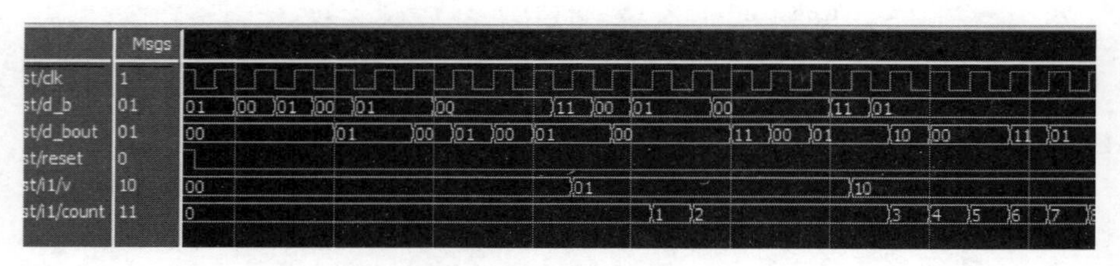

图 7-15 插 B 模块的仿真波形

将插 B 模块的输出信号作为极性转换模块的输入信号，极性转换模块的仿真波形如图 7-16 所示，与表 7-2 一致，仿真正确。

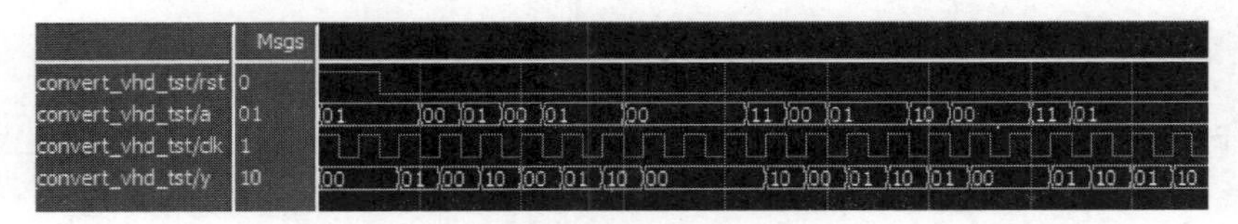

图 7-16　极性转换模块的仿真波形

HDB3 编码器顶层模块的仿真波形如图 7-17 所示。

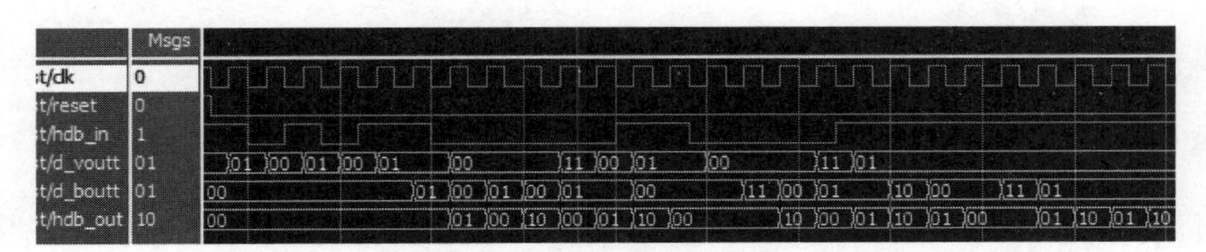

图 7-17　编码顶层模块的仿真波形

将极性转换模块的输出信号作为解码模块的输入信号，解码模块的仿真波形如图 7-18 所示，可见解码后的输出信号与插 V 模块的输入信号一致，仿真正确。

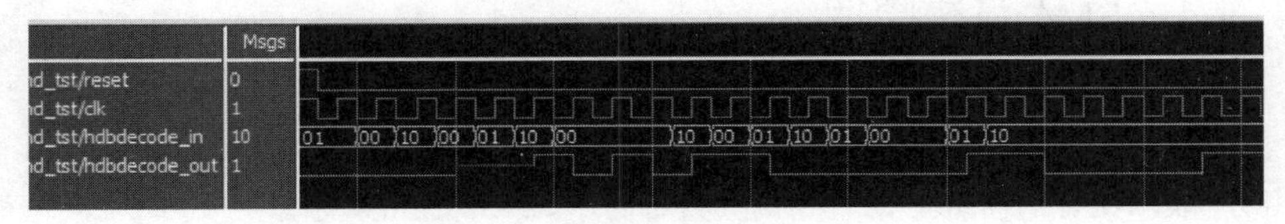

图 7-18　解码模块的仿真波形

第8章 密码算法设计

CHAPTER 8

8.1 分组密码算法的 VHDL 设计(SM4)

SM4 分组密码算法(GM/T 0002—2012)是国家密码管理局于 2012 年 3 月 21 日批准的六项密码行业标准之一。SM4 分组密码算法分组长度和密钥长度均为 128bit,加密算法与密钥扩展算法都采用 32 轮非线性迭代结构,其中非线性变换中所使用的 S 盒是一个 8bit 输入 8bit 输出的置换。

8.1.1 SM4 算法原理

1. 算法定义

1) 字和字节

用 Z_2^e 表示比特的向量集,Z_2^{32} 中的元素称为字,Z_2^8 中的元素称为字节。

2) S 盒

S 盒为固定的 8bit 输入 8bit 输出的置换,记为 Sbox(.)。

3) 基本运算

在 SM4 算法中采用了以下基本运算:

$\oplus$　　32bit 异或;

<<<i　　32bit 循环左移 i 位。

4) 密钥及密钥参量

加密密钥长度为 128bit,表示为 $MK=(MK_0, MK_1, MK_2, MK_3)$,其中 $MK_i(i=0,1,2,\cdots,31)$为字。轮密钥表示为$(rk_0, rk_1,\cdots,rk_{31})$,其中 $rk_i(i=0,1,\cdots,31)$为字。轮密钥由加密密钥生成。$FK=(FK_0, FK_1, FK_2, FK_3)$为系统参数,$CK=(CK_0, CK_1, CK_2,\cdots,CK_{31})$为固定参数,用于密钥扩展算法,其中 $FK_i(i=0,1,2,3)$,$CK_i(i=0,1,2,\cdots,31)$为字。

2. 轮函数 *F*

SM4 算法采用非线性迭代结构,以字(表示为 Z_2^{32})为单位进行加密运算,称一次迭代运算为一轮变换。

设输入为$(X_0,X_1,X_2,X_3)\in(Z_2^{32})^4$,轮密钥为 $rk\in Z_2^{32}$,则轮函数 F 为

$$F(X_0,X_1,X_2,X_3,rk)=X_0\oplus T(X_1\oplus X_2\oplus X_3\oplus rk)$$

1）合成置换 T

$Z_2^{32} \rightarrow Z_2^{32}$，是一个可逆变换，由非线性变换 τ 和线性变换 L 复合而成，即 $T(.)=L(\tau(.))$。

2）非线性变换 τ

τ 由 4 个并行的 S 盒构成，S 盒为固定的 8bit 输入 8bit 输出的置换，记为 Sbox(.)。

设输入为 $A=(a_0,a_1,a_2,a_3)\in(Z_2^8)^4$，输出为 $B=(b_0,b_1,b_2,b_3)\in(Z_2^8)^4$，则

$$(b_0,b_1,b_2,b_3)=\tau(A)=(\mathrm{Sbox}(a_0),\mathrm{Sbox}(a_1),\mathrm{Sbox}(a_2),\mathrm{Sbox}(a_3))$$

S 盒的定义如表 8-1 所示。

表 8-1　S 盒的数据（十六进制）

	0	1	2	3	4	5	6	7	8	9	A	B	C	D	E	F
0	d6	90	e9	fe	cc	e1	3d	b7	16	b6	14	c2	28	fb	2c	05
1	2b	67	9a	76	2a	be	04	c3	aa	44	13	26	49	86	06	99
2	9c	42	50	f4	91	ef	98	7a	33	54	0b	43	ed	cf	ac	62
3	e4	b3	1c	a9	c9	08	e8	95	80	df	94	fa	75	8f	3f	a6
4	47	07	a7	fc	f3	73	17	ba	83	59	3c	19	e6	85	4f	a8
5	68	6b	81	b2	71	64	da	8b	f8	eb	0f	4b	70	56	9d	35
6	1e	24	0e	5e	63	58	d1	a2	25	22	7c	3b	01	21	78	87
7	d4	00	46	57	9f	d3	27	52	4c	36	02	e7	a0	c4	c8	9e
8	ea	bf	8a	d2	40	c7	38	b5	a3	f7	f2	ce	f9	61	15	a1
9	e0	ae	5d	a4	9b	34	1a	55	ad	93	32	30	f5	8c	b1	e3
A	1d	f6	e2	2e	82	66	ca	60	c0	29	23	ab	0d	53	4e	6f
B	d5	db	37	45	de	fd	8e	2f	03	ff	6a	72	6d	6c	5b	51
C	8d	1b	af	92	bb	dd	bc	7f	11	d9	5c	41	1f	10	5a	d8
D	0a	c1	31	88	a5	cd	7b	bd	2d	74	d0	12	b8	e5	b4	b0
E	89	69	97	4a	0c	96	77	7e	65	b9	f1	09	c5	6e	c6	84
F	18	f0	7d	ec	3a	dc	4d	20	79	ee	5f	3e	d7	cb	39	48

3）线性变换 L

非线性变换 τ 的输出是线性变换 L 的输入。设输入为 $B\in Z_2^{32}$，输出为 $C\in Z_2^{32}$，则

$$C=L(B)=B\oplus(B\lll 2)\oplus(B\lll 10)\oplus(B\lll 18)\oplus(B\lll 24)$$

3. 加解密算法

加密算法描述为

设明文输入为：$(X_0,X_1,X_2,X_3)\in(Z_2^{32})^4$，密文输出为$(Y_0,Y_1,Y_2,Y_3)\in(Z_2^{32})^4$，子密钥为：$rk_0,rk_1,\cdots,rk_{31}\in Z_2^{32}$，则

$$X_{i+4}=F(X_i,X_{i+1},X_{i+2},X_{i+3},rk_i)=X_i\oplus T(X_{i+1}\oplus X_{i+2}\oplus X_{i+3}\oplus rk_i),i=0,1,\cdots,31$$

$$(Y_0,Y_1,Y_2,Y_3)=(X_{35},X_{34},X_{33},X_{32})$$

其中，以 32 位为单位的逆序输出是为了加解密的一致性。解密算法与加密算法的结构相同，只是轮密钥的使用顺序相反。

加密时轮密钥的使用顺序为

$$(rk_0,rk_1,\cdots,rk_{31})$$

解密时轮密钥的使用顺序为

$$(rk_{31},rk_{30},\cdots,rk_0)$$

加密流程如图 8-1 所示。

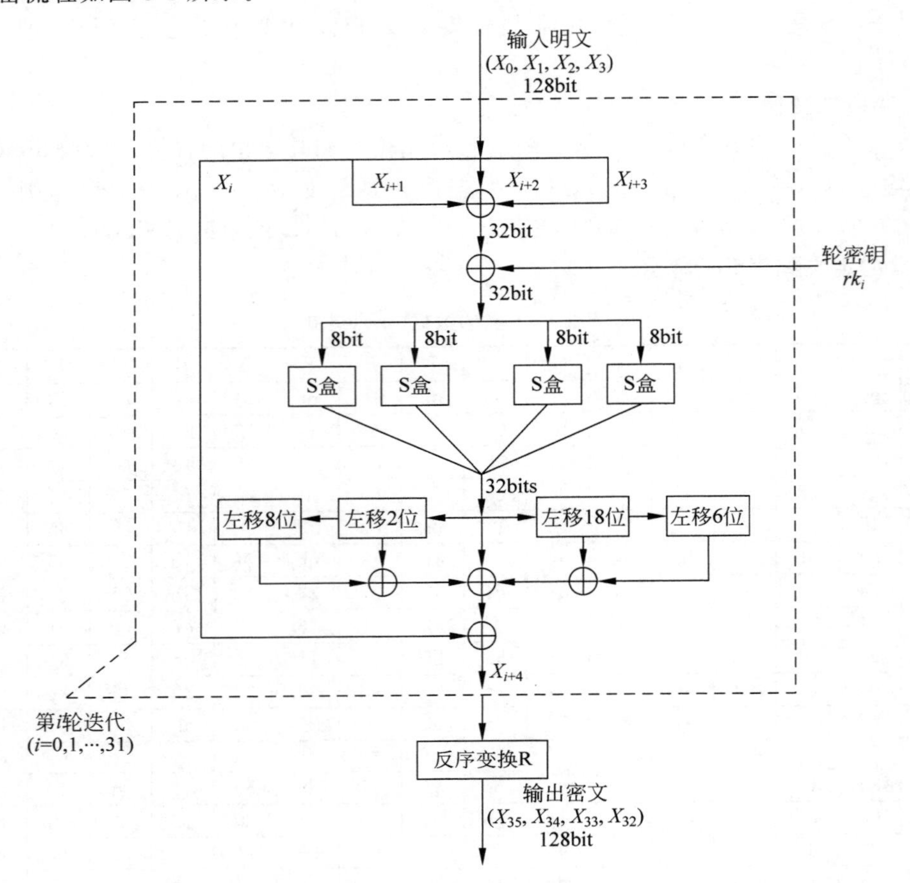

图 8-1　SM4 算法的加密流程

4. 密钥扩展算法

SM4 算法中加密算法的轮密钥由加密密钥通过密钥扩展算法生成。

设加密密钥 $MK=(MK_0,\ MK_1,\ MK_2, MK_3)$，$MK_i \in Z_2^{32}, i=0,1,\cdots,31$；令 $K_i \in Z_2^{32}, i=0,1,\cdots,35$，轮密钥为 $k_i \in Z_2^{32}, i=0,1,\cdots,31$，则轮密钥生成方法为

首先，

$$(K_0, K_1, K_2, K_3)=(FK_0 \oplus MK_0,\ FK_1 \oplus MK_1,\ FK_2 \oplus MK_2, FK_3 \oplus MK_3)$$

然后，对 $i=0,1,2,\cdots,31$

$$rk_i=K_{i+4}=K_i \oplus T'(K_{i+1} \oplus K_{i+2} \oplus K_{i+3} \oplus CK_i)$$

其中：

(1) T'变换与加密算法轮函数中的 T 基本相同，只要将其中的线性变换 L 修改为以下 L'：

$$L'(B)=B \oplus (B <\!<\!< 13) \oplus (B <\!<\!< 23)$$

(2) 系统参数 $FK=(FK_0,\ FK_1,\ FK_2, FK_3)$，其取值采用十六进制表示为

$FK_0=(\mathrm{A3B1BAC6})$，$FK_1=(\mathrm{56AA3350})$，$FK_2=(\mathrm{677D9197})$，$FK_3=(\mathrm{B27022DC})$

(3) 固定参数 $CK_i(i=0,1,\cdots,31)$，其选取方法为：设 $ck_{i,j}$ 为 CK_i 的第 j 字节($i=0,1,\cdots,31$；$j=0,1,2,3$)，即 $CK_i=(ck_{i,0}, ck_{i,1}, ck_{i,2}, ck_{i,3}) \in (Z_2^8)^4$，则取 $ck_{i,j}=(4i+j)\times$

7(mod 256)。32 个固定参数 CK_i 十六进制表示为

```
00070e15, 1c232a31, 383f464d, 545b6269,
70777e85, 8c939aa1, a8afb6bd, c4cbd2d9,
e0e7eef5, fc030a11, 181f262d, 343b4249,
50575e65, 6c737a81, 888f969d, a4abb2b9,
c0c7ced5, dce3eaf1, f8ff060d, 141b2229,
30373e45, 4c535a61, 686f767d, 848b9299,
a0a7aeb5, bcc3cad1, d8dfe6ed, f4fb0209,
10171e25, 2c333a41, 484f565d, 646b7279。
```

密钥扩展流程如图 8-2 所示。

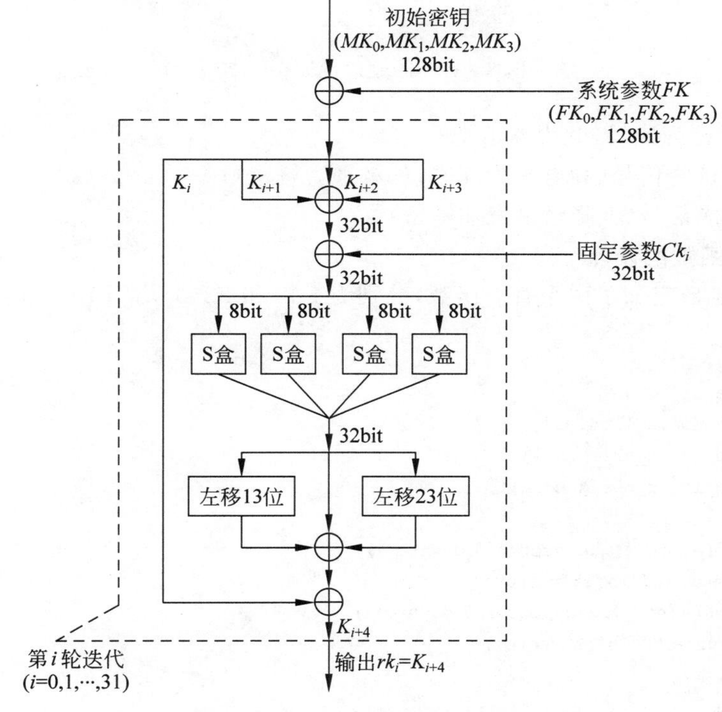

图 8-2　SM4 算法的密钥扩展流程

8.1.2　设计实现

SM4 算法的 FPGA 循环反馈设计结构如图 8-3 所示。

SM4 算法的输入输出端口说明如下。

Kin：初始密钥输入(128bit)；

Kint：密钥复位，低电平有效(初始化密钥)；

Kint_done：密钥扩展完毕后，变为高电平；

Miwenout：密文输出(128bit)；

Zclk：时钟信号；

Zwm：明文输入(128bit)；

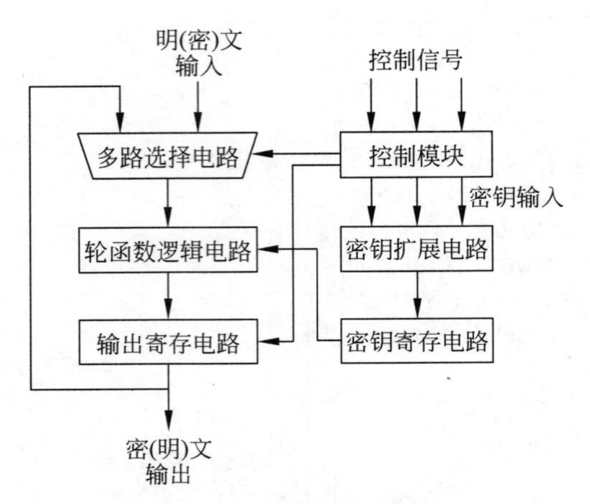

图 8-3 SM4 硬件设计整体结构

Zrdy：加解密完成后，变为高电平；

Zset：模式选择信号(高电平为加密，低电平为解密)；

Zwork：使能信号(下降沿触发加解密)。

1. SM4 库函数的设计

VHDL 库函数定义了两个查表函数，分别为 F32 和 F256，均用 LUT 逻辑资源实现，程序代码如下：

```
library ieee;
use ieee.std_logic_1164.all;
use ieee.std_logic_arith.all;
use ieee.std_logic_unsigned.all;
package sm4_lib is
function f32(a:std_logic_vector(4 downto 0))
        return std_logic_vector;
function f256(a:std_logic_vector(7 downto 0))
        return std_logic_vector;
end sm4_lib;
library ieee;
use ieee.std_logic_1164.all;
use ieee.std_logic_arith.all;
use ieee.std_logic_unsigned.all;
library work;
use work.sm4_lib.all;
package body sm4_lib is
function f32(a:std_logic_vector(4 downto 0))
        return std_logic_vector is
variable s32:std_logic_vector(31 downto 0);
constant rom_w:integer := 32;
constant rom_l:integer := 32;
subtype rom_word is std_logic_vector(rom_w - 1 downto 0);
type rom_table is array(0 to rom_l - 1) of rom_word;
constant rom32:rom_table := rom_table'(
"00000000000001110000111000010101",
```

```
"00011100000100011001010100011000 1",
"00111000000111111010001100100110 1",
"01010100010110110110001001101001",
"01110000011101110111111010000101",
"10001100100100111001101010100001",
"10101000101011111011011010111101",
"11000100110010111101001011011001",
"11100000111001111110111011110101",
"11111100000000110000101000010001",
"00011000000111110010011000101101",
"00110100001110110100001001001001",
"01010000010101110101111001100101",
"01101100011100110111101010000001",
"10001000100011111001011010011101",
"10100100101010111011001010111001",
"11000000110001111100111011010101",
"11011100111000111110101011110001",
"11111000111111110000011000001101",
"00010100000110110010001000101001",
"00110000001101110011111001000101",
"01001100010100110101101001100001",
"01101000011011110111011001111101",
"10000100100010111001001010011001",
"10100000101001111010111010110101",
"10111100110000111100101011010001",
"11011000110111111100110111011101",
"11110100111110110000000100000100 1",
"00010000000101110001111000100101",
"00101100001100110011101001000001",
"01001000010011110101011001011101",
"01100100011010110111001001111001");
begin
s32 := rom32(conv_integer(a));      -- 查表输出
return s32;
end F32;

function F256(a:std_logic_vector(7 downto 0))
        return std_logic_vector is
variable s8:std_logic_vector(7 downto 0);
constant rom_w:integer := 8;
constant rom_l:integer := 256;
subtype rom_word is std_logic_vector(rom_w - 1 downto 0);
type rom_table is array(0 to rom_l - 1) of rom_word;
constant rom256:rom_table := rom_table'(
"11010110","10010000","11101001","11111110",
"11001100","11100001","00111101","10110111",
"00010110","10110110","00010100","11000010",
"00101000","11111011","00101100","00000101",
"00101011","01100111","10011010","01110110",
"00101010","10111110","00000100","11000011",
"10101010","01000100","00010011","00100110",
```

```
"01001001","10000110","00000110","10011001",
"10011100","01000010","01010000","11110100",
"10010001","11101111","10011000","01111010",
"00110011","01010100","00001011","01000011",
"11101101","11001111","10101100","01100010",
"11100100","10110011","00011100","10101001",
"11001001","00001000","11101000","10010101",
"10000000","11011111","10010100","11111010",
"01110101","10001111","00111111","10100110",
"01000111","00000111","10100111","11111100",
"11110011","01110011","00010111","10111010",
"10000011","01011001","00111100","00011001",
"11100110","10000101","01001111","10101000",
"01101000","01101011","10000001","10110010",
"01110001","01100100","11011010","10001011",
"11111000","11101011","00001111","01001011",
"01110000","01010110","10011101","00110101",
"00011110","00100100","00001110","01011110",
"01100011","01011000","11010001","10100010",
"00100101","00100010","01111100","00111011",
"00000001","00100001","01111000","10000111",
"11010100","00000000","01000110","01010111",
"10011111","11010011","00100111","01010010",
"01001100","00110110","00000010","11100111",
"10100000","11000100","11001000","10011110",
"11101010","10111111","10001010","11010010",
"01000000","11000111","00111000","10110101",
"10100011","11110111","11110010","11001110",
"11111001","01100001","00010101","10100001",
"11100000","10101110","01011101","10100100",
"10011011","00110100","00011010","01010101",
"10101101","10010011","00110010","00110000",
"11110101","10001100","10110001","11100011",
"00011101","11110110","11100010","00101110",
"10000010","01100110","11001010","01100000",
"11000000","00101001","00100011","10101011",
"00001101","01010011","01001110","01101111",
"11010101","11011011","00110111","01000101",
"11011110","11111101","10001110","00101111",
"00000011","11111111","01101010","01110010",
"01101101","01101100","01011011","01010001",
"10001101","00011011","10101111","10010010",
"10111011","11011101","10111100","01111111",
"00010001","11011001","01011100","01000001",
"00011111","00010000","01011010","11011000",
"00001010","11000001","00110001","10001000",
"10100101","11001101","01111011","10111101",
"00101101","01110100","11010000","00010010",
"10111000","11100101","10110100","10110000",
"10001001","01101001","10010111","01001010",
"00001100","10010110","01110111","01111110",
```

```
"01100101","10111001","11110001","00001001",
"11000101","01101110","11000110","10000100",
"00011000","11110000","01111101","11101100",
"00111010","11011100","01001101","00100000",
"01111001","11101110","01011111","00111110",
"11010111","11001011","00111001","01001000");
begin
 S8 := rom256(conv_integer(a));
return s8;
end F256;
end sm4_lib;
```

2. SM4 算法的主程序设计

SM4 算法的主程序设计包含了两个主要的进程,分别为子密钥产生模块和加解密运算模块。在加解密模块中通过状态机的控制实现了 32 轮循环迭代。具体程序如下:

```
LIBRARY ieee;
USE ieee.std_logic_1164.all;
USE ieee.std_logic_arith.all;
USE ieee.std_logic_unsigned.all;
library work;
use work.sm4_lib.all;
entity sms4 is
port( zen:in std_logic;
      zset:in std_logic;  --1 ecncryption 0 decryption
      zclk:in std_logic;
      kint:in std_logic;
      kint_done: out std_logic;
      zrdy:out std_logic;
      zmw,kin:in std_logic_vector(127 downto 0);
      miwenout: out std_logic_vector(127 downto 0));
end ;
architecture mix of sms4 is
constant fk0:std_logic_vector(31 downto 0) := x"a3b1bac6";
constant fk1:std_logic_vector(31 downto 0) := x"56aa3350";
constant fk2:std_logic_vector(31 downto 0) := x"677d9197";
constant fk3:std_logic_vector(31 downto 0) := x"b27022dc";
signal zwken,zwken_d,zrdy_sig_clr: std_logic;
signal ckrdout,kramdin,kramdout:std_logic_vector(31 downto 0);
signal krdaddr,kcount,count:std_logic_vector(4 downto 0);
type d_state is (s0,s1,s2,s3);
signal state:d_state;
type k_state is (sk0,sk1,sk2);
signal st:k_state;
subtype rom_word is std_logic_vector(31 downto 0);
type sub_key is array(0 to 31) of rom_word;
signal subkey:sub_key;

begin
process(zclk,kint)
variable kv:std_logic_vector(127 downto 0);
```

```
variable bs:std_logic_vector(31 downto 0);
variable kt:std_logic_vector(31 downto 0);
begin
  if kint = '0' then
  st <= sk0;
  kcount <= "00000";
  kint_done <= '0';
  elsif rising_edge(zclk) then
  case st is
  when sk0  => st <= sk1;
  kv := (kin(127 downto 96) xor fk0)&(kin(95 downto 64) xor fk1)&(kin(63 downto 32) xor fk2)&
(kin(31 downto 0) xor fk3);
  kcount <= "00000";
  when sk1  =>
  bs := kv(95 downto 64) xor kv(63 downto 32) xor kv(31 downto 0) xor f32(KCOUNT);
  BS := F256(bs(31 downto 24))&F256(bs(23 downto 16))&F256(bs(15 downto 8))&F256(bs(7 downto 0));
  BS := bs xor (bs(18 downto 0)&bs(31 downto 19)) xor (bs(8 downto 0)&bs(31 downto 9));
  bs := BS xor kv(127 downto 96);
  kv := kv(95 downto 0)&bs;
  subkey(CONV_INTEGER(KCOUNT))<= bs;
  if kcount < 31 then
  st <= sk1;
  kcount <= kcount + 1;
  else
  st <= sk2;
  end if;
 when sk2  => st <= sk2;
  kint_done <= '1';
 when others => st <= sk0;
  kint_done <= '0';
 end case;
 end if;
 end process;

process(zclk, zen)
variable kd:std_logic_vector(127 downto 0);
variable bS, bt:std_logic_vector(31 downto 0);
begin
    if zen = '0' then
        state <= s0;
        count <= "00000";
        zrdy <= '0';
    elsif(rising_edge(zclk)) then
      case state is
    when s0  => state <= s1;
            if zset = '1' then
            krdaddr <= "00000";
            else
            krdaddr <= "11111";
            end if;
```

```
                kd := zmw;
            when s1  =>
                bS := kd(95 downto 64) xor kd(63 downto 32) xor kd(31 downto 0) xor subkey(CONV_
INTEGER(krdaddr));
                bS := F256(bs(31 downto 24))&F256(bs(23 downto 16))&F256(bs(15 downto 8))&F256(bs
(7 downto 0));
                bS := bS xor (bS(29 downto 0)&bS(31 downto 30)) xor (bS(21 downto 0)&bS(31 downto
22)) xor (bS(13 downto 0)&bS(31 downto 14)) xor (bS(7 downto 0)&bS(31 downto 8));
                bS := bS xor kd(127 downto 96);
                kd := kd(95 downto 0)&bS;
                if zset = '1' then
                krdaddr <= krdaddr + 1;
                else
                krdaddr <= krdaddr - 1;
                end if;
                if count < 31 then
                count <= count + 1;
                state <= s1;
                else
                state <= s2;
                miwenout <= kd(31 downto 0)&kd(63 downto 32)&kd(95 downto 64)&kd(127 downto 96);
                zrdy <= '1';
                end if;
             when s2  => state <= s2;
            when others => null;
          end case;
        end if;
        end process;
end mix;
```

8.1.3 仿真验证

利用 ModelSim 软件进行仿真验证，输入密钥为 0x01234567 89ABCDEF FEDCBA98 76543210、输入明文为 0x01234567 89ABCDEF FEDCBA98 76543210，仿真结果输出密文为 0x681EDF34 D206965E 86B3E94F 536E4246（见图 8-4）。再对密文 0x681EDF34 D206965E 86B3E94F 536E4246 进行解密可得到明文 0x01234567 89ABCDE FFEDCBA98 76543210(见图 8-5)。仿真结果与官方公布算法加解密数据一致。

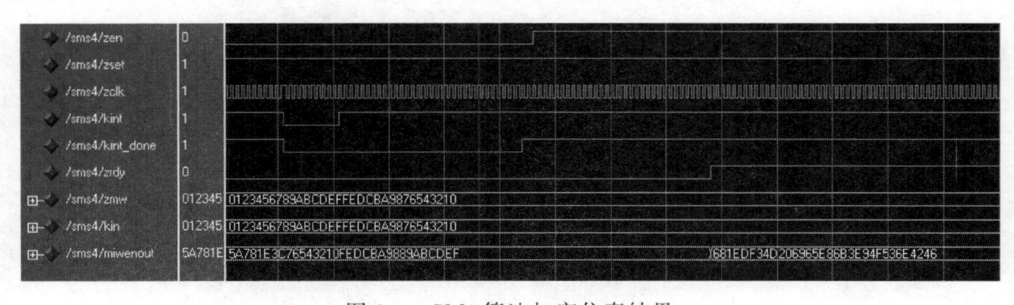

图 8-4 SM4 算法加密仿真结果

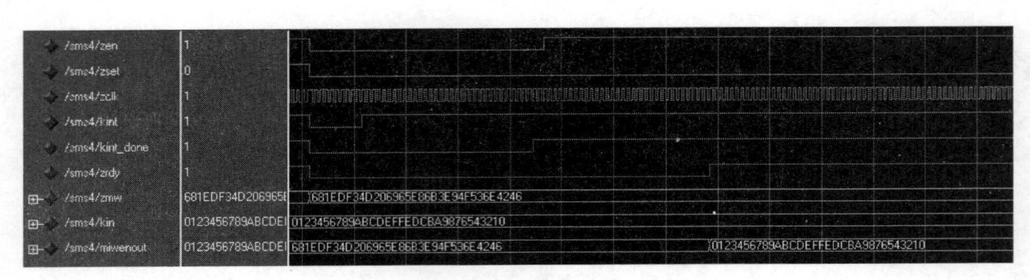

图 8-5　SM4 算法解密仿真结果

8.2　流密码算法的 VHDL 设计(ZUC)

祖冲之算法(ZUC)由中国科学院等单位研制,由中国通信标准化协会、工业和信息化部电信研究院和中国科学院等单位共同推动,纳入 3GPP 新一代宽带无线移动通信系统(LTE)国际标准。祖冲之算法的名字源于我国古代数学家祖冲之,它包括加密算法 128-EEA3 和完整性保护算法 128-EIA3,主要用于移动通信系统中传输信道的信息加密和身份认证,以确保用户通信安全。在 2011 年 9 月日本福冈召开的第 53 次第三代合作伙伴计划(3GPP)系统架构组(SA)会议上,祖冲之算法被批准成为 LTE 国际标准。这是我国商用密码算法首次走出国门,参与国际标准制定取得的重大突破。

祖冲之算法(ZUC)是一个面向字的流密码。它需要一个 128 位的初始密钥和一个 128 位的初始矢量(IV)作为输入,输出一串 32 位字的密钥流(因此,这里每一个 32 位的字称为密钥字)。密钥流可以用来加密/解密。

ZUC 的执行分为两个阶段:初始化阶段和工作阶段。在初始化阶段,将密钥和初始向量 IV 初始化,也就是,时钟控制着密码运行但不产生输出。工作阶段,随着每一个时钟脉冲,它都会产生一个 32 位字的输出。

8.2.1　ZUC 算法原理

1. 注释

$+$	两个整数的加法
ab	整数 a 和 b 的乘法
$=$	赋值运算符
mod	整数的模运算
$\oplus$	整数的位异或运算
$\boxplus$	模 2^{32} 的加法
$a \parallel b$	字符串 a 和 b 的级联
a_H	整数 a 的最左边 16 位
a_L	整数 a 的最右边 16 位
$a <<<_n k$	n 位寄存器 a 向左的 k 位循环移位
$a >> 1$	整数 a 右移一位

$(a_1, a_2, \cdots, a_n) \rightarrow (b_1, b_2, \cdots, b_n)$把 a_i 对应赋值给 b_i

2. 总体结构

如图 8-6 所示，ZUC 有三个逻辑层。顶层是一个 16 段的线性反馈移位寄存器(LFSR)，中间层是比特重组(BR)，底层是一个非线性函数 F。

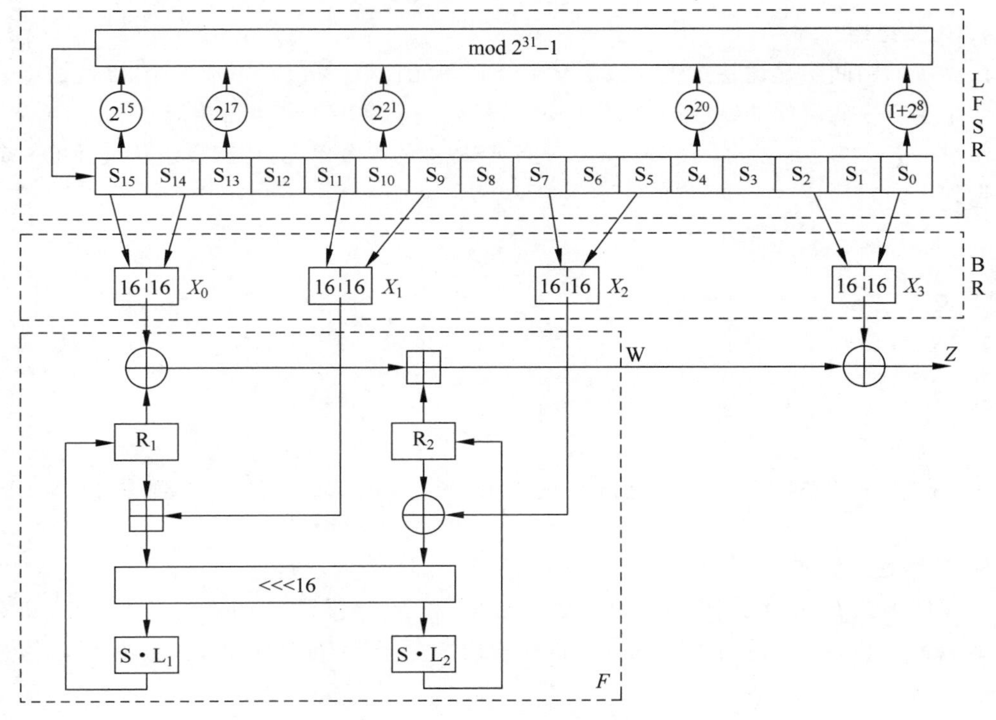

图 8-6　ZUC 算法的总体结构

3. 线性反馈移位寄存器

线性反馈移位寄存器 LFSR 有 16 个 31 位的单元(s_0，s_1，…，s_{15})，每个单元 s_i ($0 \leqslant i \leqslant 15$)仅限在下列集合中取值

$$\{1,2,3,\cdots,2^{31}-1\}$$

LFSR 包含两个操作模式：初始化模式和工作模式。

初始化模式时，LFSR 接收一个 31 位的输入字 u，u 是通过去掉非线性函数 F 输出的 32 位字 W 的最右边的位获得的。也就是，u＝W >> 1。更具体地说，初始化模式工作如下：

```
LFSRWithInitialisationMode(u)
{
1.   v = 2^15 s15 + 2^17 s13 + 2^21 s10 + 2^20 s4 + (1 + 2^8) s0 mod (2^31 - 1);
2.   s16 = (v + u) mod (2^31 - 1);
3.   If s16 = 0, then set s16 = 2^31 - 1;
4.   (s1, s2, …, s15, s16) → (s0, s1, …, s14, s15).
}
```

工作模式时，LFSR 不再接收任何输入，其工作如下：

```
LFSRWithWorkMode()
{
```

```
1.  s16 = 2^15 s15 + 2^17 s13 + 2^21 s10 + 2^20 s4 + (1 + 2^8) s0 mod (2^31 - 1);
2.  If s16 = 0, then set s16 = 2^31 - 1;
3.  (s1, s2, …, s15, s16) → (s0, s1, …, s14, s15).
}
```

4. 比特重组

该算法的中间层是比特重组。该层从LFSR单元抽取128位，形成4个32位的字。其中前3个字会在底层的非线性函数 F 中使用，最后一个字用于产生密钥流。

假设 s_0，s_2，s_5，s_7，s_9，s_{11}，s_{14}，s_{15} 是LFSR里的8个单元，比特重组从上面的8个单元里按如下方式形成4个32位的字 X_0，X_1，X_2，X_3：

```
Bitreorganization()
{
1.  X0 = s15H || s14L;
2.  X1 = s11L || s9H;
3.  X2 = s7L || s5H;
4.  X3 = s2L || s0H.
}
```

其中，s_i 是31位的整数，因此 s_{iH} 是指 s_i 的从第30到15位，而不是第31到16位，对于 $0 \leqslant i \leqslant 15$。

5. 非线性函数 *F*

非线性函数 F 包括2个32位的记忆单元 R_1 和 R_2。假设 F 的输入为 X_0、X_1 和 X_2，其中 X_0、X_1 和 X_2 来自比特重组的输出，F 输出为一个32位的字 W，函数 F 的具体过程如下：

```
F (X0, X1, X2)
{
1.  W = (X0 ⊕ R1) ⊞ R2;
2.  W1 = R1 ⊞ X1;
3.  W2 = R2 ⊕ X2;
4.  R1 = S(L1(W1L || W2H));
5.  R2 = S(L2(W2L || W1H)).
}
```

其中，S是一个32×32位的S盒，L_1 和 L_2 是线性变换。

1）S盒

32×32的S盒是由4个并列的8×8的S盒组成，也就是说，$S=(S_0, S_1, S_2, S_3)$，这里 $S_0=S_2$，$S_1=S_3$。S_0 和 S_1 的定义分别在表8-2和表8-3中。

假设 x 是 S_0(或 S_1)的一个8位输入，表示为：$x=h \parallel l$，即 h 为高4位，l 为低4位，则表8-2(表8-3)里第 h 行和 l 列相交的值即为 S_0(或 S_1)的输出。

2）线性变换 L_1 和 L_2

L_1 和 L_2 都是32位到32位的线性变换，其定义如下：

$$L_1(X) = X \oplus (X <<<_{32} 2) \oplus (X <<<_{32} 10) \oplus (X <<<_{32} 18) \oplus (X <<<_{32} 24)$$

$$L_2(X) = X \oplus (X <<<_{32} 8) \oplus (X <<<_{32} 14) \oplus (X <<<_{32} 22) \oplus (X <<<_{32} 30)$$

表 8-2 S 盒 S_0

	0	1	2	3	4	5	6	7	8	9	A	B	C	D	E	F
0	3E	72	5B	47	CA	E0	00	33	04	D1	54	98	09	B9	6D	CB
1	7B	1B	F9	32	AF	9D	6A	A5	B8	2D	FC	1D	08	53	03	90
2	4D	4E	84	99	E4	CE	D9	91	DD	B6	85	48	8B	29	6E	AC
3	CD	C1	F8	1E	73	43	69	C6	B5	BD	FD	39	63	20	D4	38
4	76	7D	B2	A7	CF	ED	57	C5	F3	2C	BB	14	21	06	55	9B
5	E3	EF	5E	31	4F	7F	5A	A4	0D	82	51	49	5F	BA	58	1C
6	4A	16	D5	17	A8	92	24	1F	8C	FF	D8	AE	2E	01	D3	AD
7	3B	4B	DA	46	EB	C9	DE	9A	8F	87	D7	3A	80	6F	2F	C8
8	B1	B4	37	F7	0A	22	13	28	7C	CC	3C	89	C7	C3	96	56
9	07	BF	7E	F0	0B	2B	97	52	35	41	79	61	A6	4C	10	FE
A	BC	26	95	88	8A	B0	A3	FB	C0	18	94	F2	E1	E5	E9	5D
B	D0	DC	11	66	64	5C	EC	59	42	75	12	F5	74	9C	AA	23
C	0E	86	AB	BE	2A	02	E7	67	E6	44	A2	6C	C2	93	9F	F1
D	F6	FA	36	D2	50	68	9E	62	71	15	3D	D6	40	C4	E2	0F
E	8E	83	77	6B	25	05	3F	0C	30	EA	70	B7	A1	E8	A9	65
F	8D	27	1A	DB	81	B3	A0	F4	45	7A	19	DF	EE	78	34	60

表 8-3 S 盒 S_1

	0	1	2	3	4	5	6	7	8	9	A	B	C	D	E	F
0	55	C2	63	71	3B	C8	47	86	9F	3C	DA	5B	29	AA	FD	77
1	8C	C5	94	0C	A6	1A	13	00	E3	A8	16	72	40	F9	F8	42
2	44	26	68	96	81	D9	45	3E	10	76	C6	A7	8B	39	43	E1
3	3A	B5	56	2A	C0	6D	B3	05	22	66	BF	DC	0B	FA	62	48
4	DD	20	11	06	36	C9	C1	CF	F6	27	52	BB	69	F5	D4	87
5	7F	84	4C	D2	9C	57	A4	BC	4F	9A	DF	FE	D6	8D	7A	EB
6	2B	53	D8	5C	A1	14	17	FB	23	D5	7D	30	67	73	08	09
7	EE	B7	70	3F	61	B2	19	8E	4E	E5	4B	93	8F	5D	DB	A9
8	AD	F1	AE	2E	CB	0D	FC	F4	2D	46	6E	1D	97	E8	D1	E9
9	4D	37	A5	75	5E	83	9E	AB	82	9D	B9	1C	E0	CD	49	89
A	01	B6	BD	58	24	A2	5F	38	78	99	15	90	50	B8	95	E4
B	D0	91	C7	CE	ED	0F	B4	6F	A0	CC	F0	02	4A	79	C3	DE
C	A3	EF	EA	51	E6	6B	18	EC	1B	2C	80	F7	74	E7	FF	21
D	5A	6A	54	1E	41	31	92	35	C4	33	07	0A	BA	7E	0E	34
E	88	B1	98	7C	F3	3D	60	6C	7B	CA	D3	1F	32	65	04	28
F	64	BE	85	9B	2F	59	8A	D7	B0	25	AC	AF	12	03	E2	F2

注：上面 S 盒 S_0 和 S_1 里的值都是以十六进制表示的。

6. 密钥加载

随着 LFSR 的初始化，密钥加载过程会把初始密钥和初始矢量扩展到 16 个 31 位的整数。假设 128 位的初始密钥 k 和 128 位的初始向量 iv 如下：

$$k = k_0 \parallel k_1 \parallel k_2 \parallel \cdots \parallel k_{15}$$

和

$$iv = iv_0 \parallel iv_1 \parallel iv_2 \parallel \cdots \parallel iv_{15}$$

这里 k_i 和 iv_i 分别都是字节，$0 \leqslant i \leqslant 15$。$k$ 和 iv 被加载到 LFSR 的 $s_0, s_1, \cdots, s_{15}$，如下：

（1）假设 D 是一个由 16 个 15bit 子字符串组成的 240 位的长常字符串：

$$D = d_0 \parallel d_1 \parallel \cdots \parallel d_{15}$$

这里

$$d_0 = 100010011010111_2$$
$$d_1 = 010011010111100_2$$
$$d_2 = 110001001101011_2$$
$$d_3 = 001001101011110_2$$
$$d_4 = 101011110001001_2$$
$$d_5 = 011010111100010_2$$
$$d_6 = 111000100110101_2$$
$$d_7 = 000100110101111_2$$
$$d_8 = 100110101111000_2$$
$$d_9 = 010111100010011_2$$
$$d_{10} = 110101111000100_2$$
$$d_{11} = 001101011110001_2$$
$$d_{12} = 101111000100110_2$$
$$d_{13} = 011110001001101_2$$
$$d_{14} = 111100010011010_2$$
$$d_{15} = 100011110101100_2$$

（2）对 $0 \leqslant i \leqslant 15$，使 $s_i = k_i \parallel d_i \parallel iv_i$。

7. ZUC 算法的执行

执行 ZUC 算法分两个阶段：初始化阶段和工作阶段。

1）初始化阶段

在初始化阶段，算法调用密钥加载过程把 128 位的密钥 k 和 128 位的初始向量 iv 加载到 LFSR 里，并且把 32 位记忆单元 R_1 和 R_2 全部清零，按如下方式操作 32 次：

```
a.  Bitreorganization();
b.  w = F(X0, X1, X2);
c.  LFSRWithInitialisationMode(w >> 1).
```

2）工作阶段

在初始化阶段之后，算法进入到工作阶段。在工作阶段，算法执行一次下面的操作，并丢弃函数 F 的输出 W。

```
a.  Bitreorganization();
b.    F(X0, X1, X2);
c.  LFSRWithWorkMode().
```

接着算法进入产生密钥流阶段，也就是说，对于每一次迭代，执行一次下列操作，并输出一个 32 位的字 Z：

a. Bitreorganization();
b. $Z = F(X_0, X_1, X_2) \oplus X_3$;
c. LFSRWithWorkMode().

8.2.2 设计实现

1. ZUC 库函数的设计

VHDL 库函数定义了 9 个函数，分别为 addm、s0、s1、L1、L2、f、bitreorganization、lfsrinital、lfsrwork1，均用 LUT 逻辑资源实现，程序代码如下：

```
library ieee;
use ieee.std_logic_1164.all;
use ieee.std_logic_arith.all;
use ieee.std_logic_unsigned.all;
-- **********************************
package zuc_lib is
procedure addm(variable a,b,c,d,e,f,g:in std_logic_vector(30 downto 0);
                 variable v:out std_logic_vector(30 downto 0));
function s0(a:std_logic_vector(7 downto 0))
        return std_logic_vector;
function s1(a:std_logic_vector(7 downto 0))
        return std_logic_vector;
function L1(x:std_logic_vector(31 downto 0))
        return std_logic_vector;
function L2(x:std_logic_vector(31 downto 0))
        return std_logic_vector;
procedure f(x0,x1,x2:in std_logic_vector(31 downto 0);
             w:out std_logic_vector(31 downto 0);
             w1,w2: inout std_logic_vector(31 downto 0);
             r1,r2: inout std_logic_vector (31 downto 0)
             );
procedure bitreorganization(variable lfsr_s0,lfsr_s1,lfsr_s2,lfsr_s3,lfsr_s4,lfsr_s5,lfsr_
s6, lfsr_s7,lfsr_s8,lfsr_s9,lfsr_s10,lfsr_s11,lfsr_s12,lfsr_s13,lfsr_s14,lfsr_s15:in std_
logic_vector(30 downto 0);
                          x0,x1,x2,x3:out std_logic_vector(31 downto 0));
procedure lfsrinital(variable u:in std_logic_vector(30 downto 0); lfsr_s0,lfsr_s1,lfsr_s2,
lfsr_s3,lfsr_s4,lfsr_s5,lfsr_s6,lfsr_s7,lfsr_s8,lfsr_s9,lfsr_s10,lfsr_s11,lfsr_s12,lfsr_
s13,lfsr_s14,lfsr_s15:inout std_logic_vector(30 downto 0) );
procedure lfsrwork(lfsr_s0,lfsr_s1,lfsr_s2,lfsr_s3,lfsr_s4,lfsr_s5,lfsr_s6,lfsr_s7,lfsr_
s8,lfsr_s9,lfsr_s10,lfsr_s11, lfsr_s12,lfsr_s13,lfsr_s14,lfsr_s15:inout std_logic_vector
(30 downto 0));

end zuc_lib;

library ieee;
use ieee.std_logic_1164.all;
use ieee.std_logic_arith.all;
use ieee.std_logic_unsigned.all;
```

```
library work;
use work.zuc_lib.all;
package body zuc_lib is

-- ******************************
-- addm
-- *********************************
procedure addm(variable a,b,c,d,e,f,g:in std_logic_vector(30 downto 0);
                  variable v:out std_logic_vector(30 downto 0)) is
variable u:std_logic_vector(36 downto 0);
begin
u := ("000000"&a) + ("000000"&b) + ("000000"&c) + ("000000"&d) + ("000000"&e) + ("000000"&f)
 + ("000000"&g);
v := u(30 downto 0) + u(36 downto 31);
end procedure addm;

-- ******************************
-- sbox s0
-- ****************************
function s0(a:std_logic_vector(7 downto 0))
        return std_logic_vector is
variable s0_out:std_logic_vector(7 downto 0);
constant rom_w:integer  := 8;
constant room_1:integer := 256;
subtype room_word is std_logic_vector(rom_w - 1 downto 0);
type room_table is array(0 to room_1 - 1)of room_word;
constant room0_256:room_table := (
x"3e",x"72",x"5b",x"47",x"ca",x"e0",x"00",x"33",x"04",x"d1",x"54",x"98",x"09",x"b9",x"
6d",x"cb",
x"7b",x"1b",x"f9",x"32",x"af",x"9d",x"6a",x"a5",x"b8",x"2d",x"fc",x"1d",x"08",x"53",x"
03",x"90",
x"4d",x"4e",x"84",x"99",x"e4",x"ce",x"d9",x"91",x"dd",x"b6",x"85",x"48",x"8b",x"29",x"
6e",x"ac",
x"cd",x"c1",x"f8",x"1e",x"73",x"43",x"69",x"c6",x"b5",x"bd",x"fd",x"39",x"63",x"20",x"
d4",x"38",
x"76",x"7d",x"b2",x"a7",x"cf",x"ed",x"57",x"c5",x"f3",x"2c",x"bb",x"14",x"21",x"06",x"
55",x"9b",
x"e3",x"ef",x"5e",x"31",x"4f",x"7f",x"5a",x"a4",x"0d",x"82",x"51",x"49",x"5f",x"ba",x"
58",x"1c",
x"4a",x"16",x"d5",x"17",x"a8",x"92",x"24",x"1f",x"8c",x"ff",x"d8",x"ae",x"2e",x"01",x"
d3",x"ad",
x"3b",x"4b",x"da",x"46",x"eb",x"c9",x"de",x"9a",x"8f",x"87",x"d7",x"3a",x"80",x"6f",x"
2f",x"c8",
x"b1",x"b4",x"37",x"f7",x"0a",x"22",x"13",x"28",x"7c",x"cc",x"3c",x"89",x"c7",x"c3",x"
96",x"56",
x"07",x"bf",x"7e",x"f0",x"0b",x"2b",x"97",x"52",x"35",x"41",x"79",x"61",x"a6",x"4c",x"
10",x"fe",
x"bc",x"26",x"95",x"88",x"8a",x"b0",x"a3",x"fb",x"c0",x"18",x"94",x"f2",x"e1",x"e5",x"
e9",x"5d",
x"d0",x"dc",x"11",x"66",x"64",x"5c",x"ec",x"59",x"42",x"75",x"12",x"f5",x"74",x"9c",x"
aa",x"23",
```

```
x"0e",x"86",x"ab",x"be",x"2a",x"02",x"e7",x"67",x"e6",x"44",x"a2",x"6c",x"c2",x"93",x"
9f",x"f1",
x"f6",x"fa",x"36",x"d2",x"50",x"68",x"9e",x"62",x"71",x"15",x"3d",x"d6",x"40",x"c4",x"
e2",x"0f",
x"8e",x"83",x"77",x"6b",x"25",x"05",x"3f",x"0c",x"30",x"ea",x"70",x"b7",x"a1",x"e8",x"
a9",x"65",
x"8d",x"27",x"1a",x"db",x"81",x"b3",x"a0",x"f4",x"45",x"7a",x"19",x"df",x"ee",x"78",x"
34",x"60"
);
begin
s0_out := room0_256(conv_integer(a));
return s0_out;
end s0;

-- ********************************
-- sbox s1
-- ************************************
function s1(a:std_logic_vector(7 downto 0))
        return std_logic_vector is
variable s1_out:std_logic_vector(7 downto 0);
constant rom_w:integer  := 8;
constant room_1:integer := 256;
subtype room_word is std_logic_vector(rom_w - 1 downto 0);
type room_table is array(0 to room_1 - 1)of room_word;
constant room1_256:room_table := (
x"55",x"c2",x"63",x"71",x"3b",x"c8",x"47",x"86",x"9f",x"3c",x"da",x"5b",x"29",x"aa",x"
fd",x"77",
x"8c",x"c5",x"94",x"0c",x"a6",x"1a",x"13",x"00",x"e3",x"a8",x"16",x"72",x"40",x"f9",x"
f8",x"42",
x"44",x"26",x"68",x"96",x"81",x"d9",x"45",x"3e",x"10",x"76",x"c6",x"a7",x"8b",x"39",x"
43",x"e1",
x"3a",x"b5",x"56",x"2a",x"c0",x"6d",x"b3",x"05",x"22",x"66",x"bf",x"dc",x"0b",x"fa",x"
62",x"48",
x"dd",x"20",x"11",x"06",x"36",x"c9",x"c1",x"cf",x"f6",x"27",x"52",x"bb",x"69",x"f5",x"
d4",x"87",
x"7f",x"84",x"4c",x"d2",x"9c",x"57",x"a4",x"bc",x"4f",x"9a",x"df",x"fe",x"d6",x"8d",x"
7a",x"eb",
x"2b",x"53",x"d8",x"5c",x"a1",x"14",x"17",x"fb",x"23",x"d5",x"7d",x"30",x"67",x"73",x"
08",x"09",
x"ee",x"b7",x"70",x"3f",x"61",x"b2",x"19",x"8e",x"4e",x"e5",x"4b",x"93",x"8f",x"5d",x"
db",x"a9",
x"ad",x"f1",x"ae",x"2e",x"cb",x"0d",x"fc",x"f4",x"2d",x"46",x"6e",x"1d",x"97",x"e8",x"
d1",x"e9",
x"4d",x"37",x"a5",x"75",x"5e",x"83",x"9e",x"ab",x"82",x"9d",x"b9",x"1c",x"e0",x"cd",x"
49",x"89",
x"01",x"b6",x"bd",x"58",x"24",x"a2",x"5f",x"38",x"78",x"99",x"15",x"90",x"50",x"b8",x"
95",x"e4",
x"d0",x"91",x"c7",x"ce",x"ed",x"0f",x"b4",x"6f",x"a0",x"cc",x"f0",x"02",x"4a",x"79",x"
c3",x"de",
x"a3",x"ef",x"ea",x"51",x"e6",x"6b",x"18",x"ec",x"1b",x"2c",x"80",x"f7",x"74",x"e7",x"
ff",x"21",
```

```
x"5a",x"6a",x"54",x"1e",x"41",x"31",x"92",x"35",x"c4",x"33",x"07",x"0a",x"ba",x"7e",x"
0e",x"34",
x"88",x"b1",x"98",x"7c",x"f3",x"3d",x"60",x"6c",x"7b",x"ca",x"d3",x"1f",x"32",x"65",x"
04",x"28",
x"64",x"be",x"85",x"9b",x"2f",x"59",x"8a",x"d7",x"b0",x"25",x"ac",x"af",x"12",x"03",x"
e2",x"f2"
);
begin
s1_out := room1_256(conv_integer(a));
return s1_out;
end s1;

-- ******************************
-- function L1
-- ****************************
function L1(x:std_logic_vector(31 downto 0))
        return std_logic_vector is
variable L1_out:std_logic_vector(31 downto 0);
begin
L1_out := x xor (x(29 downto 0) & x(31 downto 30)) xor (x(21 downto 0) & x(31 downto 22)) xor (x
(13 downto 0) & x(31 downto 14)) xor (x(7 downto 0) & x(31 downto 8));
return L1_out;
end L1;

-- ***************************
-- funcyion L2
-- ****************************
function L2(x:std_logic_vector(31 downto 0))
        return std_logic_vector is
variable L2_out:std_logic_vector(31 downto 0);
begin
L2_out := x xor (x(23 downto 0) & x(31 downto 24)) xor (x(17 downto 0) & x(31 downto 18)) xor (x
(9 downto 0) & x(31 downto 10)) xor (x(1 downto 0) & x(31 downto 2));
return L2_out;
end L2;

-- *************************
-- procedure f
-- ***********************
procedure f(x0,x1,x2:in std_logic_vector(31 downto 0);
                w:out std_logic_vector(31 downto 0);
                w1,w2: inout std_logic_vector(31 downto 0);
                r1,r2: inout std_logic_vector (31 downto 0)
                ) is
variable a,b:std_logic_vector(31 downto 0);
begin
w := ((x0 xor r1) + r2)and x"ffffffff";
w1 := (r1 + x1) and x"ffffffff";
w2 := r2 xor x2;
a := L1(w1(15 downto 0) & w2(31 downto 16));
b := L2(w2(15 downto 0) & w1(31 downto 16));
```

```
r1 := s0(a(31 downto 24)) & s1(a(23 downto 16)) & s0(a(15 downto 8)) & s1(a(7 downto 0));
r2 := s0(b(31 downto 24)) & s1(b(23 downto 16)) & s0(b(15 downto 8)) & s1(b(7 downto 0));
end procedure f;

-- ******************************
-- procedure bitreorganization
-- ******************************
Procedure
bitreorganization(variable lfsr_s0,lfsr_s1,lfsr_s2,lfsr_s3,lfsr_s4,lfsr_s5,lfsr_s6,lfsr
_s7,
lfsr_s8,lfsr_s9,lfsr_s10,lfsr_s11,lfsr_s12,lfsr_s13,lfsr_s14,lfsr_s15:instd_logic_vector
(30 downto 0);
            x0,x1,x2,x3:out std_logic_vector(31 downto 0)) is
begin
x0 := lfsr_s15(30 downto 15) & lfsr_s14(15 downto 0);
x1 := lfsr_s11(15 downto 0) & lfsr_s9(30 downto 15);
x2 := lfsr_s7(15 downto 0) & lfsr_s5(30 downto 15);
x3 := lfsr_s2(15 downto 0) & lfsr_s0(30 downto 15);
end procedure bitreorganization;

-- ******************************
-- LFSR initialisation mode
-- ******************************
procedure lfsrinital(variable u:in std_logic_vector(30 downto 0);
lfsr_s0,lfsr_s1,lfsr_s2,lfsr_s3,lfsr_s4,lfsr_s5,lfsr_s6,lfsr_s7,lfsr_s8,lfsr_s9,lfsr_s10,
lfsr_s11,lfsr_s12,lfsr_s13,lfsr_s14,lfsr_s15:inout std_logic_vector(30 downto 0)
                        ) is
variable lfsr_s16:std_logic_vector(30 downto 0);
variable v:std_logic_vector(30 downto 0);
variable k:std_logic_vector(30 downto 0);
variable m:std_logic_vector(30 downto 0);
variable n:std_logic_vector(30 downto 0);
variable p:std_logic_vector(30 downto 0);
variable q:std_logic_vector(30 downto 0);
variable t:std_logic_vector(30 downto 0);
begin
m := lfsr_s15(15 downto 0)& lfsr_s15(30 downto 16);
n := lfsr_s13(13 downto 0)& lfsr_s13(30 downto 14);
p := lfsr_s10(9 downto 0)& lfsr_s10(30 downto 10);
q := lfsr_s4(10 downto 0)& lfsr_s4(30 downto 11);
t := lfsr_s0(22 downto 0)& lfsr_s0(30 downto 23);
addm(m,n,p,q,t,u,lfsr_s0,lfsr_s16);
if conv_integer(lfsr_s16) = 0 then
lfsr_s16 := "1111111111111111111111111111111";
end if;
lfsr_s0 := lfsr_s1;
lfsr_s1 := lfsr_s2;
lfsr_s2 := lfsr_s3;
lfsr_s3 := lfsr_s4;
lfsr_s4 := lfsr_s5;
lfsr_s5 := lfsr_s6;
```

```
lfsr_s6 := lfsr_s7;
lfsr_s7 := lfsr_s8;
lfsr_s8 := lfsr_s9;
lfsr_s9 := lfsr_s10;
lfsr_s10 := lfsr_s11;
lfsr_s11 := lfsr_s12;
lfsr_s12 := lfsr_s13;
lfsr_s13 := lfsr_s14;
lfsr_s14 := lfsr_s15;
lfsr_s15 := lfsr_s16;
end procedure lfsrinital;
-- *******************************
-- LFSR work mode
-- *****************************
procedure lfsrwork(lfsr_s0,lfsr_s1,lfsr_s2,lfsr_s3,lfsr_s4,lfsr_s5,lfsr_s6,lfsr_s7,lfsr_
s8,lfsr_s9,lfsr_s10,lfsr_s11,lfsr_s12,lfsr_s13,lfsr_s14,lfsr_s15:inout std_logic_vector
(30 downto 0)) is
variable lfsr_s16:std_logic_vector(30 downto 0);
variable v:std_logic_vector(30 downto 0);
variable k:std_logic_vector(30 downto 0);
variable m:std_logic_vector(30 downto 0);
variable n:std_logic_vector(30 downto 0);
variable p:std_logic_vector(30 downto 0);
variable q:std_logic_vector(30 downto 0);
variable t:std_logic_vector(30 downto 0);
begin
m := lfsr_s15(15 downto 0)& lfsr_s15(30 downto 16);
n := lfsr_s13(13 downto 0)& lfsr_s13(30 downto 14);
p := lfsr_s10(9 downto 0)& lfsr_s10(30 downto 10);
q := lfsr_s4(10 downto 0)& lfsr_s4(30 downto 11);
t := lfsr_s0(22 downto 0)& lfsr_s0(30 downto 23);
k := "0000000000000000000000000000000";
addm(m,n,p,q,t,k,lfsr_s0,lfsr_s16);
if conv_integer(lfsr_s16) = 0 then
lfsr_s16 := "1111111111111111111111111111111";
end if;
lfsr_s0 := lfsr_s1;
lfsr_s1 := lfsr_s2;
lfsr_s2 := lfsr_s3;
lfsr_s3 := lfsr_s4;
lfsr_s4 := lfsr_s5;
lfsr_s5 := lfsr_s6;
lfsr_s6 := lfsr_s7;
lfsr_s7 := lfsr_s8;
lfsr_s8 := lfsr_s9;
lfsr_s9 := lfsr_s10;
lfsr_s10 := lfsr_s11;
lfsr_s11 := lfsr_s12;
lfsr_s12 := lfsr_s13;
lfsr_s13 := lfsr_s14;
lfsr_s14 := lfsr_s15;
```

```
lfsr_s15 := lfsr_s16;
end procedure lfsrwork;
end zuc_lib;
```

2. ZUC 算法的主程序设计

ZUC 算法的主程序通过状态机的控制实现迭代。具体程序如下：

```
-- ***********************
LIBRARY ieee;
USE ieee.std_logic_1164.all;
USE ieee.std_logic_arith.all;
USE ieee.std_logic_unsigned.all;
library work;
use work.zuc_lib.all;
-- ****************************
entity zuc is
port(
    k,iv:in std_logic_vector(127 downto 0);
    z_out:out std_logic_vector(31 downto 0);
    clk:in std_logic;
    reset:in std_logic;
    klen:in std_logic_vector(4 downto 0) -- number of iterations in the key stream phase
    );
end zuc;
-- *********************************
architecture mix of zuc is
constant d0:std_logic_vector(14 downto 0) := "100010011010111";
constant d1:std_logic_vector(14 downto 0) := "010011010111100";
constant d2:std_logic_vector(14 downto 0) := "110001001101011";
constant d3:std_logic_vector(14 downto 0) := "001001101011110";
constant d4:std_logic_vector(14 downto 0) := "101011110001001";
constant d5:std_logic_vector(14 downto 0) := "011010111100010";
constant d6:std_logic_vector(14 downto 0) := "111000100110101";
constant d7:std_logic_vector(14 downto 0) := "000100110101111";
constant d8:std_logic_vector(14 downto 0) := "100110101111000";
constant d9:std_logic_vector(14 downto 0) := "010111100010011";
constant d10:std_logic_vector(14 downto 0) := "110101111000100";
constant d11:std_logic_vector(14 downto 0) := "001101011110001";
constant d12:std_logic_vector(14 downto 0) := "101111000100110";
constant d13:std_logic_vector(14 downto 0) := "011110001001101";
constant d14:std_logic_vector(14 downto 0) := "111100010011010";
constant d15:std_logic_vector(14 downto 0) := "100011110101100";
signal ini_rdy:std_logic;
signal work_rdy:std_logic;
signal k_rdy:std_logic;
type d_state is (s0,s1,s2,s3,s4);
signal st:d_state;
subtype room_word is std_logic_vector(31 downto 0);
type sub_key is array(0 to 31)of room_word;
signal subkey:sub_key;
begin
```

```
process(clk,reset)
variable count:std_logic_vector(4 downto 0);
variable kcount:std_logic_vector(4 downto 0);
variable x0,x1,x2,x3:std_logic_vector(31 downto 0);
variable lfsr_s0,lfsr_s1,lfsr_s2,lfsr_s3,lfsr_s4,lfsr_s5,lfsr_s6,lfsr_s7,lfsr_s8,lfsr_s9,
lfsr_s10,lfsr_s11,lfsr_s12,lfsr_s13,lfsr_s14,lfsr_s15,lfsr_s16:std_logic_vector(30 downto 0);
variable w,w1,w2:std_logic_vector(31 downto 0);
variable r1,r2:std_logic_vector (31 downto 0);
variable u:std_logic_vector(30 downto 0);
variable v:std_logic_vector(31 downto 0);
begin
if reset = '0'then
    st <= s0;
    count := "00000";
    kcount := "00000";
    ini_rdy <= '0';
elsif rising_edge(clk)then
    case st is
    -- ********************
    -- initial
    -- *********************
    when s0 => count := "00000";ini_rdy <= '0';
        lfsr_s0 := k(127 downto 120) & d0 & iv(127 downto 120);
        lfsr_S1 := K(119 DOWNTO 112) & d1 & iv(119 downto 112);
        lfsr_s2 := k(111 downto 104) & d2 & iv(111 downto 104);
        lfsr_s3 := k(103 downto 96) & d3 & iv(103 downto 96);
        lfsr_s4 := k(95 downto 88) & d4 & iv(95 downto 88);
        lfsr_s5 := k(87 downto 80) & d5 & iv(87 downto 80);
        lfsr_s6 := k(79 downto 72) & d6 & iv(79 downto 72);
        lfsr_s7 := k(71 downto 64) & d7 & iv(71 downto 64);
        lfsr_s8 := k(63 downto 56) & d8 & iv(63 downto 56);
        lfsr_s9 := k(55 downto 48) & d9 & iv(55 downto 48);
        lfsr_s10 := k(47 downto 40) & d10 & iv(47 downto 40);
        lfsr_s11 := k(39 downto 32) & d11 & iv(39 downto 32);
        lfsr_s12 := k(31 downto 24) & d12 & iv(31 downto 24);
        lfsr_s13 := k(23 downto 16) & d13 & iv(23 downto 16);
        lfsr_s14 := k(15 downto 8) & d14 & iv(15 downto 8);
        lfsr_s15 := k(7 downto 0) & d15 & iv(7 downto 0);
        r1 := x"00000000";
        r2 := x"00000000";
        st <= s1;
    -- ***********************************
    -- Initialization phase
    -- *********************************
    when s1 => bitreorganization(lfsr_s0,lfsr_s1,lfsr_s2,lfsr_s3,lfsr_s4,lfsr_s5,lfsr_s6,
lfsr_s7,lfsr_s8,lfsr_s9,lfsr_s10,lfsr_s11,lfsr_s12,lfsr_s13,lfsr_s14,lfsr_s15,x0,x1,x2,
x3);
        f(x0,x1,x2,w,w1,w2,r1,r2);
        u := w(31 downto 1);
lfsrinital(u,lfsr_s0,lfsr_s1,lfsr_s2,lfsr_s3,lfsr_s4,lfsr_s5,lfsr_s6,lfsr_s7,lfsr_s8,lfsr_
s9,lfsr_s10,lfsr_s11,lfsr_s12,lfsr_s13,lfsr_s14,lfsr_s15);
```

```
        if count < 31 then
        ini_rdy <= '0';st <= s1;count := count + 1;
        else
        st <= s2;ini_rdy <= '1';
        end if;
    -- ************************************
    -- work phase
    -- ************************************
    when s2 =>
        ini_rdy <= '1';
bitreorganization(lfsr_s0,lfsr_s1,lfsr_s2,lfsr_s3,lfsr_s4,lfsr_s5,lfsr_s6,lfsr_s7,lfsr_
s8,lfsr_s9,lfsr_s10,lfsr_s11,lfsr_s12,lfsr_s13,lfsr_s14,lfsr_s15,x0,x1,x2,x3);
        f(x0,x1,x2,w,w1,w2,r1,r2);
lfsrwork(lfsr_s0,lfsr_s1,lfsr_s2,lfsr_s3,lfsr_s4,lfsr_s5,lfsr_s6,lfsr_s7,lfsr_s8,lfsr_s9,
lfsr_s10,lfsr_s11,lfsr_s12,lfsr_s13,lfsr_s14,lfsr_s15);
        st <= s3;
        work_rdy <= '1';
    -- ************************************
    -- produce the key stream phase
    -- ************************************
    when s3 => bitreorganization(lfsr_s0,lfsr_s1,lfsr_s2,lfsr_s3,lfsr_s4,lfsr_s5,lfsr_s6,
lfsr_s7,lfsr_s8,lfsr_s9,lfsr_s10,lfsr_s11,lfsr_s12,lfsr_s13,lfsr_s14,lfsr_s15,x0,x1,x2,
x3);
        f(x0,x1,x2,w,w1,w2,r1,r2);
        z_out <= w xor x3;
lfsrwork(lfsr_s0,lfsr_s1,lfsr_s2,lfsr_s3,lfsr_s4,lfsr_s5,lfsr_s6,lfsr_s7,lfsr_s8,lfsr_s9,
lfsr_s10,lfsr_s11,lfsr_s12,lfsr_s13,lfsr_s14,lfsr_s15);
        subkey(conv_integer(kcount))<= w xor x3;
        if kcount < klen - 1 then
        kcount := kcount + 1;st <= s3;
        else
        st <= s4;k_rdy <= '1';
        end if;
    when s4 =>
        st <= s4;k_rdy <= '1';
    when others =>
        st <= s0;
    end case;
end if;
end process;
end mix;
```

8.2.3 仿真验证

采用 ModelSim 软件进行仿真验证，假设初始密钥为 00000000 00000000 00000000 00000000、初始矢量 IV 为 00000000 00000000 00000000 00000000，在工作阶段产生密钥流 27BEDE74 018082DA 87D4E5B6……，仿真波形如图 8-7 所示。

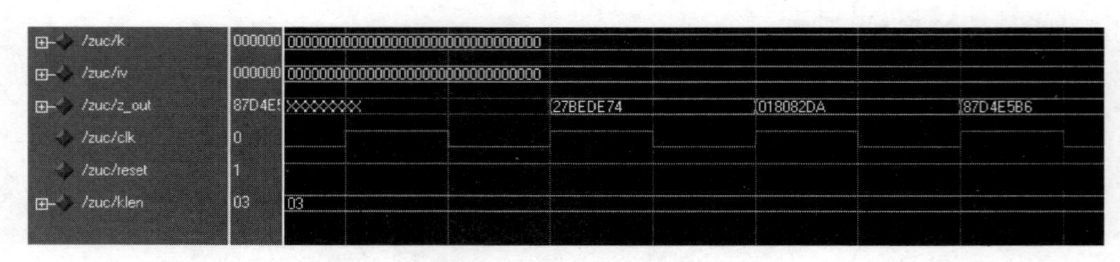

图 8-7 ZUC 算法仿真波形

8.3 HASH 算法的 VHDL 设计(SM3)

SM3 密码杂凑算法(GM/T 0004—2012)是国家密码管理局于 2012 年 3 月 21 日批准的六项密码行业标准之一。SM3 密码杂凑算法适用于商用密码应用中的数字签名和验证、消息认证码的生成与验证以及随机数的生成,可满足多种密码应用的安全需求。同时,SM3 密码杂凑算法还可为安全产品生产商提供产品和技术的标准定位以及标准化的参考,提高安全产品的可信性与互操作性。

8.3.1 SM3 算法原理

1. 术语和定义

比特串(bit string):由 0 和 1 组成的二进制数字序列。

大端(big-endian):数据在内存中的一种表示格式,规定左边为高有效位,右边为低有效位。数的高阶字节放在存储器的低地址,数的低阶字节放在存储器的高地址。

消息(message):任意有限长度的比特串,消息作为杂凑算法的输入数据。

杂凑值(hash value):杂凑算法作用于消息后输出的特定长度的比特串。本算法中的杂凑值长度为 256bit。

字(word):长度为 32 的比特串。

2. 符号

下列符号适用于本算法。

$ABCDEFGH$:8 个字寄存器或它们的值的串联。

$B^{(i)}$:第 i 个消息分组。

CF:压缩函数。

FF_j:布尔函数,随 j 的变化取不同的表达式。

GG_j:布尔函数,随 j 的变化取不同的表达式。

IV:初始值,用于确定压缩函数寄存器的初态。

P_0:压缩函数中的置换函数。

P_1:消息扩展中的置换函数。

T_j:常量,随 j 的变化取不同的值。

m:消息。

m':填充后的消息。

mod:模运算。

$\wedge$：32bit 与运算。

$\vee$：32bit 或运算。

$\oplus$：32bit 异或运算。

$\neg$：32bit 非运算。

$+$：$\bmod 2^{32}$ 算术加运算。

$<<<k$：循环左移 k 比特运算。

$\leftarrow$：左向赋值运算符。

3. 常数与函数

初始值：

IV=7380166f 4914b2b9 172442d7 da8a0600 a96f30bc 163138aa e38dee4d b0fb0e4e

常量：

$$T_j=\begin{cases}79cc4519 & 0\leqslant j\leqslant 15\\ 7a879d8a & 16\leqslant j\leqslant 63\end{cases}$$

布尔函数：

$$FF_j(X,Y,Z)=\begin{cases}X\oplus Y\oplus Z & 0\leqslant j\leqslant 15\\ (X\wedge Y)\vee(X\wedge Z)\vee(Y\wedge Z) & 16\leqslant j\leqslant 63\end{cases}$$

$$GG_j(X,Y,Z)=\begin{cases}X\oplus Y\oplus Z & 0\leqslant j\leqslant 15\\ (X\wedge Y)\vee(\neg X\wedge Z) & 16\leqslant j\leqslant 63\end{cases}$$

式中，X、Y、Z 为字。

置换函数：

$$P_0(X)=X\oplus(X<<<9)\oplus(X<<<17)$$
$$P_1(X)=X\oplus(X<<<15)\oplus(X<<<23)$$

4. 算法描述

1）概述

对长度为 $l(l<2^{64})$ 比特的消息 m，SM3 杂凑算法经过填充和迭代压缩，生成杂凑值，杂凑值长度为 256bit。

2）填充

假设消息 m 的长度为 l bit。首先将比特"1"添加到消息的末尾，再添加 k 个"0"，k 是满足 $l+1+k\equiv 448\bmod 512$ 的最小的非负整数。然后再添加一个 64 位比特串，该比特串是长度 l 的二进制表示。填充后的消息 m' 的比特长度为 512 的倍数。

例如，对消息 01100001 01100010 01100011，其长度 $l=24$，经填充得到比特串：

$$01100001\ 01100010\ 01100011\ \overbrace{100\cdots00}^{423\text{bit}}\ \ \overbrace{\underbrace{00\cdots011000}_{l\text{的二进制表示}}}^{64\text{bit}}$$

3）迭代压缩

(1) 迭代过程

将填充后的消息 m' 按 512bit 进行分组：

$$m'=B^{(0)}B^{(1)}\cdots B^{(n-1)}$$

其中 $n=(l+k+65)/512$。

对 m' 按下列方式迭代：

```
FOR i = 0 TO n - 1
    V(i+1) = CF(V(i), B(i))
ENDFOR
```

其中 CF 是压缩函数，$V^{(0)}$ 为 256bit 初始值 IV，$B^{(i)}$ 为填充后的消息分组，迭代压缩的结果为 $V^{(n)}$。

(2) 消息扩展

将消息分组 $B^{(i)}$ 按以下方法扩展生成 132 个字 $W_0, W_1, \cdots, W_{67}, W'_0, W'_1, \cdots, W'_{63}$，用于压缩函数 CF：

① 将消息分组 $B^{(i)}$ 划分为 16 个字 $W_0, W_1, \cdots, W_{15}$。

② FOR $j=16$ TO 67

$$W_j \leftarrow P_1(W_{j-16} \oplus W_{j-9} \oplus (W_{j-3} \lll 15)) \oplus (W_{j-13} \lll 7) \oplus W_{j-6}$$

ENDFOR

③ FOR $j=0$ TO 63

$$W'_j = W_j \oplus W_{j+4}$$

ENDFOR

(3) 压缩函数

令 A、B、C、D、E、F、G、H 为字寄存器，$SS1$、$SS2$、$TT1$、$TT2$ 为中间变量，压缩函数 $V^{i+1}=CF(V^{(i)}, B^{(i)})$，$0 \leqslant i \leqslant n-1$。计算过程描述如下：

```
ABCDEFGH ← V(i)
FOR j = 0 TO 63
    SS1 ← ((A <<< 12) + E + (Tj <<< j))<<< 7
    SS2 ← SS1 ⊕ (A <<< 12)
    TT1 ← FFj(A,B,C) + D + SS2 + Wj′
    TT2 ← GGj(E, F,G) + H + SS1 + Wj
    D ← C
    C ← B <<< 9
    B ← A
    A ← TT1
    H ← G
    G ← F <<< 19
    F ← E
    E ← P0(TT2)
ENDFOR
V(i+1) ← ABCDEFGH ⊕ V(i)
```

其中，字的存储为大端(big-endian)格式。

4) 杂凑值

ABCDEFGH $\leftarrow V^{(n)}$

输出 256bit 的杂凑值 $y = ABCDEFGH$。

8.3.2 设计实现

1. SM3 库函数的设计

VHDL 库函数定义了 12 个函数，分别为 ROL7、ROL9、ROL12、ROL15、ROL19、

ROLk、FF1、FF2、GG1、GG2、P0 和 P1，均用 LUT 逻辑资源实现，程序代码如下：

```
library IEEE;
use IEEE.STD_LOGIC_1164.ALL;
use IEEE.STD_LOGIC_ARITH.ALL;
use IEEE.STD_LOGIC_UNSIGNED.ALL;
package SM3_lib is
  function ROL7(a:std_logic_vector(31 downto 0)) return std_logic_vector;
  function ROL9(a:std_logic_vector(31 downto 0)) return std_logic_vector;
  function ROL12(a:std_logic_vector(31 downto 0)) return std_logic_vector;
  function ROL15(a:std_logic_vector(31 downto 0)) return std_logic_vector;
  function ROL19(a:std_logic_vector(31 downto 0)) return std_logic_vector;
  function ROLk(a:std_logic_vector(31 downto 0);b:integer range 0 to 31) return std_logic_
vector;
  function FF1(a,b,c:std_logic_vector(31 downto 0)) return std_logic_vector;
  function FF2(a,b,c:std_logic_vector(31 downto 0)) return std_logic_vector;
  function GG1(a,b,c:std_logic_vector(31 downto 0)) return std_logic_vector;
  function GG2(a,b,c:std_logic_vector(31 downto 0)) return std_logic_vector;
  function P0(a:std_logic_vector(31 downto 0)) return std_logic_vector;
  function P1(a:std_logic_vector(31 downto 0)) return std_logic_vector;
  -- constant IV
  type IV_const is array(0 to 7) of std_logic_vector(31 downto 0);
  constant IV:IV_const := ((x"7380166F"),(x"4914B2B9"),(x"172442D7"),(x"DA8A0600"),
(x"A96F30BC"),(x"163138AA"),(x"E38DEE4D"),(x"B0FB0E4E"));
  -- constant T
  type T_const is array(0 to 63) of std_logic_vector(31 downto 0);
  constant T:T_const := ((x"79cc4519"),(x"79cc4519"),(x"79cc4519"),(x"79cc4519"),
                         (x"79cc4519"),(x"79cc4519"),(x"79cc4519"),(x"79cc4519"),
                         (x"79cc4519"),(x"79cc4519"),(x"79cc4519"),(x"79cc4519"),
                         (x"79cc4519"),(x"79cc4519"),(x"79cc4519"),(x"79cc4519"),
                         (x"7a879d8a"),(x"7a879d8a"),(x"7a879d8a"),(x"7a879d8a"),
                         (x"7a879d8a"),(x"7a879d8a"),(x"7a879d8a"),(x"7a879d8a"),
                         (x"7a879d8a"),(x"7a879d8a"),(x"7a879d8a"),(x"7a879d8a"),
                         (x"7a879d8a"),(x"7a879d8a"),(x"7a879d8a"),(x"7a879d8a"),
                         (x"7a879d8a"),(x"7a879d8a"),(x"7a879d8a"),(x"7a879d8a"),
                         (x"7a879d8a"),(x"7a879d8a"),(x"7a879d8a"),(x"7a879d8a"),
                         (x"7a879d8a"),(x"7a879d8a"),(x"7a879d8a"),(x"7a879d8a"),
                         (x"7a879d8a"),(x"7a879d8a"),(x"7a879d8a"),(x"7a879d8a"),
                         (x"7a879d8a"),(x"7a879d8a"),(x"7a879d8a"),(x"7a879d8a"),
                         (x"7a879d8a"),(x"7a879d8a"),(x"7a879d8a"),(x"7a879d8a"),
                         (x"7a879d8a"),(x"7a879d8a"),(x"7a879d8a"),(x"7a879d8a"),
                         (x"7a879d8a"),(x"7a879d8a"),(x"7a879d8a"),(x"7a879d8a")
                         );
end SM3_lib;
library ieee;
use ieee.std_logic_1164.all;
use ieee.std_logic_arith.all;
use ieee.std_logic_unsigned.all;
library work;
use work.SM3_lib.all;                  --使用自定义函数
package body SM3_lib is
```

```
  function ROL7(a:std_logic_vector(31 downto 0)) return std_logic_vector is --7 循环移位
    variable temp:std_logic_vector(31 downto 0);
  begin
    temp := a(24 downto 0) & a(31 downto 25);
    return temp;
  end ROL7;
  function ROL9(a:std_logic_vector(31 downto 0)) return std_logic_vector is--9 循环移位
    variable temp:std_logic_vector(31 downto 0);
  begin
    temp := a(22 downto 0) & a(31 downto 23);
    return temp;
  end ROL9;
  function ROL12(a:std_logic_vector(31 downto 0)) return std_logic_vector is--12 循环移位
    variable temp:std_logic_vector(31 downto 0);
  begin
    temp := a(19 downto 0) & a(31 downto 20);
    return temp;
  end ROL12;
  function ROL15(a:std_logic_vector(31 downto 0)) return std_logic_vector is--15 循环移位
    variable temp:std_logic_vector(31 downto 0);
  begin
    temp := a(16 downto 0) & a(31 downto 17);
    return temp;
  end ROL15;
  function ROL19(a:std_logic_vector(31 downto 0)) return std_logic_vector is--19 循环移位
    variable temp:std_logic_vector(31 downto 0);
  begin
    temp := a(12 downto 0) & a(31 downto 13);
    return temp;
  end ROL19;
  function ROLk(a:std_logic_vector(31 downto 0);b:integer range 0 to 31) return std_logic_
vector is--j 循环移位
    variable temp:std_logic_vector(31 downto 0);
  begin
    if b = 0 then
     temp := a;
     elsif b = 1 then
     temp := a(31 - 1 downto 0) & a(31 downto 31 - 1 + 1);
     elsif b = 2 then
     temp := a(31 - 2 downto 0) & a(31 downto 31 - 2 + 1);
     elsif b = 3 then
     temp := a(31 - 3 downto 0) & a(31 downto 31 - 3 + 1);
     elsif b = 4 then
     temp := a(31 - 4 downto 0) & a(31 downto 31 - 4 + 1);
     elsif b = 5 then
     temp := a(31 - 5 downto 0) & a(31 downto 31 - 5 + 1);
     elsif b = 6 then
     temp := a(31 - 6 downto 0) & a(31 downto 31 - 6 + 1);
     elsif b = 7 then
     temp := a(31 - 7 downto 0) & a(31 downto 31 - 7 + 1);
     elsif b = 8 then
```

```
    temp := a(31 - 8 downto 0) & a(31 downto 31 - 8 + 1);
    elsif b = 9 then
    temp := a(31 - 9 downto 0) & a(31 downto 31 - 9 + 1);
    elsif b = 10 then
    temp := a(31 - 10 downto 0) & a(31 downto 31 - 10 + 1);
    elsif b = 11 then
    temp := a(31 - 11 downto 0) & a(31 downto 31 - 11 + 1);
    elsif b = 12 then
    temp := a(31 - 12 downto 0) & a(31 downto 31 - 12 + 1);
    elsif b = 13 then
    temp := a(31 - 13 downto 0) & a(31 downto 31 - 13 + 1);
    elsif b = 14 then
    temp := a(31 - 14 downto 0) & a(31 downto 31 - 14 + 1);
    elsif b = 15 then
    temp := a(31 - 15 downto 0) & a(31 downto 31 - 15 + 1);
    elsif b = 16 then
    temp := a(31 - 16 downto 0) & a(31 downto 31 - 16 + 1);
    elsif b = 17 then
    temp := a(31 - 17 downto 0) & a(31 downto 31 - 17 + 1);
    elsif b = 18 then
    temp := a(31 - 18 downto 0) & a(31 downto 31 - 18 + 1);
    elsif b = 19 then
    temp := a(31 - 19 downto 0) & a(31 downto 31 - 19 + 1);
    elsif b = 20 then
    temp := a(31 - 20 downto 0) & a(31 downto 31 - 20 + 1);
    elsif b = 21 then
    temp := a(31 - 21 downto 0) & a(31 downto 31 - 21 + 1);
    elsif b = 22 then
    temp := a(31 - 22 downto 0) & a(31 downto 31 - 22 + 1);
    elsif b = 23 then
    temp := a(31 - 23 downto 0) & a(31 downto 31 - 23 + 1);
    elsif b = 24 then
    temp := a(31 - 24 downto 0) & a(31 downto 31 - 24 + 1);
    elsif b = 25 then
    temp := a(31 - 25 downto 0) & a(31 downto 31 - 25 + 1);
    elsif b = 26 then
    temp := a(31 - 26 downto 0) & a(31 downto 31 - 26 + 1);
    elsif b = 27 then
    temp := a(31 - 27 downto 0) & a(31 downto 31 - 27 + 1);
    elsif b = 28 then
    temp := a(31 - 28 downto 0) & a(31 downto 31 - 28 + 1);
    elsif b = 29 then
    temp := a(31 - 29 downto 0) & a(31 downto 31 - 29 + 1);
    elsif b = 30 then
    temp := a(31 - 30 downto 0) & a(31 downto 31 - 30 + 1);
    elsif b = 31 then
    temp := a(31 - 31 downto 0) & a(31 downto 31 - 31 + 1);
    end if;
  return temp;
end ROLk;
function FF1(a,b,c:std_logic_vector(31 downto 0)) return std_logic_vector is -- FF1 函数
```

```
    variable temp:std_logic_vector(31 downto 0);
  begin
    temp := a xor b xor c;
    return temp;
  end FF1;
  function FF2(a,b,c:std_logic_vector(31 downto 0)) return std_logic_vector is -- FF2 函数
    variable temp:std_logic_vector(31 downto 0);
  begin
    temp := (a and b) or (a and c) or (b and c);
    return temp;
  end FF2;
  function GG1(a,b,c:std_logic_vector(31 downto 0)) return std_logic_vector is -- GG1 函数
    variable temp:std_logic_vector(31 downto 0);
  begin
    temp := a xor b xor c;
    return temp;
  end GG1;
  function GG2(a,b,c:std_logic_vector(31 downto 0)) return std_logic_vector is -- GG2 函数
    variable temp:std_logic_vector(31 downto 0);
  begin
    temp := (a and b) or (not a and c);
    return temp;
  end GG2;
  function P0(a:std_logic_vector(31 downto 0)) return std_logic_vector is -- P0 函数
    variable temp:std_logic_vector(31 downto 0);
  begin
    temp := a xor a(22 downto 0) & a(31 downto 23) xor a(14 downto 0) & a(31 downto 15);
    return temp;
  end P0;
  function P1(a:std_logic_vector(31 downto 0)) return std_logic_vector is -- P1 函数
    variable temp:std_logic_vector(31 downto 0);
  begin
    temp := a xor a(16 downto 0) & a(31 downto 17) xor a(8 downto 0) & a(31 downto 9);
    return temp;
  end P1;
end SM3_lib;
```

2. SM3 算法的主程序设计

SM3 算法的主程序通过状态机的控制实现迭代压缩。具体程序如下：

```
library IEEE;
use IEEE.STD_LOGIC_1164.ALL;
use IEEE.STD_LOGIC_ARITH.ALL;
use IEEE.STD_LOGIC_UNSIGNED.ALL;
library work;
use work.SM3_lib.all;
entity sm3 is
  port(
       clk:in std_logic;
       reset:in std_logic;
```

```
        inen:in std_logic;
      -- Vin:in std_logic_vector(255 downto 0);    -- hash 链值输入
        Min:in std_logic_vector(511 downto 0);     -- 填充之后的 512bits 消息分组
        Vout:out std_logic_vector(255 downto 0);   -- hash 链值输出
        ready:out std_logic);                      -- hash 链值输出信号
end sm3;
architecture Behavioral of sm3 is
  type st is (s00,s01,s02,s03,s04,s05);
  signal state:st;
  signal count:std_logic_vector(5 downto 0);
begin
  compress:process(clk,reset,Min)                  -- 压缩函数进程
     variable A,B,C,D,E,F,G,H:std_logic_vector(31 downto 0);
     variable SS1,SS2,TT1,TT2:std_logic_vector(31 downto 0);
     variable temp0,temp1:std_logic_vector(31 downto 0);
     variable temp:std_logic_vector(255 downto 0);
     type subt16 is array(15 downto 0) of std_logic_vector(31 downto 0);
     variable w_tmp:subt16;
     variable W,W1:std_logic_vector(31 downto 0);
     variable tmp_w:std_logic_vector(31 downto 0);
     variable Vout_tmp,Vin_tmp:std_logic_vector(255 downto 0);
  begin
    if reset = '1' then
       Vout <= (others =>'0');
       state <= s00;
       count <= "000000";
       ready <= '0';
    elsif clk'event and clk = '1' then
      if inen = '0' then              -- 使能信号控制输入,使能信号高位,明文输入,低位,中间复位
        state <= s00;
        count <= "000000";
        ready <= '0';
      else
       case state is
           when s00 =>
              A := IV(0);                          -- 将初始链值输入分割成八个 32bit 字
              B := IV(1);
              C := IV(2);
              D := IV(3);
              E := IV(4);
              F := IV(5);
              G := IV(6);
              H := IV(7);
              state <= s01;
         when s01 =>
              Vin_tmp := A&B&C&D&E&F&G&H;
              w_tmp(0) := Min(511 downto 480);     -- 将 512bits 消息分组划分成 16 个字
              w_tmp(1) := Min(479 downto 448);
```

```
                w_tmp(2) := Min(447 downto 416);
                w_tmp(3) := Min(415 downto 384);
                w_tmp(4) := Min(383 downto 352);
                w_tmp(5) := Min(351 downto 320);
                w_tmp(6) := Min(319 downto 288);
                w_tmp(7) := Min(287 downto 256);
                w_tmp(8) := Min(255 downto 224);
                w_tmp(9) := Min(223 downto 192);
                w_tmp(10) := Min(191 downto 160);
                w_tmp(11) := Min(159 downto 128);
                w_tmp(12) := Min(127 downto 96);
                w_tmp(13) := Min(95 downto 64);
                w_tmp(14) := Min(63 downto 32);
                w_tmp(15) := Min(31 downto 0);
                state <= s02;
            when s02 =>
                W := w_tmp(conv_integer(count));
                W1 := w_tmp(conv_integer(count)) xor w_tmp(conv_integer(count) + 4);
                state <= s04;
            when s03 =>
                W := w_tmp(12);
                tmp_w := P1(w_tmp(0) xor w_tmp(7) xor ROL15(w_tmp(13))) xor ROL7(w_tmp(3)) xor
w_tmp(10);
                W1 := w_tmp(12) xor tmp_w;
                w_tmp(0) := w_tmp(1);
                w_tmp(1) := w_tmp(2);
                w_tmp(2) := w_tmp(3);
                w_tmp(3) := w_tmp(4);
                w_tmp(4) := w_tmp(5);
                w_tmp(5) := w_tmp(6);
                w_tmp(6) := w_tmp(7);
                w_tmp(7) := w_tmp(8);
                w_tmp(8) := w_tmp(9);
                w_tmp(9) := w_tmp(10);
                w_tmp(10) := w_tmp(11);
                w_tmp(11) := w_tmp(12);
                w_tmp(12) := w_tmp(13);
                w_tmp(13) := w_tmp(14);
                w_tmp(14) := w_tmp(15);
                w_tmp(15) := tmp_w;
                state <= s04;
            when s04 =>
                  temp0 := ROL12(A);
                  temp1 := temp0 + E + ROLk(T(conv_integer(count)),conv_integer(count(4 downto 0)));
                SS1 := ROL7(temp1);
                SS2 := SS1 xor temp0;
                    if conv_integer(count)< 16 then
                      TT1 := FF1(A,B,C);
```

```
            TT2 := GG1(E,F,G);
          else
            TT1 := FF2(A,B,C);
            TT2 := GG2(E,F,G);
          end if;
          TT1 := TT1 + D + SS2 + W1;
          TT2 := TT2 + H + SS1 + W;
        D := C;
        C := ROL9(B);
        B := A;
        A := TT1;
        H := G;
        G := ROL19(F);
        F := E;
        E := P0(TT2);
      if conv_integer(count)< 11 then
        count <= count + 1;
        state <= s02;
      elsif conv_integer(count)>= 11 and conv_integer(count)< 63 then
        state <= s03;
        count <= count + 1;
      else
        state <= s05;
      end if;
      temp := A&B&C&D&E&F&G&H;
      Vout <= temp;
    when s05 =>
      state <= s05;
      Vout_tmp := temp xor Vin_tmp;
      ready <= '1';
      Vout <= Vout_tmp;
      A := Vout_tmp(255 downto 224);        -- 将上一个链值分割成八个 32bit 字
      B := Vout_tmp(223 downto 192);
      C := Vout_tmp(191 downto 160);
      D := Vout_tmp(159 downto 128);
      E := Vout_tmp(127 downto 96);
      F := Vout_tmp(95 downto 64);
      G := Vout_tmp(63 downto 32);
      H := Vout_tmp(31 downto 0);
    when others => null;
   end case;
  end if;
 end if;
end process;
end Behavioral;
```

8.3.3 仿真验证

采用国家密码管理局公布 SM3 密码杂凑算法运算示例进行仿真验证，输入消息为

“abc”,其 ASCII 码表示为 616263,填充后的消息为 61626380 00000000 00000000 00000000 00000000 00000000 00000000 00000000 00000000 00000000 00000000 00000000 00000000 00000000 00000000 00000018,输出杂凑值为 66c7f0f4 62eeedd9 d1f2d46b dc10e4e2 4167c487 5cf2f7a2 297da02b 8f4ba8e0。利用 ModelSim 仿真软件进行仿真验证,其仿真结果如图 8-8 所示,仿真结果与运算示例结果一致。

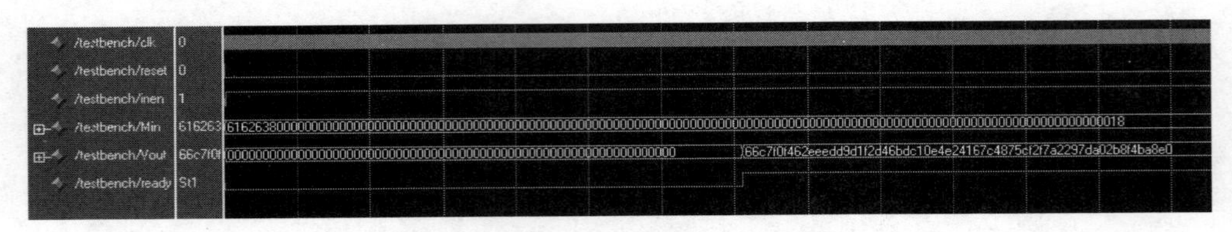

图 8-8　SM3 密码杂凑算法仿真结果

第9章 基于Nios Ⅱ的SOPC系统开发

CHAPTER 9

本章主要介绍SOPC及其技术、基于Nios Ⅱ的SOPC系统硬件及软件开发环境等。首先对以Nios Ⅱ嵌入式处理器为核心的SOPC技术和开发工具Qsys进行简单介绍，然后通过完整的SOPC系统设计实例对SOPC系统的软硬件开发环境和开发流程进行说明。通过本章的学习，读者能够对SOPC及其技术有所了解，基本掌握基于Nios Ⅱ的SOPC系统软硬件开发技术。

9.1 简介

9.1.1 SOPC技术

20世纪90年代后期，嵌入式系统设计开始从以嵌入式微处理器/DSP为核心的"集成电路"级设计转向"集成系统"级设计，提出了片上系统SoC(System on Chip)的基本概念：在单芯片上集成系统级多元化的大规模功能模块，构成能够处理各种信息的集成系统。SoC系统通常包括微处理器CPU，数字信号处理器DSP，存储器ROM、RAM、FLASH等，总线和总线控制器，外围设备接口等，还有其他必要的数模混合电路，甚至传感器等。

随着VLSI设计技术和深亚微米制造技术的飞速发展，SoC技术逐渐成为集成电路设计的主流技术。对于经过验证而又具有批量的系统芯片，可以做成专用集成电路ASIC而大量生产。然而由于它的设计周期长，设计成本高，中小企业和研究院所、大专院校难以研究和使用这种系统。由于FPGA技术的不断发展，人们开始关注基于FPGA的可重构SoC系统解决方案设计，这就是可编程片上系统SOPC(System on a Programmable Chip)技术，通过它，可以很快地将硬件系统，包括微处理器、存储器、外设以及用户逻辑电路等，以及软件设计都放在一个可编程的芯片中，以达到系统的IC设计。这种设计方式，具有开发周期短以及系统可修改等优点。

SOPC技术是Altera公司在2000年最早提出来的一种灵活、高效的SoC解决方案。它将处理器、存储器、I/O、LVDS、CDR等系统设计需要的功能模块集成到一个可编程器件上，构成一个可编程的片上系统。SOPC是可编程逻辑器件和基于ASIC的SoC技术融合的成果，结合了二者各自的优点，一般具备以下基本特点：

(1) 至少包含一个嵌入式处理器内核。

(2) 具有小容量片内高速RAM资源。

(3) 丰富的 IP Core 资源可供选择。

(4) 具有足够的片上可编程逻辑资源。

(5) 包含处理器调试接口和 FPGA 编程接口。

(6) 可能包含部分可编程模拟电路。

(7) 单芯片、低功耗、微封装。

作为基于 FPGA 解决方案的 SoC,与传统基于 ASIC 的解决方案相比,SOPC 系统及其开发技术具有更多的特色,构成 SOPC 的方案也有多种途径。

1. 基于 FPGA 嵌入 IP 硬核的 SOPC 系统

该方案是指在 FPGA 中预先植入处理器。最常用的是含有 ARM32 位知识产权处理器核的器件。为了达到通用性,必须为常规的嵌入式处理器集成诸多通用和专用的接口,但增加了成本和功耗。如果将 ARM 或其他处理器核以硬核方式植入 FPGA 中,利用 FPGA 中的可编程逻辑资源,按照系统功能需求来添加接口功能模块,既能实现目标系统功能,又能降低系统的成本和功耗。

这样就能使得 FPGA 灵活的硬件设计与处理器的强大软件功能有机地结合在一起,高效地实现 SOPC 系统。

2. 基于 FPGA 嵌入 IP 软核的 SOPC 系统

IP 硬核直接植入 FPGA 存在以下不足:

(1) IP 硬核多来自第三方公司,FPGA 厂商无法控制费用,从而导致 FPGA 器件价格相对偏高。

(2) IP 硬核预先植入,使用者无法根据实际需要改变处理器结构,更不能嵌入硬件加速模块(DSP)。

(3) 无法根据实际设计需要在同一 FPGA 中集成多个处理器。

(4) 无法根据实际设计需要裁减处理器硬件资源以降低 FPGA 成本。

(5) 只能在特定的 FPGA 中使用硬核嵌入式处理器。

IP 软核处理器能有效克服上述不足。有代表性的软核处理器分别是 Intel 公司(原 Altera)的 Nios Ⅱ 核,以及 Xilinx 公司的 MicroBlaze 核。Nios Ⅱ 核是用户可随意配置和构建的 32 位嵌入式处理器 IP 核,采用 Avalon 总线结构通信接口;包含由 FS2 开发的基于 JTAG 的片内设备内核。在费用方面,由于 Nios Ⅱ 是由 Altera 公司直接提供而非第三方厂商产品,故用户通常无须支付知识产权费用,Nios Ⅱ 的使用费用仅仅是其占用的 FPGA 逻辑资源的费用。

3. 基于 HardCopy 技术的 SOPC 系统

HardCopy 就是利用原有的 FPGA 开发工具,将成功实现于 FPGA 器件上的 SOPC 系统通过特定的技术直接向 ASIC 转化,从而克服传统 ASIC 设计中普遍存在的问题。

HardCopy 技术是一种全新的 SoC 级 ASIC 设计解决方案,即将专用的硅片设计和 FPGA 至 HardCopy 自动迁移过程结合在一起的技术,首先利用 Quartus 将系统模型成功实现于 HardCopy FPGA 上,然后帮助设计者把可编程解决方案无缝迁移到低成本的 ASIC 上。这样,HardCopy 器件就把大容量 FPGA 的灵活性和 ASIC 的市场优势结合起来,既可以应对大批量需求,又较好地控制了成本从而避开了直接设计 ASIC 的困难。

利用 HardCopy 技术设计 ASIC,开发软件费用少,SoC 级规模的设计周期不超过

20周，转化的ASIC与用户设计习惯的掩模层只有两层，且一次性投片的成功率近乎100%，即所谓的FPGA向ASIC的无缝转化。而且用ASIC实现后的系统性能将比原来在HardCopy FPGA上验证的模型提高近50%，而功耗则降低40%。

9.1.2　Nios Ⅱ嵌入式处理器

原Altera公司在2000年提出SOPC技术的同时，推出了相应的开发软件及其第一代可配置式嵌入式软核处理器Nios，这是一款16位软核处理器。继Nios之后，2004年6月，Altera公司又推出了性能更好的32位嵌入式软核处理器Nios Ⅱ。

Nios Ⅱ处理器是市场上使用较多的一款嵌入式软核处理器，具有成本低、灵活性高的特点，主要特性如下：

(1) 32位指令集。

(2) 32位数据总线宽度和32位地址空间。

(3) 32个通用寄存器和32个外部中断源。

(4) 32×32乘法器和除法器。

(5) 可以计算64位和128位乘法的专用指令。

(6) 单精度浮点运算指令。

(7) 基于边界扫描测试JTAG的调试逻辑，支持硬件断点、数据触发以及片内和片外调试跟踪。

(8) 最多支持256个用户自定义指令逻辑。

(9) 最高250DMIPS(每秒执行25000万条定点指令)的性能。

Nios Ⅱ处理器的最大优点在于它的可配置性，用户可以根据实际需要选择外设、存储器和接口，可以在同一个FPGA芯片中定制多个处理器并行协同工作，可以使用自定义指令为处理器集成自己的专有功能。

如图9-1所示，Nios Ⅱ处理器自定义指令逻辑在CPU的数据通路上临近ALU模块，使得系统设计者可以很好地定制最符合实际需要的处理器内核。通过软件算法转换为自定义的硬件逻辑单元，系统设计者可以提高系统的运行效率，可以很容易地在具体实现阶段进行系统中软件和硬件的负载平衡处理。

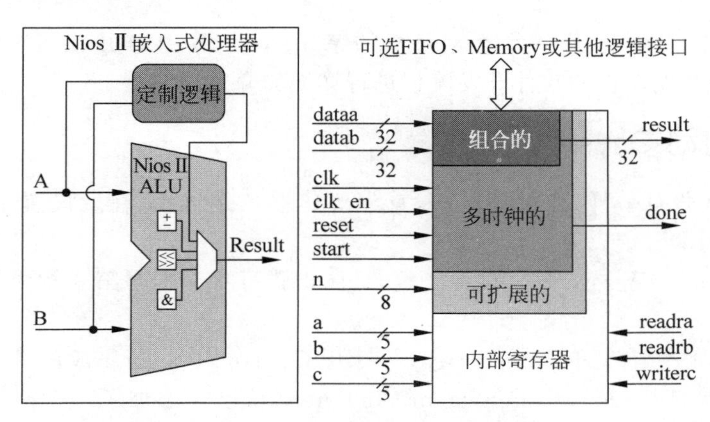

图9-1　Nios Ⅱ自定义指令逻辑

Nios Ⅱ支持多种用户定制指令的实现方式，完成组合逻辑（Combinatorial）功能的自定义指令在一个时钟内完成所有工作返回结果，不需要额外的控制信号；对于需要多个时钟（Multi-Cycle）才能完成的功能，可以使用开始和结束信号来实现CPU与指令的握手机制，使CPU能够知道指令结束；扩展（Extended）指令逻辑允许单个指令逻辑模块处理不同操作并输出不同结果，它使用了8bit宽的功能选择逻辑来扩展单个指令的功能；自定义指令逻辑也可以使用内部寄存器文件在指令逻辑与CPU之间进行数据交互，从而提高自定义指令逻辑的处理能力。另外还需注意的是，Nios Ⅱ处理器允许设计者在自定义指令逻辑中增加其他与处理器外部数据的接口，这些接口电路会体现在Qsys顶层设计模块。

9.1.3 Qsys开发工具

Qsys是原Altera公司在Quartus 10.0版本推出的新的嵌入式处理器硬件设计工具，并在Quartus Ⅱ 11.0版本后Qsys完全替换掉SOPC builder设计工具。Qsys系统集成工具自动生成互联逻辑，连接知识产权（IP）功能模块和子系统，提高FPGA设计者的工作效率。

Qsys组件包括验证的IP核和其他设计模块，而且Qsys能够重用设计者或者第三方定制的IP组件。Qsys能够从设计者指定的高层次连接中自动创建互联逻辑，从而消除书写HDL容易出错且耗时的任务，以指定系统级连接。如果设计者使用标准接口设计的IP组件性能更好，且使用标准接口，自定义的IP组件与Altera的IP组件能够进行互操作。此外，还能利用总线功能模型（BFMS）、显示器等验证IP来验证系统的设计。Qsys的优势主要有以下几点：

（1）简化定制和集成IP组件到系统的过程。

（2）生成一个IP核的变化量为用户在Quartus Prime项目使用。

（3）支持不同的数据宽度和突发性的自动适应。

（4）支持系统内互联和流水线的优化。

（5）支持标准协议，如Avalon和AXI之间互操作。

9.2 SOPC硬件开发

从本节开始，我们将利用一个较为完整的基于Nios Ⅱ的SOPC系统实例，分别对SOPC系统的硬件开发流程和软件开发流程进行详细的介绍。

9.2.1 启动Qsys

与普通FPGA设计一样，在设计之前，首先要建立工作目录，在此设置工作目录“D:\quartus\project\LED”。

利用New Project Wizard建立设计工程，具体步骤可参考本书第3章内容。建立工程后方可启动Qsys。

选择Quartus Prime菜单Tools→Qsys，打开Quartus Prime集成的开发工具Qsys。如图9-2所示，初次打开Qsys中的System Content默认已经添加了一个时钟组件clk_0，我们需要在IP Catalog中查找并添加需要用到的组件，比如Nios Ⅱ（Classic）Processor、PIO、JTAG UART。

图 9-2　Qsys 设计主界面

9.2.2　添加 Nios Ⅱ及外设 IP 模块

1. 添加 Nios Ⅱ(Classic)处理器

在 Qsys 主界面左侧的 IP Catalog 选择 Processor and Peripherals→Embedded Processors→Nios Ⅱ(classic)Processor，双击该组件，或者直接单击 Add 按钮，将会弹出如图 9-3 所示的 Nios Ⅱ(classic)处理器配置界面。

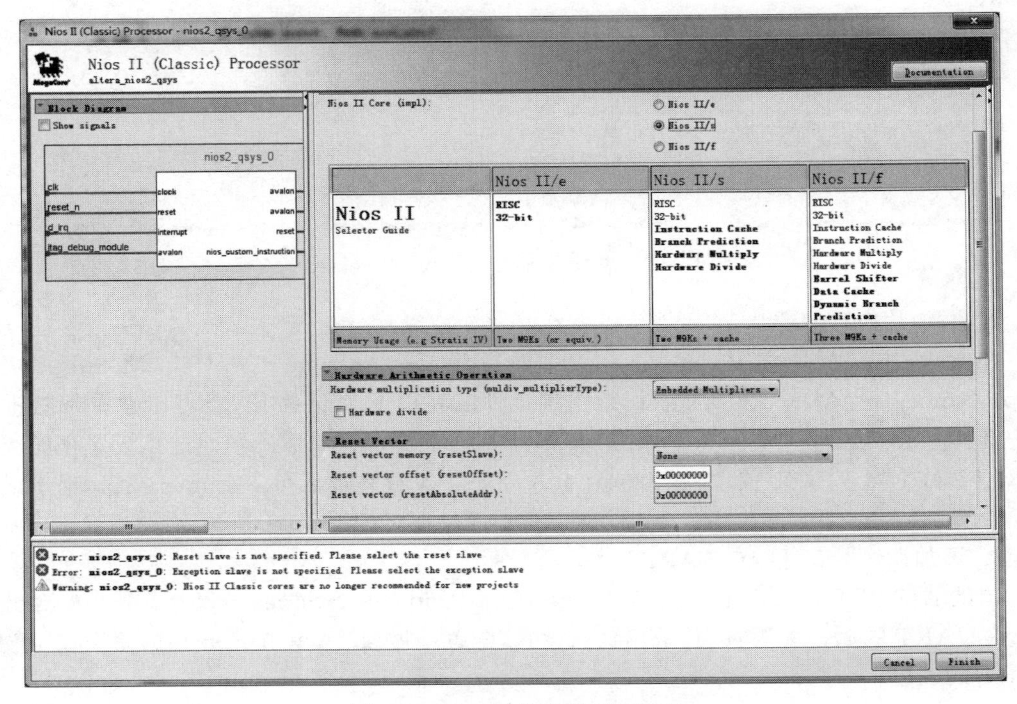

图 9-3　Nios Ⅱ处理器配置界面

图 9-3 列出了三种不同性能的 Nios Ⅱ处理器供用户选择：经济型 CPU 核(Nios Ⅱ/e)内存使用两个 M9Ks；标准型 CPU 核(Nios Ⅱ/s)增加了指令 Cache 和硬件乘法器等；快速型 CPU 核(Nios Ⅱ/f)具有最完整的功能，使用 3 个 M9Ks，同时达到了最高执行速度。

本设计选择 Nios Ⅱ/s 处理器，同时选择嵌入式乘法器模块实现乘法运算。选项"Reset Vector"和"Exception Vector"分别给出 CPU 复位和异常时的处理程序入口地址，需要在添加存储设备后进行设置。Core Nios Ⅱ设置完成后，还需要对 JTAG Debug Module 选项卡中的内容进行设置。JTAG 调试模块有四个级别，最低级别仅能完成 JTAG 设备连接、软件下载及简单的软件中断，使用这些功能可以将调试信息输出到 Nios Ⅱ EDS 环境中。更高级别的调试模块支持硬件中断、数据触发器、指令跟踪、数据跟踪等功能。如图 9-4 所示，我们选择了默认的第一级别设置。

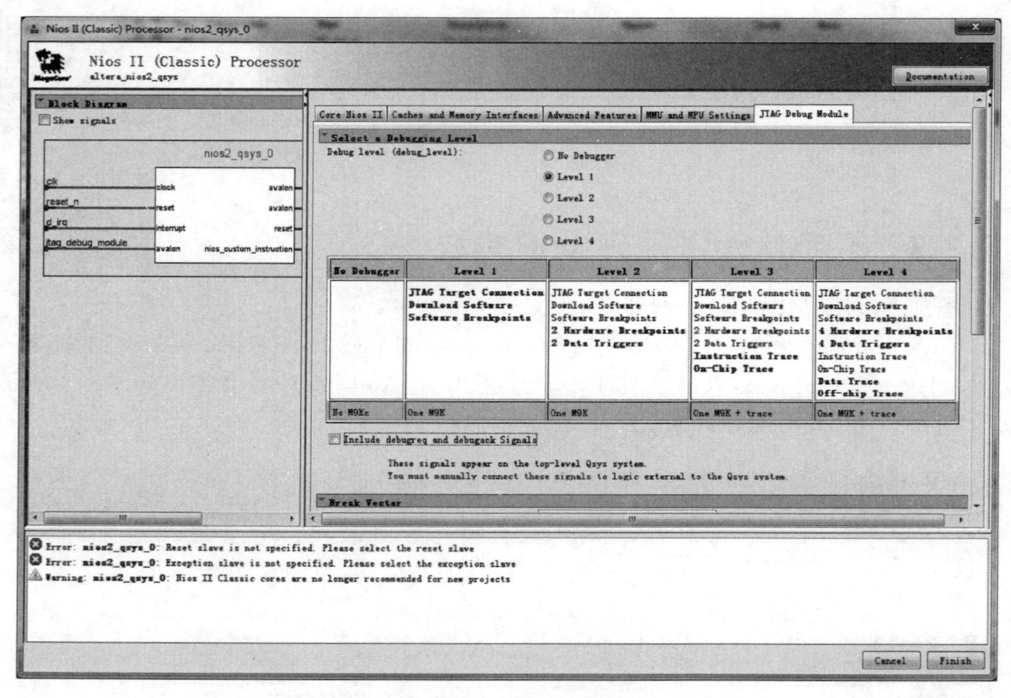

图 9-4　处理器 JTAG 调试模块设置

2. 添加片内存储器

在 Qsys 主界面左侧 IP Catalog 列表中选择 Basic Function→On Chip Memory→On-Chip Memory(RAM or ROM)组件，双击该组件或者按下 Add 按钮，也可以在鼠标右键菜单中选择 Add version 16.0…，在如图 9-5 所示界面上进行存储器配置。这里设置存储类型为 RAM，数据宽度为 32 位，内存大小为 40K 字节。设置完成后单击 Finish 按钮，退出设置界面。

3. 添加调试端口 JTAG UART

调试端口 JTAG UART 在组件库 Interface Protocols→Serial 分类下，图 9-6 给出了 JTAG UART 的属性配置页面，采用默认设置，配置不做改变，单击 Finish 按钮完成 JTAG UART 的设置。

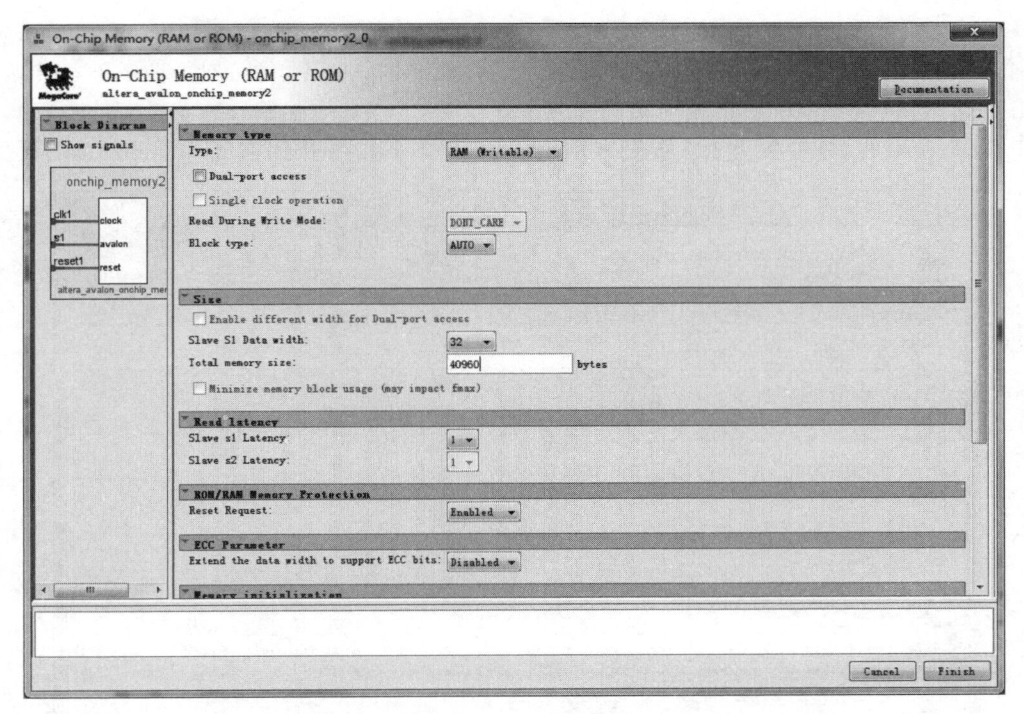

图 9-5　片上存储器设置

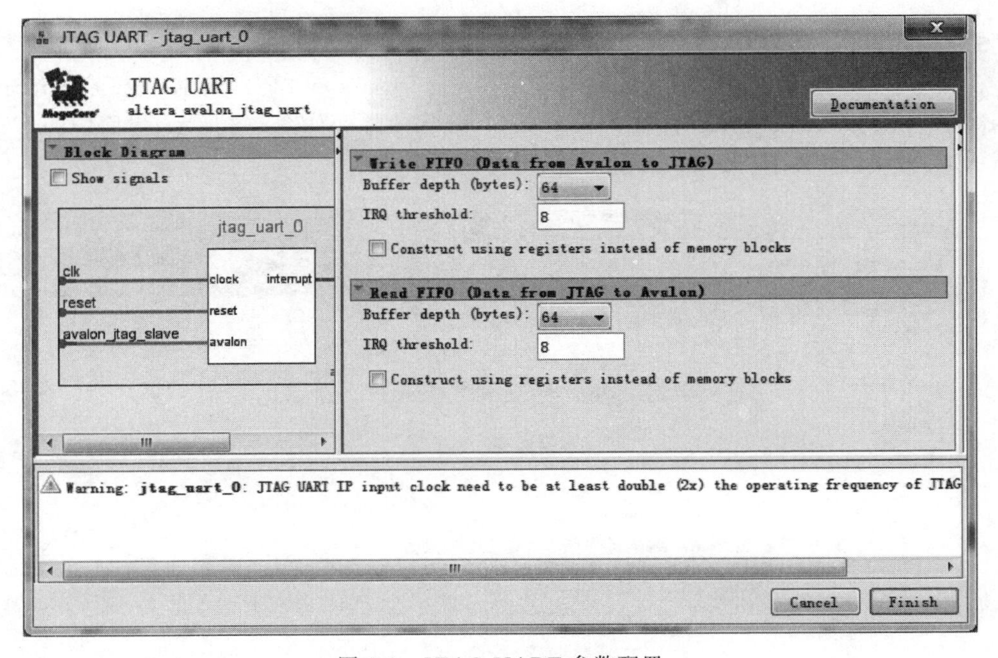

图 9-6　JTAG UART 参数配置

4. 添加 System ID

在 Qsys 主界面左侧 IP Catalog 列表中选择 Basic Function→Simulation;Debug and Verification→Debug and Performance 的 System ID Peripheral 组件，双击该组件或者按下 Add 按钮，也可以在鼠标右键菜单中选择 Add version 16.0…，在弹出的界面(图 9-7)中，设置 Parameters 的 ID 参数为 123 或者采用默认值，单击 Finish 按钮完成 System ID 的设置。

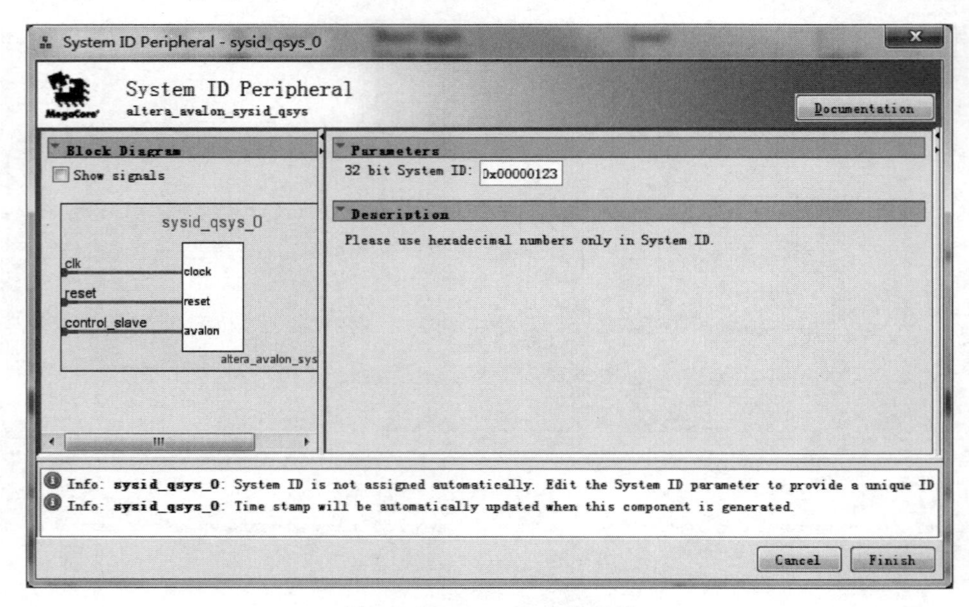

图 9-7 System ID 参数配置

5. 添加 Timer 组件

在 Qsys 主界面左侧 IP Catalog 列表中选择 Processors and Peripherals→Peripherals→Interval Timer，双击该组件或者按下 Add 按钮，弹出的界面如图 9-8 所示，界面中的参数采用默认值，并单击 Finish 完成设置。

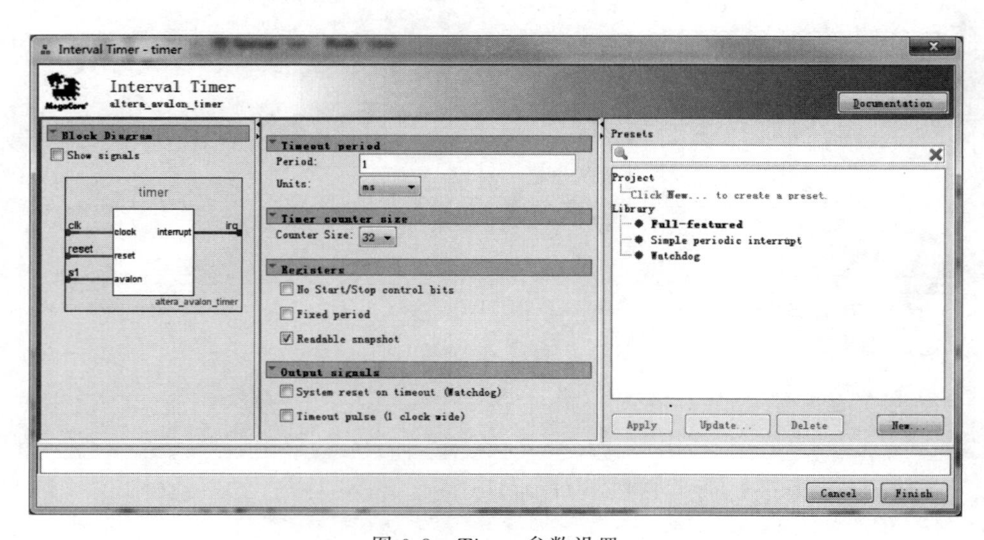

图 9-8 Timer 参数设置

6. 添加 PIO 组件

在 Qsys 主界面左侧 IP Catalog 列表中选择 Processors and Peripherals→Peripherals→PIO (Parallel I/O)，双击该组件或者按下 Add 按钮，弹出的界面如图 9-9 所示，界面中 Width 表示要建立的 PIO 宽度，在这里设置为 8；Direction 复选框中表示 PIO 端口方向，在这里选择 Output；其他参数采用默认值，并单击 Finish 完成设置。

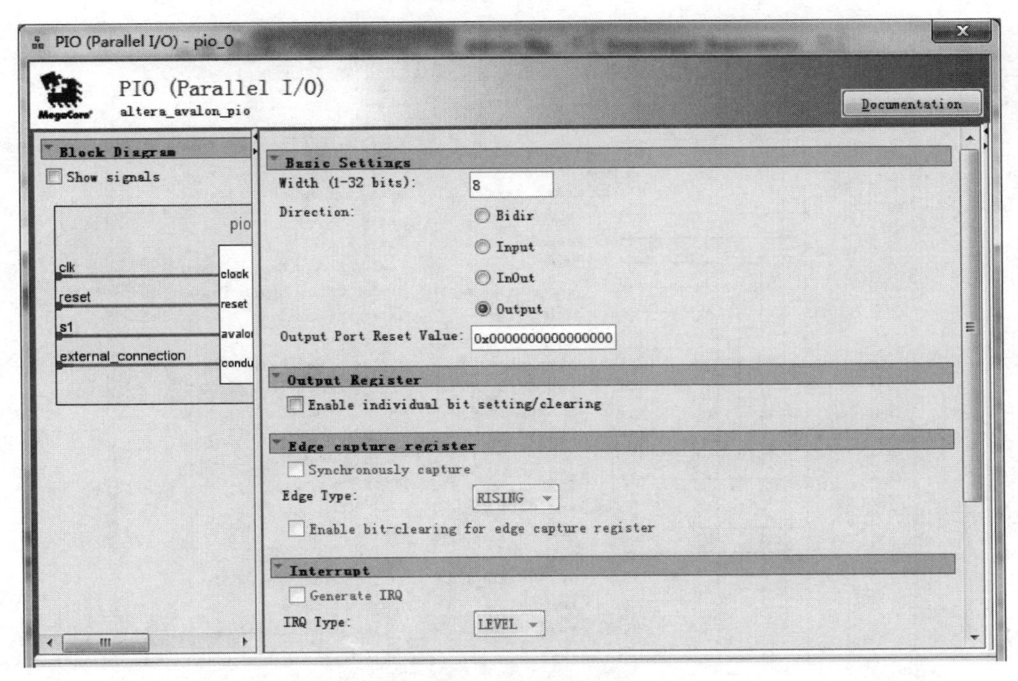

图 9-9　PIO 参数设置

系统需要的组件已经添加完成，接下来需要更改一下各个组件的名称，依次选择各个组件，右击并选择 Rename 进行名称更改。组件更改后如图 9-10 所示。

Messages | System Contents | Address Map | Interconnect Requirements

System: led_nios　Path: clk

Use	Name	Description	Export	Clock	Base	End
☑	clk	Clock Source		exported		
☑	nios2_qsys	Nios II (Classic) Processor		unconnecte	0x0000_0800	0x0000_0fff
☑	onchip_memory2	On-Chip Memory (RAM or ROM)		unconnecte		
☑	jtag_uart	JTAG UART		unconnecte		
☑	sysid_qsys	System ID Peripheral		unconnecte		
☑	timer	Interval Timer		unconnecte		
☑	pio	PIO (Parallel I/O)				

sysid_qsys
System ID Peripheral [altera_avalon_sysid_qsys 16.0]

图 9-10　各组的名称

7. Qsys 系统连接

虽然系统的组件已经选择，但是各个组件没有相互连接，不能形成一个真正的系统，现在需要将这些组件连接起来，构造成一个真正的系统。

首先将 clk 组件中的 clk 和 clk_reset 信号与其他组件的时钟和复位信号分别进行连接；Nios Ⅱ(Classic)处理器的数据存储器和代码存储器功能都必须由片内的 RAM 来完

成，因此 Nios_qsys 的 data_master 和 instruction_master 均与 onchip_memory2 中的 s1 进行连接。而其他组件的 s1 只需要连接 Nios Ⅱ中 data_master，最后将中断接收和发送信号连接。图 9-11 是系统连接完成的界面。继续对 Nios Ⅱ(classic)处理器内核进行设置。双击打开 nios2_qsys，在 Core Nios Ⅱ标签下，Reset vector memory 和 Exception vector memory 均设置为 onchip_memory2. s1，然后单击 Finish 完成设置。

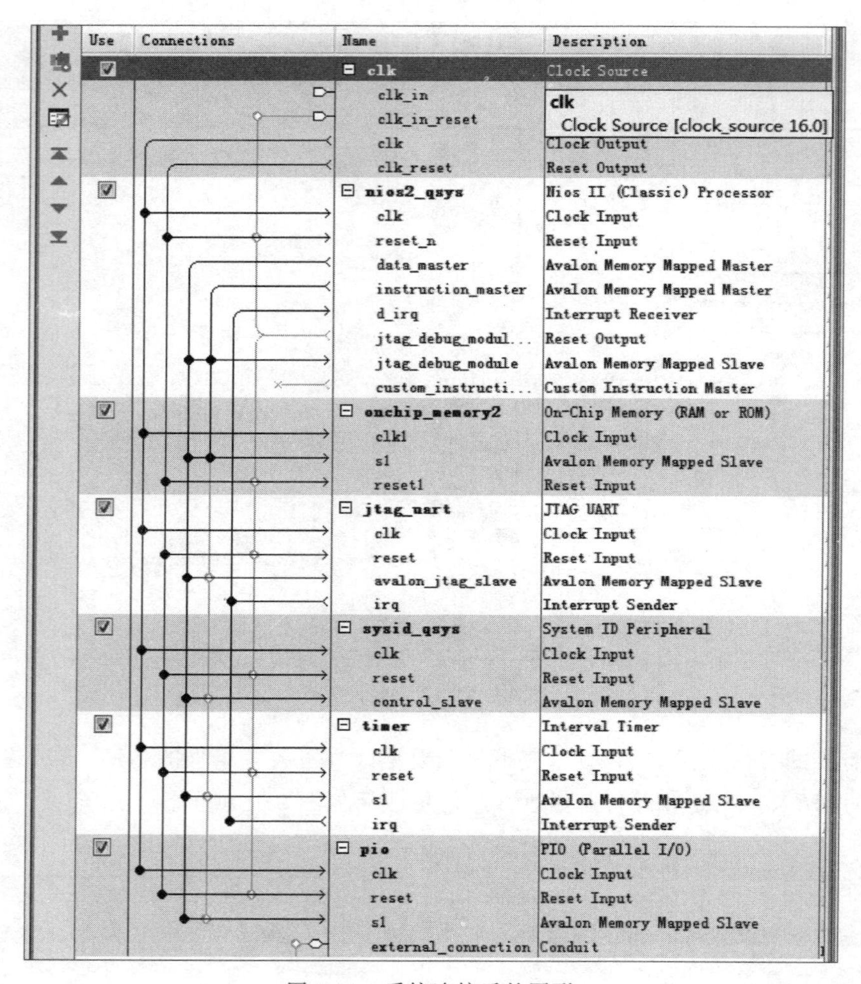

图 9-11 系统连接后的图形

8. Qsys 系统地址和中断优先级分配

虽然系统已经连接，但是在 Messages 中显示有错误。为了消除这些错误，需要进行地址和中断优先级分配。对于地址分配，一般 Qsys 会自动完成，而优先级可以根据系统的需要进行调整。

分别单击 Qsys 界面中的菜单栏 System→Assign Base Addresses 和 Assign Interrupt Numbers 进行地址和中断优先级分配，如图 9-12 所示。在 Messages 栏中会发现有一个警告信息，这个警告信息不影响后面的操作，可以忽略。

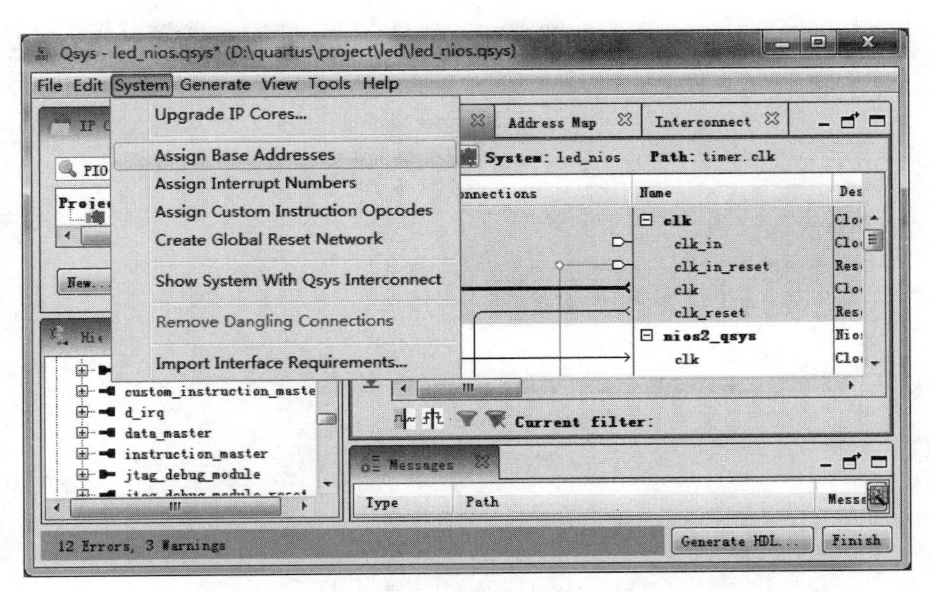

图 9-12　地址和中断优先级的自动分配

9. 生成 Qsys 系统

系统与外部连接需要进行特别的设置，在 Name 列中选择 external_connection，并双击其后面的 Export 列的信号，该信号就能被引出到该系统的顶层接口，用于和外部信号连接。

选择 Qsys 菜单栏中的 File→Save As…，保存名称为 led_cpu，然后选择 Generate→Generate HDL…，弹出如图 9-13 所示的界面。在该界面的 Synthesis 中选择 VHDL 作为综合语言，其他为默认值，单击 Generate 完成系统的生成。

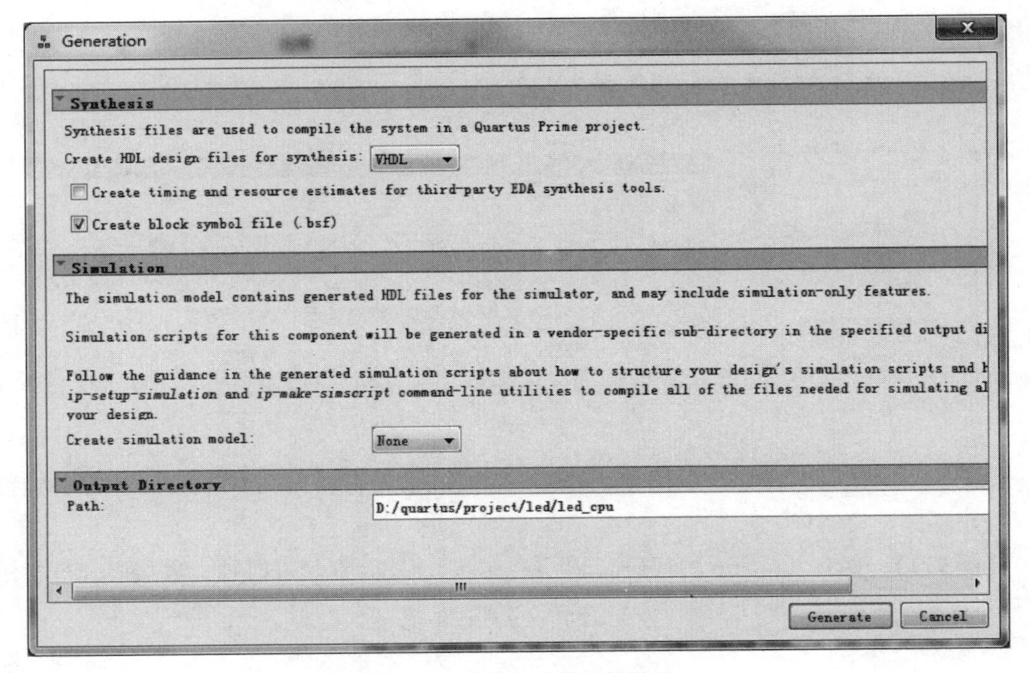

图 9-13　系统生成界面的设置

在菜单栏中选择 Generate→Show Instantiation Template…，弹出当前系统的例化语句，如图 9-14 所示，可以单击 copy 按钮进行复制，然后在自己的工程中使用这个系统。

Instantiation Template

You can copy the example HDL below to declare an instance of **led cpu**.

HDL Language: VHDL

Example HDL

```
    component led_cpu is
        port (
            clk_clk                        : in  std_logic                    := 'X'; -- clk
            pio_external_connection_export : out std_logic_vector(7 downto 0);        -- expo
            reset_reset_n                  : in  std_logic                    := 'X'  -- reset
        );
    end component led_cpu;

    u0 : component led_cpu
        port map (
            clk_clk                        => CONNECTED_TO_clk_clk,                        --
            pio_external_connection_export => CONNECTED_TO_pio_external_connection_export, --
            reset_reset_n                  => CONNECTED_TO_reset_reset_n                   --
        );
```

图 9-14　HDL 例化模板

9.2.3　集成 Nios Ⅱ系统至 Quartus Prime

关闭 Qsys 或者最小化 Qsys 界面，回到 Quartus Prime 界面中，先选择菜单 Assignments→Setting，在弹出的界面中选择 Files，然后单击"…"按钮，将 led_cpu. qsys 文件添加到工程中，如图 9-15 所示。

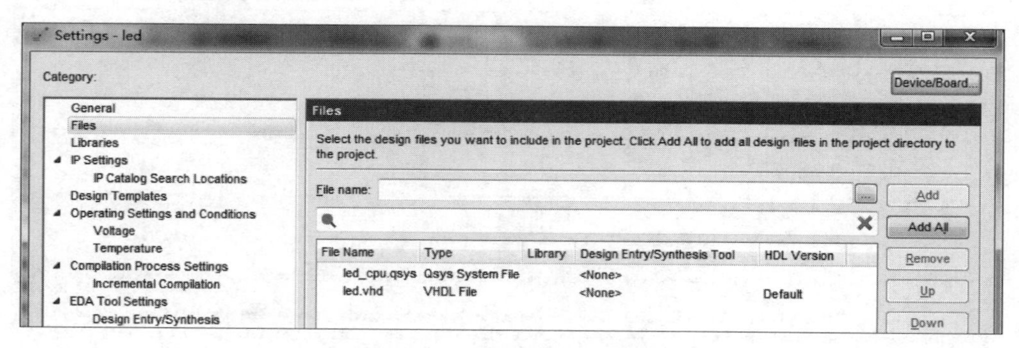

图 9-15　Files 对话框界面

接下来，例化 led_cpu 系统，并进行编译。最后，根据自己使用的开发板进行引脚锁定配置，并再次进行编译。

【例 9.1】 例化 led_cpu 的代码。clk、reset 和 ledR 分别代表时钟、复位和 LED 指示灯信号。

```
library ieee;
use ieee.std_logic_1164.all;
use ieee.std_logic_unsigned.all;

entity LED is
port(
        clk : in std_logic;
        reset: in std_logic;
        ledR: out std_logic_vector(7 downto 0)
        );
end entity LED;

architecture le of Led is

component led_cpu is
      port (
          reset_reset_n                     : in std_logic;
          clk_clk                           : in std_logic ;
          pio_external_connection_export : out std_logic_vector(7 downto 0)
    );
  end component led_cpu;
begin
  u0 : component led_cpu
      port map (
          reset_reset_n                     =>reset ,
          clk_clk                           =>clk,
          pio_external_connection_export  =>LedR
      );
end le;
```

9.3　SOPC 软件系统开发

当建立的 Qsys 系统例化成功后，就可以开始 Nios Ⅱ系统的软件开发。软件开发主要指在 Nios Ⅱ系统上进行软件编程，这些工作都在 Nios Ⅱ EDS(Nios Ⅱ Embedded Design Suite)下完成，Nios Ⅱ EDS 包括前沿的软件工具、实用工具、库和驱动器。从开始菜单选择 Tools→Nios Ⅱ Software Build Tools for Eclipse 可以启动 Nios Ⅱ EDS 开发环境。Nios Ⅱ软件构建工具(Software Build Tools，SBT)是 Nios Ⅱ集成开发环境(IDE)的升级版，是 Nios Ⅱ系列嵌入式处理器的基本开发工具。所有软件开发任务都可以在该环境下完成，包括编辑、编译和调试程序。

开发环境界面如图 9-16 所示。左侧是工程管理窗口，允许用户同时管理多个工程，中间是文本编辑区，可以浏览和编写程序代码，右侧是当前打开程序文件的函数和宏定义列表。程序编译和调试过程中的提示信息位于整个开发界面的下方。

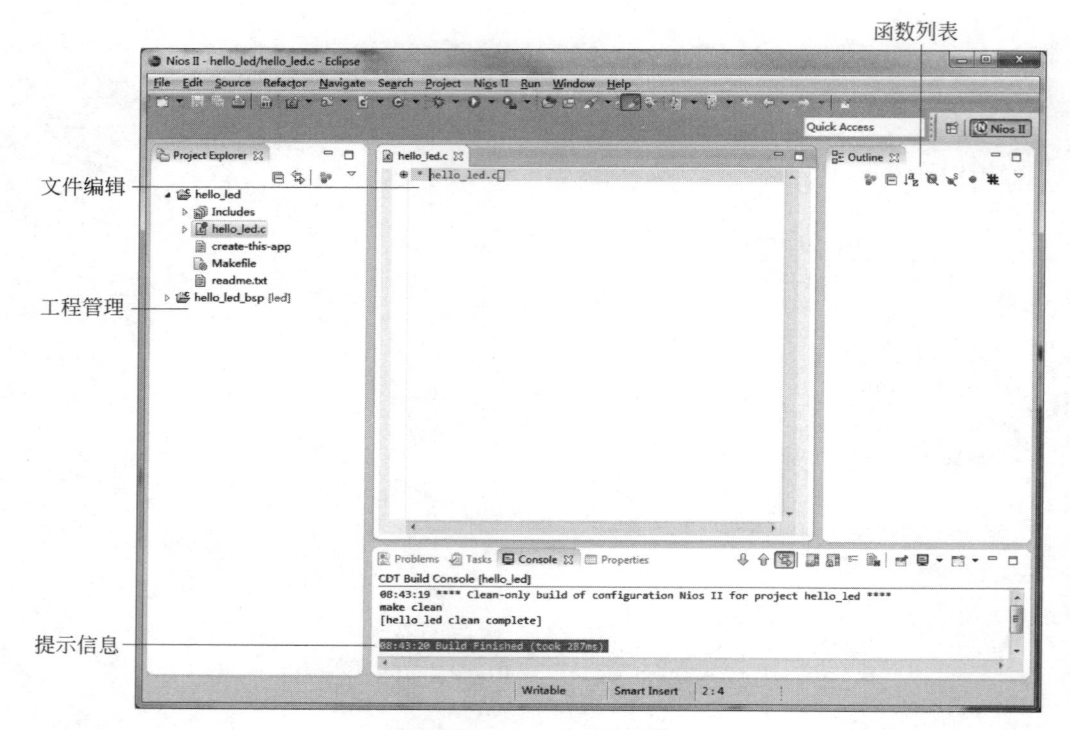

图 9-16　Nios Ⅱ开发环境

9.3.1　创建 Nios Ⅱ工程

Nios Ⅱ的工程通常分为应用程序和板卡支持包两部分，如图 9-17 所示，创建 Nios Ⅱ工程可以选择"Nios Ⅱ Application and BSP from Template"，根据给定模板同时创建板卡支持包 BSP(Board Support Package)和 Nios 应用程序，或者分别创建应用程序和 BSP。

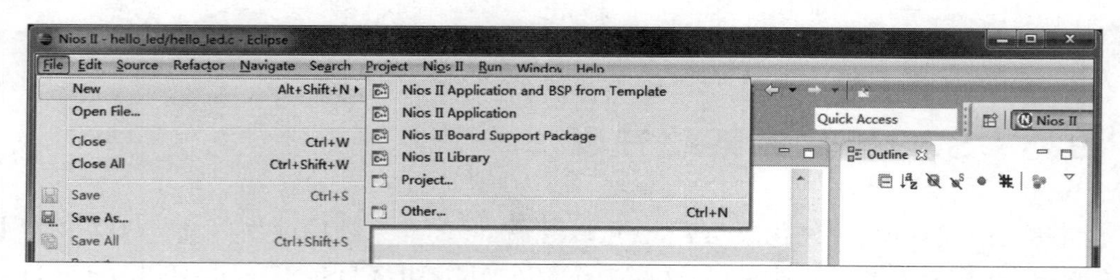

图 9-17　新建工程的菜单选项

从模板创建 BSP 和应用程序的界面如图 9-18 所示，在目标板信息选项中选定 9.2 节创建的 Qsys 硬件系统；应用工程选项里面给定当前工程名，默认路径是当前设计目录下的 Software。根据需要，可以在给定的项目模板中选择一个参考模块来创建自己的工程。然后单击 Next，进入图 9-19，按默认选项可以创建单独的 BSP 板级支持包。

图 9-20 和图 9-21 分别给出了 BSP 和 Application 的单独创建选项。在图 9-20 中创建单独的 Board Support Package，这里要填写的 Project name 是 BSP 工程的名字，选择 SOPC information File 后，对 BSP Type 根据需要进行设定，通常分为是否需要嵌入式操作

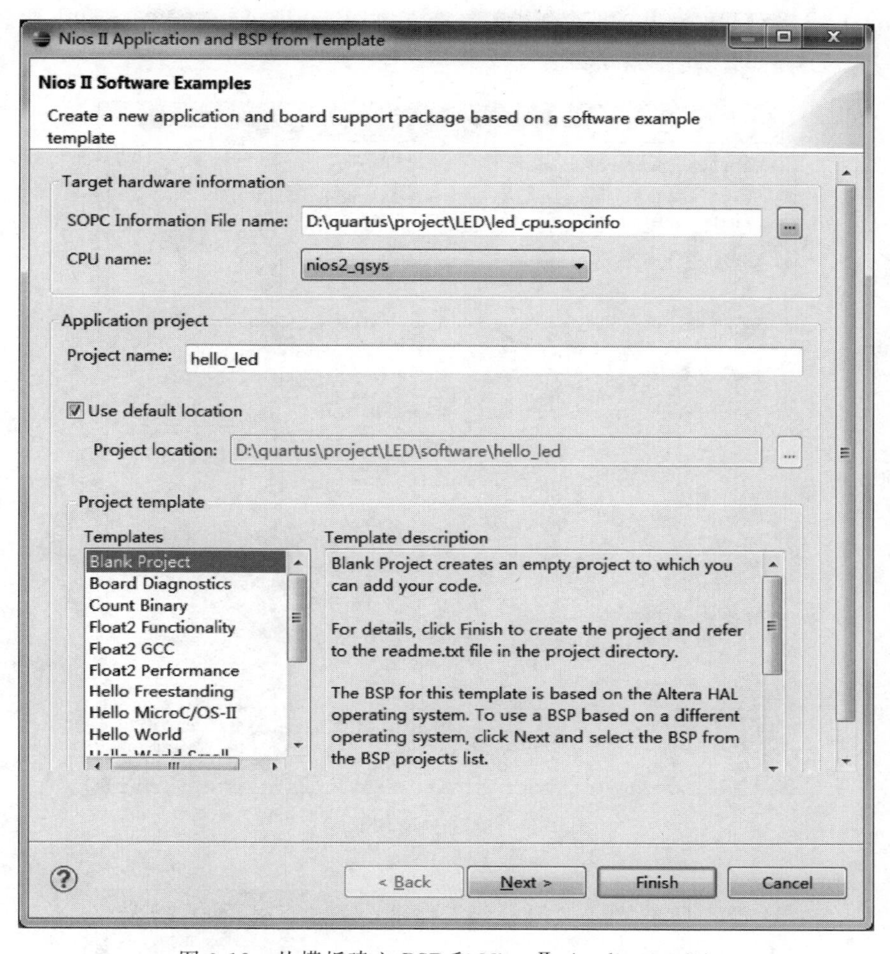

图 9-18 从模板建立 BSP 和 Nios Ⅱ Application(1)

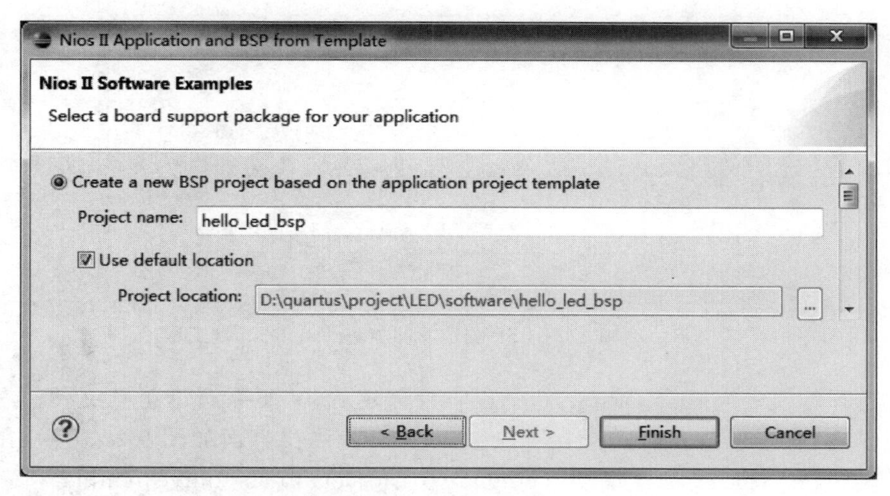

图 9-19 从模板建立 BSP 和 Nios Ⅱ Application(2)

系统(Nios Ⅱ内嵌对 μcOS Ⅱ的支持)。在单独创建 Nios Ⅱ Application 时,需要选择的是 BSP,填写工程名后其他可按默认设置。

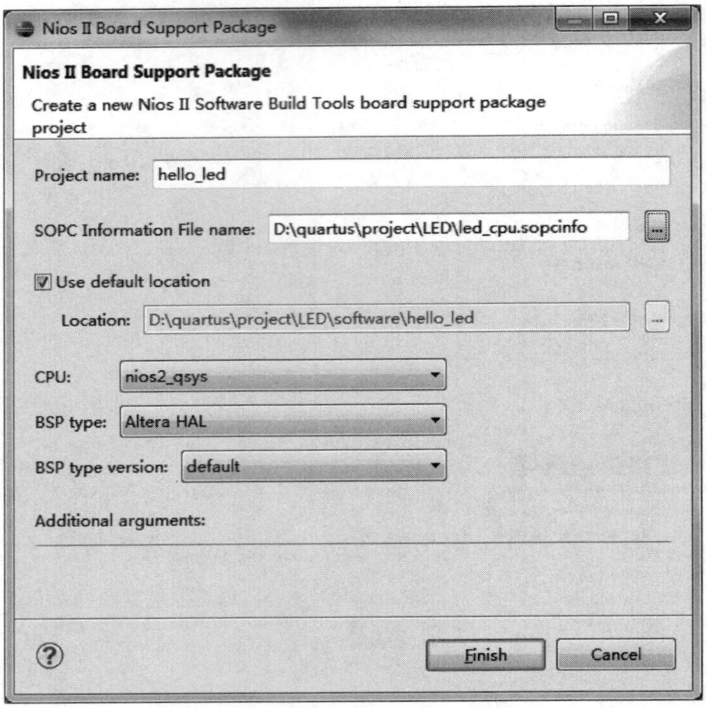

图 9-20 单独创建 BSP 工程

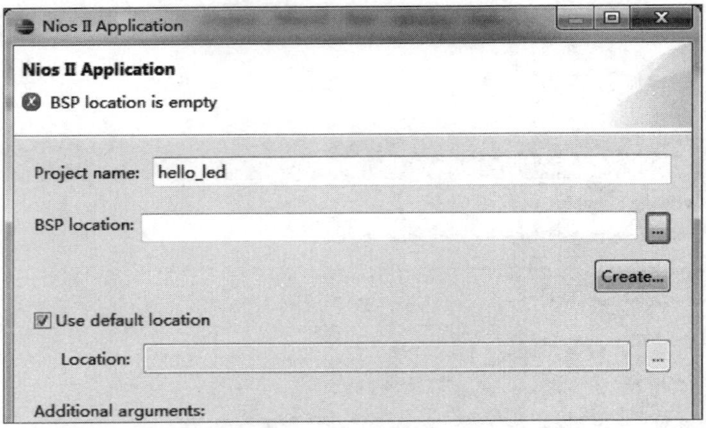

图 9-21 根据已有 BSP 创建新的 Nios Application 工程

因为选择的模板为 Blank Project,所以工程创建后,需要手动建立 C 文件。右键单击 hello_led 工程,在出现的界面选择 New→Source File,弹出界面如图 9-22 所示,在 Source file 中填写 hello_led.c,而且模型 Template 选择 Default C source template,最后单击 Finish 完成 C 文件的创建。

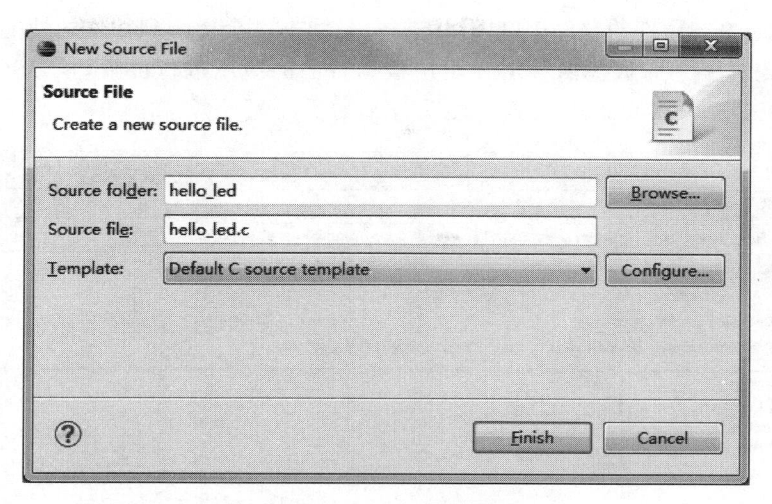

图 9-22 工程 C 文件创建

9.3.2 设置工程的系统属性

系统属性主要是指板级支持包 BSP 工程的基本配置，在工程管理窗口选择 BSP 工程，从鼠标右键菜单中选择 Properties，BSP 工程和其他应用工程的属性配置的不同主要是 Nios Ⅱ BSP Properties 选项设置，如图 9-23 所示。

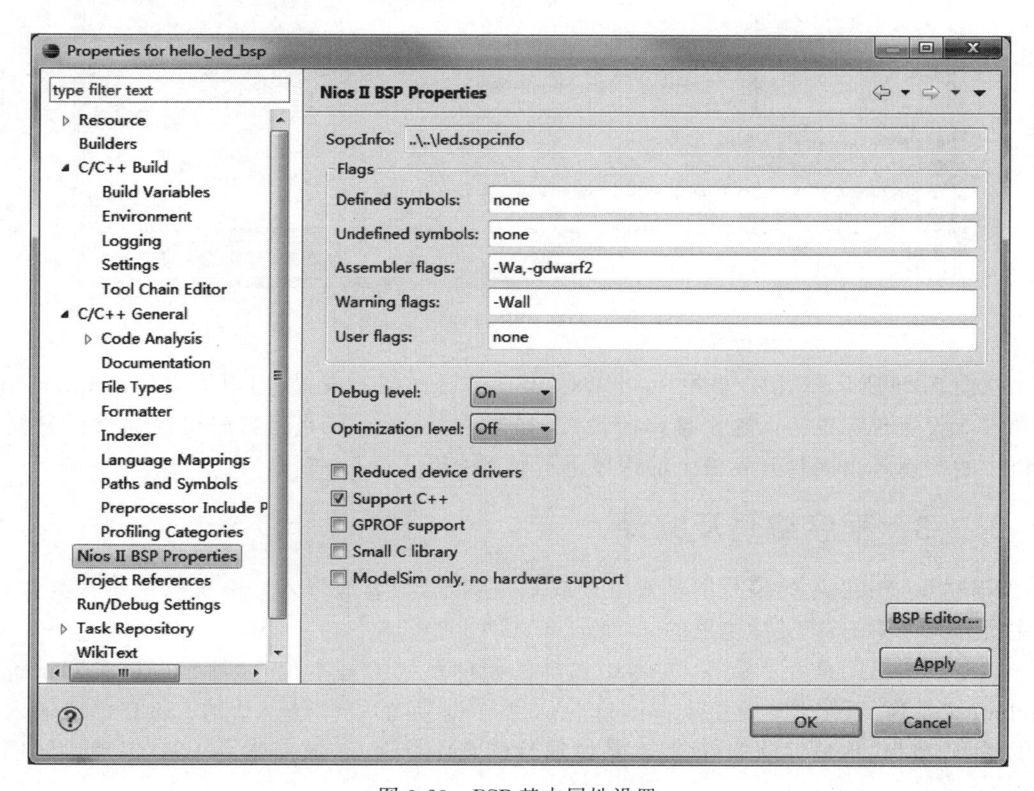

图 9-23 BSP 基本属性设置

BSP 工程是系统硬件的软件接口，对其进行属性设置，会影响到软件的性能，如在图 9-23 可以设置是否支持 C++，这些内容需要用户根据自己的应用进行配置，在 BSP 基本属性配置页中单击 BSP Editor 可以进入 BSP 更为详细的属性配置页，如图 9-24 所示。

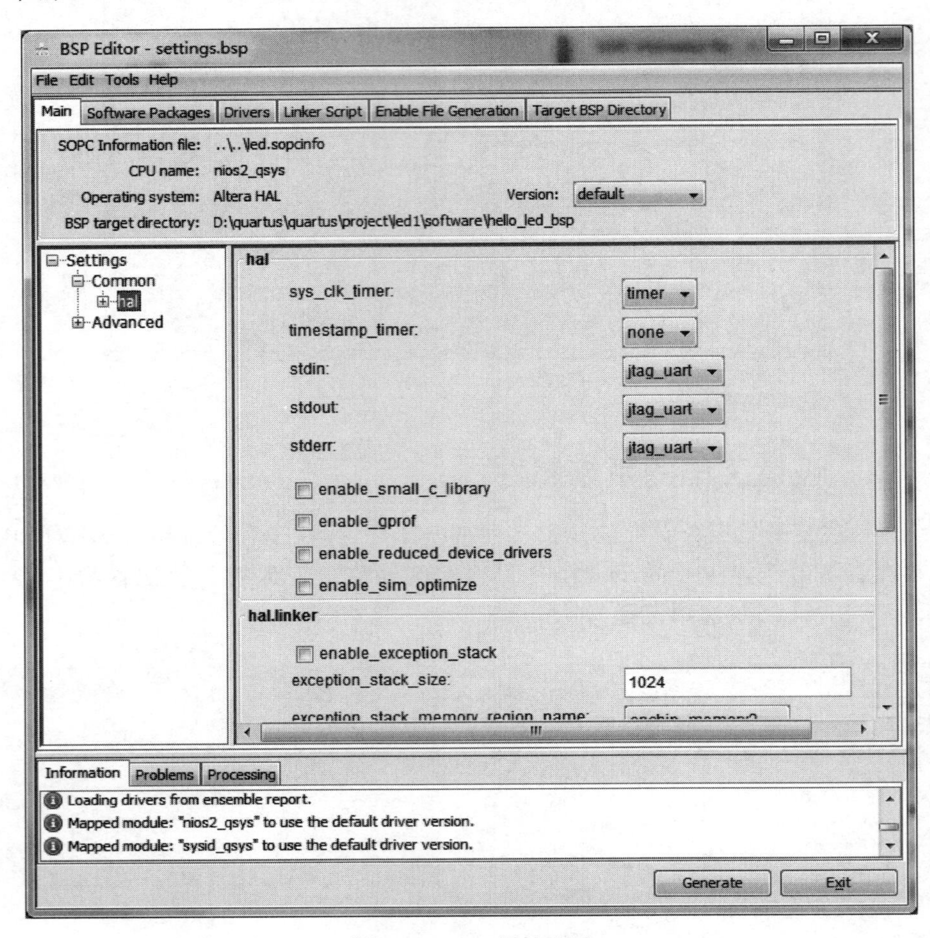

图 9-24 BSP 属性配置

在图 9-24 所示属性配置页中，可以对 BSP 进行详细的设置，图中给出的 stdin、stdout 和 stderr 设置是标准输入输出接口的设置，如果选择 jtag_uart，运行时可以通过信息提示窗口中的控制台页面与开发板上的程序进行数据交互。

9.3.3 程序编写及编译

Nios Ⅱ应用程序的编写主要采用 C 或 C++实现，与其他嵌入式系统软件编程类似，这里主要介绍一下 BSP 支持包里的 system. h 文件。

例 9.2 给出的是 9.2 节在 Qsys 中设计的硬件系统的基本配置，从中可以看到设备是 CycloneV 系列，系统名称是 led_cpu，这些信息与 Qsys 的设计是一致的；还有标准输入输出的类型、接口、地址等信息，这些在系统属性配置中修改后，重新编译 BSP 工程后同样会体现在 system. h 文件中。

【例 9.2】 系统配置宏定义。

```
#define ALT_DEVICE_FAMILY "Cyclone V"
#define ALT_ENHANCED_INTERRUPT_API_PRESENT
#define ALT_IRQ_BASE NULL
#define ALT_LOG_PORT "/dev/null"
#define ALT_LOG_PORT_BASE 0x0
#define ALT_LOG_PORT_DEV null
#define ALT_LOG_PORT_TYPE ""
#define ALT_NUM_EXTERNAL_INTERRUPT_CONTROLLERS 0
#define ALT_NUM_INTERNAL_INTERRUPT_CONTROLLERS 1
#define ALT_NUM_INTERRUPT_CONTROLLERS 1
#define ALT_STDERR "/dev/jtag_uart"
#define ALT_STDERR_BASE 0x21038
#define ALT_STDERR_DEV jtag_uart
#define ALT_STDERR_IS_JTAG_UART
#define ALT_STDERR_PRESENT
#define ALT_STDERR_TYPE "altera_avalon_jtag_uart"
#define ALT_STDIN "/dev/jtag_uart"
#define ALT_STDIN_BASE 0x21038
#define ALT_STDIN_DEV jtag_uart
#define ALT_STDIN_IS_JTAG_UART
#define ALT_STDIN_PRESENT
#define ALT_STDIN_TYPE "altera_avalon_jtag_uart"
#define ALT_STDOUT "/dev/jtag_uart"
#define ALT_STDOUT_BASE 0x21038
#define ALT_STDOUT_DEV jtag_uart
#define ALT_STDOUT_IS_JTAG_UART
#define ALT_STDOUT_PRESENT
#define ALT_STDOUT_TYPE "altera_avalon_jtag_uart"
#define ALT_SYSTEM_NAME "led_cpu"
```

通过例 9.3 的代码,我们可以调用自定义指令完成运算功能,也可以利用自定义外设驱动 LED 灯的亮度变化。

【例 9.3】 编写代码调用自定义指令并驱动自定义外设。

```
#include "system.h"
#include "altera_avalon_pio_regs.h"
#include"unistd.h"
#include"alt_types.h"
int main()
{
 unsigned char led_data;
 unsigned int led_code;
 printf("hello_led!\n");
 while(1)
 {
    for(led_data = 0;led_data < 8;led_data++)
       {
         led_code  = led_code + 1;
         IOWR_ALTERA_AVALON_PIO_DATA(PIO_BASE,led_code);
```

```
            usleep(1000000);
        }
    }
  return 0;
  }
```

完成代码编写后即可对工程进行编译和链接，生成 elf 文件。

选中要编译的工程，单击鼠标右键，在弹出菜单中选择 Build Project，然后开始编译，编译时间与工程内容有关，会显示编译的进度。编译完成后，如果没有错误会在提示信息窗口显示编译完成的信息，如图 9-25 所示。

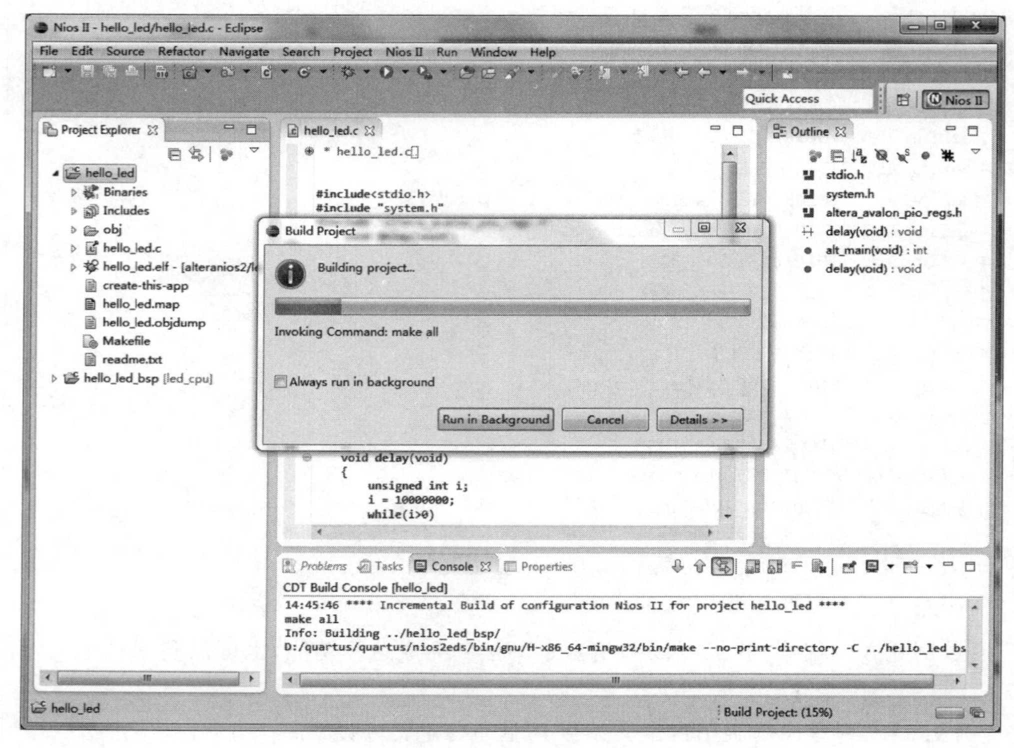

图 9-25 软件编译过程

如果有错误，错误工程会出现错误标记，信息提示窗口的 problem 页会提示错误的原因及行号，并且在程序窗口提示错误出现的位置。修改错误后重新编译，直到出现 Build completed 提示信息为止。

9.3.4 代码调试及运行

基于 Nios Ⅱ的 SOPC 系统开发分为两个部分，分别是 9.2 节的硬件设计和 9.3 节的软件设计，软件设计需要在硬件设计中的 CPU 上执行，因此要运行 Nios Ⅱ软件代码，首先要完成 Qsys 系统在 Quartus Prime 中的引脚分配、综合下载等。

FPGA 的配置可以在 Quartus Prime 下完成，也可以直接在 Nios Ⅱ SDT 环境下选择菜单 Nios Ⅱ→Quartus Prime Programmer 完成。在弹出的下载工具中选择相应的 sof 文件下载配置 FPGA 后即可开始软件的调试及运行。

1. 代码调试

硬件配置完成后，选择准备调试或运行的工程(使之高亮)，然后选择菜单 Run→Debug Configuration…，进入如图 9-26 所示的调试配置选项界面。

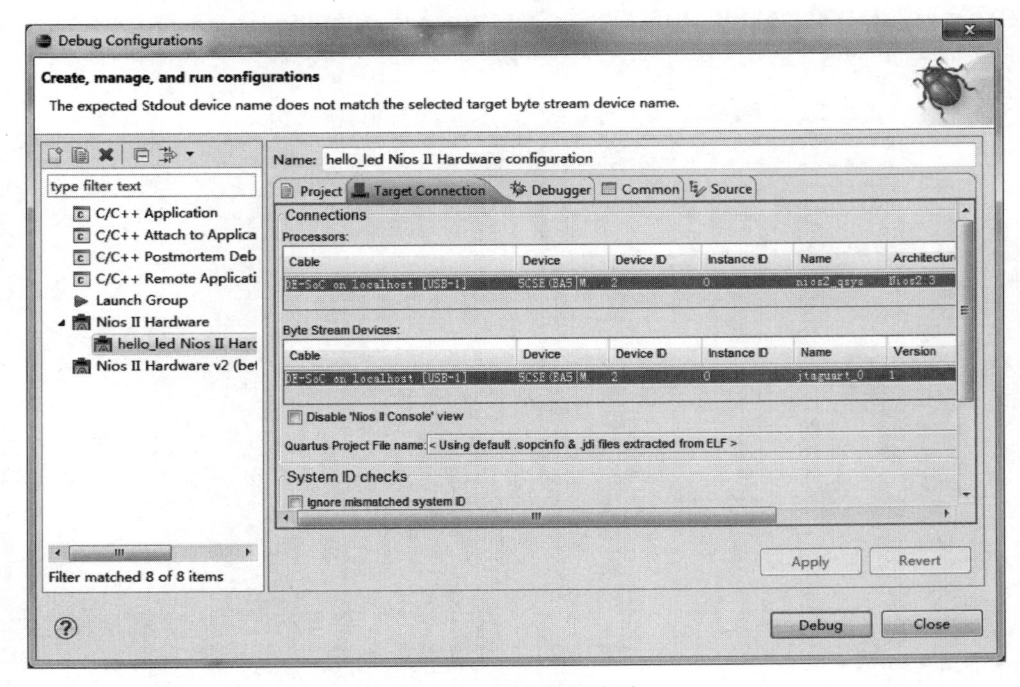

图 9-26　调试配置选项

在调试配置选项的目标链接(Target Connection)页面，查看硬件连接是否正确，如果 Processor 和 Byte Stream Devices 列表为空或不正确，可以先确认硬件下载完成，然后单击 Refresh Connections 按钮进行刷新，直至显示正确的处理器连接信息和比特流设备信息。在界面的 The expected Stdout device name does not match the selected target byte stream device name 信息不影响工程的运行，可以忽略。

最终完成如图 9-26 所示的正确设置后，可以单击 Debug 进入图 9-27 所示的调试界面。

调试界面分为 5 部分：跟踪信息窗口、源程序窗口、函数列表窗口和结果信息窗口，函数索引列表可以在大量源代码中快速定位函数体等内容，会根据源程序窗口中的源程序的变化而变化。

跟踪信息窗口上方是调试工具条，用来进行运行控制，调试工具依次是：全速断点运行(运行直至断点)、停止(暂停，与全速运行配合使用)、运行结束(结束调试)、进入函数体单步运行、跳过函数体运行和跳出函数体等。

源程序窗口可以设置断点，双击代码视图左侧空白处，或者在左侧空白的右键菜单中选择 Toggle Breakpoint 来设置断点，再次双击或选择右键菜单的 Disable Breakpoint 可以取消断点。

调试信息窗口可以查看本地变量、寄存器、存储器、断点以及表达式赋值函数等各种调试信息。

2. 程序运行

同样是在硬件下载成功以后，可以开始程序运行，在工程向导窗口高亮选择要运行的工程(注意 BSP 工程是不能执行的)，然后选择菜单 Run→Run as→Nios Ⅱ hardware，可以进行硬件运行，如果没有该选项，则需要执行菜单 Run→Run Configurations…，弹出如图 9-28 所示界面。

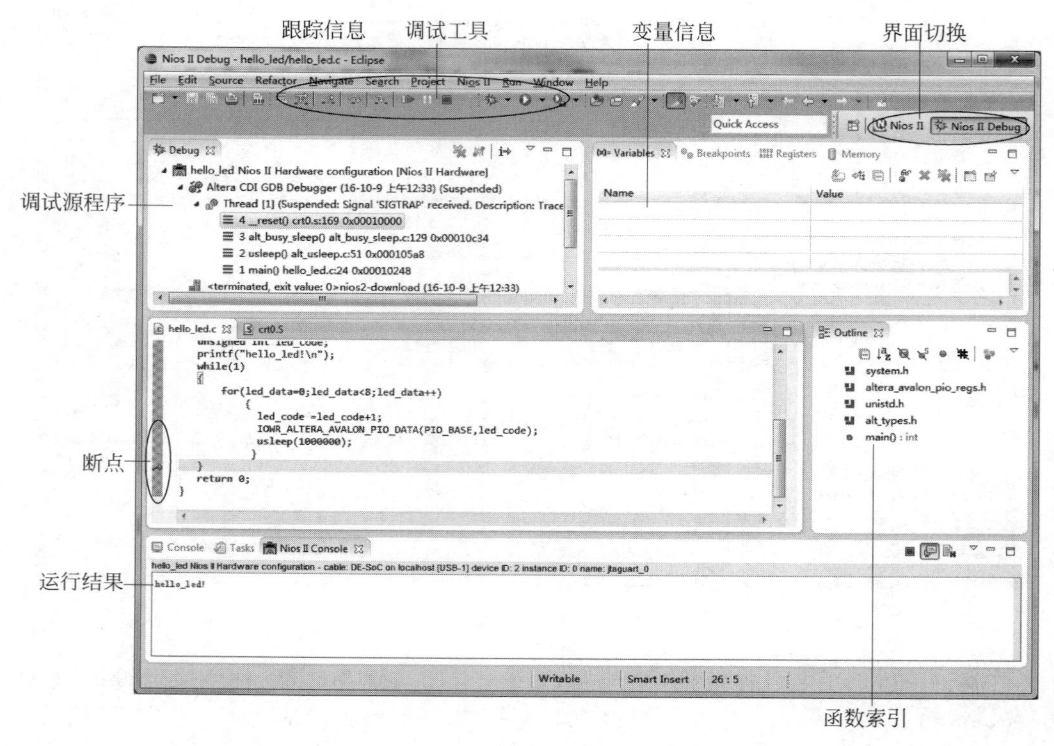

图 9-27 调试界面

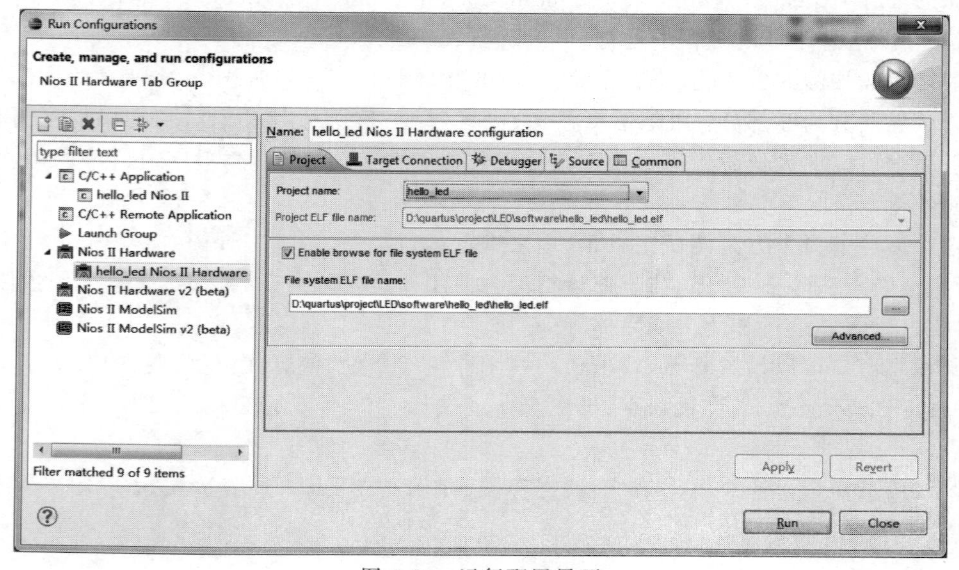

图 9-28 运行配置界面

在该对话框中，左侧可以选择运行种类，如双击 C/C++ Application 并生成 elf 文件进行软件仿真运行，Nios Ⅱ Hardware 下面的选项是硬件运行。不同的选择，需要进行不同的设置，通常情况下默认选项即可。另外，硬件方式运行也需要在 Target Connection 页面进行配置，方法同图 9-26 的硬件调试配置。设置正确后单击右下角的 Run，可以在目标板上运行，由于我们设置了标准输入输出指向 JTAG UART，因此运行结果会显示在图 9-29 信息提示窗口的 Nios Ⅱ Console 页面。

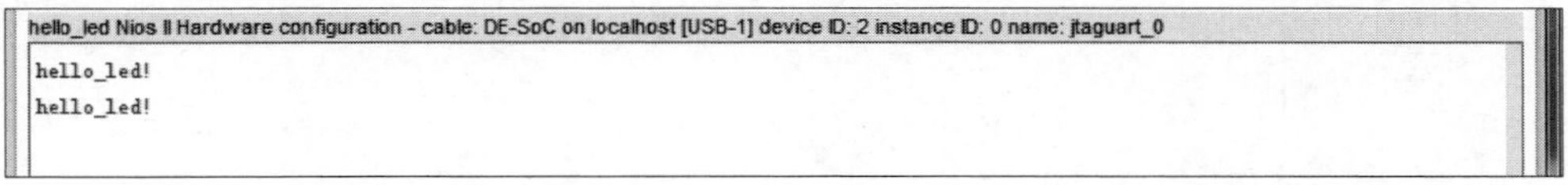

```
hello_led Nios II Hardware configuration - cable: DE-SoC on localhost [USB-1] device ID: 2 instance ID: 0 name: jtaguart_0
hello_led!
hello_led!
```

图 9-29　运行结果

第 10 章 基于 VHDL 的 FPGA 设计实例

CHAPTER 10

10.1 多路选择器

设计一个能够判断输入数据范围的电路，当输入信号 1≤a≤5 时，输出为 0；当输入信号 6≤a≤10 时，输出为 1；当输入信号 11≤a≤15 时，输出为 2；当输入信号 16≤a≤20 时，输出为 3。

```
entity mux is
port(a : in integer range 1 to 20;
    out1 : out integer range 0 to 3);
end mux;

architecture one of mux is
begin
  process(a)
  begin
    case a is
        when 1 to 5  => out1 <= 0;
        when 6 to 10  => out1 <= 1;
        when 11 to 15  => out1 <=  2;
        when others => out1 <=  3;
    end case;
  end process;
end;
```

仿真波形如图 10-1 所示。

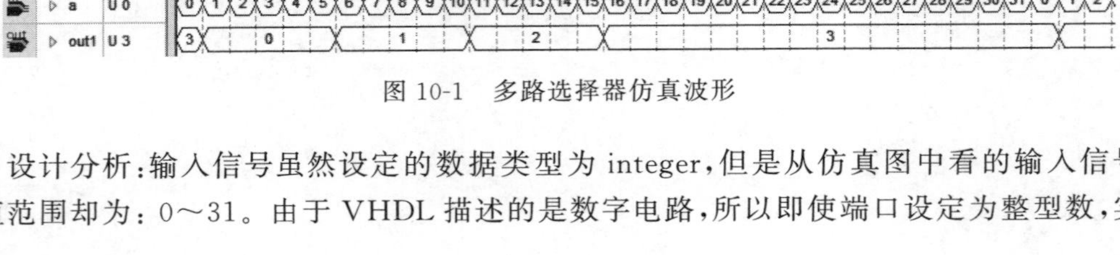

图 10-1　多路选择器仿真波形

设计分析：输入信号虽然设定的数据类型为 integer，但是从仿真图中看的输入信号的数值范围却为：0～31。由于 VHDL 描述的是数字电路，所以即使端口设定为整型数，实际上也是采用二进制数来实现的。整数范围仅仅用于确定信号的带宽，[1,20]的整型数可以采用 5bit 的二进制数表示，因此输入信号 a 实际综合生成的是 5bit 的数字信号；同样值为[0,3]范围的输出信号 out1 综合生成的是宽度为 2bit 的数字信号。

电路设计时，不建议采用整数型、实数型等类型来描述端口信号。

10.2 寄存器

设计一个带同步使能信号的 8 位寄存器，要求同步使能信号低有效。

```
library ieee;
use ieee.std_logic_1164.all;

entity reg8 is
  port (d: in std_logic_vector (7 downto 0);
    oe, clk: in std_logic;
    q: out std_logic_vector (7 downto 0));
end reg8;

architecture archi of reg8 is
  signal q_tmp: std_logic_vector (7 downto 0);
begin
    process (clk, oe)
    begin
        if (oe = '0') then
            if (clk 'event and clk = '1') then
                q_tmp <= d;
            end if;
        else
            q_tmp <= (others => 'Z');
        end if;
    end process;
    q <= q_tmp;
end archi;
```

仿真波形如图 10-2 所示。

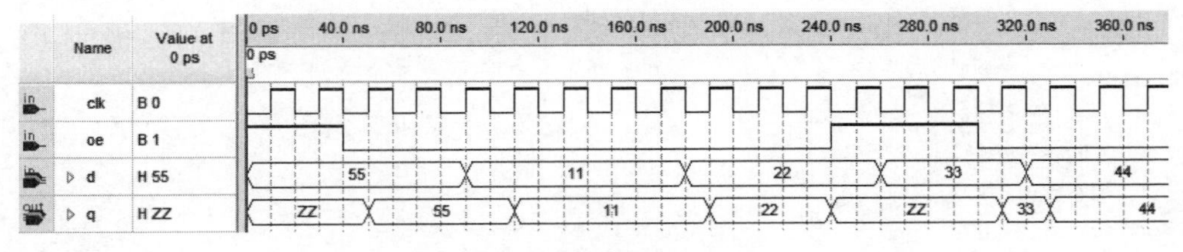

图 10-2　寄存器仿真波形

当输出使能信号 oe 为高电平时，输出为高阻，当 oe 为低电平时，在时钟信号的上升沿，输出随输入变化。

10.3 移位寄存器

设计一个带有异步清零信号、同步置数信号和左移、右移功能的移位寄存器，其中 clr 为低有效异步清零端，ld 为低有效同步置数端，left 为左移控制端，right 为右移控制端，左移或右移后空出的数据位填 1，d 为并行数据输入端，q 为并行数据输出端，d 和 q 均为 4bit。

```
library ieee;
use ieee.std_logic_1164.all;

entity shift_reg is
port (clr, ld, clk, left, right: in std_logic;
    d: in std_logic_vector (3 downto 0);
    q: out std_logic_vector (3 downto 0));
end shift_reg;

architecture archi of shift_reg is
signal q_tmp: std_logic_vector (3 downto 0);
begin
    process (clr, ld, clk, left, right, d)
    begin
        if (clr = '0') then
            q_tmp <= "0000";
        elsif (clk 'event and clk = '1') then
            if ld = '0' then q_tmp <= d;
            elsif (left = '1' and right = '0') then
                for i in 0 to 2 loop
                q_tmp(i+1) <= q_tmp(i);
                end loop;
                q_tmp(0) <= '1';
            elsif (left = '0' and right = '1' ) then
                for i in 1 to 3 loop
                q_tmp(i-1) <= q_tmp(i);
                end loop;
                q_tmp(3) <= '1';
            end if;
        end if;
    end process;
    q <= q_tmp;
end archi;
```

仿真波形如图 10-3 所示。

clr=0 时，输出 q 清零；当 clr=1，ld=0 时，实现置数，q=d，输出 1010；当 clr=1，ld=1，left=1 时，q 端数据左移；当 clr=1，ld=1，right=1 时，q 端数据右移。左移或右移时，空出的数据位填 1。

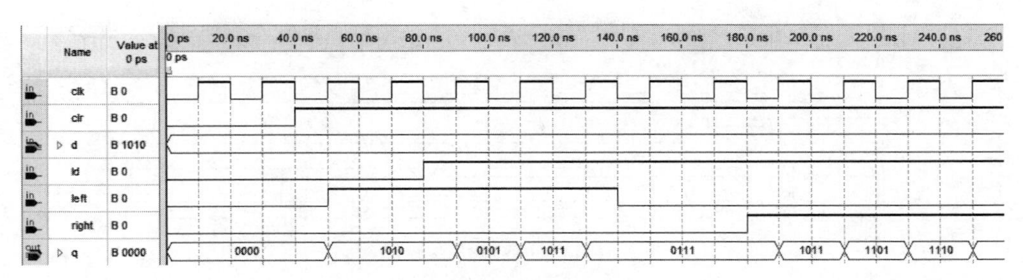

图 10-3　移位寄存器仿真波形

10.4　计数器

设计一个具有清零和预置数功能的双向计数器，其中预置数端为 load，高有效；清零端 clr 低有效。计数方向控制端为 updown，当 updown=1 时，加法计数，否则减法计数，计数量为 3bit 二进制数。此功能常用于电子钟的预设时间功能。

```
library ieee;
use ieee.std_logic_1164.all;
use ieee.std_logic_unsigned.all;

entity counter is
    port (clk, clr, updown, load: in std_logic;
        d: in std_logic_vector (2 downto 0);
        q: buffer std_logic_vector (2 downto 0));
end counter;

architecture archi of counter is
begin
    process (clr, clk, load)
    begin
        if clr = '0' then
            q <= ''000'';
        elsif load = '1' then
            q <= d;
        elsif (clk 'event and clk = '1') then
            if (updown = '1') then
                q <= q + 1;
            else
                q <= q - 1;
            end if;
        end if;
    end process;
end archi;
```

仿真波形如图 10-4 所示。

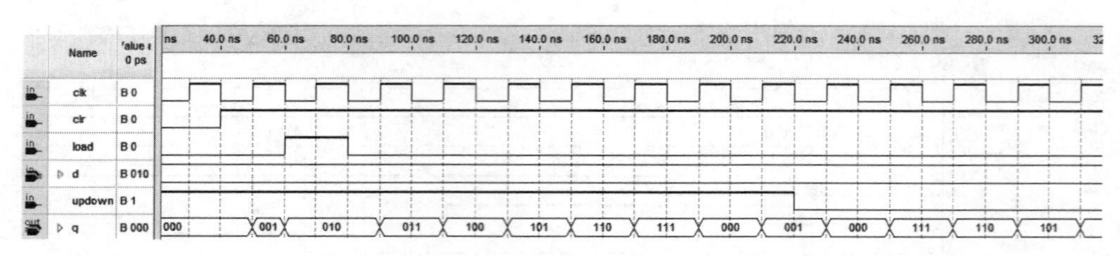

图 10-4　计数器仿真波形

10.5　分频器

用 VHDL 设计一个如图 10-5 所示的 10 分频电路，其中 reset 为高有效异步复位信号，f_out 输出方波信号的频率为输入信号 clk 频率的 1/10，且 f_out 信号的占空比为 50%。

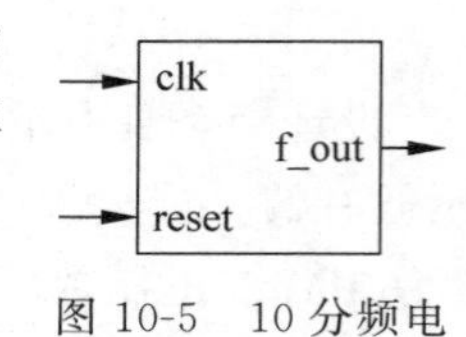

图 10-5　10 分频电路框图

```
entity fp is
port (clk, reset: in std_logic;
    f_out: buffer std_logic);
end fp;

architecture archi of fp is
signal q:std_logic_vector (3 downto 0);
begin
    process (reset, clk)
    begin
        if reset = '1' then
            f_out <= '0';
            q<= "0000";
        elsif (clk'event and clk = '1') then
            if q<"1001" then
                q<= q +1;
                if q<= "0100" then f_out <= '0';
                else f_out <= '1';
                end if;
            else
                q<= "0000";
            end if;
        end if;
    end process;
end archi;
```

仿真波形如图 10-6 所示。

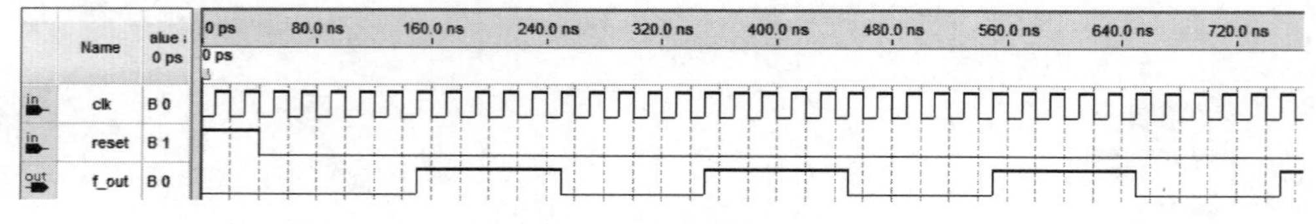

图 10-6　分频器仿真波形

10.6 元件例化

已有元件 cp，其中 A、B 为元件 cp 的输入端子，C 为元件 cp 的输出端子。试采用元件例化写出图 10-7 所示电路的 VHDL 程序，此电路调用了 2 个 cp 元件，分别作为元件 U1 和 U2。A1、A2、A3 为设计电路的输入端子，Y 为设计电路的输出端子。

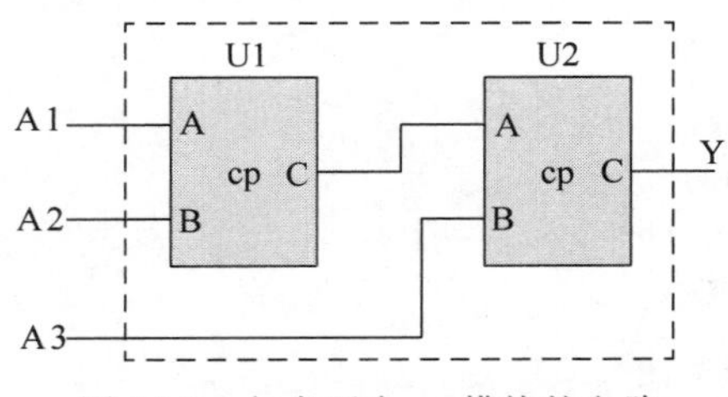

图 10-7 包含两个 cp 模块的电路

```
library ieee;
use ieee.std_logic_1164.all;
use ieee.std_logic_unsigned.all;

entity comp_ip is
    port(A1,A2,A3: in std_logic;
        Y: out std_logic);
end comp_ip;

architecture netlist1 of comp_ip is
  component cp
    port(A, B: in std_logic;C: out std_logic);
  end component;
  signal z: std_logic;
begin
    u1: cp port map(A1, A2, z);
    u2: cp port map(A => z, B => A3, C => Y);
end netlist1;
```

10.7 状态机 1

设计一个两状态转换的电路，状态转换如图 10-8 所示。其中输入信号用 a 表示，输出信号用 b 表示，复位信号 rst 高有效，复位后，电路的初态为 S0。

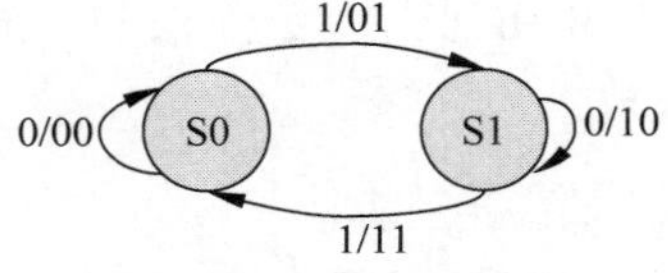

图 10-8 状态转换图

```
library ieee;
use ieee.std_logic_1164.all;
use ieee.std_logic_unsigned.all;
entity fsm is
    port(rst: in std_logic;
        clk: in std_logic;
```

```
        a: in std_logic;
        b: out std_logic_vector(1 downto 0));
end;

architecture beh of fsm is
    type state_type is (s0, s1);
    signal state: state_type;
begin
  process(rst, clk, state)
  begin
    if rst = '1' then
            state <= s0;
    elsif rising_edge(clk) then
            case state is
            when s0 =>
                if a = '0' then b <= "00"; state <= s0;
                else b <= "01";state <= s1;
                end if;
            when s1 =>
                if a = '0' then b <= "10"; state <= s1;
                else b <= "11";state <= s0;
                end if;
            end case;
    end if;
  end process;
end;
```

仿真波形如图 10-9 所示。

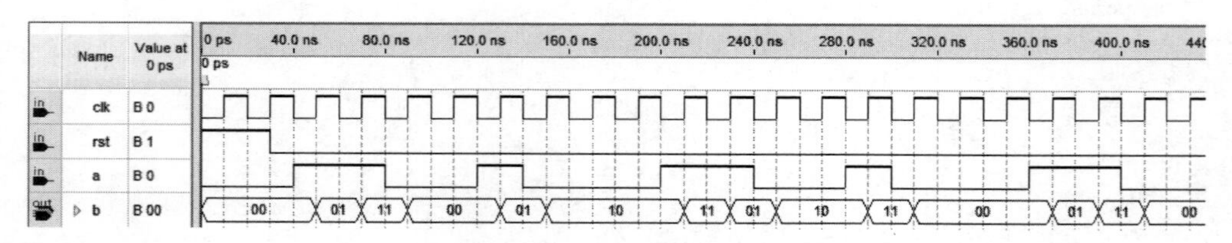

图 10-9　两状态电路仿真波形

10.8　状态机 2

设计一个两状态转换的电路，状态转换如图 10-10 所示。其中输入信号用 a 表示，输出信号用 b 表示，复位信号 rst 高有效，复位后，电路的初态为 S0。

图 10-10　状态转换图

```
library ieee;
use ieee.std_logic_1164.all;
use ieee.std_logic_unsigned.all;
entity fsm_moore is
    port(rst: in std_logic;
```

```
        clk: in std_logic;
        a: in std_logic;
        b: out std_logic_vector(1 downto 0));
end;
architecture beh of fsm_moore is
    type state_type is (s0, s1);
    signal state: state_type;
begin
  process(rst, clk, state)
  begin
    if rst = '1' then
        state <= s0;
    elsif rising_edge(clk) then
        case state is
        when s0 =>
            if a = '0' then state <= s0;
            else state <= s1;
            end if;
        when s1 =>
            if a = '0' then state <= s1;
            else state <= s0;
            end if;
        end case;
    end if;
  end process;

process(state)
begin
        case state is
            when s0 => b <= "01";
            when s1 => b <= "10";
        end case;
end process;
end;
```

仿真波形如图 10-11 所示。

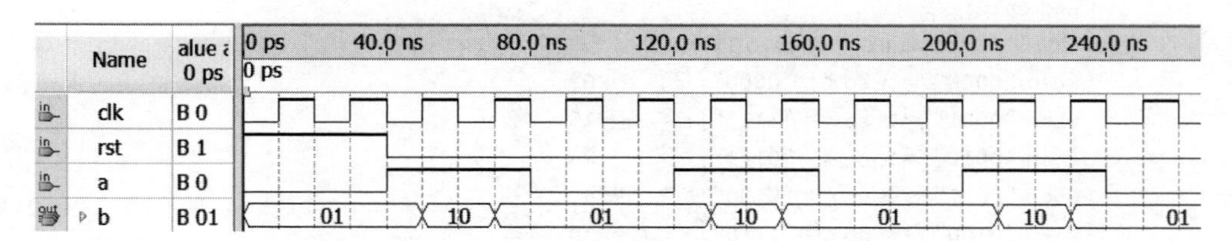

图 10-11　两状态电路仿真波形

10.9　DES 算法 S 盒

每个 S 盒是 6 比特输入、4 比特输出的变换，其变换规则为：若 6bit 输入 b0b1b2b3b4b5，由 b0b5 形成的二进制表示行，由 b1b2b3b4 形成的二进制表示列，这样，每个S盒可用一个4×16矩阵或数表来表示。DES算法共有8个S盒(如附录1所示),其中S1盒的设计如下所示。

```
library ieee;
use ieee.std_logic_1164.all;
entity s1_box is
    port(si : in std_logic_vector(5 downto 0);
        so : out std_logic_vector(3 downto 0));
end s1_box;

architecture behaviour of s1_box is
signal s : std_logic_vector(1 downto 0);
begin
  s<=si(5)&si(0);
  process(s)
  begin
    case s is
    when "00" => case si(4 downto 1) is
        when "0000"  => so<="1110";     --14
        when "0001"  => so<="0100";     --4
        when "0010"  => so<="1101";     --13
        when "0011"  => so<="0001";     --1
        when "0100"  => so<="0010";     --2
        when "0101"  => so<="1111";     --15
        when "0110"  => so<="1011";     --11
        when "0111"  => so<="1000";     --8
        when "1000"  => so<="0011";     --3
        when "1001"  => so<="1010";     --10
        when "1010"  => so<="0110";     --6
        when "1011"  => so<="1100";     --12
        when "1100"  => so<="0101";     --5
        when "1101"  => so<="1001";     --9
        when "1110"  => so<="0000";     --0
        when "1111"  => so<="0111";     --7
        when others  => null;
        end case;
    when "01"  => case si(4 downto 1) is
        when "0000"  => so<="0000";     --0
        when "0001"  => so<="1111";     --15
        when "0010"  => so<="0111";     --7
        when "0011"  => so<="0100";     --4
        when "0100"  => so<="1110";     --14
        when "0101"  => so<="0010";     --2
        when "0110"  => so<="1101";     --13
        when "0111"  => so<="0001";     --1
        when "1000"  => so<="1010";     --10
        when "1001"  => so<="0110";     --6
        when "1010"  => so<="1100";     --12
        when "1011"  => so<="1011";     --11
        when "1100"  => so<="1001";     --9
```

```
            when "1101"  => so <= "0101";      -- 5
            when "1110"  => so <= "0011";      -- 3
            when "1111"  => so <= "1000";      -- 8
            when others  => null;
            end case;
        when "10"  => case si(4 downto 1) is
            when "0000"  => so <= "0100";      -- 4
            when "0001"  => so <= "0001";      -- 1
            when "0010"  => so <= "1110";      -- 14
            when "0011"  => so <= "1000";      -- 8
            when "0100"  => so <= "1101";      -- 13
            when "0101"  => so <= "0110";      -- 6
            when "0110"  => so <= "0010";      -- 2
            when "0111"  => so <= "1011";      -- 11
            when "1000"  => so <= "1111";      -- 15
            when "1001"  => so <= "1100";      -- 12
            when "1010"  => so <= "1001";      -- 9
            when "1011"  => so <= "0111";      -- 7
            when "1100"  => so <= "0011";      -- 3
            when "1101"  => so <= "1010";      -- 10
            when "1110"  => so <= "0101";      -- 5
            when "1111"  => so <= "0000";      -- 0
            when others  => null;
            end case;
        when "11"  => case si(4 downto 1) is
            when "0000"  => so <= "1111";      -- 15
            when "0001"  => so <= "1100";      -- 12
            when "0010"  => so <= "1000";      -- 8
            when "0011"  => so <= "0010";      -- 2
            when "0100"  => so <= "0100";      -- 4
            when "0101"  => so <= "1001";      -- 9
            when "0110"  => so <= "0001";      -- 1
            when "0111"  => so <= "0111";      -- 7
            when "1000"  => so <= "0101";      -- 5
            when "1001"  => so <= "1011";      -- 11
            when "1010"  => so <= "0011";      -- 3
            when "1011"  => so <= "1110";      -- 14
            when "1100"  => so <= "1010";      -- 10
            when "1101"  => so <= "0000";      -- 0
            when "1110"  => so <= "0110";      -- 6
            when "1111"  => so <= "1101";      -- 13
            when others  => null;
            end case;
        when others  => null;
        end case;
    end process;
end;
```

仿真波形如图 10-12 所示。

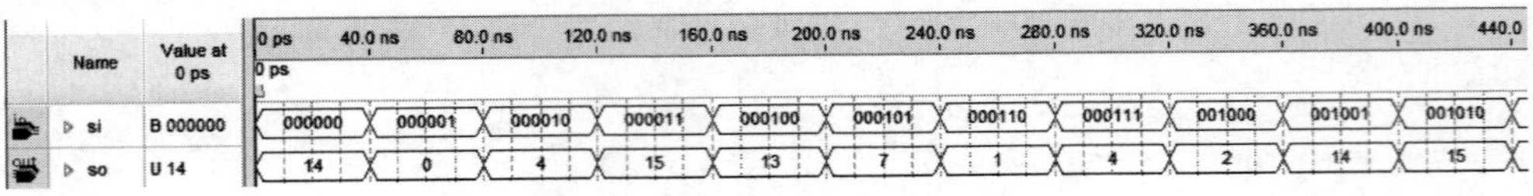

图 10-12　S1 盒仿真波形

10.10　DES 算法初始置换 IP

初始置换 IP 如表 10-1 所示，表中数字代表初始置换时 64 位输入分组的序位号，表中的位置代表置换后输出的位顺序。例如经过 IP 置换后，输入消息的第 1 位被置换到第 40 位的位置输出。

表 10-1　初始置换 IP 表

初始置换 IP							
58	50	42	34	26	18	10	2
60	52	44	36	28	20	12	4
62	54	46	38	30	22	14	6
64	56	48	40	32	24	16	8
57	49	41	33	25	17	9	1
59	51	43	35	27	19	11	3
61	53	45	37	29	21	13	5
63	55	47	39	31	23	15	7

```
library ieee;
use ieee.std_logic_1164.all;
use ieee.std_logic_unsigned.all;
entity des_ip is
    port( a:in std_logic_vector(63 downto 0);
        b:out std_logic_vector(63 downto 0));
end;

architecture beh of des_ip is
signal aa,bb :std_logic_vector(64 downto 1);
begin
    bb(1) <= aa(58);
    bb(2) <= aa(50);
    bb(3) <= aa(42);
    bb(4) <= aa(34);
    bb(5) <= aa(26);
    bb(6) <= aa(18);
    bb(7) <= aa(10);
    bb(8) <= aa(2);
    bb(9) <= aa(60);
    bb(10)<= aa(52);
    bb(11)<= aa(44);
    bb(12)<= aa(36);
```

```
bb(13)<=aa(28);
bb(14)<=aa(20);
bb(15)<=aa(12);
bb(16)<=aa(4);
bb(17)<=aa(62);
bb(18)<=aa(54);
bb(19)<=aa(46);
bb(20)<=aa(38);
bb(21)<=aa(30);
bb(22)<=aa(22);
bb(23)<=aa(14);
bb(24)<=aa(6);
bb(25)<=aa(64);
bb(26)<=aa(56);
bb(27)<=aa(48);
bb(28)<=aa(40);
bb(29)<=aa(32);
bb(30)<=aa(24);
bb(31)<=aa(16);
bb(32)<=aa(8);
bb(33)<=aa(57);
bb(34)<=aa(49);
bb(35)<=aa(41);
bb(36)<=aa(33);
bb(37)<=aa(25);
bb(38)<=aa(17);
bb(39)<=aa(9);
bb(40)<=aa(1);
bb(41)<=aa(59);
bb(42)<=aa(51);
bb(43)<=aa(43);
bb(44)<=aa(35);
bb(45)<=aa(27);
bb(46)<=aa(19);
bb(47)<=aa(11);
bb(48)<=aa(3);
bb(49)<=aa(61);
bb(50)<=aa(53);
bb(51)<=aa(45);
bb(52)<=aa(37);
bb(53)<=aa(29);
bb(54)<=aa(21);
bb(55)<=aa(13);
bb(56)<=aa(5);
bb(57)<=aa(63);
bb(58)<=aa(55);
bb(59)<=aa(47);
bb(60)<=aa(39);
bb(61)<=aa(31);
bb(62)<=aa(23);
bb(63)<=aa(15);
```

```
    bb(64)<= aa(7);

    aa <= a;
    b <= bb;
end beh;
```

仿真波形如图 10-13 所示。

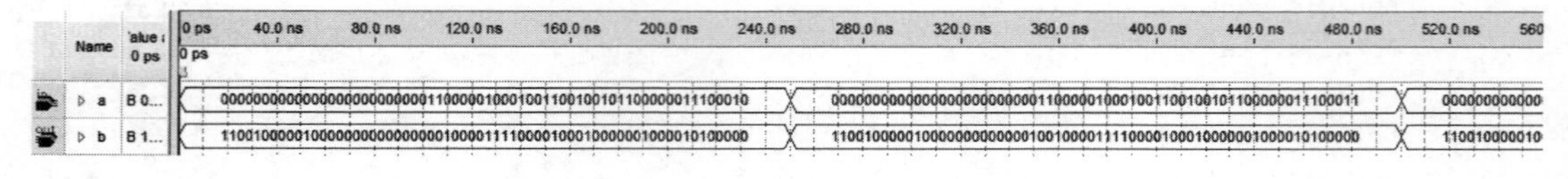

图 10-13　IP 置换仿真波形

10.11　十六进制数的共阴极 7 段数码显示译码器

7 段数码管的显示如图 10-14 所示，试设计一个共阴极数码显示译码电路，能够把四位 BCD 码翻译为十进制，并在数码管上显示出来。由于数码管为共阴极数码管，所以逻辑 1 点亮二极管，逻辑 0 熄灭二极管。

图 10-14　7 段数码管

```
library ieee;
use ieee.std_logic_1164.all;

entity dec_display is
    port (data_bcd: in std_logic_vector(3 downto 0);
        a, b, c, d, e, f, g: out std_logic);
end dec_display;

architecture beh of dec_display is
signal num: std_logic_vector (3 downto 0);
signal dout_temp: std_logic_vector (6 downto 0);
begin
  with data_bcd select
  dout_temp <=  "1111110" when "0000",
                "0110000" when "0001",
                "1101101" when "0010",
                "1111001" when "0011",
                "0110011" when "0100",
                "1011011" when "0101",
                "1011111" when "0110",
                "1110000" when "0111",
                "1111111" when "1000",
                "1111011" when "1001",
```

```
                "1001111" when others;
  a <= dout_temp(6);
  b <= dout_temp(5);
  c <= dout_temp(4);
  d <= dout_temp(3);
  e <= dout_temp(2);
  f <= dout_temp(1);
  g <= dout_temp(0);
end beh;
```

仿真波形如图 10-15 所示。

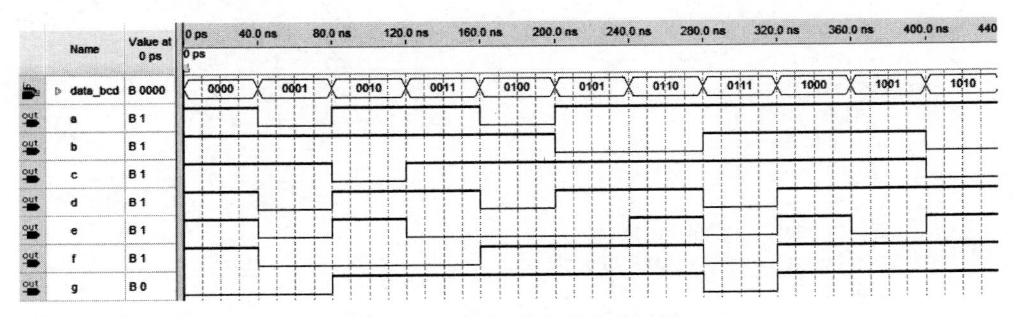

图 10-15　共阴极数码管仿真波形

思考：本程序采用的是选择信号赋值语句完成，此程序还可以用其他的方式描述，试着用 case 语句设计此电路。

10.12　七人表决器的设计

设计一个七人表决器，即由七个人进行投票，如果同意的票数过半，就认为此行为可行；否则如果否决的票数过半，则认为此行为无效，同时用共阴极七段数码管显示同意的票数，以此来直观地显示表决结果。七个人的投票意见分别用 v0、v1、v2、v3、v4、v5、v6 表示，为 1 时表示同意，表决结果用 do 表示，为 1 时表示表决通过。

```
library ieee;
use ieee.std_logic_1164.all;
use ieee.std_logic_unsigned.all;

entity judge7 is
port(v0,v1,v2,v3,v4,v5,v6:in std_logic;
    do: out std_logic;
    a,b,c,d,e,f,g :out std_logic);
end judge7;

architecture one of judge7 is
signal v, y: std_logic_vector(6 downto 0);
signal x: std_logic_vector(3 downto 0);
begin
    v <= v6&v5&v4&v3&v2&v1&v0;
    process(v)
```

```
    variable m: std_logic_vector(3 downto 0);
    begin
        m: = "0000";
        for n in 6 downto 0 loop
            if v(n) = '1' then m : =  m + 1 ;
            end if;
        end loop;
        x < = m;
        if  m = "0100" then do < = '1';
        elsifm = "0101" then do < = '1';
        elsifm = "0110" then do < = '1';
        elsifm = "0111" then do < = '1';
        else do < = '0';
        end if;
    end process;

    process(x)
    begin
        case x is
        when "0000" = > y < = "1111110";
        when "0001" = > y < = "0110000";
        when "0010" = > y < = "1101101";
        when "0011" = > y < = "1111001";
        when "0100" = > y < = "0110011";
        when "0101" = > y < = "1011011";
        when "0110" = > y < = "1011111";
        when "0111" = > y < = "1110000";
        when others = > y < = "0000000";
        end case;
    end process;

    a < = y(6);
    b < = y(5);
    c < = y(4);
    d < = y(3);
    e < = y(2);
    f < = y(1);
    g < = y(0);
end one;
```

仿真波形如图 10-16 所示。

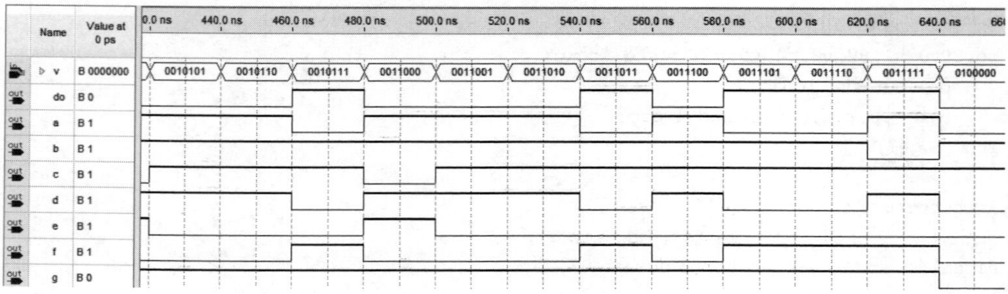

图 10-16　七人表决器仿真波形

10.13　动态扫描显示电路

试设计一个三个共阴极 LED 数码管的动态扫描电路，要求显示数字“123”。

```
library ieee;
use ieee.std_logic_1164.all;
use ieee.std_logic_unsigned.all;

entity scan123 is
port(clk:in std_logic;
    y:out std_logic_vector(7 downto 0);
    m: buffer std_logic_vector(2 downto 0): = "010" );
end scan123;

architecture one of scan123 is
type state_type is (s0,s1,s2);
signal state:state_type;
begin
    process(clk,state)
    begin
        if rising_edge(clk) then
            case state is
            when s0 = > state < = s1;m < = "001";y < = "00000110";
            when s1 = > state < = s2;m < = "010";y < = "01011011";
            when s2 = > state < = s0;m < = "100";y < = "01001111";
            end case;
        end if;
    end process;
end one;
```

仿真波形如图 10-17 所示。

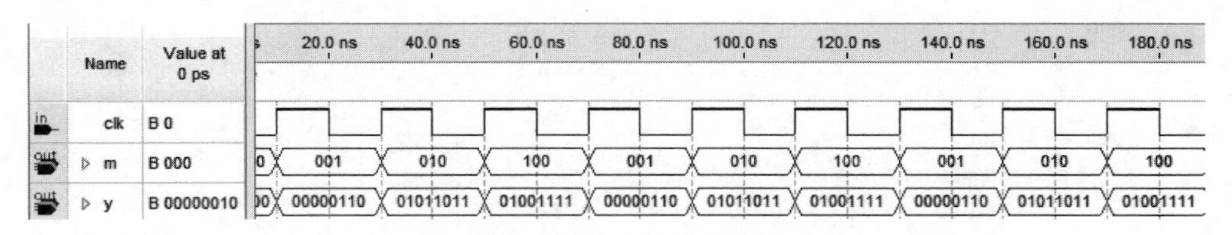

图 10-17　动态扫描显示仿真波形

10.14　四人抢答器的设计

设计一个四人抢答器，K1～K4 来表示一号到四号抢答者，K5 为抢答允许按钮，按下 K5，允许抢答一次，这时 K1～K4 中第一个按下的按键将抢答成功，点亮相应的 LED 灯，同时数码管显示抢答成功的按键号码。

```
library ieee;
```

```
use ieee.std_logic_1164.all;
use ieee.std_logic_unsigned.all;

entity responder is
port( k1 : in std_logic;
    k2 : in std_logic;
    k3 : in std_logic;
    k4 : in std_logic;
    k5 : in std_logic;
    led : out std_logic_vector(3 downto 0);
    led7:out std_LOgic_vector(7 downto 0)); -- gfedcba
end responder;

 architecture a of responder is
 type ms is (s0,s1,s2);
 signal state : ms;
 signal q1 : std_logic_vector(3 downto 0);
 signal d1 : std_logic_vector(7 downto 0);
 begin
     change_state : process (k1,k2,k3,k4,k5)
     begin
         case k5 is
         when '0' => state <= s0;
         when '1' => if state = s0 then
                         if (k1 = '1') then state <= s1;
                         elsif (k2 = '1') then state <= s1;
                         elsif (k3 = '1') then state <= s1;
                         elsif (k4 = '1') then state <= s1;
                         end if;
                     elsif state = s1 then
                         state <= s2;
                     end if;
         end case;
     end process;

     output : process(k1,k2,k3,k4,state,q1)
     begin
         case state is
            when s0 => q1 <= "0000";d1 <= "01111111";
            when s1 => if (k1 = '1') then q1 <= "0001";d1 <= "00000110";
                       elsif (k2 = '1') then q1 <= "0010";d1 <= "01011011";
                       elsif (k3 = '1') then q1 <= "0100";d1 <= "01001111";
                       elsif (k4 = '1') then q1 <= "1000";d1 <= "01100110";
                       else q1 <= "0000";d1 <= "00000000";
                       end if;
            when s2 => q1 <= q1;d1 <= d1;
         end case;
         led <= q1;
         led7 <= d1;
    end process;
end a;
```

仿真波形如图 10-18 所示。

图 10-18　四人抢答器仿真波形

10.15　伪随机数产生器

最常见的伪随机数发生器是基于线性反馈移位寄存器 LFSR(Linear Feedback Shift Register)的伪随机数发生器。反馈移位寄存器 FSR(Feedback Shift Register)由移位寄存器和反馈函数构成，当反馈函数为移位寄存器某些状态位的异或时，此反馈移位寄存器即为线性反馈移位寄存器。寄存器中的初始值称为移位寄存器的初态。我们称反馈移位寄存器中触发器的级联个数为反馈移位寄存器的级数，n 级线性反馈移位寄存器的最大周期为 2^n-1，此时输出的最长周期序列称为 m 序列，即最长线性反馈移位寄存器序列。

如图 10-19 所示的 n 级反馈移位寄存器，反馈逻辑为移位寄存器状态位的异或，通常表示为 $f(x)=c_nx^n+\cdots+c_2x^2+c_1x+1$，反馈函数 $f(x)$ 又称为 LFSR 的特征多项式。其中当 $c_i=1$ 时，表示此触发器存在中间抽头，其状态位为反馈逻辑的一个输入；反之，则此触发器没有中间抽头。$c_nc_{n-1}\cdots\cdots c_1c_0$ 为反馈系数，亦称为移位寄存器的抽头序列。LFSR 输出序列是否为 m 序列取决于其反馈函数，常用 m 序列产生器的反馈系数如表 10-2 所示。

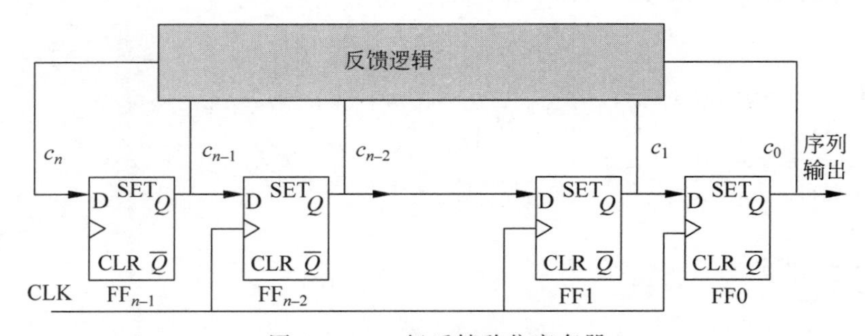

图 10-19　n 级反馈移位寄存器

表 10-2　常用 m 序列产生器反馈系数

寄存器级数	m 序列长度	反馈系数	寄存器级数	m 序列长度	反馈系数
2	3	$(7)_8$	7	127	$(211)_8$
3	7	$(13)_8$	8	255	$(435)_8$
4	15	$(23)_8$	9	511	$(1021)_8$
5	31	$(45)_8$	10	1023	$(2011)_8$
6	63	$(103)_8$	11	2047	$(4005)_8$

续表

寄存器级数	m序列长度	反馈系数	寄存器级数	m序列长度	反馈系数
12	4095	$(10123)_8$	19	524287	$(2000047)_8$
13	8191	$(20033)_8$	20	1048575	$(4000011)_8$
14	16383	$(42103)_8$	21	2097151	$(10000005)_8$
15	32767	$(100003)_8$	22	4194303	$(20000003)_8$
16	65535	$(210013)_8$	23	8388607	$(40000041)_8$
17	131071	$(400011)_8$	24	16777215	$(100000207)_8$
18	262143	$(1000201)_8$	25	33554431	$(200000011)_8$

注：反馈系数为八进制表示。

由表10-2可知，5个触发器级联构成的五级m序列产生器的反馈系数为$(45)_8=100101$，反馈函数为$f(x)=x5+x2+x0$，电路如图10-20所示，其VHDL电路描述如下。

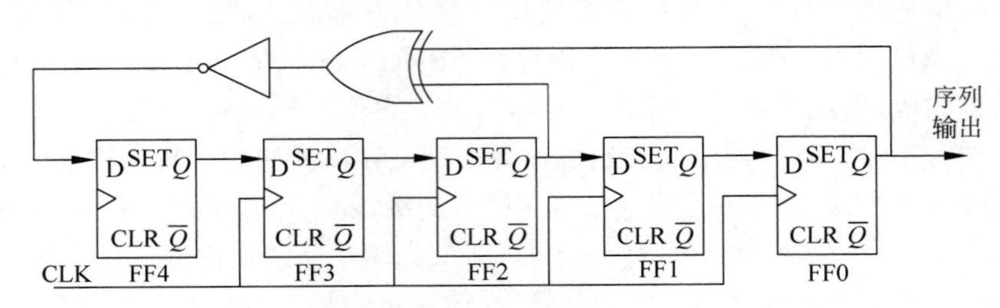

图10-20　五级反馈移位寄存器

```
library ieee;
use ieee.std_logic_1164.all;
library altera;
use altera.altera_primitives_components.all;

entity m_serial1 is
  port (  clk: in std_logic;
          data5: out std_logic_vector(0 to 4);
          data: out std_logic);
end m_serial1;

architecture arch of m_serial1 is
component dff
   port (  d    : in std_logic;
           clk  : in std_logic;
           clrn : in std_logic;
           prn  : in std_logic;
           q    : out std_logic );
end component;
signal z:std_logic_vector(0 to 5);
begin
    z(5)<= not(z(2) xor z(0));
    ff0:dff port map(z(1),clk,'1','1',z(0));
    ff1:dff port map(z(2),clk,'1','1',z(1));
    ff2:dff port map(z(3),clk,'1','1',z(2));
```

```
    ff3:dff port map(z(4),clk,'1','1',z(3));
    ff4:dff port map(z(5),clk,'1','1',z(4));
    data5(0 to 4)<=z(0 to 4);
    data<=z(0);
end arch;
```

仿真波形如图 10-21 所示。

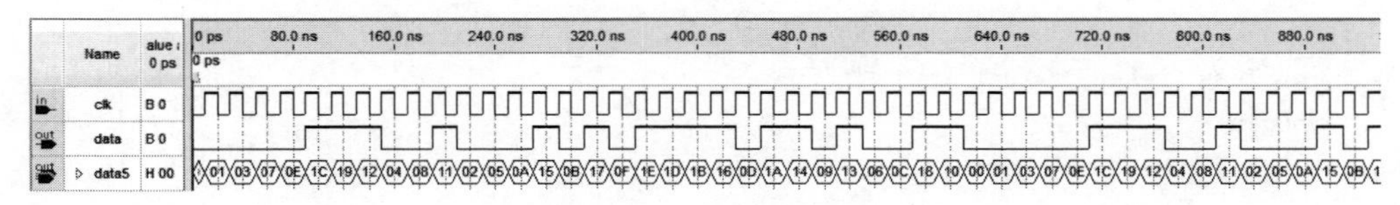

图 10-21　伪随机数发生器仿真波形

10.16　彩灯控制器 1

用 VHDL 设计一个如图 10-22 所示的彩灯控制电路，其中 reset 为高有效异步复位信号，外部时钟引脚 clk 的频率为 1kHz。Q3、Q2、Q1 引脚相连的三盏灯以 1 秒的间隔依次点亮并循环闪烁，clkout 引脚的频率为 1Hz。

图 10-22　彩灯控制电路

```
library ieee;
use ieee.std_logic_1164.all;
use ieee.std_logic_unsigned.all;

entity led_ctrl1 is
    port(reset: in std_logic;
        clk: in std_logic;
        q3,q2,q1: out std_logic;
        clkout: out std_logic);
end;

architecture beh of led_ctrl1 is
    type state_type is (s0, s1, s2, s3);
    signal state: state_type;
    signal cnt: std_logic_vector(9 downto 0);
    signal q : std_logic_vector(2 downto 0);
    signal clkout_tmp : std_logic;
begin
    process (reset, clk)
    begin
       if reset = '1' then
                clkout_tmp <= '0';
                cnt <= (others =>'0');
       elsif (clk'event and clk = '1') then
                if cnt <= "1111100111" then -- -999
                    cnt <= cnt + 1;
```

```
                elsecnt <= (others =>'0');
                end if;

                if cnt = "1111100111" then clkout_tmp <=  not clkout_tmp;
                end if;
            end if;
    end process;

    process (reset, clkout_tmp)
    begin
        if reset  =  '1' then
                state <=  s0;
                q <= (others =>'0');
        elsif (clkout_tmp'event and clkout_tmp  =  '1') then
            case state is
                when s0  => state <=  s1;q <= "000";
                when s1  => state <=  s2;q <= "100";
                when s2  => state <=  s3;q <= "010";
                when s3  => state <=  s0;q <= "001";
            end case;
        end if;
    end process;

    q3 <= q(2);
    q2 <= q(1);
    q1 <= q(0);
    clkout <= clkout_tmp;
end beh;
```

仿真波形如图 10-23 所示。

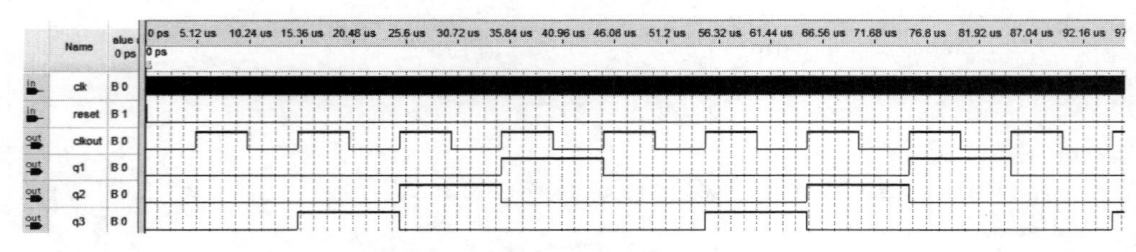

图 10-23　彩灯控制电路仿真波形

10.17　彩灯控制器 2

设计一个循环彩灯控制器，该控制器控制红、绿、黄三个发光二极管循环发亮——要求红发光管亮 2 秒，绿亮 3 秒，黄亮 1 秒，时钟信号频率为 1Hz。

```
library ieee;
use ieee.std_logic_1164.all;
use ieee.std_logic_unsigned.all;
```

```
entity led_ctrl is
    port(reset: in std_logic;
        clk: in std_logic;
        red: out std_logic;
        green: out std_logic;
        yellow: out std_logic);
end;

architecture beh of led_ctrl is
    type state_type is (s0, s1, s2, s3);
    signal state: state_type;
    signal cnt: std_logic_vector(2 downto 0);
begin
    state_transfer: process (clk)
    begin
        if reset = '1' then
            state <= s0;
        elsif (clk 'event and clk  =  '1') then
            case state is
                    when s0  => state <=  s1;red <= '0';green <= '0';yellow <= '0';
                    when s1  => if cnt = "010" then state <=  s2;
                            end if;
                            red <= '1';green <= '0';yellow <= '0';
                    when s2  => if cnt = "101" then state <=  s3;
                            end if;
                            red <= '0';green <= '1';yellow <= '0';
                    when s3  => if cnt = "110" then state <=  s1;
                            end if;
                            red <= '0';green <= '0';yellow <= '1';
            end case;
        end if;
    end process;

   process (clk)
    begin
        if reset = '1' then
            cnt <= "000";
        elsif (clk 'event and clk  =  '1') then
            if cnt <= "101" then
                cnt <= cnt + 1;
            else cnt <= "001";
            end if;
        end if;
    end process;
end;
```

仿真波形如图 10-24 所示。

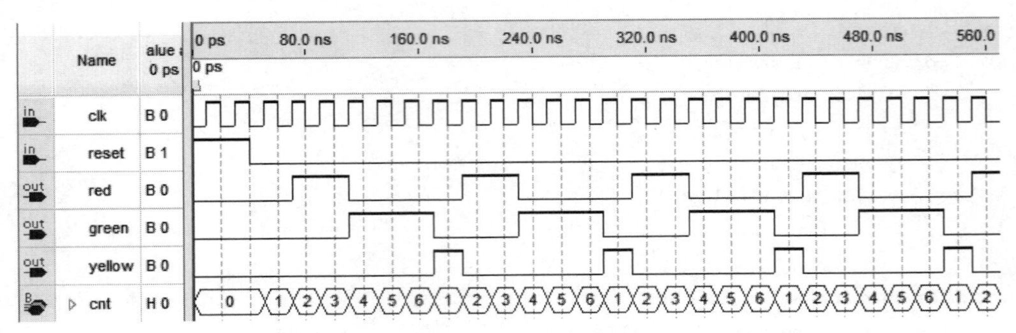

图 10-24 循环彩灯控制电路仿真波形

10.18 彩色 LED 点阵显示电路设计

8×8 彩色 LED 点阵显示电路的每一个显示点，都是由红色和绿色两个不同颜色的发光二极管构成，其电路原理如图 10-25 所示，实际使用时可提供 3 色显示(红绿均亮显示黄色)。图中 R 表示红色发光二极管，G 表示绿色发光二极管，C 为行，SC 为列。点阵由列选择信号和红色信号、绿色信号输入共同控制点阵中的某一点的亮灭和颜色，图示的行选择信号和红/绿列信号均为高电平有效。例如：当 C1R=1，C1G=0，SC1=1 时，左上角第 1 行第 1 列的显示点显示红色，当 C1R=0，C1G=1，SC2=1 时，左上角第 1 行第 2 列的显示点显示绿色。

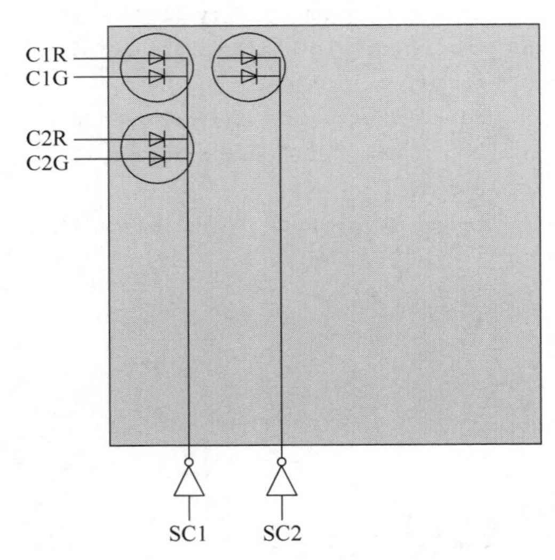

图 10-25 彩色 LED 点阵显示原理图

图 10-26 左侧的图形显示需要由右侧的两个图形叠加形成，其显示驱动程序设计如下。

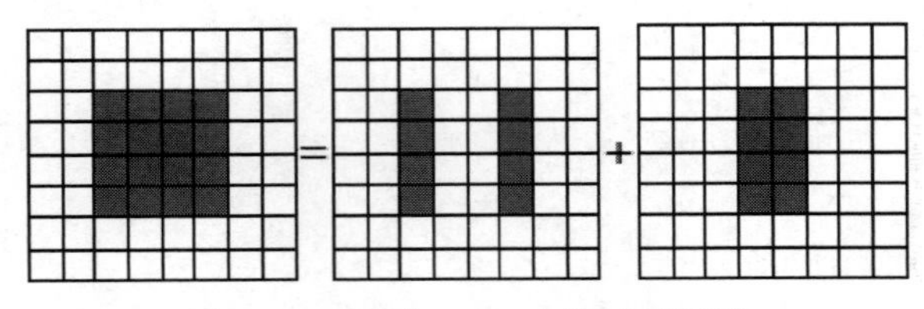

图 10-26 彩色 LED 点阵显示图形

```
library ieee;
use ieee.std_logic_1164.all;
use ieee.std_logic_unsigned.all;
entity led_matrix is
    port(
        rst: in std_logic;
        clk: in std_logic;
        red: out std_logic_vector(7 downto 0);
        green: out std_logic_vector(7 downto 0);
        com: out std_logic_vector(7 downto 0)
        );
end;
architecture beh of led_matrix is
    type state_type is (s0, s1, s2);
    signal state: state_type;
begin

process(rst, clk, state)
begin
if rising_edge(clk) then
    if rst = '1' then
        state <= s0;
    else
        case state is
        when s0 => com <= "11111111";red <= "00000000"; green <= "00000000";state <= s1;
        when s1 => com <= "00100100";red <= "00111100";green <= "00000000";state <= s2;
        when s2 => com <= "00011000";red <= "00100100";green <= "00011000";state <= s1;
        end case;
    end if;
end if;
end process;
end;
```

仿真波形如图 10-27 所示。

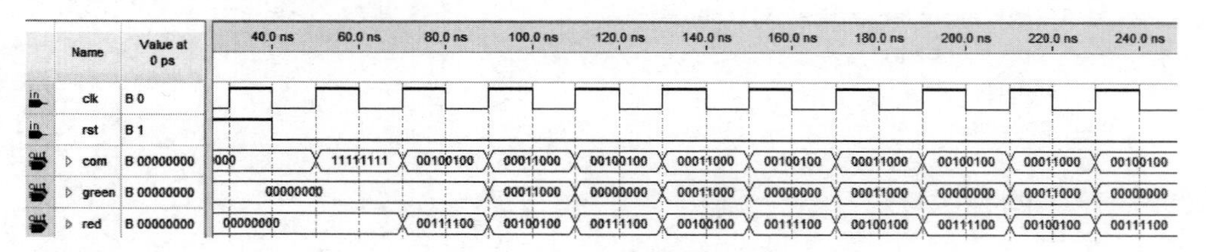

图 10-27　彩色 LED 点阵显示仿真波形

10.19　计算器设计

设计一个能够进行两个一位数加法及乘法运算的计算器。要求由图 10-28 所示的 4×4 键盘进行操作数和操作符号的输入，操作符号包括："+""*""="，由六个共阴极 LED 数码管显示输入数据、操作符及运算结果。

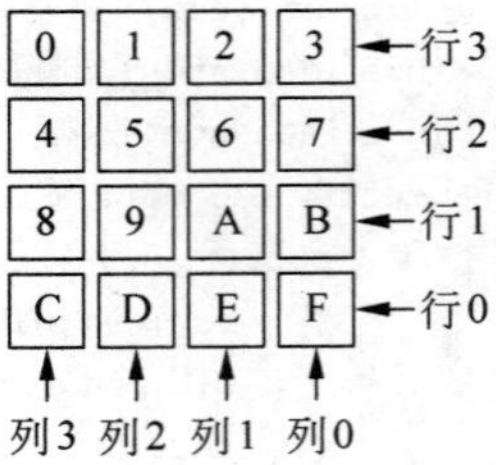

VHDL设计程序如下所示，en为复位端，当en=1时，系统清零，准备接收新一轮计算。设计采用列扫描方式进行4×4键盘扫描，获取键值，其中ls为列扫描信号，hs为行输入信号。sel为6个LED数码管扫描信号，dataout为数码管段数据信号，key_value为输入数据及结果的BCD码输出。

0	1	2	3	←行3
4	5	6	7	←行2
8	9	A	B	←行1
C	D	E	F	←行0
↑ 列3	↑ 列2	↑ 列1	↑ 列0	

图10-28 4×4键盘

```
library ieee;
use ieee.std_logic_1164.all;
use ieee.std_logic_arith.all;
use ieee.std_logic_unsigned.all;

entity calculator is
   port (clk : in std_logic;
        en : in std_logic;
        hs : in std_logic_vector(3 downto 0);
        ls : out std_logic_vector(3 downto 0);
        sel : out std_logic_vector(5 downto 0);
        key_value:buffer std_logic_vector(3 downto 0);
        dataout : out std_logic_vector(7 downto 0));
end calculator;

architecture one of calculator is
signal fn : std_logic;      -- 按键标志位
signal ls_tmp: std_logic_vector(3 downto 0);
signal cnt : std_logic_vector(1 downto 0);
signal cnt8: std_logic_vector(2 downto 0);
signal cp : std_logic;
signal data,data1,data2,datah,datal,sign1,sign2: std_logic_vector(3 downto 0);
type state_type is(s0,s1,s2,s3,s4);
signal st:state_type;
begin
    p1:process(clk) -- 分频
    begin
       if(clk'event and clk = '1')then
         cp <= not cp;
        end if;
    end process;

     p2:process(cp,en)
     begin
          if (en  =  '1') then
              cnt <=  "00";
          elsif(cp'event and cp = '1')then
              cnt <= cnt  +  1;
          end if;
     end process;

     p3:process(cp,cnt)
     begin
        if(cp'event and cp = '1')then
```

```
            if cnt = "00" then ls<="1110";ls_tmp<="1110";
            elsif cnt = "01" then ls<="1101";ls_tmp<="1101";
            elsif cnt = "10" then ls<="1011";ls_tmp<="1011";
            elsif cnt = "11" then ls<="0111";ls_tmp<="0111";
            else ls<="1111";ls_tmp<="1111";
            end if;
        end if;
    end process;

    p4:process(clk,en)
    begin
        if (en = '1') then
            key_value <= "0000";
            fn<='0';
        elsif(clk'event and clk='1') then
            if fn='0' then
                if ls_tmp="0111" then
                    case hs is
                    when "0111" => key_value <= "0000"; fn<='1'; --0
                    when "1011" => key_value <= "0100"; fn<='1'; --4
                    when "1101" => key_value <= "1000"; fn<='1'; --8
                    when "1110" => key_value <= "1100"; fn<='1'; --c
                    when others => fn<='0';
                    end case;
                elsif ls_tmp="1011" then
                    case hs is
                    when "0111" => key_value <= "0001"; fn<='1'; --1
                    when "1011" => key_value <= "0101"; fn<='1'; --5
                    when "1101" => key_value <= "1001"; fn<='1'; --9
                    when "1110" => key_value <= "1101"; fn<='1'; --d
                    when others => fn<='0';
                    end case;
                elsif ls_tmp="1101" then
                    case hs is
                    when "0111" => key_value <= "0010"; fn<='1'; --2
                    when "1011" => key_value <= "0110"; fn<='1'; --6
                    when "1101" => key_value <= "1010"; fn<='1'; --a --+
                    when "1110" => key_value <= "1110"; fn<='1'; --e
                    when others => fn<='0';
                    end case;
                elsif ls_tmp="1110" then
                    case hs is
                    when "0111" => key_value <= "0011"; fn<='1'; --3
                    when "1011" => key_value <= "0111"; fn<='1'; --7
                    when "1101" => key_value <= "1011"; fn<='1'; --b --*
                    when "1110" => key_value <= "1111"; fn<='1'; --f --=
                    when others => fn<='0';
                    end case;
                end if;
            elsif fn='1' then fn<='0';
            end if;
```

```
        end if;
    end process;

    p5:process(clk,fn,en)
    variable result:std_logic_vector(7 downto 0);
    variable result_int:integer range 0 to 255;
    begin
        if (en = '1') then
            data1 <= "0000";data2 <= "0000";sign1 <= "0000";sign2 <= "0000";
            st <= s0;
        elsif rising_edge(clk) then
            case st is
                when s0 => if fn = '1' then
                           st <= s1;data1 <= key_value;data2 <= "0000";
                           sign1 <= "0000";sign2 <= "0000";result:= "00000000";
                           end if;
                when s1 => if fn = '1' then
                           st <= s2;data1 <= data1;data2 <= "0000";
                           sign1 <= key_value;sign2 <= "0000";result:= "00000000";
                           end if;
                when s2 => if fn = '1' then
                           st <= s3;data1 <= data1;data2 <= key_value;
                           sign1 <= sign1;sign2 <= "0000";result:= "00000000";
                           end if;
                when s3 => if fn = '1' then
                           st <= s4;data1 <= data1;data2 <= data2;
                           sign1 <= sign1;sign2 <= key_value;result:= "00000000";
                           end if;
                when s4 => st <= s4;
                           if sign1 = "1010" then
                               result:= ("0000"&data1) + ("0000"&data2);
                           elsif sign1 = "1011" then
                               result:= data1 * data2;
                           else result:= "00000000";
                           end if;
            end case;
        end if;
    result_int:= conv_integer(result);
    datah <= conv_std_logic_vector((result_int/10),4);
    datal <= conv_std_logic_vector((result_int rem 10),4);
    end process;

    p6:process(clk,cnt8)
    begin
      if(clk'event and clk = '1')then
          if cnt8 < 101 then
                cnt8 <= cnt8 + 1;
        else cnt8 <= "000";
        end if;
      end if;
      case cnt8 is
```

```
        when "000" => sel <= "011111";data <= data1;
        when "001" => sel <= "101111";data <= sign1;
        when "010" => sel <= "110111";data <= data2;
        when "011" => sel <= "111011";data <= sign2;
        when "100" => sel <= "111101";data <= datah;
        when "101" => sel <= "111110";data <= datal;
        when others => sel <= "111111";data <= "0000";
    end case;
    end process;

  p7:process(data)
  begin
  case data is
        when "0000"  => dataout <=  "00111111";  -- dpgfedcba
        when "0001"  => dataout <=  "00000110";
        when "0010"  => dataout <=  "01011011";
        when "0011"  => dataout <=  "01001111";
        when "0100"  => dataout <=  "01100110";
        when "0101"  => dataout <=  "01101101";
        when "0110"  => dataout <=  "01111101";
        when "0111"  => dataout <=  "00000111";
        when "1000"  => dataout <=  "01111111";
        when "1001"  => dataout <=  "01101111";
        when "1010"  => dataout <=  "01110000";  --  +
        when "1011"  => dataout <=  "10000000";  --  *
        when "1111"  => dataout <=  "01001000";  --  =
        when others  => dataout <=  "00000000";
  end case;
  end process;
end one;
```

仿真波形如图 10-29 所示。

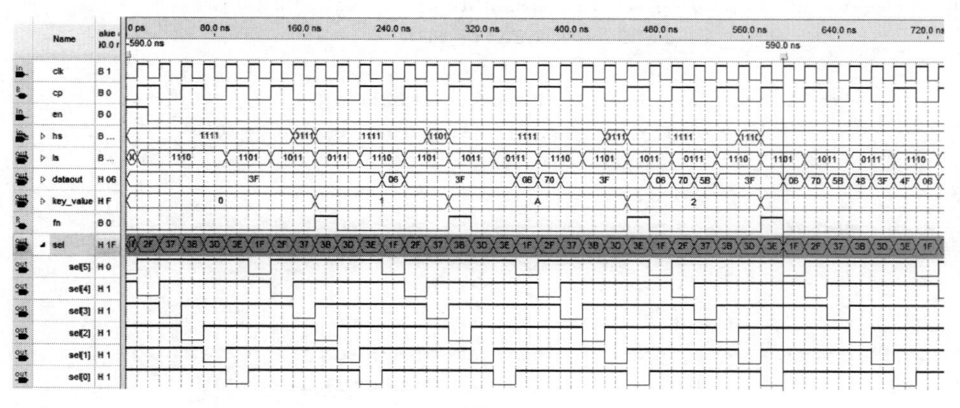

图 10-29　计算器仿真波形

图示波形为 1+2=3 的仿真波形，590ns 之后，数码管上送入的段数据信号依次为：06H、70H、5BH、3FH、4FH，分别是 1、+、2、=、0、3 的段码。数码管的扫描信号 sel[5]至 sel[0]依次为低电平，从左到右依次选中 6 个数码管。

10.20 序列检测器

序列检测器的功能是从一系列的码流中找出用户希望出现的序列，序列可长可短，例如通信系统中数据流帧头的检测就需要通过序列检测电路完成。序列检测器的类型很多，有逐比特比较的，有逐字节比较的，也有其他的比较方式，实际应用中采用何种比较方式，主要是看序列的多少以及系统的延时要求。试设计一个 4 位二进制序列的检测电路，要求序列数据串行输入，预检测的二进制码可以由外部设定，一旦串行数据输入端出现与预设码一样的数码片段，则 led 灯亮，否则 led 灯不亮。4 位二进制序列检测电路的 VHDL 程序如下。

```
library ieee;
use ieee.std_logic_1164.all;

entity serial_check is
port (clk,clr:in std_logic;
      d:in std_logic;
        preset: in std_logic_vector(3 downto 0);
      led:out std_logic);
end serial_check;

architecture a of serial_check is
type state_type is(s0,s1,s2,s3);
signal state:state_type;
begin
process(clk,clr)
begin
    if clr = '1' then led <= '0';state <= s0;
    elsif (clk'event and clk = '1')then
        case state is
        when s0  => if d = preset(3) then state <= s1;led <= '0';
                    else state <= s0;led <= '0';
                    end if;
        when s1  => if d = preset(2) then state <= s2;led <= '0';
                    elsif d = preset(3) then state <= s1;led <= '0';
                    else state <= s0;led <= '0';
                    end if;
        when s2  => if d = preset(1) then state <= s3;led <= '0';
                    elsif d = preset(3) then state <= s1;led <= '0';
                    else state <= s0;led <= '0';
                    end if;
        when s3  => if d = preset(0) then state <= s0;led <= '1';
                    elsif d = preset(3) then state <= s1;led <= '0';
                    else state <= s0;led <= '0';
                    end if;
        end case;
    end if;
end process;
end a ;
```

仿真波形如图 10-30 所示。

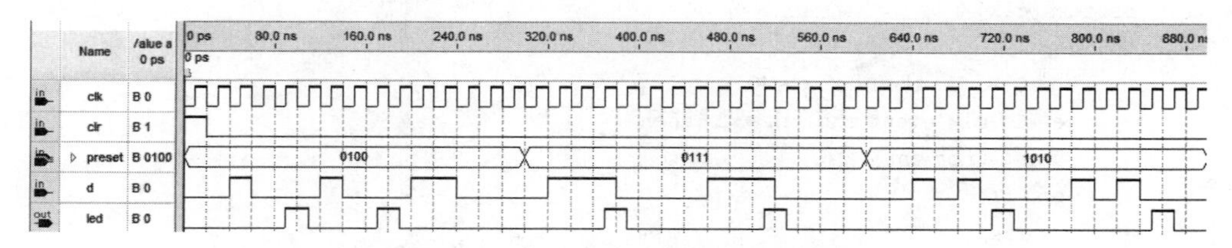

图 10-30 4 位串行序列检测器仿真波形

10.21 自动售货机

使用 VHDL 语言设计实现一个具有投币找零功能的简易自动售货机。自动售货机可以接受 5 角和 1 元硬币，货物价格为 1.5 元，当投入币值为两元时输出货物并找零 5 角，投币的钱数通过数码管显示。

采用状态机进行电路设计，其中 S0 表示初态，S1 表示投入币值为 5 角的状态，S2 表示投入币值为 1 元的状态，S3 表示投入币值为 1 元 5 角的状态，S4 表示投入币值为 2 元的状态。coin_in 表示输入信号，coin_in(0)=1，表示投入 5 角硬币，coin_in(1)=1 表示投入 1 元硬币。goods_out 表示输出信号，goods_out(0)=1 表示输出货物，goods_out(1)=1 表示找 5 角零钱。2 个 LED 数码管动态扫描显示投入的币值，扫描信号为 cs，led_out 为数码管的 8 个段码。rst 为复位端，rst=1 时，数码管与 LED 显示清零。

```
library ieee;
use ieee.std_logic_1164.all;

entity vender is
port (clk,rst:in std_logic;
    coin_in: in std_logic_vector(1 downto 0);
    goods_out: out std_logic_vector(1 downto 0);
    cs: out std_logic_vector(1 downto 0);
        led_out:out std_logic_vector(7 downto 0)); -- abcdefgdp
end vender;

architecture a of vender is
type ms is (s0, s1, s2,s3,s4);
signal current_state, next_state: ms;
signal cnt:std_logic;
signal out0,out1:std_logic_vector(7 downto 0);
begin
    process (rst,clk)
    begin
        if rst = '1' then current_state <= s0;
        elsif clk'event and clk = '1' then
            current_state <= next_state;
        end if;
    end process;
```

```
    process(clk)
    begin
       if rst = '1' then cnt <= '0';
         elsif clk'event and clk = '1' then
         cnt <= not cnt;
         end if;
    end process;

    process (current_state, coin_in)
    begin
    case current_state is
    when s0 => goods_out <= "00";out0 <= "11111101";out1 <= "11111100";
            if coin_in = "00" then next_state <= s0;
            elsif coin_in = "01" then next_state <= s1;
            elsif coin_in = "10" then next_state <= s2;
            end if;
     when s1 => goods_out <= "00";out0 <= "11111101";out1 <= "10110110";
            if coin_in = "00" then next_state <= s1;
            elsif coin_in = "01" then next_state <= s2;
            elsif coin_in = "10" then next_state <= s3;
            end if;
     when s2 => goods_out <= "00";out0 <= "01100001";out1 <= "11111100";
            if coin_in = "00" then next_state <= s2;
            elsif coin_in = "01" then next_state <= s3;
            elsif coin_in = "10" then next_state <= s4;
            end if;
     when s3 => goods_out <= "01";out0 <= "01100001";out1 <= "10110110";
            if coin_in = "00" then next_state <= s0;
            elsif coin_in = "01" then next_state <= s1;
            elsif coin_in = "10" then next_state <= s2;
            end if;
     when s4 => goods_out <= "11";out0 <= "11011011";out1 <= "11111100";
            if coin_in = "00" then next_state <= s0;
            elsif coin_in = "01" then next_state <= s1;
            elsif coin_in = "10" then next_state <= s2;
            end if;
end case;
end process;

process (cnt)
begin
    case cnt is
        when '0' => cs <= "00";led_out <= out0;
        when '1' => cs <= "01";led_out <= out1;
        when others => cs <= "00";
    end case;
end process;
end a;
```

仿真波形如图 10-31 所示。

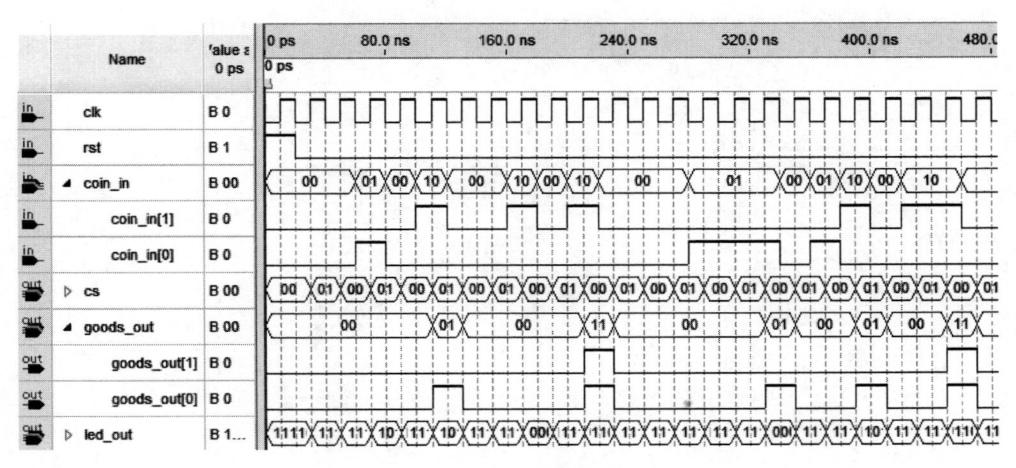

图 10-31　自动售货机仿真波形

10.22　直流电机转速控制电路

直流电机调速通常是采用改变电机电枢电压的变电压调速方式。加在电机电枢上的电压越大，电机转动的越快，电压的极性决定电机的转动方向。若采用方波信号给直流电机供电，通过脉冲宽度调制(Pulse-width modulated，PWM)技术改变加于电机电枢上的方波信号的占空比就可以调节电机电枢的工作电压，从而控制直流电机的转速。方波信号的直流电压与占空比呈线性关系，占空比越大，电压越大。

```
library ieee;
use ieee.std_logic_1164.all;
use ieee.std_logic_arith.all;
use ieee.std_logic_unsigned.all;

entity pwm is
    port (clk : in std_logic;
        clr : in std_logic;
        duty : in std_logic_vector (3 downto 0);
        period1 : in std_logic_vector (3 downto 0);
        pwm : out std_logic);
end pwm;

architecture behavioral of pwm is
signal count : std_logic_vector (3 downto 0);
signal set,reset : std_logic;
begin
set <= not (count(0) or count(1) or count(2) or count(3));

process(clk,clr)
begin
    if(clr = '1') then
        count <= "0000";
```

```
    elsif(rising_edge(clk)) then
        if(count = period1 - 1) then
            count <= "0000";
        else
            count <= count + 1;
        end if;
    end if;
end process;

process(clk)
begin
    if(rising_edge(clk)) then
       if(count <= duty) then pwm <= '0';
       else pwm <= '1';
       end if;
     end if;
end process;
end behavioral;
```

仿真波形如图 10-32 所示。

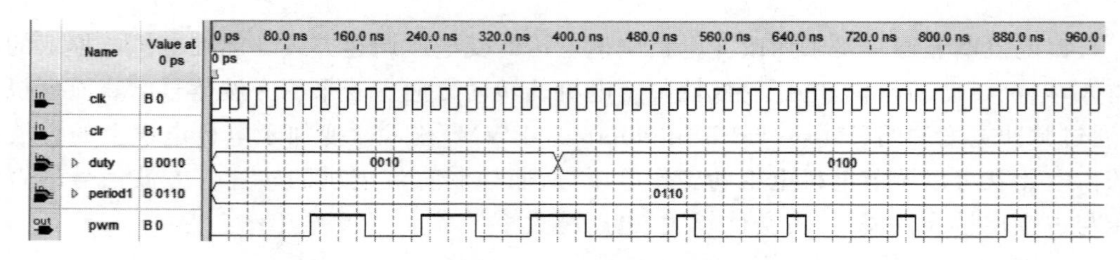

图 10-32　直流电机转速控制仿真波形

10.23　篮球竞赛 30 秒计时器

篮球计时器具有显示 30 秒的计时功能。系统设置外部操作开关，控制计时器的直接清零、启动和暂停/连续功能。计时器为 30 秒递减计时，其计时间隔为 1 秒。当计时器递减计时到零时，发出蜂鸣器报警声。

```
library ieee;
use ieee.std_logic_1164.all;
use ieee.std_logic_arith.all;
use ieee.std_logic_unsigned.all;

entity cnt30 is
  port(led :out std_logic_vector(7 downto 0);  -- abcdefgdp
    s :out std_logic_vector(1 downto 0);
    clk: in std_logic;
    clr:in std_logic;
    en:in std_logic;
    buzzer:out std_logic;
      ledd0: out std_logic_vector(3 downto 0);
```

```
    ledd1: out std_logic_vector(1 downto 0));
end;

architecture one of cnt30 is
signal led1:std_logic_vector(1 downto 0);
signal a :std_logic_vector(3 downto 0);
signal led0:std_logic_vector(3 downto 0);
signal clk1:std_logic;
type st is (s0,s1);
signal state :st;

begin
process(clk)
begin
    if rising_edge(clk) then
        if a = "10" thenclk1 <= not clk1;a <= (others =>'0');
        else a <= a + 1;
        end if;
    end if;
end process;

process(clr,clk1)
begin
if clr = '1'then
    led1 <= "11";led0 <= "0000";buzzer <= '0';  -- led1 为十位数,led0 为个位数
elsif clr = '0'and rising_edge(clk1) and en = '1' then
    if led0 = "0000" then
        if led1 = "00" then buzzer <= '1';led1 <= "11";led0 <= "0000";
        else buzzer <= '0';led1 <= led1 - 1;led0 <= "1001";
        end if;
    else
        led0 <= led0 - 1;buzzer <= '0';
    end if;
end if;
end process;

process(clk,state)
begin
    if rising_edge(clk)then
        case state is
        when s0 => state <=  s1;
        when s1 => state <= s0;
        end case;
    end if;
end process;

process(state,clk)
begin
    if rising_edge(clk) then
        if state = s0 then
            case led1 is
```

```
            when "00" => led <= "11111100" ;
            when "01" => led <= "01100000" ;
            when "10" => led <= "11011010" ;
            when "11" => led <= "11110010" ;
            when others  => led <= "11111100" ;
            end case;
            s <= "10";
        elsif state = s1 then
            case led0 is
            when "0000" => led <= "11111100" ;
            when "0001" => led <= "01100000" ;
            when "0010" => led <= "11011010" ;
            when "0011" => led <= "11110010" ;
            when "0100" => led <= "01100110" ;
            when "0101" => led <= "10110110" ;
            when "0110" => led <= "10111110" ;
            when "0111" => led <= "11100000" ;
            when "1000" => led <= "11111110" ;
            when "1001" => led <= "11100110" ;
            when others  => led <= "11111100" ;
            end case ;
            s <= "01";
        end if;
    end if;
end process;

ledd0 <= led0;
ledd1 <= led1;
end;
```

仿真波形如图 10-33 所示。

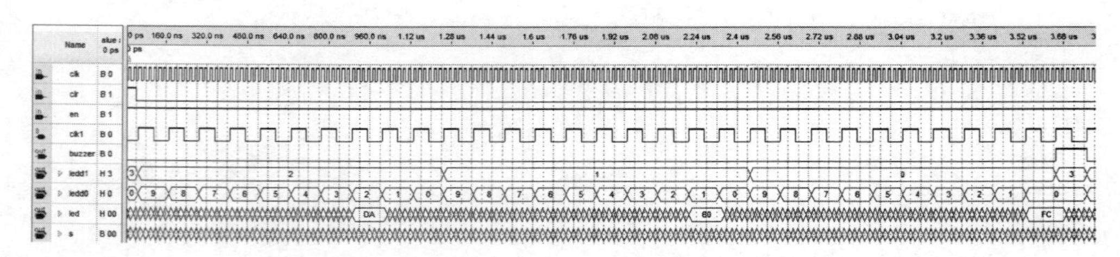

图 10-33　篮球计时器仿真波形

10.24　电梯控制器

试用 VHDL 设计一个两层电梯的模拟控制电路，一层和二层各有一个向上和向下按钮来呼叫电梯。两层电梯的模拟控制电路设计模块图如图 10-34 所示。

cnt100 模块为电梯开关门延时控制模块，电梯门由打开到关闭或由关闭到打开时，elev2 模块向 cnt100 模块输出一个 en 计数使能信号(高电平有效)。cnt100 模块计数溢出(≥100)时 cnt100 输出 cout 信号为高电平，同时 cnt100 计数停止。

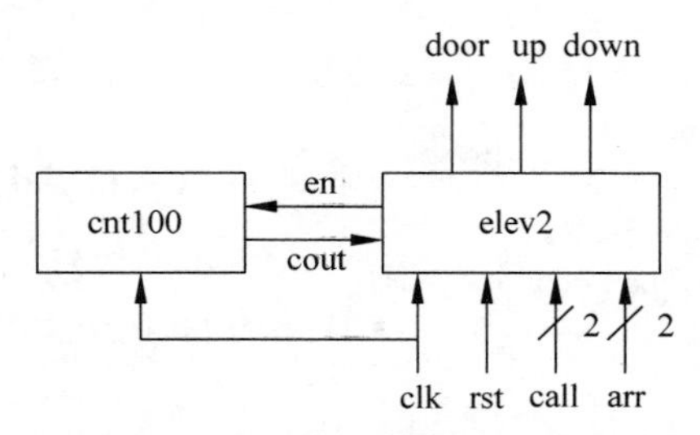

图 10-34　两层电梯控制器设计框图

elev2为电梯状态控制器，其中door为电梯门控信号，当door为低电平时，控制电梯开门，up、down为电梯的上升和下降控制信号，call为电梯呼叫信号，call(2)为二层呼叫信号，call(1)为一层呼叫信号，arr为电梯到达信号，arr(2)=1，表示到达第二层，arr(1)=1，表示到达第一层。分析电梯工作状态，得到如图10-35所示elev2的状态转移图。其中CL1为一层电梯门关闭状态，OP1为一层电梯门打开状态，CL2为二层电梯门关闭状态，OP2为二层电梯门打开状态，UP1为电梯上行状态，DN2为电梯下行状态。例如当电梯处于CL1状态，若此时call="10"，则电梯上行，进入UP1状态；若电梯在CL1状态时，接收到call="01"信号，则电梯进入OP1状态。

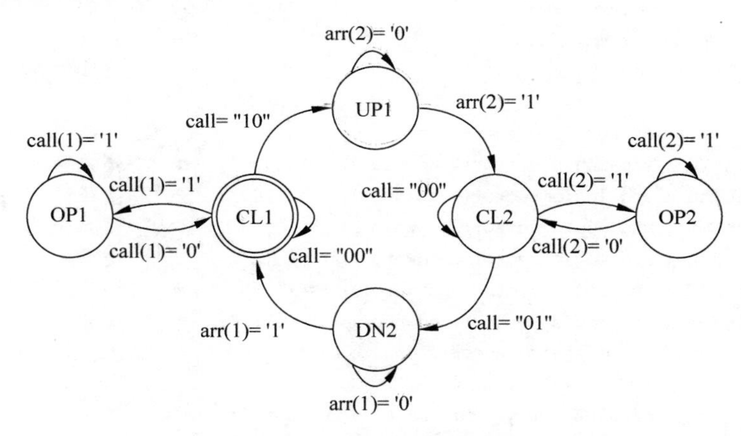

图 10-35　elev2状态转移图

1. cnt100模块

```
library ieee;
use ieee.std_logic_1164.all;
use ieee.std_logic_unsigned.all;
entity cnt100 is
    port (clk, en: in std_logic;           -- 时钟、使能信号
        cout: out std_logic );             -- 溢出信号
end cnt100;

architecture one of cnt100 is
begin
    process (clk, en)
        variable q : std_logic_vector (7 downto 0);
```

```
    begin
        if en = '0' then q := (others => '0');
        elsif clk'event and clk = '1' then
            q := q + 1;                 -- 收到开门或关门信号后,计数器启动计数
        end if;
        if q < "01100100" then cout <= '0';
        else cout <= '1';               -- 计时时间到,发出开门或关门完成信号
        end if;
    end process;
end one;
```

2. elev2 模块

```
library ieee;
use ieee.std_logic_1164.all;
entity elev2 is
    port (  clk, rst : in std_logic;                       -- 时钟、复位信号
            cout : in std_logic;                           -- 定时溢出信号
            call : in std_logic_vector(2 downto 1);        -- 呼叫信号
            arr : in std_logic_vector(2 downto 1);         -- 到达信号
            door : out std_logic;                          -- 门控信号,低电平开门
            up : out std_logic;                            -- 上升信号
            down : out std_logic;                          -- 下降信号
            en : out std_logic);                           -- 延时计数清零、使能信号
end elev2;
architecture behav of elev2 is
    constant CL1 : std_logic_vector(2 downto 0) := "000";  -- 一楼关门
    constant OP1 : std_logic_vector(2 downto 0) := "100";  -- 一楼开门
    constant UP1 : std_logic_vector(2 downto 0) := "010";  -- 一楼上升
    constant DN2 : std_logic_vector(2 downto 0):= "001";   -- 二楼下降
    constant CL2 : std_logic_vector(2 downto 0) := "011";  -- 二楼关门
    constant OP2 : std_logic_vector(2 downto 0) := "111";  -- 二楼开门
    signal control : std_logic_vector(2 downto 0);         -- 状态控制信号
begin
    door <= not control(2);up <= control(1);down <= control(0);
    process (clk, rst, arr, call)
        variable ven : std_logic;
    begin
        if rst = '1' then control <= CL1;
        elsif clk'event and clk = '1' then
            case control is
                when CL1 => if cout = '1' then             -- 关门已完毕
                                if call(1) = '1' then control <= OP1; en <= '0';
                                elsif call(2) = '1' then control <= UP1; en <= '1';
                                else control <= CL1; en <= '1';
                                end if;
                            else control <= CL1; en <= '1';
                            end if;
                when OP1 => if cout = '1' then             -- 开门已完毕
                                if call(1) = '1' then control <= OP1; en <= '1';
                                else control <= CL1; en <= '0';
```

```
                        end if;
                    else control <= OP1; en <= '1';
                    end if;
        when UP1 => if arr(2) = '1' then control <= CL2;
                    else control <= UP1;
                    end if;
        when DN2 => if arr(1) = '1' then control <= CL1;
                    else control <= DN2;
                    end if;
        when CL2 => if cout = '1' then              -- 关门已完毕
                        if call(2) = '1' then control <= OP2; en <= '0';
                        elsif call(1) = '1' then control <= DN2; en <= '1';
                        else control <= CL2; en <= '1';
                        end if;
                    else control <= CL2; en <= '1';
                    end if;
        when OP2 => if cout = '1' then              -- 开门已完毕
                        if call(2) = '1' then control <= OP2; en <= '1';
                        else control <= CL2; en <= '0';
                        end if;
                    else control <= OP2; en <= '1';
                    end if;
        when others => if arr(10 = '1' then control <= CL1;
                    else control <= CL2;
                    end if;
      end case;
    end if;
  end process;
end behav;
```

3. 电梯控制器的 VHDL 顶层描述

```
library ieee;
use ieee.std_logic_1164.all;
entity elev is
    port (clk, rst : in std_logic;
        call, arr : in std_logic_vector(2 downto 1);
        door, up, down : out std_logic );
end elev;
architecture one of elev is
    component cnt100
        port (clk, en: in std_logic;                -- 时钟、使能信号
            cout: out std_logic );                  -- 溢出信号
    end component;
    component elev2 is
        port (clk, rst : in std_logic;              -- 时钟、复位信号
            cout : in std_logic;                    -- 定时溢出信号
            call : in std_logic_vector(2 downto 1); -- 呼叫信号
            arr : in std_logic_vector(2 downto 1);  -- 到达信号
            door : out std_logic;                   -- 门控信号,低电平开门
            up : out std_logic;                     -- 上升信号
```

```
            down : out std_logic;                    -- 下降信号
            en : out std_logic);                     -- 延时计数清零、使能信号
    end component;
    signal ena, cout : std_logic;
begin
u1 : cnt100 port map (clk, ena, cout);
u2 : elev2 port map (clk, rst, cout, call, arr, door, up, down, ena);
end one;
```

附录 1 DES 算法的 S 盒

APPENDIX 1

附表 1 S1 盒

行	列																
	0	1	2	3	4	5	6	7	8	9	10	11	12	13	14	15	
0	14	4	13	1	2	15	11	8	3	10	6	12	5	9	0	7	S1 盒
1	0	15	7	4	14	2	13	1	10	6	12	11	9	5	3	8	
2	4	1	14	8	13	6	2	11	15	12	9	7	3	10	5	0	
3	15	12	8	2	4	9	1	7	5	11	3	4	10	0	6	13	

附表 2 S2 盒

行	列																
	0	1	2	3	4	5	6	7	8	9	10	11	12	13	14	15	
0	15	1	8	14	6	11	3	4	9	7	2	13	12	0	5	10	S2 盒
1	3	13	4	7	15	2	8	14	12	0	1	10	6	9	11	5	
2	0	14	7	11	10	4	13	1	5	8	12	6	9	3	2	15	
3	13	8	10	1	3	15	4	2	11	6	7	12	0	5	14	9	

附表 3 S3 盒

行	列																
	0	1	2	3	4	5	6	7	8	9	10	11	12	13	14	15	
0	10	0	9	14	6	3	15	5	1	13	12	7	11	4	2	8	S3 盒
1	13	7	0	9	3	4	6	10	2	8	5	14	12	11	15	1	
2	13	6	4	9	8	15	3	0	11	1	2	12	5	10	14	7	
3	1	10	13	0	6	9	8	7	4	15	14	3	11	5	2	12	

附表 4 S4 盒

行	列																
	0	1	2	3	4	5	6	7	8	9	10	11	12	13	14	15	
0	7	13	14	3	0	6	9	10	1	2	8	5	11	12	4	15	S4 盒
1	13	8	11	5	6	15	0	3	4	7	2	12	1	10	14	9	
2	10	6	9	0	12	11	7	13	15	1	3	14	5	2	8	4	
3	3	15	0	6	10	1	13	8	9	4	5	11	12	7	2	14	

附表 5　S5 盒

行	列																
	0	1	2	3	4	5	6	7	8	9	10	11	12	13	14	15	
0	2	12	4	1	7	10	11	6	8	5	3	15	13	0	14	9	S5 盒
1	14	11	2	12	4	7	13	1	5	0	15	10	3	9	8	6	
2	4	2	1	11	10	13	7	8	15	9	12	5	6	3	0	14	
3	11	8	12	7	1	14	2	13	6	15	0	9	10	4	5	3	

附表 6　S6 盒

行	列																
	0	1	2	3	4	5	6	7	8	9	10	11	12	13	14	15	
0	12	1	10	15	9	2	6	8	0	13	3	4	14	7	5	11	S6 盒
1	10	15	4	2	7	12	9	5	6	1	13	14	0	11	3	8	
2	9	14	15	5	2	8	12	3	7	0	4	10	1	13	11	6	
3	4	3	2	12	9	5	15	10	11	14	1	7	6	0	8	13	

附表 7　S7 盒

行	列																
	0	1	2	3	4	5	6	7	8	9	10	11	12	13	14	15	
0	4	11	2	14	15	0	8	13	3	12	9	7	5	10	6	1	S7 盒
1	13	0	11	7	4	9	1	10	14	3	5	12	2	15	8	6	
2	1	4	11	13	12	3	7	14	10	15	6	8	0	5	9	2	
3	6	11	13	8	1	4	10	7	9	5	0	15	14	2	3	12	

附表 8　S8 盒

行	列																
	0	1	2	3	4	5	6	7	8	9	10	11	12	13	14	15	
0	13	2	8	4	6	15	11	1	10	9	3	14	5	0	12	7	S8 盒
1	1	15	13	8	10	3	7	4	12	5	6	11	0	14	9	2	
2	7	11	4	1	9	12	14	2	0	6	10	13	15	3	5	8	
3	2	1	14	7	4	10	8	13	15	12	9	0	3	5	6	11	

附录 2 VHDL 保留字

APPENDIX 2

保留字不区分大小写，VHDL’93 引入的保留字以黑体形式给出。

ABS	ACCESS	AFTER	ALIAS	ALL
AND	ARCHITECTURE	ARRAY	ASSERT	ATTRIBUTE
BEGIN	BLOCK	BODY	BUFFER	BUS
CASE	COMPONENT	CONFIGURATION	CONSTANT	DISCONNECT
DOWNTO	ELSE	ELSIF	END	ENTITY
EXIT	FILE	FOR	FUNCTION	GENERATE
GENERIC	**GROUP**	GUARDED	IF	**IMPURE**
IN	**INERTIAL**	INOUT	IS	LABEL
LIBRARY	LINKAGE	**LITERAL**	LOOP	MAP
MOD	NAND	NEW	NEXT	NOR
NOT	NULL	OF	ON	OPEN
OR	OTHERS	OUT	PACKAGE	PORT
POSTPONED	PROCEDURE	PROCESS	**PURE**	RANGE
RECORD	REGISTER	REJECT	REM	REPORT
RETURN	**ROL**	**ROR**	SELECT	SEVERITY
SIGNAL	**SHARED**	**SLA**	**SLL**	**SRA**
SRL	SUBTYPE	THEN	TO	TRANSPORT
TYPE	**UNAFFECTED**	UNITES	UNTIL	USE
VARIABLE	WAIT	WHEN	WHILE	WITH
XNOR	XOR			

参考文献

[1] 路而红.电子设计自动化应用技术——FPGA应用篇[M].北京：高等教育出版社，2009.

[2] 路而红.现代密码算法工程[M].北京：清华大学出版社，2012.

[3] 于斌.ModelSim电子系统分析及仿真[M].北京：电子工业出版社，2011.

[4] Stephen Brown，Zvonko Vranesic.数字逻辑基础与Verilog设计(英文影印版).北京：机械工业出版社，2007.

[5] 王秀琴，夏洪洋，张鹏南.Verilog HDL数字系统设计入门与应用实例[M].北京：电子工业出版社，2012.

[6] Samir Palnitkar.Verilog HDL数字设计与综合[M].夏宇闻，胡燕祥，刁岚松，译.2版.北京：电子工业出版社，2012.

[7] 潘松，黄继业.EDA技术与VHDL[M].2版.北京：清华大学出版社，2007.

[8] 徐文波，田耘.Xilinx FPGA开发实用教程[M].2版.北京：清华大学出版社，2012.

[9] 张志刚.FPGA与SOPC设计教程——DE2实践[M].西安：西安电子科技大学出版社，2007.

[10] 杨军，张伟平，赵嘎，等.面向SOPC的FPGA设计与应用[M].北京：科学出版社，2012.

[11] 刘东华.FPGA应用技术丛书：Altera系列FPGA芯片IP核详解[M].北京：电子工业出版社，2014.

[12] 李莉，等. Altera FPGA系统设计实用教程[M]. 2版. 北京:清华大学出版社，2017.

[13] https://www.intel.cn/content/www/cn/zh/programmable/documentation/myt1400842672009.html，英特尔® Quartus® Prime专业版软件快速入门指南.

[14] https://www.intel.cn/content/www/cn/zh/programmable/documentation/spj1513986956763.html，英特尔® Quartus® Prime专业版入门用户指南.